QPASS
전산응용
건축제도
기능사 필기
실전모의고사 24회

정하정 저

다락원

JN430503

전산응용건축제도기능사 필기시험은 현대 건축 설계 현장에서 필수적인 컴퓨터 활용 능력과 건축 기초 지식을 종합적으로 평가하는 국가기술자격시험입니다.

본 시험은 건축계획각론, 건축계획원론, 건축구조, 건축재료, 건축설비, 건축법규 과목으로 구성되어 있으며, 각 과목은 건축 설계와 시공에 필요한 이론과 실무 지식을 골고루 다루고 있습니다.

시험 문제는 객관식으로 출제되며, 제한된 시간 내에 정확하고 신속하게 문제를 해결하는 능력이 요구됩니다. 합격을 위해서는 전체 점수의 60점 이상을 획득해야 하며, 컴퓨터 기반 시험(CBT) 방식으로 진행되어 종료 직후 성적을 확인할 수 있는 장점이 있습니다.

전산응용건축제도기능사 자격증은 건축 전공자뿐만 아니라 비전공자도 응시할 수 있어, 건축 분야에 관심이 있거나 관련 업무에 종사하려는 사람들에게 좋은 기회가 됩니다. 특히, 실무에서 널리 사용되는 Auto CAD 등 전산응용 도구의 활용 능력을 갖추는 것은 오늘날 건축 설계 과정에서 매우 중요한 경쟁력으로 작용합니다. 따라서 전산응용건축제도기능사 필기시험은 단순히 이론적 지식을 암기하는 데서 그치지 않고, 실질적인 도면 작성 능력과 컴퓨터 응용 능력을 함께 요구하는 실무 중심의 시험이라 할 수 있습니다.

이번에 출간되는 〈원큐패스 전산응용건축제도기능사 필기 실전모의고사 24회〉는 시험 방식이 CBT(Computer Based Testing)로 전환됨에 따라, 최신 출제 경향을 반영한 문제 중심 구성으로 재편되었습니다. 이에 1998년부터 2025년까지 약 26년간의 과년도 출제문제를 분석하여, 개정된 2026 최신 출제기준에 맞는 핵심 문제들을 체계적으로 정리하였습니다. 특히 5회 이상 반복 출제된 고빈도 문제는 별도의 색 박스로 강조하여 한눈에 확인할 수 있도록 하였습니다.

〈원큐패스 전산응용건축제도기능사 필기 실전모의고사 24회〉의 반복적인 기출문제 학습으로 자신만의 학습 전략을 확립하고, 건축 분야의 핵심 이론을 탄탄히 다지는 데 실질적인 도움을 얻을 수 있을 것입니다.

〈원큐패스 전산응용건축제도기능사 필기 실전모의고사 24회〉가 수험생 여러분의 자격증 취득과 더불어 건축 분야에서의 꿈을 실현하는 데 든든한 밑거름이 되길 기대합니다.

시험안내

1 **수행직무** : 건축설계 내용을 시공자에게 정확히 전달하기 위하여 CAD 및 건축 컴퓨터그래픽 작업으로 건축설계에서 의도하는 바를 시각화하는 업무를 수행한다.

2 **실시기관** : http://www.q-net.or.kr

3 **실시기관명** : 한국산업인력공단

4 **시험과목**

구분	시험과목	문항 수
필기	• 건축계획 및 제도, 건축구조, 건축재료	• 4지 택일형, 60문제
실기	• 전산응용건축제도 작업 • CAD를 활용한 건축설계도서 작성 실무를 평가	• 작업형(4시간 내외)으로 실시

5 **시험일정**

구분	필기시험	실기시험	최종 합격자 발표일
2026년 정기 기능사 1회	2026년 01월경	2026년 03월경	2026년 04월경
2026년 정기 기능사 2회	2026년 04월경	2026년 06월경	2026년 07월경
2026년 정기 기능사 3회	2026년 07월경	2026년 09월경	2026년 09월경
2026년 정기 기능사 4회	2026년 09월경	2026년 12월경	2026년 12월경

※ 자세한 시험일정은 큐넷 홈페이지(www.q-net.or.kr)를 참조해 주시기 바랍니다.

6 **응시현황**

구분	필기시험 응시인원	실기시험 응시인원	합격률	
			필기	실기
2024	13,846	7,192	65.7%	73.6%
2023	14,857	7,614	63.9%	72.7%
2022	12,614	7,039	63.8%	68.6%
2021	14,634	8,011	64.7%	74.6%

전산응용건축제도기능사 필기 실전모의고사

전산응용건축제도기능사 필기 실전모의고사 정답 및 해설

전산응용건축제도기능사 필기
실전모의고사 24회

01회 ~ 24회 실전모의고사
각 회차 별도의 색 박스는 빈출문제입니다.

01 건축 원리의 3대 요소 중 견실, 견고, 축조, 논리에 대한 개념이 내포되어 있는 것은?

① 구조　　　　　② 형태
③ 기능　　　　　④ 환경

02 건축법상 아파트의 정의로 옳은 것은?

① 주택으로 쓰는 층수가 3개 층 이상인 주택
② 주택으로 쓰는 층수가 4개 층 이상인 주택
③ 주택으로 쓰는 층수가 5개 층 이상인 주택
④ 주택으로 쓰는 층수가 6개 층 이상인 주택

03 다음과 같은 조건을 갖는 경우 옳게 표현한 것은?

> ㉠ 대지 면적 : 2,000m^2
> ㉡ 건축 면적 : 1,000m^2
> ㉢ 지하층 면적 : 1,000m^2

① 용적률 50%　　　② 용적률 100%
③ 건폐율 50%　　　④ 건폐율 100%

04 색의 3요소 중 무게감에 가장 많은 영향을 미치는 것은?

① 명도　　　　　② 채도
③ 색상　　　　　④ 농도

05 블록의 빈속에 철근과 콘크리트를 부어 넣은 것으로 수직하중·수평하중에 견딜 수 있는 구조로 가장 이상적인 블록 구조로 4~5층의 대형 건물에도 이용되는 구조는?

① 거푸집 블록조　　② 보강블록조
③ 조적식 블록조　　④ 장막벽 블록조

06 다음 중 잔향 이론에 대한 설명으로 옳지 않은 것은?

① 실의 용도에 따라 적절한 잔향 시간을 결정할 수 있도록 설계가 이루어져야 한다.
② 잔향 시간이 길면 음이 명료하지 않다.
③ 잔향 시간은 실용적에 비례하고 흡음력에 반비례한다.
④ 잔향 시간은 음원에서 소리가 끝난 후, 실내에 음의 에너지가 그 천만분의 일이 될 때까지의 시간을 의미한다.

07 주택의 동선 계획에 관한 설명으로 옳지 않은 것은?

① 교통량이 많은 공간은 상호간 인접 배치하는 것이 좋다.
② 가사 노동의 동선은 가능한 한 남측에 위치시키는 것이 좋다.
③ 개인, 사회, 가사 노동권의 3개 동선은 상호간 분리하는 것이 좋다.
④ 화장실, 현관, 계단 등과 같이 사용 빈도가 높은 공간은 동선을 길게 처리하는 것이 좋다.

08 다음 중 동선의 길이를 가장 짧게 할 수 있는 부엌 가구의 배치 형태는?

① 일자형　　　　　② ㄱ자형
③ 병렬형　　　　　④ ㄷ자형

09 아파트 단위 주거의 단면 형식에 따른 분류에 속하는 것은?

① 집중형　　　　　② 판상형
③ 복층형　　　　　④ 계단실형

10 코너 비드(corner bead)에 대해 옳게 설명한 것은?

① 벽, 기둥 등의 모서리 부분을 보호하기 위하여 미장 바름질을 할 때 붙이는 보호용 철물이다.

② 치장 콘크리트에 많이 사용하는 강철, 금속제의 콘크리트용 거푸집이다.

③ 계단 코 끝부분의 보강 및 미끄럼을 방지하기 위하여 설치하는 제품이다.

④ 기둥과 기둥에 가로대어 창문틀의 상하벽을 받고 하중을 기둥에 전달하며, 창문틀을 끼워 대는 뼈대가 되는 것이다.

11 수질과 관련된 용어 중 생물화학적 산소요구량을 의미하는 것은?

① BOD
② COD
③ SS
④ pH

12 건축 도면에서 치수선, 치수 보조선, 인출선, 지시선 및 해칭선에 사용하는 선으로 옳은 것은?

① 굵은 실선
② 일점 쇄선
③ 가는 실선
④ 이점 쇄선

13 흡수식 냉동기의 구성에 해당하지 않는 것은?

① 증발기
② 재생기
③ 압축기
④ 응축기

14 다음 설명이 나타내는 법칙은?

> 회로의 저항에 흐르는 전류의 크기는 인가된 전압의 크기와 비례하며 저항과는 반비례한다.

① 키르히호프 제1법칙
② 키르히호프 제2법칙
③ 옴의 법칙
④ 플레밍 왼손 법칙

15 소방 시설은 소화 설비, 경보 설비, 피난구조 설비, 소화 용수 설비, 소화 활동 설비로 구분할 수 있다. 다음 중 소화 설비에 속하지 않는 것은?

① 연결 살수 설비
② 옥내 소화전 설비
③ 스프링클러 설비
④ 물분무 등 소화 설비

16 한국산업규격에서 건축 제도 통칙의 기호로 옳은 것은?

① KS C
② KS B
③ KS F
④ KS E

17 건축 제도의 치수 및 치수선에 관한 설명으로 옳지 않은 것은?

① 치수는 특별히 명시하지 않는 한 마무리 치수로 표시한다.

② 협소한 간격이 연속될 때에는 인출선을 사용하여 치수를 쓴다.

③ 치수선의 양 끝 표시는 화살 또는 점으로 표시할 수 있으며 같은 도면에서 2종을 혼용할 수 있다.

④ 치수 기입은 치수선에 평행하게 도면의 왼쪽에서 오른쪽으로, 아래로부터 위로 읽을 수 있도록 기입한다.

18 건축물의 묘사에 있어서 묘사 도구로 사용하는 연필에 대한 설명 중 틀린 것은?

① 폭이 넓은 명암을 나타낸다.
② 다양한 질감 표현이 가능하다.
③ 지울 수 있으나 번지거나 더러워질 수 있다.
④ 일반적으로 H의 수가 많을수록 무르다.

19 다음 중 단면도를 그릴 때 가장 먼저 행하는 것은?

① 지반선의 위치를 결정한다.

② 기둥의 중심선을 일점쇄선으로 그린다.

③ 마루, 천장의 윤곽선을 그린다.

④ 내외벽, 지붕을 그리고 필요한 치수를 기입한다.

20 경사 지붕 물매와 같이 비교적 물매가 클 때 사용하는 물매 표시법은?

① 분자를 1로 한 분수

② 분모를 10으로 한 분수

③ 분모를 100으로 한 분수

④ 분모를 200으로 한 분수

21 다음 중 건축 구조의 재료에 따른 분류에 속하지 않는 것은?

① 목구조   ② 돌구조

③ 아치구조   ④ 강구조

22 말뚝 기초에 관한 설명 중 옳은 것은?

① 나무 말뚝 머리는 상수면 위에서 자른다.

② 현장 타설 콘크리트 말뚝을 배치할 때 그 중심 간격은 말뚝 머리 지름의 2.5배 이상으로 한다.

③ 기성 콘크리트 말뚝을 타설할 때 그 중심 간격은 말뚝 머리 지름의 2.5배 이상 또한 700mm 이상으로 한다.

④ 현장 타설 콘크리트 말뚝의 선단부는 지지층에 확실히 도달시켜야 한다.

23 소나무의 절대건조비중이 0.90일 경우 목재의 공극률로 옳은 것은?

① 42%   ② 8%

③ 22%   ④ 15%

24 2층 마루의 구조상 분류에 속하지 않는 것은?

① 홑마루   ② 보마루

③ 짠마루   ④ 납작마루

25 목재의 접합에서 두 재가 직각 또는 경사로 짜여지는 것을 의미하는 용어는?

① 이음   ② 맞춤

③ 벽선   ④ 쪽매

26 모임지붕 일부에 박공지붕을 같이 한 것으로, 화려하고 격식이 높으며 대규모 건물에 적합한 한식 지붕 구조는?

① 외쪽지붕   ② 합각지붕

③ 솟을지붕   ④ 꺾인지붕

27 아파트의 평면형식 중 계단실형 아파트에 대한 설명으로 옳지 않은 것은?

① 채광, 통풍 등의 거주 조건이 양호하다.

② 거주자의 프라이버시 보장에 불리하다.

③ 계단실에서 직접 각 세대로 접근할 수 있는 형식이다.

④ 통행부의 면적을 작게 차지하므로 건물의 이용도가 높다.

28 벽돌 벽체 내쌓기에서 벽돌을 2켜씩 내쌓기 할 때 내쌓는 부분의 길이는 얼마 이내로 하는가?

① $\frac{1}{2}$ B   ② $\frac{1}{4}$ B

③ $\frac{1}{6}$ B   ④ $\frac{1}{8}$ B

29 블록 구조에 대한 설명 중 옳지 않은 것은?

① 블록 장막벽은 라멘 구조에서 내부 칸막이로 사용하는 비내력벽 구조이다.
② 창쌤용 블록은 창문틀의 하부에 설치하여 물 끊기 홈이 설치되어 있다.
③ 보강 블록조는 블록의 빈 곳에 철근과 콘크리트를 부어 넣어 보강한 것이다.
④ 창대용 블록은 문틀이 맞추어지고 물 흘림·물 끊기가 달린 것이다.

30 다음 중 석재의 가공 시 가장 나중에 하는 작업은?

① 메다듬   ② 도드락다듬
③ 잔다듬   ④ 정다듬

31 콘크리트에서 최소 피복 두께의 목적에 해당하지 않는 것은?

① 철근의 부식 방지   ② 철근의 연성 감소
③ 철근의 내화   ④ 철근의 부착

32 철근 콘크리트 보의 늑근에 대한 설명 중 옳지 않은 것은?

① 전단력에 저항하는 철근이다.
② 중앙부로 갈수록 조밀하게 배치한다.
③ 굽힘 철근의 유무와 관계없이 전단력의 분포에 따라 배치한다.
④ 계산상 필요 없을 때라도 사용한다.

33 철근 콘크리트 기둥에서 띠철근의 수직 간격 기준으로 틀린 것은?

① 기둥 단면의 최소 치수 이하
② 종방향 철근 지름의 16배 이하
③ 띠철근 지름의 48배 이하
④ 기둥 높이의 0.1배 이하

34 철근 콘크리트 구조에서 각 철근의 주된 역할로 옳지 않은 것은?

① 띠철근 : 휨 모멘트에 저항
② 온도 철근 : 균열 방지
③ 훅 : 철근의 정착
④ 늑근 : 전단 보강

35 왕대공 지붕틀의 부재중 인장력을 받는 부재에 속하지 않는 것은?

① ㅅ자보   ② 평보
③ 달대공   ④ 왕대공

36 다음 중 철골 부재 접합에 대한 설명으로 옳지 않은 것은?

① 고장력 볼트는 상호 부재의 마찰력으로 저항한다.
② 용접은 품질 관리가 볼트보다 어렵다.
③ 메탈 터치(metal touch)는 기둥에서 각 부재면을 맞대는 접합 방식이다.
④ 초음파 탐상법은 사용 방법과 판독이 어려워 거의 사용되지 않고 있다.

37 압축력을 받는 세장한 기둥 부재가 하중의 증가 시 내력이 급격히 떨어지게 되는 현상을 무엇이라 하는가?

① 버클링   ② 모멘트
③ 코어   ④ 전단 파괴

38 창호와 창호 철물의 연결에서 상호 관련성이 없는 것은?

① 자재문 – 자유정첩
② 오르내리창 – 크레센트
③ 여닫이문 – 도어체크
④ 아코디언문 – 실린더

39 구조적으로 가장 안정된 상태의 아치를 가장 잘 설명한 것은?

① 아치의 하단 단면의 크기를 작게 하여 공간의 활용도를 높였다.
② 상부 하중을 견딜 수 있도록 포물선의 형태로 설치하였다.
③ 응력 집중 현상을 방지할 수 있도록 절점을 많이 설치하였다.
④ 수직 방향의 응력만 유지될 수 있도록 하단에 이동단을 설치하였다.

40 축방향력만을 받는 직선재를 핀으로 결합시켜 힘을 전달하는 구조는?

① 트러스 구조
② 돔 구조
③ 절판 구조
④ 막 구조

41 19세기 중엽 철근 콘크리트의 실용적인 사용법을 개발한 사람은?

① 모니에(Monnier)
② 케오프스(Cheops)
③ 애습딘(Aspdin)
④ 안토니오(Antonio)

42 다음에서 설명하는 역학적 성질은?

> 유체가 유동하고 있을 때 유체의 내부에 흐름을 저지하려고 하는 내부 마찰 저항이 발생하는 성질

① 탄성
② 소성
③ 점성
④ 외력

43 급경성으로 내산, 내알칼리성 등의 내화학성이나 내수성과 접착력이 크고 금속, 석재, 도자기, 글라스, 콘크리트, 플라스틱재의 접착에 모두 사용되는 합성수지 접착제는?

① 에폭시 수지 접착제
② 요소 수지 접착제
③ 페놀 수지 접착제
④ 멜라민 수지 접착제

44 절대 건조 비중이 0.3인 목재의 공극률은?

① 60.5%
② 70.5%
③ 80.5%
④ 90.5%

45 목재 보존의 약제 처리용으로써 무색이고 방부력이 가장 우수하며 그 위에 페인트칠도 할 수 있는 것은?

① 크레오소트(creosote)
② 콜타르(coal tar)
③ 황산구리(cupric sulfate)
④ PCP(Penta Chloro Phenol)

46 다음 석재 중 화성암계에 속하는 것은?

① 응회암
② 안산암
③ 대리석
④ 점판암

47 석회석이 변성되어 결정화한 것으로 석질이 치밀하고 견고할 뿐 아니라 외관이 미려하여 실내 장식재 또는 조각재로 사용되는 석재는?

① 점판암　　　　② 사문암
③ 대리석　　　　④ 안산암

48 다음 중 점토 제품의 소성 온도 측정에 쓰이는 것은?

① 샤모트(chamotte) 추
② 머플(muffle) 추
③ 호프만(hoffman) 추
④ 제게르(seger) 추

49 점토에 대한 다음 설명 중 옳지 않은 것은?

① 제품의 색깔과 관계있는 것은 규산 성분이다.
② 점토의 주성분은 실리카, 알루미나이다.
③ 각종 암석이 풍화·분해되어 만들어진 가는 입자로 이루어져 있다.
④ 점토를 구성하고 있는 점토 광물은 잔류 점토와 침적 점토로 구분된다.

50 조강 포틀랜드 시멘트에 대한 설명으로 옳은 것은?

① 생산되는 시멘트의 대부분을 차지하며 혼합 시멘트의 베이스 시멘트로 사용된다.
② 장기 강도를 지배하는 C_2S를 많이 함유하여 수화 속도를 지연시켜 수화열을 작게 한 시멘트이다.
③ 콘크리트의 수밀성이 높고 경화에 따른 수화열이 크므로 낮은 온도에서도 강도의 발생이 크다.
④ 내황산염성이 크기 때문에 댐공사에 사용될 뿐만 아니라 건축용 매스 콘크리트에도 사용된다.

51 화재의 연소 방지 및 내화성의 향상을 목적으로 하는 재료는?

① 아스팔트　　　② 석면 시멘트판
③ 실링재　　　　④ 글라스 울

52 다음 중 콘크리트 혼화재의 첨가 목적이 아닌 것은?

① 워커빌리티(workability) 개량
② 펌퍼빌리티(pumpability) 개량
③ 수화열 증가 및 알칼리 골재 반응 형성
④ 장기 강도 및 초기 강도 증진

53 콘크리트의 워커빌리티에 영향을 주는 요소가 아닌 것은?

① 골재의 입도　　② 비빔 시간
③ 단위 수량　　　④ 콘크리트 강도

54 콘크리트에 대한 설명으로 옳은 것은?

① 현대 건축에서는 구조용 재료로 거의 사용하지 않는다.
② 압축 강도가 크지만 내화성이 약하다.
③ 철근, 철골 등의 재료와 부착성이 우수하다.
④ 타 재료에 비해 인장 강도가 크다.

55 다음 합금의 구성 요소로 틀린 것은?

① 황동 = 구리 + 아연
② 청동 = 구리 + 납
③ 포금 = 구리 + 주석 + 아연 + 납
④ 두랄루민 = 알루미늄 + 구리 + 마그네슘 + 망간

56 창유리의 강도란 일반적으로 어떤 것을 말하는가?

① 압축 강도 ② 인장 강도
③ 휨 강도 ④ 전단 강도

57 지하실이나 옥상의 채광용으로 사용하며 입사 광선의 방향을 바꾸거나 확산 또는 집중시킬 목적으로 만든 일종의 유리 제품은?

① 폼 글라스 ② 망입 유리
③ 복층 유리 ④ 프리즘 타일

58 다음 수지의 종류 중 천연수지가 아닌 것은?

① 송진 ② 니트로셀룰로오스
③ 다마르 ④ 셸락

59 다음 중 물과 화학 반응을 일으켜 경화하는 수경성 재료는?

① 포틀랜드 시멘트
② 돌로마이트 플라스터
③ 소석회
④ 석회 크림

60 아스팔트나 피치처럼 가열하면 연화하고, 벤젠·알코올 등의 용제에 녹는 흑갈색의 점성질 반고체 물질로 도로의 포장, 방수재, 방진재로 사용되는 것은?

① 도장 재료 ② 미장 재료
③ 역청 재료 ④ 합성수지 재료

01 다음 건축물의 생산 과정 중 가장 마지막 단계는?

① 시공   ② 기획

③ 제도   ④ 설계

02 건축법상 다음과 같이 정의되는 용어는?

> 건축물이 천재지변이나 그 밖의 재해로 멸실된 경우 그 대지에 종전과 같은 규모의 범위에서 다시 축조하는 것

① 신축   ② 증축

③ 개축   ④ 재축

03 어떤 길이를 둘로 나누어 작은 부분:큰 부분=큰 부분:전체의 비=1:1.618의 비를 갖도록 한 비례를 말하며, 고대 그리스에서 널리 보급되어 사용되었고, 균제가 가장 잘 이루어진 비례로 파르테논 신전과 밀로의 비너스 등에 사용되었던 비를 의미하는 것은?

① 정수비례

② 황금비례

③ 수열에 의한 비례

④ 루트직사각형 비례

04 같은 계통의 색상이라도 색의 밝고 어두운 정도의 차가 있는데, 이처럼 색채의 밝기를 나타내는 성질과 밝음의 감각을 척도화한 것을 무엇이라 하는가?

① 조도   ② 휘도

③ 명도   ④ 채도

05 조적조의 벽체와 기능을 연결한 것 중 옳지 않은 것은?

① 내력벽은 건축물의 상부하중과 벽체에 작용하는 하중을 받는 벽이다.

② 비내력벽은 커튼월이라고 하고 공간을 막는 벽으로 하중을 지지하지는 않는 벽이다.

③ 장막벽은 반드시 벽돌을 사용하여 쌓은 벽이다.

④ 부축벽은 길고 높은 벽돌벽체를 보강하기 위하여 설치하는 벽이다.

06 다음 설명은 어떤 접착제에 대한 설명인가?

> - 접착성이 가장 우수한 수지접착제이다.
> - 내화학성(내산, 내알칼리, 내수성 및 급경성)이 좋은 접착제로 특히 금속접착에 적당하여 항공기재의 접착에 이용되며 목재, 금속, 석재, 유리, 콘크리트, 플라스틱, 도자기, 고무 등에 뛰어난 접착성을 나타낸다.

① 에폭시수지 접착제

② 페놀수지 접착제

③ 실리콘수지 접착제

④ 네오프렌 접착제

07 다음 중 주택 출입구에서 현관의 바닥면과 실내 바닥면의 높이차로 가장 알맞은 것은?

① 5cm   ② 15cm

③ 30cm   ④ 45cm

08 부엌의 평면 계획 시 작업 과정에 따른 작업대의 배열이 가장 알맞은 것은?

① 개수대 – 조리대 – 가열대 – 배선대
② 조리대 – 가열대 – 배선대 – 개수대
③ 가열대 – 배선대 – 개수대 – 조리대
④ 배선대 – 개수대 – 가열대 – 조리대

09 아파트 단위 주거의 단면 형식 중 플랫형에 대한 설명으로 옳은 것은?

① 1개의 단위 주거가 2개층에 걸쳐 있는 경우를 말한다.
② 단위 주거가 1층만으로 되어 있는 것으로 평면 계획과 구조가 단순하다.
③ 편복도형에 쓰이는 경우가 많으며, 복도는 1층 걸러서 설치된다.
④ 엘리베이터의 정지층이 매 층마다 있지 않으며, 단위 주거의 평면 계획에 변화를 줄 수 있다.

10 다음은 입면도에 표시하여야 할 사항을 나열한 것이다. 옳지 않은 것은?

① 외벽의 마감재료
② 창문의 형태
③ 지붕물매
④ 바닥높이

11 다음 중 오염 가능성이 가장 적은 급수 방식은?

① 수도 직결 방식
② 고가 탱크 방식
③ 압력 탱크 방식
④ 탱크 없는 부스터 방식

12 합판에 관한 설명으로 옳지 않은 것은?

① 단판의 매수는 홀수를 원칙으로 한다.
② 방향에 따른 강도의 변화가 크다.
③ 함수율 변화에 다른 팽창·수축의 방향성이 없다.
④ 뒤틀림이나 변형이 적은 비교적 큰 면적의 평면 재료를 얻을 수 있다.

13 다음 설명에 알맞은 환기 방식은?

급기와 배기 측에 송풍기를 설치하여 정확한 환기량과 급기량 변화에 의해 실내압을 정압 또는 부압으로 유지할 수 있다.

① 제1종   ② 제2종
③ 제3종   ④ 제4종

14 전기설비의 전압구분에서 저압기준으로 옳은 것은?

① 교류 750V 이하, 직류 600V 이하
② 교류 600V 이하, 직류 750V 이하
③ 교류 1,000V 이하, 직류 1,500V 이하
④ 교류 1,500V 이하, 직류 1,000V 이하

15 소방 시설은 소화 설비, 경보 설비, 피난구조 설비, 소화 용수 설비, 소화 활동 설비로 구분할 수 있다. 다음 중 경보 설비에 속하지 않는 것은?

① 누전 경보기
② 비상 방송 설비
③ 무선 통신 보조 설비
④ 자동 화재 탐지 설비

16 제도 용구에 관한 설명 중 옳은 것은?

① T자는 단독으로 평행선, 수직선, 사선을 긋는다.

② 선을 그릴 때 T자 머리를 제도판에서 약간 떼운다.

③ T자로 수평선을 그을 때는 오른쪽에서 왼쪽으로 긋는다.

④ 삼각자 1개 또는 2개를 가지고 위치를 바꾸면서 여러 가지 각도의 선을 그을 수 있다.

17 다음의 건축 도면에 대한 설명 중 옳지 않은 것은?

① 평면도는 건축물을 각 층마다 일정한 높이에서 수평으로 자른 수평 단면도이다.

② 입면도는 건축물을 수직으로 잘라 그 단면을 나타낸 것이다.

③ 전개도는 건물 내부의 입면을 정면에서 바라보고 그린 것이다.

④ 배치도는 대지 안에 건물이나 부대 시설을 배치한 도면이다.

18 투시도법의 시점에서 화면에 수직으로 통하는 투사선의 명칭으로 옳은 것은?

① 소점　　　　② 시점

③ 시선축　　　④ 수직선

19 단면도에서 표시해야 할 일반적인 사항이 아닌 것은?

① 층 높이, 천장 높이

② 창턱 높이, 창 높이

③ 처마 높이, 처마나옴 길이, 용마루 높이

④ 실명, 등고선, 창호 기호 표시

20 다음 중 수직재는?

① 토대　　　　② 기둥

③ 층도리　　　④ 깔도리

21 연직 하중은 철골에 부담시키고 수평 하중은 철골과 철근 콘크리트의 양자가 같이 대항하도록 한 구조는?

① 철골 철근 콘크리트 구조

② 셸 구조

③ 절판 구조

④ 프리스트레스트 구조

22 보링 방법 중 속이 빈 강철재의 절단기를 회전하여 구멍을 뚫고 지층을 그대로 원통모양으로 채취하는 것은?

① 회전식 보링

② 충격식 보링

③ 수세식 보링

④ 탄성파식 지하탐사

23 주택의 단지계획에 있어서 근린분구의 인구수로 옳은 것은?

① 100~200명

② 2,000~2,500명

③ 8,000~10,000명

④ 10,000~15,000명

24 복도 또는 간사이가 적을 때에 보를 쓰지 않고 층도리와 간막이도리에 직접 장선을 걸쳐 대고 그 위에 마루널을 깐 마루는?

① 동바리마루　　② 홑마루

③ 짠마루　　　　④ 납작마루

25 반자 구조의 구성 부재가 아닌 것은?

① 반자돌림대 ② 달대

③ 변재 ④ 달대받이

26 지붕 구조에서 지붕의 형태를 결정하는 데 중요하지 않은 것은?

① 건물의 크기

② 건물의 종류와 용도

③ 지역적 특성과 기후

④ 건물의 색깔

27 조적식 구조 중 벽돌을 쌓을 경우 하루에 쌓을 수 있는 높이로 옳은 것은?

① 2.0m 이내, 최대 2.5m

② 1.8m 이내, 최대 2.0m

③ 1.5m 이내, 최대 1.8m

④ 1.2m 이내, 최대 1.5m

28 조적조에서 하나의 층에 있어서의 개구부와 그 바로 위층에 있는 개구부와의 최소 수직 거리는 얼마 이상인가?

① 20cm ② 40cm

③ 60cm ④ 80cm

29 보강 블록조 단층 건축물에 있어서 그림과 같이 철근 콘크리트의 줄기초를 설치할 때 높이 D는?

① 30cm 이상 ② 45cm 이상

③ 60cm 이상 ④ 92cm 이상

30 석재의 표면을 가공하는 방법 중 도드락 다듬면을 양날 망치로 세밀한 평행선을 그리며 때려 매끈하게 다듬는 것은?

① 메다듬 ② 잔다듬

③ 정다듬 ④ 물갈기

31 현장치기 콘크리트에서 최소 피복 두께를 가장 크게 하여야 하는 경우는?

① 수중에서 타설하는 콘크리트

② 흙에 접하여 콘크리트를 친 후 영구히 흙에 묻혀 있는 콘크리트

③ 흙에 접하거나 옥외의 공기에 직접 노출되는 콘크리트

④ 옥외의 공기나 흙에 직접 접하지 않는 콘크리트

32 철근 콘크리트 보에서 압축 철근을 사용하는 이유와 가장 거리가 먼 것은?

① 전단 내력 증진

② 장기 처짐 감소

③ 연성 거동 증진

④ 늑근의 설치 용이

33 철근 콘크리트 기둥에 철근 배근 시 띠철근의 수직 간격으로 가장 알맞은 것은? (단, 기둥 단면 400×400mm, 주근 지름 13mm, 띠철근 지름 10mm임)

① 200mm ② 250mm

③ 400mm ④ 480mm

34 보를 없애고, 바닥판을 두껍게 해서 보의 역할을 겸하도록 한 구조로서, 하중을 직접 기둥에 전달하는 슬래브는?

① 장방향 슬래브　　② 장선 슬래브
③ 플랫 슬래브　　　④ 워플 슬래브

35 철골 구조에 대한 설명 중 틀린 것은?

① 철골 구조는 재료에 의해 보통 형강 구조, 경량 철골 구조, 강관 구조, 케이블 구조 등으로 나눌 수 있다.
② 고층건물에 적합하고 스팬을 길게 할 수 있다.
③ 내화력이 약하고 녹슬 염려가 있어, 피복에 주의를 기울여야 한다.
④ 본질적으로 조립 구조이므로 접합에 유의할 필요가 없다.

36 용접 결함 중 용접 부분 안에 생기는 기포를 무엇이라 하는가?

① 언더 컷(under cut)
② 블로홀(blowhole)
③ 피트(pit)
④ 피쉬 아이(fish eye)

37 압축력을 받는 길고 가느다란 부재가 하중이 증가함에 따라 하중이 작용하는 직각 방향으로 변형하여 내력이 급격히 감소하는 현상을 무엇이라 하는가?

① 휨　　　　　　②　인장
③ 좌굴　　　　　④ 비틀림

38 입체트러스구조에 대한 설명 중 옳은 것은?

① 구조적인 안정을 위해 구조부재를 삼각형으로 규칙적으로 배열하는 것이 좋다.
② 모든 절점은 전단력, 축방향력 및 휨모멘트에 견딜 수 있도록 강(고정)절점으로 되어 있다.
③ 구조적인 결함이 적은 기하학적인 평면의 형태를 이용한다.
④ 평면트러스보다 스팬이 적은 경우에 주로 사용된다.

39 재질이 가볍고 투명성이 좋아 채광을 필요로 하는 대 공간 지붕 구조로 가장 적합한 것은?

① 막 구조　　　　② 셸 구조
③ 절판 구조　　　④ 케이블 구조

40 상대적으로 얇고 길이가 짧은 부재를 상하 그리고 경사로 연결하여 장스팬의 길이를 확보할 수 있는 구조는?

① 철근 콘크리트 구조
② 블록 구조
③ 트러스 구조
④ 프리스트레스트 구조

41 20세기 3대 건축 재료에 해당하지 않는 것은?

① 강철　　　　　② 판유리
③ 시멘트　　　　④ 합성수지

42 최대 강도를 안전율로 나눈 값을 무엇이라고 하는가?

① 허용 강도　　　② 파괴 강도
③ 전단 강도　　　④ 휨 강도

43 다음 중 단열 재료에 대한 설명으로 옳지 않은 것은?

① 열전도율이 높을수록 단열 성능이 좋다.
② 일반적으로 다공질의 재료가 많다.
③ 단열 재료의 대부분은 흡음성이 뛰어나므로 흡음 재료로서도 이용된다.
④ 섬유질 단열재는 겉보기 비중이 클수록 단열성이 좋다.

44 참나무의 절대 건조 비중이 0.95일 때 공극률로 옳은 것은?

① 10.0%   ② 23.4%
③ 38.3%   ④ 52.4%

45 목재의 보존성을 높이고 충해 및 변색 방지를 위한 방부 처리법이 아닌 것은?

① 도포법   ② 저장법
③ 침지법   ④ 주입법

46 수성암에 속하지 않는 것은?

① 사암   ② 안산암
③ 석회암   ④ 응회암

47 대리석의 일종으로 특수 실내 장식재로 사용되는 것은?

① 석회석   ② 트래버틴
③ 안산암   ④ 화산암

48 표준형 점토 벽돌의 크기는? (단, 단위는 mm)

① 190×90×57   ② 200×90×60
③ 210×100×57   ④ 210×120×60

49 다음 중 보통 포틀랜드 시멘트에 일반적으로 함유되는 성분이 아닌 것은?

① 석회   ② 실리카
③ 구리   ④ 산화철

50 건축물의 표면 마무리, 인조석 제조 등에 사용되며 구조체의 축조에는 거의 사용되지 않는 시멘트는?

① 조강 포틀랜드 시멘트
② 플라이 애시 시멘트
③ 백색 포틀랜드 시멘트
④ 고로 슬래그 시멘트

51 콘크리트의 장점이 아닌 것은?

① 압축 강도가 크다.
② 자체 하중이 작다.
③ 내화성이 우수하다.
④ 내구적이다.

52 다음 중 콘크리트 혼화재료에 속하지 않는 것은?

① 플라이 애시   ② 고로슬래그
③ 시멘트   ④ 방청제

53 콘크리트의 슬럼프 시험에 관한 설명 중 옳지 않은 것은?

① 콘크리트의 컨시스턴시를 측정하는 방법이다.
② 콘크리트를 슬럼프콘에 3회에 나누어 규정된 방법으로 다져서 채운다.
③ 묽은 콘크리트일수록 슬럼프값은 작다.
④ 콘크리트가 일정한 모양으로 변형하지 않았을 때에는 슬럼프 시험을 적용할 수 없다.

54 다음 중 탄소 함유량이 가장 적은 것은?

① 주철 ② 반경강
③ 순철 ④ 최경강

55 금속의 방식법에 대한 설명 중 옳지 않은 것은?

① 도료나 내식성이 큰 금속으로 표면에 피막을 하여 보호한다.
② 균질한 재료를 사용한다.
③ 다른 종류의 금속을 서로 잇대어 사용한다.
④ 표면은 깨끗하게 하고 물기나 습기가 없도록 한다.

56 유리 원료에 납을 섞어 유리에 산화납 성분을 포함시킨 유리의 특징은?

① X선 차단성이 크다.
② 태양광선 중 열선을 흡수한다.
③ 자외선을 차단시키는 효과가 크다.
④ 자외선을 흡수하는 성질이 크다.

57 합성수지의 일반적인 성질에 대한 설명 중 틀린 것은?

① 가소성이 크다.
② 전성 및 연성이 크다.
③ 무기 재료에 비해 내화, 내열성이 부족하다.
④ 착색이 자유롭고 투수성이 크다.

58 다음 중 유성 페인트의 특징으로 옳지 않은 것은?

① 주성분은 보일유와 안료이다.
② 광택을 좋게 하기 위하여 바니시를 가하기도 한다.
③ 수성 페인트에 비해 건조 시간이 오래 걸린다.
④ 콘크리트 면에 가장 적합한 도료이다.

59 다음 중 기경성 미장 재료는?

① 혼합 석고 플라스터
② 보드용 석고 플라스터
③ 돌로마이트 플라스터
④ 순석고 플라스터

60 다음 중 석유계 아스팔트가 아닌 천연 아스팔트에 해당하는 것은?

① 레이크 아스팔트
② 스트레이트 아스팔트
③ 블론 아스팔트
④ 용제 추출 아스팔트

01 건축 계획의 과정 중 건축주 또는 이용자의 요구사항, 문제의 파악과 분석 그리고 설계자가 발의하는 제안사항 등 세 가지 기능을 포함하는 단계는?

① 시공 ② 기획
③ 기본 설계 ④ 실시 설계

02 다음 설명이 나타내는 건축법상의 용어는?

> 기존 건축물의 전부 또는 일부를 철거하고 그 대지에 종전과 같은 규모의 범위에서 건축물을 다시 축조하는 것을 말한다.

① 신축 ② 재축
③ 개축 ④ 증축

03 동일한 색상의 벽지를 선택할 경우, 면적이 큰 것과 비교하여 면적이 작은 벽지의 색을 보았을 때 나타나는 현상으로 옳은 것은?

① 밝기는 어두워지고 채도는 낮아진다.
② 밝기는 어두워지고 채도는 높아진다.
③ 밝기는 밝아지고 채도는 높아진다.
④ 밝기는 밝아지고 채도는 낮아진다.

04 명시도는 색의 3속성의 차가 커질수록 높아지는데, 색의 3속성 중 특히 명시도에 가장 영향을 많이 주는 것은?

① 색상 ② 채도
③ 명도 ④ 잔상

05 다음 중 철근콘크리트의 특성을 옳게 설명한 것은?

① 습식 구조로 물을 사용하므로 공사 기간이 길어지는 단점이 있다.
② 부재의 형상과 치수를 자유롭게 구현할 수 없다.
③ 어떠한 상황에서도 균일한 시공이 가능하다.
④ 전음도와 균열 발생이 적고, 국부적으로 파손이 되지 않는다.

06 다음에서 설명하는 것이 의미하는 것으로 옳은 것은?

> 건축물의 내부와 외부를 연결하는 완충공간으로서 전망이나 휴식 등의 목적으로 건축물 외벽에 접하여 부가적으로 설치되는 공간을 말한다. 국토교통부장관이 정하는 기준에 적합한 경우에는 필요에 따라 거실·침실·창고 등의 용도로 사용할 수 있다.

① 발코니 ② 테라스
③ 유틸리티 ④ 베란다

07 다음 중 주택 현관의 위치를 결정하는 데 가장 큰 영향을 끼치는 것은?

① 현관의 크기 ② 대지의 방위
③ 대지의 크기 ④ 도로와의 관계

08 주택의 부엌에서 작업 삼각형(work triangle)의 구성에 속하지 않는 것은?

① 냉장고 ② 배선대
③ 개수대 ④ 가열대

09 아파트의 단위 주거 단면 구성에 의한 분류 중 하나의 단위 주거가 2개 층에 걸쳐 있는 아파트 형식은?

① 플랫형　　　　② 집중형
③ 듀플렉스형　　④ 트리플렉스형

10 다음 중 연약 지반에서 부동침하를 방지하는 대책과 가장 관계가 먼 것은?

① 건물 상부 구조를 경량화한다.
② 상부 구조의 길이를 길게 한다.
③ 이웃 건물과의 거리를 멀게 한다.
④ 지하실을 강성체로 설치한다.

11 다음과 같은 특징을 갖는 급수 방식은?

- 급수 압력이 일정하다.
- 단수 시에도 일정량의 급수를 계속할 수 있다.
- 대규모의 급수 수요에 쉽게 대응할 수 있다.

① 수도 직결 방식　　② 압력 수조 방식
③ 펌프 직송 방식　　④ 고가 수조 방식

12 다음 중 플로어링 블록에 관한 설명으로 적합하지 않은 것은?

① 사용 장소는 주로 마룻바닥의 마감재로 사용한다.
② 뒷면은 방부처리를 하여 사용한다.
③ 플로어링 보드를 2장씩 붙여서 만든 것이다.
④ 4면을 모두 제혀쪽매로 하여 만든 바닥재이다.

13 실내 공기 오염도의 종합적 지표로서 이용되는 오염 물질은?

① 산소　　　　　② 질소
③ 이산화탄소　　④ 아황산가스

14 다음과 같이 정의되는 전기 설비 관련 용어는?

대지에 이상 전류를 방류 또는 계통 구성을 위해 의도적이거나 우연하게 전기 회로를 대지 또는 대지를 대신하는 전도체에 연결하는 전기적인 접속

① 접지　　　② 절연
③ 피복　　　④ 분기

15 다음의 자동 화재 탐지 설비의 감지기 중 연기 감지기에 해당하는 것은?

① 광전식　　② 차동식
③ 정온식　　④ 보상식

16 A3 도면에 테두리를 만들 경우, 도면의 여백은 최소 얼마 이상으로 하여야 하는가? (단, 묶지 않을 경우)

① 5mm　　② 10mm
③ 15mm　　④ 20mm

17 건축 도면에 사용되는 글자에 대한 설명 중 옳은 것은?

① 글자의 크기는 높이로 나타낸다.
② 글자체에 대한 규정은 없다.
③ 문장은 가로쓰기가 원칙이며 세로쓰기는 어떠한 경우에도 할 수 없다.
④ 4자리의 수는 3자리에 휴지부를 찍거나 간격을 반드시 두어야 한다.

18 투시도법에 쓰이는 용어에 대한 표시로 옳지 않은 것은?

① 시점 - E.P
② 수평면 - H.P
③ 소점 - S.P
④ 화면 - P.P

19 천장 평면도 작성 시 표시 사항과 가장 거리가 먼 것은?

① 환기구 개구부
② 조명 기구 및 설비 기구
③ 천장 높이
④ 반자틀 재료 및 규격

20 왕대공 지붕틀에 사용하는 부재의 크기가 잘못된 것은? (단위 : mm)

① 서까래 50×50
② 깔도리 100×120
③ 평보 90×90
④ 왕대공 100×180

21 건축 구조의 구성 방식에 의한 분류에 속하지 않는 것은?

① 가구식 구조
② 일체식 구조
③ 습식 구조
④ 조적식 구조

22 나무 말뚝 설치 시 말뚝의 최소 중심 간격은 말뚝 직경의 얼마 이상으로 하는가?

① 1.25배
② 1.5배
③ 2.5배
④ 3.0배

23 다음의 소방시설 중 소화설비에 해당하지 않는 것은?

① 스프링클러설비
② 소화기구
③ 옥외소화전설비
④ 소화용수설비

24 2층 마루 중에서 큰 보 위에 작은 보를 걸고 그 위에 장선을 대고 마루널을 깐 것은?

① 동바리마루
② 짠마루
③ 홑마루
④ 납작마루

25 목재 반자 구조에서 반자틀받이의 설치 간격으로 가장 적절한 것은?

① 45cm
② 60cm
③ 90cm
④ 120cm

26 다음 그림은 지붕의 평면도를 나타낸 것이다. 박공 지붕에 해당하는 것은?

①
②
③
④

27 아치의 너비가 넓을 때에는 반장별로 층을 지어 겹쳐 쌓은 아치로 옳은 것은?

① 막만든 아치
② 거친 아치
③ 층두리 아치
④ 본 아치

28 벽돌조에서 개구부 상호간 또는 개구부와 대린벽 중심과의 수평 거리는 벽 두께의 최소 몇 배 이상으로 하는가?

① 1배　　　　　② 2배
③ 3배　　　　　④ 4배

29 블록조에서 기초벽의 춤은 처마 높이의 얼마 이상으로 하는가?

① 1/10　　　　② 1/12
③ 1/15　　　　④ 1/20

30 석재의 표면 가공에 관한 설명으로 옳지 않은 것은?

① 흑두기는 쇠메로 쳐서 따내어 다듬는 정도로 마감한다.
② 정다듬은 정으로 쪼아 평평하게 다듬은 것이다.
③ 잔다듬은 카보런덤을 써서 윤이 나게 다듬는다.
④ 도드락다듬에 사용되는 도드락망치의 망치날의 면은 돌출된 이로 구성되어 있다.

31 철근 콘크리트 구조에서 철근의 피복 두께를 가장 크게 해야 할 곳은?

① 기둥　　　　② 보
③ 기초　　　　④ 계단

32 철근 콘크리트 구조에서 휨 모멘트가 커서 보의 단부 아래쪽으로 단면을 크게 한 것은?

① T형보　　　② 지중보
③ 플랫 슬래브　④ 헌치

33 철근 콘크리트 기둥에서 주근 주위를 수평으로 둘러 감은 철근을 무엇이라 하는가?

① 띠철근　　　② 배력근
③ 수축 철근　　④ 온도 철근

34 철근 콘크리트 구조의 형식 중 층고 문제를 해결하기 위해 주상복합이나 지하 주차장 등에 사용하는 것은?

① 벨트트러스 구조
② 다이아그리드 구조
③ 막 구조
④ 플랫 슬래브 구조

35 건축물에 작용하는 풍압력의 크기와 관계가 없는 것은?

① 건축물의 높이　② 풍속
③ 건축물의 무게　④ 건축물의 형상

36 철골 구조의 용접 부분에서 발생하는 용접 결함이 아닌 것은?

① 언더 컷(under cut)
② 블로홀(blowhole)
③ 오버 랩(over lap)
④ 엔드 탭(end tab)

37 철골 공사 시 바닥 슬래브를 타설하기 전에 철골 보 위에 설치하여 바닥판 등으로 사용하는 절곡된 얇은 판의 부재는?

① 윙 플레이트　　② 데크 플레이트
③ 베이스 플레이트　④ 메탈 라스

38 서스펜션 구조(suspension structure)는 상부에서 기둥으로 전달되는 하중을 케이블 형태의 부재가 지지하고 있는 힘으로 옳은 것은?

① 전단력   ② 압축력

③ 인장력   ④ 휨모멘트

39 내면에 균일한 인장력을 분포시켜 얇은 합성수지 계통의 천을 지지하여 지붕을 구성하는 구조는?

① 입체 트러스 구조

② 막 구조

③ 절판 구조

④ 조적식 구조

40 직선 부재가 서로 한 점에서 만나고 그 형태가 삼각형인 구조물로서 인장력과 압축력의 축력만을 지지하는 구조는?

① 셸 구조   ② 아치 구조

③ 린텔 구조   ④ 트러스 구조

41 건축 재료의 발전 방향으로 틀린 것은?

① 고성능화   ② 현장 시공화

③ 공업화   ④ 에너지 절약화

42 재료의 푸아송비에 관한 설명으로 옳은 것은?

① 횡방향의 변형비를 푸아송비라 한다.

② 강의 푸아송비는 대략 0.3 정도이다.

③ 푸아송비는 푸아송수라고도 한다.

④ 콘크리트의 푸아송비는 대략 10 정도이다.

43 다음 중 단열재에 대한 설명으로 옳지 않은 것은?

① 단열재는 역학적인 강도가 작기 때문에 건축물의 구조체 역할에는 사용하지 않는다.

② 단열재는 흡습 및 흡수율이 좋아야 한다.

③ 단열재의 열전도율은 낮을수록 좋다.

④ 단열재는 공사 현장까지의 운반이 용이하고 현장에서의 가공과 설치도 비교적 용이한 것이 좋다.

44 목재의 신축과 관련된 설명 중 옳지 않은 것은?

① 목재의 팽창·수축률은 변재가 심재보다 크다.

② 일반적으로 널결 쪽의 신축이 곧은결 쪽보다 크다.

③ 일반적으로 비중이 큰 목재일수록 강도가 작다.

④ 목재의 팽창·수축은 함수율이 섬유포화점 이상의 범위에서는 증감이 거의 없다.

45 합판의 특성에 대한 설명 중 옳지 않은 것은?

① 함수율 변화에 따른 팽창·수축의 방향성이 없다.

② 단판은 섬유 방향이 평행하도록 짝수로 적층하면서 접착제로 접착하여 합친 판을 말한다.

③ 뒤틀림이나 변형이 적은 비교적 큰 면적의 평면 재료를 얻을 수 있다.

④ 균일한 강도의 재료를 얻을 수 있다.

46 석재의 종류 중 변성암에 속하는 것은?

① 섬록암   ② 화강암

③ 사문암   ④ 안산암

47 대리석의 일종으로 다공질이며, 황갈색의 무늬가 있으며, 특수한 실내 장식재로 이용되는 것은?

① 테라코타   ② 트래버틴

③ 점판암   ④ 석회암

48 벽돌 마름질과 관련하여 다음 중 전체적인 크기가 가장 큰 토막은?

① 이오토막   ② 반 토막

③ 반반절   ④ 칠오토막

49 포틀랜드 시멘트류를 제조할 때 석고를 넣는 이유는?

① 응결 시간을 조절하기 위해서

② 강도를 높이기 위해서

③ 분말도를 높이기 위해서

④ 비중을 높이기 위해서

50 다음 중 혼합 시멘트에 속하지 않는 것은?

① 보통 포틀랜드 시멘트

② 고로 시멘트

③ 착색 시멘트

④ 플라이 애시 시멘트

51 다음 중 일반적인 콘크리트의 장점에 대한 설명으로 옳지 않은 것은?

① 인장 강도가 크다.

② 철근, 철골 등과 접착성이 우수하다.

③ 내화적이다.

④ 내수적이다.

52 혼화 재료 중 혼화재에 속하는 것은?

① 포졸란   ② AE제

③ 감수제   ④ 기포제

53 그림에서 슬럼프 값을 의미하는 기호는?

① X ② Y

③ Z ④ D

54 탄소 함유량이 증가함에 따라 철에 끼치는 영향으로 옳지 않은 것은?

① 연신율의 증가

② 항복 강도의 증가

③ 경도의 증가

④ 용접성의 저하

55 금속의 부식 작용에 대한 설명으로 옳지 않은 것은?

① 동관과 철판을 같이 사용하면 부식 방지에 효과적이다.

② 산성인 흙속에서는 대부분의 금속재가 부식된다.

③ 습기 및 수중에 탄산가스가 존재하면 부식 작용은 한층 촉진된다.

④ 철판의 자른 부분 및 구멍을 뚫은 주위는 다른 부분보다 빨리 부식된다.

56 유리에 함유되어 있는 성분 가운데 자외선을 차단하는 주성분이 되는 것은?

① 황산나트륨(Na_2SO_4)

② 탄산나트륨(Na_2CO_3)

③ 산화 제2철(Fe_2O_3)

④ 산화 제1철(FeO)

57 합성수지 재료는 어떤 물질에서 얻는가?

① 가죽　　　　② 유리

③ 고무　　　　④ 석유

58 다음 중 유성 페인트와 직접 관련이 없는 것은?

① 보일유　　　② 테레빈유

③ 카세인　　　④ 안료

59 다음 미장 재료 중 응결 경화 방식이 기경성이 아닌 것은?

① 석고 플라스터

② 회반죽

③ 회사벽

④ 돌로마이트 플라스터

60 원유를 증류하고 피치가 되기 전에 유출량을 제한하여 잔류분을 반고체형으로 고형화시켜 만든 것으로 지하실 방수 공사에 사용되는 것은?

① 스트레이트 아스팔트

② 블론 아스팔트

③ 아스팔트 콤파운드

④ 아스팔트 프라이머

01 다음 중 건축 설계의 전개 과정으로 가장 알맞은 것은?

① 조건 파악 – 기본 계획 – 기본 설계 – 실시 설계
② 기본 계획 – 조건 파악 – 기본 설계 – 실시 설계
③ 기본 설계 – 기본 계획 – 조건 파악 – 실시 설계
④ 조건 파악 – 기본 설계 – 기본 계획 – 실시 설계

02 다음은 건축물의 층수 산정에 관한 기준 내용이다. ( ) 안에 알맞은 것은?

> 층의 구분이 명확하지 아니한 건축물은 그 건축물의 높이 ( )마다 하나의 층으로 보고 그 층수를 산정한다.

① 2.5m
② 3m
③ 3.5m
④ 4m

03 질감(texture)에 대한 설명으로 옳지 않은 것은?

① 매끄러운 재료는 공간이 넓어 보이고, 거친 재료는 시각적으로 무겁다.
② 질감은 물체의 표면상의 특징으로 종류에는 시각적 질감과 촉각적 질감이 있다.
③ 거친 질감은 원거리의 느낌이 있고, 매끈한 질감은 근거리의 느낌을 준다.
④ 색채와 조명을 동시에 고려하여 효과적인 질감을 표현할 수 있다.

04 색의 명시도에 가장 큰 영향을 끼치는 것은?

① 색상차
② 명도차
③ 채도차
④ 질감차

05 철근 콘크리트 구조에서 피복을 하여야 하는 목적으로 옳지 않은 것은?

① 내화성의 확보
② 철근의 강도 증대
③ 내구성의 확보
④ 철근의 부착력 확보

06 다음 대수선에 대한 설명 중 옳은 것은?

① 내력벽을 증설 또는 해체하거나 그 벽면적을 20m² 이상 수선 또는 변경하는 것
② 기둥을 증설 또는 해체하거나 두 개 이상 수선 또는 변경하는 것
③ 보를 증설 또는 해체하거나 두 개 이상 수선 또는 변경하는 것
④ 다가구주택의 가구 간 경계벽 또는 다세대 주택의 세대 간 경계벽을 수선 또는 변경하는 것

07 주택의 현관에 관한 설명 중 옳지 않은 것은?

① 주택 외부와 내부의 연결 기능을 갖는다.
② 현관의 위치는 대지의 형태 및 도로와의 관계 등에 의하여 결정된다.
③ 현관의 크기는 접객의 용무 외에 다양한 활동이 가능하도록 가급적 크게 하는 것이 좋다.
④ 현관 바닥에서 홀(hall)의 단 높이는 일반적으로 10~20cm 정도로 한다.

08 주택의 주방과 식당 계획 시 가장 중요하게 고려하여야 할 사항은?

① 채광
② 조명 배치
③ 작업 동선
④ 색채 조화

09 공동 주택의 건물 단면형 중 메조넷형(maisonette type)에 대한 설명으로 옳지 않은 것은?

① 주택 내의 공간의 변화가 있다.
② 거주성, 특히 프라이버시가 높다.
③ 각 층마다 통로와 엘리베이터 홀이 설치되어야 한다.
④ 양면 개구에 의한 일조, 통풍 및 전망이 좋다.

10 다음 목구조의 장점 중 옳지 않은 것은?

① 비중에 비해 강도가 높다.
② 시공이 용이하고 가볍다.
③ 부패 및 충해가 크나, 내화성이 높다.
④ 건식 구조에 속하므로 공사기간이 짧다.

11 압력 탱크식 급수 방법에 관한 설명으로 옳은 것은?

① 급수 공급 압력이 일정하다.
② 정전 시에도 급수가 가능하다.
③ 단수 시에 일정량의 급수가 가능하다.
④ 위생성 측면에서 가장 바람직한 방법이다.

12 다음 석재 중 변성암에 속하는 것은?

① 안산암
② 석회암
③ 응회암
④ 대리석

13 기계 환기 방식 중 송풍기에 의하여 실내로 송풍하고 배기는 배기구 및 틈새 등으로 배출되는 환기 방식은?

① 제1종
② 제2종
③ 제3종
④ 제4종

14 전기 설비 관련 용어 중 주동력선에서 분기되어 나오는 것으로, 주택에서는 각 실의 콘센트에 전원을 공급하는 선은?

① 분기 회로
② 금속관
③ 간선
④ 배선

15 자동 화재 탐지 설비 중 온도 상승에 의한 감지기 작동 방식이 아닌 것은?

① 광전식
② 차동식
③ 정온식
④ 보상식

16 건축 제도 용지 중 A0용지의 크기는?

① 594×841mm
② 841×1,189mm
③ 1,189×1,090mm
④ 1,090×1,200mm

17 건축 제도에 사용되는 글자에 관한 설명으로 옳지 않은 것은?

① 숫자는 아라비아 숫자를 원칙으로 한다.
② 문장은 왼쪽에서부터 가로쓰기를 원칙으로 한다.
③ 글자체는 수직 또는 15° 경사의 명조체로 쓰는 것을 원칙으로 한다.
④ 4자리 이상의 수는 3자리마다 휴지부를 찍거나 간격을 두는 것을 원칙으로 한다.

18 투시도에 관한 설명으로 옳지 않은 것은?

① 투시도에 있어서 투사선은 관측자의 시선으로, 화면을 통과하여 시점에 모이게 된다.

② 투사선이 1점으로 모이기 때문에 물체의 크기는 화면 가까이 있는 것보다 먼 곳에 있는 것이 더 커 보인다.

③ 투시도에서 수평면은 시점 높이와 같은 평면위에 있다.

④ 화면에 평행하지 않은 평행선들은 소점으로 모인다.

19 다음의 각종 도면에 대한 설명 중 옳지 않은 것은?

① 각층 바닥 복도의 축척은 보통 평면도와 같이 하고 상세를 필요로 하는 경우에는 1/50, 1/20로 한다.

② 기초 복도의 척도는 보통 1/100으로 한다.

③ 지붕 복도는 지붕 마무리면의 의장이나 재료를 나타낸다.

④ 천장 복도는 천장의 의장이나 마무리를 나타내기 위한 것으로, 천장 밑에서 쳐다본 그림이다.

20 왕대공 지붕틀에서 주걱 볼트는 어느 부재를 연결할 때 사용되는가?

① 평보 – 왕대공

② ㅅ자보 – 평보

③ 처마도리 – 평보 – 깔도리

④ 왕대공 – 대공 가새

21 조적식 구조로만 짝지어진 것은?

① 철근 콘크리트 구조 – 벽돌 구조

② 철골 구조 – 목구조

③ 벽돌 구조 – 블록 구조

④ 철골 철근 콘크리트 구조 – 돌구조

22 기초의 분류 중 지정 형식에 의한 분류가 아닌 것은?

① 연속 기초   ② 직접 기초

③ 피어 기초   ④ 말뚝 기초

23 다음 중 나무 구조에 대한 설명으로 틀린 것은?

① 내화성이 좋다.

② 철근 콘크리트조, 벽돌조와 비교하여 자중이 가볍다.

③ 고층 건축이나 큰 간사이의 건축이 곤란하다.

④ 구조 공작이 쉽고 공사 기간을 단축할 수 있다.

24 다음 중 2층 마루 구조에 관한 설명으로 틀린 것은?

① 장선 마루에서 장선은 춤을 높은 것을 사용하기 때문에 옆휨을 막기 위해 가새로 서로 보강한다.

② 홑마루는 보를 쓰지 않고 층도리와 칸막이 도리에 장선을 걸친다.

③ 보마루는 보통 간사이가 4m 이상일 때에 쓰이고, 보의 간격은 3m 정도로 한다.

④ 짠마루는 큰 보위에 작은 보를 걸고 그 위에 장선을 대고 마루널을 깐다.

25 반자에 관한 설명으로 옳지 않은 것은?

① 지붕 밑 또는 위층 바닥 밑을 가리어 장식적, 방온적으로 꾸민 구조 부분을 말한다.

② 반자틀은 반자돌림대, 반자틀받이, 달대, 달대받이로 짜 만든다.

③ 널반자에는 치받이 널반자, 살대 반자, 우물 반자가 있다.

④ 달반자는 바닥판 밑을 제물로 또는 직접 바르는 반자이다.

26 다음 그림과 같은 지붕 평면도를 가진 지붕의 명칭은?

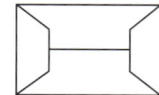

① 박공지붕   ② 합각지붕
③ 모임지붕   ④ 방형지붕

27 낙뢰로부터 피해를 방지하기 위하여 일반 건축물에 설치하는 피뢰침의 보호각으로 옳은 것은?

① 30°   ② 45°
③ 60°   ④ 120°

28 조적조에서 대린벽으로 구획된 각 벽에 있어서 개구부의 폭의 합계는 그 벽길이의 얼마 이하로 하는가?

① 1/2   ② 1/3
③ 1/4   ④ 1/8

29 보강 콘크리트 블록조에서 내력벽의 벽량은 최소 얼마 이상으로 하여야 하는가?

① $10cm/m^2$ ② $15cm/m^2$
③ $18cm/m^2$ ④ $21cm/m^2$

30 면이 30㎝ 각 정방형에 가까운 네모뿔형의 돌로서 석축에 사용되는 돌은?

① 마름들   ② 각석
③ 견치들   ④ 다듬돌

31 현장치기 콘크리트 중 수중에서 타설하는 콘크리트의 최소 피복 두께는 얼마인가?

① 60mm   ② 80mm
③ 100mm   ④ 120mm

32 휨 모멘트나 전단력을 견디게 하기 위해 사용되는 것으로 보의 단부의 단면을 중앙부의 단면보다 크게 한 부분은?

① 헌치   ② 슬래브
③ 래티스   ④ 지중보

33 사각형이나 원형 띠철근으로 둘러싸인 압축 부재의 축방향 주철근의 최소 개수는?

① 2개 이상   ② 4개 이상
③ 5개 이상   ④ 6개 이상

34 철근 콘크리트 플랫 슬래브 구조에 대한 설명 중 옳지 않은 것은?

① 2방향 배근 방식일 경우 바닥판 두께는 15cm 이상으로 한다.
② 기둥의 단면 최소치수는 기둥 중심 거리의 1/15 이상, 또는 25cm 이상으로 한다.
③ 고층 건물에는 부적당하고, 저층 건물인 학교, 창고, 공장 등에 이용된다.
④ 건물의 외부보를 제외하고는 내부에는 보 없이 바닥판만으로 구성하고 그 하중은 직접 기둥에 전달하는 것이다.

35 강구조의 특징을 설명한 것 중 옳지 않은 것은?

① 강도가 커서 부재를 경량화할 수 있다.
② 콘크리트 구조에 비해 강도가 커서 바닥 진동 저감에 유리하다.
③ 부재가 세장하여 좌굴하기 쉽다.
④ 연성 구조이므로 취성 파괴를 방지할 수 있다.

36 다음 중 철골 부재의 용접과 거리가 먼 용어는?

① 윙 플레이트　　② 엔드 탭
③ 뒷댐재　　　　④ 스캘럽

37 합성 골조에 대한 설명으로 적합하지 않은 것은?

① CFT(콘크리트 충전 강관 기둥)에서는 내부 콘크리트가 강관의 급격한 국부 좌굴을 방지한다.
② 코어(core)의 전단벽에 횡력에 대한 강성을 증대시키기 위하여 철골 빔을 설치한다.
③ 데크 플레이트(deck plate)는 합성 슬래브의 한 종류이다.
④ 스터드 볼트(stud bolt)는 철골 기둥을 연결하는 데 사용한다.

38 다음은 조적조 내력벽 상부에 설치하는 테두리보에 대한 설명이다. (　) 안에 알맞은 것은?

> 1층인 건축물로서 벽두께가 벽의 높이의 1/16 이상이거나 벽길이가 (　)m 이하인 경우에는 목조의 테두리보를 설치할 수 있다.

① 4　　　　　② 5
③ 6　　　　　④ 7

39 하중 전달과 지지 방법에 따른 막 구조의 종류에 해당하지 않는 것은?

① 골조 막 구조　　② 현수 막 구조
③ 공기 지지 구조　④ 절판 막 구조

40 트러스의 종류 중 상현재와 하현재 사이에 수직재로 구성되어 있는 것은?

① 플랜(flat) 트러스
② 와렌(warren) 트러스
③ 하우(howe) 트러스
④ 비렌딜(vierendeel) 트러스

41 다음 중 건축의 발전 방향으로 옳지 않은 것은?

① 수작업 → 기계화
② 공장 시공 → 현장 시공
③ 비표준화 → 표준화
④ 단일 기능의 건축물 → 고층화 다기능성 건축물

42 재료가 인장되거나 압축될 때, 세로 변형도와 가로 변형도와의 관계를 무엇이라 하는가?

① 푸아송비　　　② 영계수
③ 응력도　　　　④ 탄성 계수

43 상호 짝지어진 것 중 관련이 없는 것은?

① 클링커 타일 - 점토
② 리그노이드 - 마그네시아
③ 킨스 시멘트 - 석고
④ 테라초 - 퍼티

44 철과 비교한 목재의 특징으로 옳지 않은 것은?

① 열전도율이 크다.　② 내화성이 작다.

③ 열팽창률이 작다.　④ 가공이 쉽다.

45 합판의 특징에 대한 설명 중 옳지 않은 것은?

① 섬유 방향이 서로 직각되게 여러 장의 단판을 짝수로 붙임하여 제작한다.

② 함수율 변화에 따른 팽창, 수축의 방향성이 없다.

③ 뒤틀림이나 변형이 적은 비교적 큰 면적의 평면 재료를 얻을 수 있다.

④ 균일한 강도의 재료를 얻을 수 있다.

46 다음 석재 중 변성암에 속하는 것은?

① 안산암　　　　② 석회암

③ 응회암　　　　④ 사문암

47 대리석의 한 종류로서 다공질이며 석질이 균일하지 못하고 암갈색의 무늬가 있다. 물갈기를 하면 평활하고 광택이 나는 부분과 구멍과 골이 진 부분이 있어 특수한 실내 장식재로 이용되는 것은?

① 테라초(terrazzo)

② 트래버틴(travertine)

③ 펄라이트(perlite)

④ 점판암(clay stone)

48 1종 점토 벽돌의 압축 강도 기준으로 옳은 것은?

① 10.78N/mm² 이상

② 20.59N/mm² 이상

③ 24.50N/mm² 이상

④ 26.58N/mm² 이상

49 시멘트를 구성하는 주요 화학 성분으로 가장 거리가 먼 것은?

① 실리카　　　　② 산화 알루미늄

③ 일산화탄소　　④ 석회

50 포틀랜드 시멘트 클링커에 철용광로로부터 나온 슬래그를 급랭한 급랭 슬래그를 혼합하여 이에 응결 시간 조정용 석고를 혼합하여 분쇄한 것으로 수화 열량이 적어 매스 콘크리트용으로 사용할 수 있는 시멘트는?

① 백색 포틀랜드 시멘트

② 조강 포틀랜드 시멘트

③ 고로 시멘트

④ 알루미나 시멘트

51 콘크리트의 특성으로 옳지 않은 것은?

① 압축 강도가 크다.

② 인장 강도가 작다.

③ 내화적이다.

④ 강재와의 접착이 좋지 않다.

52 포졸란(pozzolan)을 사용한 콘크리트의 특징 중 옳지 않은 것은?

① 수밀성이 높아진다.

② 수화 발열량이 적어진다.

③ 경화 작용이 늦어지므로 조기 강도가 낮아진다.

④ 블리딩이 증가된다.

53 그림은 콘크리트의 슬럼프 시험(slump test) 결과이다. 슬럼프 값은 얼마인가?

① 8cm ② 18cm
③ 22cm ④ 30cm

54 재료의 응력 – 변형도 관계에서 가해진 외부의 힘을 제거하였을 때 잔류 변형없이 원형으로 되돌아오는 경계점은?

① 인장 강도점 ② 탄성 한계점
③ 상위 항복점 ④ 하위 항복점

55 금속재의 부식 방지법으로 옳지 않은 것은?

① 부식 방지를 위해 서로 다른 종류의 금속을 잇대어 쓴다.
② 표면은 깨끗하게 하고, 특히 물기나 습기가 없도록 한다.
③ 내식성이 큰 금속은 표면에 도료 등으로 피막을 만들어 보호한다.
④ 가공 중에 생긴 변형은 풀림, 뜨임 등에 의해 제거하여 균일한 재료로 만든다.

56 유리의 광학적 성질 중 흡수율에 대한 설명으로 옳지 않은 것은?

① 깨끗한 창유리의 흡수율은 2~6%이다.
② 두께가 두꺼울수록 광선의 흡수율은 커진다.
③ 불순물이 많을수록 광선의 흡수율은 작아진다.
④ 착색된 색깔이 짙을수록 광선의 흡수율은 커진다.

57 합성수지의 주원료가 아닌 것은?

① 석재 ② 목재
③ 석탄 ④ 석유

58 유성 페인트에 관한 설명 중 옳지 않은 것은?

① 내후성이 우수하다.
② 붓바름 작업성이 뛰어나다.
③ 모르타르, 콘크리트, 석회벽 등에 정벌바름하면 피막이 부서져 떨어진다.
④ 유성 에나멜 페인트와 비교하여 건조 시간, 광택, 경도 등이 뛰어나다.

59 미장 재료의 경화 작용에 관한 기술 가운데 틀린 것은?

① 돌로마이트 플라스터는 물과 화학 반응을 일으켜 경화한다.
② 회반죽은 공기 중의 탄산가스와 화학 반응을 일으켜 경화한다.
③ 석고 플라스터는 물과 화학 반응을 일으켜 경화한다.
④ 시멘트 모르타르는 물과 화학 반응을 일으켜 경화한다.

60 점성이나 침투성은 작으나 온도에 의한 변화가 적어서 열에 대한 안정성이 크며 아스팔트 프라이머의 제작과 옥상의 아스팔트 방수에 사용되는 것은?

① 로크 아스팔트
② 스트레이트 아스팔트
③ 블론 아스팔트
④ 아스팔타이트

01 다음 중 건축 계획 및 설계 과정에서 가장 선행되는 사항은?

① 기본 계획   ② 조건 파악
③ 기본 설계   ④ 실시 설계

02 다음 중 건축법상 '건축'에 속하지 않는 것은?

① 재축   ② 증축
③ 이전   ④ 대수선

03 건물의 채광, 조명, 일조 등에 사용하는 것으로 건축물의 빛환경을 조절하는 것으로 폭이 좁은 판을 일정한 간격으로 수평, 수직으로 배열한 것은?

① 루버   ② 차양
③ 어닝   ④ 블라인드

04 다음 설명이 나타내는 표색계는?

> 이 표색계의 원리는 물체 표면의 색지각을 색상, 명도, 채도와 같은 색의 3속성에 따라 3차원 공간의 한 점에 대응시켜 세 방향으로 배열하되, 배열하는 방법은 지각적으로 고른 감도가 되도록 측도를 정한 것이다.

① 먼셀 표색계   ② 오스트발트 표색계
③ 2차원 표색계   ④ 3차원 표색계

05 다음 나열한 것 중 거푸집을 쉽게 제거하기 위하여 사용하는 것으로 옳은 것은?

① 세퍼레이터   ② 스페이서
③ 폼타이   ④ 박리제

06 한국산업규격에서 채택한 먼셀의 표색계의 표시 방법 중 5R 4/14가 의미하는 것으로 옳지 않은 것은?

① 5R 1/14는 빨간색의 순색을 의미한다.
② 5R 4/14 중 4는 명도를 의미한다.
③ 먼셀의 표색계는 색상, 명도, 채도로 표시된다.
④ 5R 4/14 중 14는 색상을 의미한다.

07 주택의 현관에 관한 설명으로 옳지 않은 것은?

① 한 가정에 대한 첫인상이 형성되는 공간이다.
② 현관의 위치는 도로와의 관계, 대지의 형태 등에 의해 결정된다.
③ 현관의 조명은 부드러운 확산광으로 구석까지 밝게 비추는 것이 좋다.
④ 현관의 벽체는 저명도, 저채도의 색채로 바닥은 고명도, 고채도의 색채로 계획하는 것이 좋다.

08 다음 중 부엌에 설치하는 작업대의 높이로 가장 적절한 것은?

① 450mm   ② 600mm
③ 850mm   ④ 1,000mm

09 복층형 공동 주택에 관한 설명으로 옳지 않은 것은?

① 공용 통로 면적을 절약할 수 있다.
② 상·하층의 평면이 똑같아 평면 구성이 자유롭다.
③ 엘리베이터의 정지 층수가 적어지므로 운영면에서 효율적이다.
④ 1개의 단위 주거가 2개 층 이상에 걸쳐 있는 공동 주택을 일컫는다.

10 다음에서 설명하는 것으로 옳은 것은?

> 각 층별로 배치되는 기둥으로 토대와 층도리, 층도리와 층도리, 층도리와 깔도리 또는 처마도리 등의 가로재로 구분되는 것

① 동자 기둥　　② 평기둥
③ 통재 기둥　　④ 샛기둥

11 높이에 의한 수압 차이로 급수하는 방식으로 항상 일정한 수압을 유지하며 대규모 급수 설비에 적합한 급수 방식은?

① 부스터 방식　　② 압력 탱크 방식
③ 고가 탱크 방식　　④ 수도 직결 방식

12 다음 화강암에 대한 설명으로 옳지 않은 것은?

① 질이 단단하고, 내구성 및 강도가 크다.
② 내화성이 매우 크므로 고열의 장소에 사용한다.
③ 주요 성분은 석영, 장석, 운모, 휘석 및 각섬석 등이다.
④ 강도가 크고, 콘크리트용 골재로 사용이 가능하다.

13 급기와 배기측에 송풍기를 설치하여 정확한 환기량과 급기량 변화에 의해 실내압을 정압(+) 또는 부압(−)으로 유지할 수 있는 환기 방법은?

① 중력 환기　　② 제1종 환기
③ 제2종 환기　　④ 제3종 환기

14 전기 설비에서 간선의 배선 방식에 속하지 않는 것은?

① 평행식　　② 루프식
③ 나뭇가지식　　④ 군관리 방식

15 자동 화재 탐지 설비의 감지기 중 열감지기에 해당하지 않는 것은?

① 광전식　　② 차동식
③ 정온식　　④ 보상식

16 건축 제도 용지 중 A2 용지의 크기는?

① 420×594mm　　② 594×841mm
③ 841×1,189mm　　④ 297×420mm

17 건축 제도의 글자에 관한 설명으로 옳지 않은 것은?

① 숫자는 아라비아 숫자를 원칙으로 한다.
② 문장은 왼쪽에서부터 가로쓰기를 원칙으로 한다.
③ 글자체는 수직 또는 30° 경사의 명조체로 쓰는 것을 원칙으로 한다.
④ 글자의 크기는 각 도면의 상황에 맞추어 알아보기 쉬운 크기로 한다.

18 건축물의 투시도에 관한 설명 중 옳지 않은 것은?

① 투시도의 회화적인 효과를 변화시키는 요소에는 건물 평면과 화면과의 각도, 시선의 각도, 시점의 거리 등이 있다.

② 수평선 위에 있는 수평면은 천장 부분이 보이게 되며, 수평선 아래의 수평면은 바닥이 보이게 된다.

③ 3소점 투시도는 실내 투시도 또는 기념 건축물과 같은 정적인 건축물의 표현에 가장 효과적이다.

④ 물체의 크기는 화면 가까이 있는 것보다 먼 곳에 있는 것이 작아 보인다.

19 도면 표제란의 표기 사항이 아닌 것은?

① 도면 번호, 도면 명칭

② 축척, 도면 작성 연월일

③ 공사비, 시공자 서명, 시공회사 명칭, 감리자 성명

④ 도면 작성 기관 명칭

20 조적 구조 벽체의 제도 시 요구되는 사항이 아닌 것은?

① 구성 재료의 치수   ② 토대의 크기
③ 구성 재료의 종류   ④ 벽체의 두께

21 건축 구조의 구성 방식에 의한 분류 중 하나로, 구조체인 기둥과 보를 부재의 접합에 의해서 축조하는 방법으로 뼈대를 삼각형으로 짜 맞추면 안정한 구조체를 만들 수 있는 구조는?

① 가구식 구조   ② 캔틸레버 구조
③ 조적식 구조   ④ 습식 구조

22 모래 또는 점토 지반의 장기 응력에 대한 허용 지내력도는?

① $100kN/m^2$

② $300kN/m^2$

③ $1,000kN/m^2$

④ $4,000kN/m^2$

23 다음 중 목구조에 대한 설명으로 옳지 않은 것은?

① 전각·사원 등의 동양고전식 구조법이다.

② 가구식 구조에 속한다.

③ 친화감이 있고, 미려하나 부패에 약하다.

④ 큰 단면이나 긴 부재를 얻기 쉽다.

24 나무 구조의 마루에 대한 설명 중 옳지 않은 것은?

① 1층 마루에는 동바리마루, 납작마루가 있다.

② 2층 마루 중 보마루는 보를 걸어 장선을 받게 하고 그 위에 마루널을 깐 것이다.

③ 동바리는 동바리돌 위에 수평재로 설치한다.

④ 동바리마루는 동바리돌, 동바리, 멍에, 장선 등으로 구성된다.

25 응접실 등의 천장을 장식 겸 음향 효과가 있게 층단으로 또는 주위 벽에서 띄어 구성하고 전기 조명 장치도 간접 조명으로 천장에 은폐하는 반자는?

① 바름 반자   ② 우물 반자
③ 구성 반자   ④ 널반자

26 그림 중 꺾인지붕(crub roof)의 평면 모양은?

①   ②

③   ④

27 벽돌조에서 줄기초의 기초판의 두께는 일반적으로 기초판 너비의 얼마 정도로 하는가?

① 1/2   ② 1/3
③ 1/4   ④ 1/5

28 대린벽으로 구획된 벽돌조 내력벽의 벽길이가 7m일 때 개구부의 폭의 합계는 최대 얼마 이하로 하는가?

① 3m   ② 3.5m
③ 4m   ④ 4.5m

29 조적조의 벽량에 대한 설명으로 적당하지 못한 것은?

① 내력벽 길이의 총 합계를 그 층의 건물 면적으로 나눈 값을 의미한다.
② 단위 면적에 대한 그 면적 내에 있는 벽길이의 비를 나타낸다.
③ 내벽력의 양이 적을수록 횡력에 대항하는 힘이 커진다.
④ 큰 건물일수록 벽량을 증가할 필요가 있다.

30 다음 중 석재의 용도로서 적당하지 않은 것은?

① 트래버틴 – 특수 실내 장식재
② 응회암 – 구조용
③ 점판암 – 지붕재
④ 대리석 – 장식재

31 철근 콘크리트 구조에서 옥외의 공기나 흙에 직접 접하지 않는 현장치기 콘크리트 보의 최소 피복 두께는?

① 20mm   ② 40mm
③ 50mm   ④ 60mm

32 건축물의 큰 보의 간사이에 작은 보(beam)를 짝수로 배치할 때의 주된 장점은?

① 미관이 뛰어나다.
② 큰 보의 중앙부에 작용하는 하중이 작아진다.
③ 층고를 낮출 수 있다.
④ 공사하기가 편리하다.

33 철근 콘크리트 사각형 기둥에는 주근을 최소 몇 개 이상 배근해야 하는가?

① 2개   ② 4개
③ 6개   ④ 8개

34 철근 콘크리트 플랫 슬래브의 두께는 얼마 이상으로 하는가?

① 8cm   ② 12cm
③ 15cm   ④ 18cm

35 철골 구조의 특성에 관한 기술 중 옳지 않은 것은?

① 고층이나 대규모 건물에 많이 사용된다.

② 내화적이다.

③ 정밀한 가공을 요한다.

④ 가구식 구조이다.

36 다음 중 철골 부재의 용접 접합과 관계없는 것은?

① 엔드 탭　　　　② 뒷댐재

③ 필러 플레이트　　④ 스캘럽

37 콘크리트 슬래브와 철골보를 전단 연결재(shear connector)로 연결하여 외력에 대한 구조체의 거동을 일체화시킨 구조의 명칭은?

① 허니컴 보　　　② 래티스 보

③ 플레이트거더　　④ 합성보

38 창호의 표시법 중 FSD가 의미하는 것으로 옳은 것은?

① 강철 방화문

② 스테인리스스틸 스틸창

③ 스테인리스스틸 방화문

④ 목재창

39 구조체 자체의 무게가 거의 없어 넓은 공간의 지붕 구조체로 효율성이 뛰어나며, 자연경관과도 잘 조화되어 많이 사용되고 있는 구조 시스템은?

① 막 구조　　　　② 셸 구조

③ 현수 구조　　　④ 입체 트러스 구조

40 트러스에서 상현재와 하현재 내에서 연결부 역할을 하는 부재는?

① lower chord member

② web member

③ upper chord member

④ supporting point

41 현대 건축 재료에 대한 내용으로 틀린 것은?

① 고성능화, 생산성, 공업화가 요구된다.

② 건설 작업의 기계화에 맞도록 재료를 개선한다.

③ 수작업과 현장 시공의 재료로 개발한다.

④ 생산성을 높이고 에너지를 절약한다.

42 보통 재료에서는 축방향에 하중을 가할 경우 그 방향과 수직인 횡방향에도 변형이 생기는데, 횡방향 변형도와 축방향 변형도의 비를 무엇이라 하는가?

① 탄성 계수비　　② 경도비

③ 푸아송비　　　④ 강성비

43 다음 수종 중 침엽수가 아닌 것은?

① 소나무　　　　② 삼송나무

③ 잣나무　　　　④ 단풍나무

44 재료의 열에 대한 성질 중 착화점에 대한 설명으로 옳은 것은?

① 재료에 열을 계속 가하면 불에 닿지 않고도 자연 발화하게 되는 온도

② 재료에 열을 계속 가하면 열분해를 일으켜 증발 가스가 발생하며 불에 닿으면 쉽게 발화하게 되는데, 이때의 온도

③ 금속 재료와 같이 열에 의하여 고체에서 액체로 변하는 경계점의 온도

④ 아스팔트나 유리와 같이 금속이 아닌 물질이 열에 의하여 액체로 변하는 온도

45 베니어가 널결만이어서 표면이 거친 결점이 있으나, 넓은 베니어를 얻기 쉽고 원목의 낭비가 적어 많이 사용되는 베니어 제조법은?

① 소드 베니어
② 반소드 베니어
③ 슬라이스드 베니어
④ 로터리 베니어

46 화산암에 대한 설명 중 옳지 않은 것은?

① 다공질로 부석이라고도 한다.
② 비중이 0.7~0.8로 석재 중 가벼운 편이다.
③ 화강암에 비하여 압축 강도가 크다.
④ 내화도가 높아 내화재로 사용된다.

47 운모계와 사문암계 광석으로, 800~1,000℃로 가열하면 부피가 5~6배로 팽창되며, 비중이 0.2~0.4인 다공질 경석으로 단열, 흡음, 보온 효과가 있는 것은?

① 부석
② 탄각
③ 질석
④ 펄라이트

48 다음 중 2종 점토 벽돌의 압축 강도는 최소 얼마 이상인가?

① $10.78N/mm^2$
② $14.70N/mm^2$
③ $22.54N/mm^2$
④ $24.58N/mm^2$

49 시멘트 제조할 때 최고 온도까지 소성이 이루어진 후에 공기를 이용하여 급랭시켜 소성물을 배출하게 되면 화산암과 같은 검은 입자가 나오는데, 이 검은 입자를 무엇이라 하는가?

① 포졸란
② 시멘트 클링커
③ 플라이 애시
④ 광재

50 고로 시멘트에 관한 설명 중 옳지 않은 것은?

① 바닷물에 대한 저항성이 크다.
② 초기 강도가 작다.
③ 수화 열량이 작다.
④ 매스 콘크리트용으로는 사용이 불가능하다.

51 철근 콘크리트의 특성에 대한 설명 중 옳지 않은 것은?

① 콘크리트는 습기를 흡수하면 팽창하고 건조하면 수축한다.
② 콘크리트의 인장 강도는 압축 강도의 1/2 정도이다.
③ 철근과 콘크리트의 열팽창 계수는 거의 같다.
④ 철근의 피복 두께를 크게 하면 철근 콘크리트의 내구성은 증대된다.

52 콘크리트 내부에 미세한 독립된 기포를 발생시켜 콘크리트의 작업성 및 동결 융해 저항 성능을 향상시키기 위해 사용되는 화학 혼화제는?

① 응결, 경화 조절제
② 방청제
③ 기포제
④ AE제

53 콘크리트의 강도 중에서 가장 큰 것은?

① 인장 강도   ② 전단 강도

③ 휨 강도   ④ 압축 강도

54 강재의 강도가 최대가 될 때의 온도는?

① 상온   ② 100℃

③ 150℃   ④ 250℃

55 철재의 부식 방지 방법으로 부적당한 것은?

① 철재의 표면에 아스팔트나 콜타르(coaltar) 등을 도포한다.

② 모르타르 및 콘크리트 피막을 만든다.

③ 도금 또는 법랑 마감으로 한다.

④ AE제를 도포한다.

56 다음 중 안전 유리에 속하지 않는 것은?

① 형판 유리   ② 접합 유리

③ 강화 판유리   ④ 배강도 유리

57 다음 합성수지 중 열가소성 수지는?

① 페놀 수지

② 에폭시 수지

③ 초산비닐 수지

④ 폴리에스테르 수지

58 다음 중 유성 페인트에 대한 설명으로 옳지 않은 것은?

① 건조 시간이 짧다.

② 내알칼리성이 떨어진다.

③ 붓바름 작업성 및 내후성이 뛰어나다.

④ 콘크리트에 정벌바름하면 피막이 부서져 떨어진다.

59 미장 재료에 관한 기술 중 옳지 않은 것은?

① 진흙은 기경성(氣硬性)이다.

② 석고는 기경성이다.

③ 시멘트는 수경성(水硬性)이다.

④ 석회는 기경성이다.

60 블론 아스팔트의 성능을 개량하기 위해 동식물성 유지와 광물질 분말을 혼입한 것으로 일반지붕 방수 공사에 이용되는 것은?

① 아스팔트 유제

② 아스팔트 펠트

③ 아스팔트 루핑

④ 아스팔트 콤파운드

01 다음 중 건축 계획 과정에서 가장 먼저 이루어지는 사항은?

① 평면 계획　　② 도면 작성
③ 형태 구상　　④ 대지 조사

02 건축법상 건축 면적에 해당하는 것은?

① 대지의 수평투영 면적
② 6층 이상의 거실 면적의 합계
③ 하나의 건축물 각층의 바닥 면적의 합계
④ 건축물의 외벽의 중심선으로 둘러싸인 부분의 수평투영 면적

03 주거면적의 기준 중 사회학자인 숑바르 드 로브의 한계기준으로 옳은 것은?

① 16m²　　② 14m²
③ 10m²　　④ 8m²

04 먼셀 표색계에서 기본색이 되는 5색이 아닌 것은?

① 노랑　　② 파랑
③ 연두　　④ 보라

05 조립식 구조의 하나로 콘크리트를 공장에서 생산해서 현장으로 운반하여 사용하는 것을 무엇이라고 하는가?

① RC 구조　　② SRC 구조
③ PC 구조　　④ PS 콘크리트

06 다음에서 설명하는 것은 무엇인가?

> 어떤 색을 본 후 곧 이어서 다른 색을 보았을 때 나중에 보는 색이 먼저 본 색의 영향으로 색의 속성이 다르게 느껴져 보이는 현상이다.

① 계시 대비　　② 연변 대비
③ 한난 대비　　④ 동시 대비

07 단독 주택의 평면 계획에 대한 설명 중 옳지 않은 것은?

① 침실은 다른 실의 통로가 되지 않도록 한다.
② 각 실의 상호 관계가 깊은 것은 격리시키는 것이 좋다.
③ 내부 공간과 외부 공간을 합리적으로 연결시킨다.
④ 평면 모양은 복잡하지 않도록 하고, 대지는 충분한 여유가 있어야 한다.

08 다음의 부엌 계획에 대한 설명 중 옳지 않은 것은?

① 쾌적하고 능률적으로 작업할 수 있는 것은 물론 위생적인 측면에 유의하여야 한다.
② 작업 순서의 흐름 방향은 한쪽으로 한다.
③ 위치는 항상 쾌적하고, 일광에 의한 건조 소독을 할 수 있는 서쪽이 가장 좋다.
④ 부엌의 평면 형태 중 병렬형의 경우, 양쪽의 작업대 사이 간격이 너무 크면 좋지 않다.

09 복층형 아파트에 대한 설명으로 옳지 않은 것은?

① 프라이버시의 확보가 용이하다.

② 엘리베이터의 정지층 수를 적게 할 수 있다.

③ 단위 주거의 평면 계획에 변화를 줄 수 없다.

④ 복도가 없는 층은 남북면이 모두 외기에 면할 수 있다.

10 절충식 지붕틀에 대한 설명으로 옳지 않은 것은?

① 한식 구조와 유사한 구조이다.

② 조립이 복잡하고 난이하기 때문에 큰 건물에 많이 쓰인다.

③ 왕대공 지붕틀보다 역학적으로 좋지 않은 구조이다.

④ 지붕보는 지붕이 클 때에는 그 짜기에 의하여 종보를 사용한다.

11 압력 탱크식 급수 방식에 관한 설명 중 옳지 않은 것은?

① 탱크의 설치 위치에 제한을 받지 않는다.

② 소규모 급수에 적합하며 급수압이 항상 일정하다.

③ 국부적으로 고압을 필요로 하는 경우에 적합하다.

④ 취급이 곤란하며 다른 방식에 비해 고장이 많다.

12 다음 중 점토 제품과 관계가 없는 것은?

① 타일 　　　　② 도자기

③ 법랑 　　　　④ 욕조

13 실내 공기 오염도의 척도로 주로 이용되는 것은?

① 공기 중의 산소 농도

② 공기 중의 아황산가스 농도

③ 공기 중의 이산화탄소 농도

④ 공기 중의 질소 농도

14 부하 전류를 개폐함과 동시에 단락 및 지락 사고 발생 시 각종 계전기와의 조합으로 신속히 전로를 차단하여 기기 및 전선을 보호하는 장치는?

① 변압기 　　　　② 콘덴서

③ 분전반 　　　　④ 차단기

15 다음 산업규격의 연결이 잘못된 것은?

① 건설 : KS F 　　　② 전기 : KS C

③ 금속 : KS K 　　　④ 기계 : KS B

16 제도 용지 A2의 크기는 A0의 용지의 얼마 정도의 크기인가?

① 1/2 　　　　② 1/4

③ 1/8 　　　　④ 1/10

17 건축 도면의 글자 및 치수에 관한 설명으로 옳지 않은 것은?

① 숫자는 아라비아 숫자를 원칙으로 한다.

② 치수는 특별히 명시하지 않는 한 마무리 치수로 표시한다.

③ 글자체는 수직 또는 15° 경사의 고딕체로 쓰는 것을 원칙으로 한다.

④ 치수는 치수선에 평행하게 도면의 오른쪽에서 왼쪽으로 읽을 수 있도록 기입한다.

18 건축 도면 작성 시 사용되는 투상법의 원칙은?

① 제1각법   ② 제2각법

③ 제3각법   ④ 제4각법

19 다음은 표제란에 대한 설명이다. 잘못된 것은?

① 도면은 반드시 표제란을 설정해야 한다.

② 표제란에는 도면 번호, 도면 명칭, 축척, 책임자의 서명, 설계자의 성명, 도면 작성 연월일 등을 기입한다.

③ 표제란의 위치는 왼쪽의 상부로 잡는 것이 보통이다.

④ 기타 주의 사항은 표제란 부근에 기입하는 것이 원칙이다.

20 조적조 벽체 그리기를 할 때 순서로 옳은 것은?

> ㉠ 제도 용지에 테두리선을 긋고, 축척에 알맞게 구도를 잡는다.
> ㉡ 단면선과 입면선을 구분하여 그리고, 각 부분에 재료 표시를 한다.
> ㉢ 지반선과 벽체의 중심선을 긋고, 기초의 깊이와 벽체의 너비를 정한다.
> ㉣ 치수선과 인출선을 긋고, 치수와 명칭을 기입한다.

① ㉠ → ㉡ → ㉢ → ㉣

② ㉢ → ㉠ → ㉡ → ㉣

③ ㉠ → ㉢ → ㉡ → ㉣

④ ㉡ → ㉠ → ㉢ → ㉣

21 다음 건축 구조의 분류 중 일체식 구조에 해당하는 것은?

① 조적 구조

② 철골 철근 콘크리트 구조

③ 조립식 구조

④ 목구조

22 지반의 허용 지내력도가 가장 큰 것은?

① 자갈   ② 모래

③ 연암반   ④ 모래 섞인 점토

23 목재에 대한 설명으로 옳지 않은 것은?

① 강재에 비해 열전도율이 작다.

② 비강도가 크다.

③ 가공이 비교적 용이하다.

④ 습기에 따른 신축이 거의 없다.

24 목재 마루널 깔기에서 널 옆이 서로 물려지게 하고 마루의 진동에 의하여 못이 솟아오르는 일이 없는 이상적인 마루깔기법은?

① 맞댄 쪽매   ② 반턱 쪽매

③ 제혀 쪽매   ④ 딴혀 쪽매

25 다음 그림은 일반 반자뼈대를 나타낸 것이다. 명칭이 옳지 않은 것은?

① ㉮ - 달대받이   ② ㉯ - 지붕보

③ ㉰ - 달대   ④ ㉱ - 처마도리

26 지붕의 물매를 결정하는 데 있어 가장 영향이 적은 사항은?

① 지붕의 종류
② 지붕의 크기와 형상
③ 지붕 재료의 성질
④ 강수량

27 조적식 구조인 내력벽의 콘크리트 기초판에서 기초벽의 두께는 최소 얼마 이상으로 하여야 하는가?

① 150mm
② 200mm
③ 250mm
④ 300mm

28 벽돌 구조에서 개구부에 관한 설명 중 옳지 않은 것은?

① 너비 180cm가 넘는 개구부의 상부에는 철근 콘크리트 인방보를 설치한다.
② 대린벽으로 구획된 벽에서 개구부 너비의 합계는 그 벽 길이의 1/3 이하로 한다.
③ 개구부와 바로 위에 있는 개구부와의 수직 거리는 60cm 이상으로 한다.
④ 개구부 상호 간 또는 개구부와 대린벽의 중심과의 수평 거리는 그 벽 두께의 2배 이상으로 한다.

29 다음 ( ) 안에 적당한 것은?

> 내력벽 길이의 총 합계를 그 층의 바닥 면적으로 나눈 값을 벽량이라 하는데, 보강 블록조의 내력벽의 벽량은 ( )cm/m² 이상으로 한다.

① 5
② 15
③ 25
④ 35

30 석재의 이음 시 연결 철물 등을 이용하지 않고 석재만으로 된 이음은?

① 꺾쇠 이음
② 은장 이음
③ 촉이음
④ 제혀 이음

31 철근 콘크리트 기초보에 대한 설명으로 옳지 않은 것은?

① 독립 기초 상호를 연결한다.
② 주각의 이동이나 회전을 구속한다.
③ 기둥의 부동 침하를 가속화시킨다.
④ 지진 시에 주각에서 전달되는 모멘트에 저항한다.

32 다음 중 내민보(cantilever beam)에 대한 설명으로 옳은 것은?

① 연속보의 한 끝이나 지점에 고정된 보의 한 끝이 지지점에서 내민 형태로 달려 있는 보를 말한다.
② 보의 양단이 벽돌, 블록, 석조벽 등에 단순히 얹혀 있는 상태로 된 보를 말한다.
③ 단순보와 동일하게 보의 하부에 인장 주근을 배치하고 상부에는 압축 철근을 배치한다.
④ 전단력에 대한 보강의 역할을 하는 늑근은 사용하지 않는다.

33 철근 콘크리트 구조에서 원칙적으로 최소 얼마를 초과하는 철근은 겹침 이음을 하지 않아야 하는가?

① D19
② D22
③ D35
④ D41

34 철근 콘크리트 슬래브에 관한 설명 중 옳지 않은 것은?

① 두께는 최소 12cm 이상으로 한다.
② 단변 방향의 철근 간격은 20cm 이하로 한다.
③ 장변 방향의 철근 간격은 30cm 이하로 한다.
④ 슬래브의 인장 철근은 D10 이상을 사용한다.

35 다음 중 철골 구조의 약점이라 할 수 없는 것은?

① 내식성　　　　② 내화성
③ 내구성　　　　④ 좌굴

36 철골 구조에서 축방향력, 전단력 및 모멘트에 대해 모두 저항할 수 있는 접합은?

① 롤러 접합　　　② 전단 접합
③ 핀 접합　　　　④ 강 접합

37 다음 중 스틸 하우스에 대한 설명으로 틀린 것은?

① 내부 변경이 용이하고 공간 활용이 효율적이다.
② 공사 기간이 짧고 자재의 낭비가 적다.
③ 벽체가 얇기 때문에 결로 현상이 발생하지 않는다.
④ 얇은 천장을 통해 방 사이의 차음이 문제가 된다.

38 다음 철근 중 응력에 따른 분류에 속하지 않는 것은?

① 인장철근　　　② 압축철근
③ 전단철근　　　④ 이형철근

39 막상(膜狀) 재료로 공간을 덮어 건물 내·외의 기압차를 이용한 풍선 모양의 지붕 구조를 무엇이라 하는가?

① 공기 막 구조　　② 현수 구조
③ 곡면판 구조　　④ 입체 트러스 구조

40 다음과 같은 플랫 트러스에서 각각의 부재에 작용하는 응력이 옳지 않은 것은?

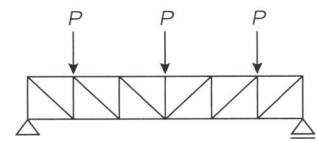

① 상현재 – 압축 응력
② 경사재 – 인장 응력
③ 하현재 – 인장 응력
④ 수직재 – 인장 응력

41 앞으로 요구되는 건축 재료의 발전 방향이 아닌 것은?

① 고품질　　　　② 합리화
③ 프리패브화　　④ 현장 시공화

42 금속 또는 목재에 적용되는 것으로서, 지름 10mm의 강구를 시편 표면에 500~3,000kg의 힘으로 압입하여 표면에 생긴 원형 흔적의 표면적을 구한 후 하중을 그 표면적으로 나눈 값을 무엇이라 하는가?

① 브리넬 경도　　② 모스 경도
③ 푸아송비　　　④ 푸아송수

43 다음 목재 중 침엽수에 속하는 것은?

① 참나무　　　　② 느티나무

③ 벚나무　　　　④ 전나무

44 목재의 자연 발화점 평균 온도는 어느 정도인가?

① 250℃　　　　② 350℃

③ 450℃　　　　④ 550℃

45 넓은 기계 대패로 나이테를 따라 두루마리를 펴 듯이 연속적으로 벗기는 방법으로, 얼마든지 넓은 베니어를 얻을 수 있으며 원목의 낭비도 적어 합판 제조의 80~90%에 해당하는 것은?

① 소드 베니어

② 로터리 베니어

③ 반 로터리 베니어

④ 슬라이스드 베니어

46 화성암의 풍화물, 유기물, 기타 광물질이 땅속에 퇴적되어 지열과 지압의 영향을 받아 응고된 것을 수성암이라 하는데, 다음 중 수성암에 해당하지 않는 것은?

① 안산암　　　　② 석회암

③ 응회암　　　　④ 사암

47 대리석, 사문암, 화강암 등의 쇄석을 종석으로 하여 백색 포틀랜드 시멘트에 안료를 섞어 천연 석재와 유사하게 성형시킨 것은?

① 점판암　　　　② 석회석

③ 인조석　　　　④ 화강암

48 점토 벽돌의 품질 결정에 가장 중요한 요소는?

① 압축 강도와 흡수율

② 제품 치수와 함수율

③ 인장 강도와 비중

④ 제품 모양과 색깔

49 시멘트 $1m^3$의 중량으로서 가장 적합한 것은?

① 1,000kg　　　　② 1,200kg

③ 1,500kg　　　　④ 2,500kg

50 고로 시멘트의 특징이 아닌 것은?

① 댐 공사에 좋다.

② 보통 포틀랜드 시멘트보다 비중이 크다.

③ 초기 강도는 약간 낮지만 장기 강도는 높다.

④ 화학 저항성이 크다.

51 이형 철근에서 표면에 마디를 만드는 이유로 가장 알맞은 것은?

① 부착 강도를 높이기 위해

② 인장 강도를 높이기 위해

③ 압축 강도를 높이기 위해

④ 항복점을 높이기 위해

52 AE제를 콘크리트에 사용하는 가장 중요한 목적은?

① 콘크리트의 강도를 증진시키기 위해서

② 동결 융해 작용에 대하여 내구성을 가지기 위해서

③ 블리딩을 감소시키기 위해서

④ 염류에 대한 화학적 저항성을 크게 하기 위해서

53 콘크리트의 배합에서 물·시멘트 비와 가장 관계가 깊은 것은?
① 강도
② 내동해성
③ 내화성
④ 내수성

54 열연강판을 화학 처리하여 표면에 있는 녹 등 불순물을 제거한 다음 상온에서 다시 한 번 압연한 것으로 두께가 얇으며 표면이 미려하여 자동차, 가구, 사무용 기구 등에 사용되는 철강 가공 방법은?
① 냉간 압연
② 담금질
③ 불림
④ 풀림

55 금속의 부식 방지법으로 틀린 것은?
① 상이한 금속은 접촉시켜 사용하지 말 것
② 균질의 재료를 사용할 것
③ 부분적인 녹은 나중에 처리할 것
④ 청결하고 건조 상태를 유지할 것

56 다음 중 시공 현장에서 절단 가공할 수 없는 유리는?
① 보통 판유리
② 무늬 유리
③ 망입 유리
④ 강화 유리

57 다음 중 열가소성 수지에 속하지 않는 것은?
① 염화비닐 수지
② 멜라민 수지
③ 폴리에틸렌 수지
④ 아크릴 수지

58 콘크리트면, 모르타르면의 바름에 가장 적합한 도료는?
① 옻칠
② 래커
③ 유성 페인트
④ 수성 페인트

59 미장 재료의 구성 재료 중 그 자신이 물리적 또는 화학적으로 고체화하여 미장 바름의 주체가 되는 재료는?
① 골재
② 혼화재
③ 보강재
④ 고결재

60 아스팔트의 품질 판별 관련 요소와 가장 거리가 먼 것은?
① 침입도
② 신도
③ 감온비
④ 강도

01 건축물을 만드는 과정에서 다음 중 가장 먼저 이루어지는 사항은?

① 도면 작성
② 대지 조건 파악
③ 형태 및 규모 구상
④ 공간 규모와 치수 결정

02 건축법상 「지적법」에 의하여 각 필지로 구획된 토지를 무엇이라고 하는가?

① 개별필지
② 대지
③ 사업부지
④ 분할필지

03 주택의 생활공간을 개인공간, 공동공간 및 그 밖의 공간으로 구분한다. 개인공간에 해당하지 않는 것은?

① 침실
② 서재
③ 응접실
④ 노인 침실

04 먼셀의 표색계에서는 색을 나타내기 위하여 기호를 사용하는데, 다음 중 빨강의 순색은?

① 5R 1/14
② 5R 5/12
③ 5R 7/8
④ 5R 6/10

05 다음 중 일교차에 대한 설명으로 옳은 것은?

① 하루 중의 최고 기온과 최저 기온의 차이
② 월평균 기온의 연중 최저치와 최고치의 차이
③ 기온의 역전 현상
④ 일평균 기온의 연중 최저치와 최고치의 차이

06 다음에서 설명하는 구조의 명칭으로 옳은 것은?

> 수평 하중은 건축물의 외곽 구조가 지지하고, 지상으로부터 솟은 속이 빈 상자형의 캔틸레버와 유사하며, 외곽은 대부분 풍하중에 저항하므로 내부의 전단벽은 불필요하다. 또한, 외부벽은 대각선의 가새로 보강하면 강성이 증대되며 트러스 작용을 한다. 특히 넓은 공간을 구성하고, 초고층 건축물에 사용되는 구조이다.

① 튜브 구조
② 강성 골조 구조
③ 골조 전단벽 구조
④ 전단 코어 구조

07 주택의 평면 계획의 방침으로 옳지 못한 것은?

① 각 실의 상호 관계에서 관계가 깊은 것은 인접시킨다.
② 침실은 독립성을 확보하고, 다른 실의 통로가 되지 않게 한다.
③ 부엌, 욕실, 화장실 등은 분산시켜 배치하는 것이 좋다.
④ 평면 모양은 복잡하지 않도록 한다.

08 다음 중 소규모 주택에서 다이닝 키친(dining kitchen)을 채택하는 이유로 가장 거리가 먼 것은?

① 공사비의 절약

② 실면적의 절약

③ 조리 시간의 단축

④ 주부 노동력의 절감

09 아파트의 단면 구성 형식 중 주거 단위의 단면을 단층형과 복층형에서 동일 층으로 하지 않고 반 층씩 엇나게 하는 형식은?

① 홀형　　　　② 편복도형

③ 스킵 플로어형　　④ 플랫형

10 직접조명방식에 대한 설명 중 옳지 않은 것은?

① 실내 벽면의 반사율에 의한 영향이 적다.

② 조명방식 중 조명률이 가장 높다.

③ 공장이나 사무실 조명에 사용된다.

④ 직사 눈부심이 없다.

11 급수 펌프, 양수 펌프, 순환 펌프 등으로 건축 설비 에 주로 사용되는 펌프는?

① 왕복식 펌프　　② 회전식 펌프

③ 피스톤 펌프　　④ 원심식 펌프

12 다음의 온수 난방에 대한 설명 중 옳지 않은 것은?

① 한랭 시 난방을 정지하였을 경우 동결의 우 려가 있다.

② 현열을 이용한 난방이므로 증기 난방에 비 해 쾌감도가 높다.

③ 난방을 정지하여도 난방 효과가 잠시 지속 된다.

④ 열용량이 작기 때문에 온수 순환 시간이 짧다.

13 창 밑 바닥에 건너댄 돌로서 빗물을 처리하고 장 식적으로 사용되는 것으로서 윗면·밑면·옆면에 물끊기, 물돌림 등을 두어 빗물의 침입을 막고 물 흐림이 잘 되게 하는 것은?

① 문지방돌　　　② 쌤돌

③ 창대돌　　　　④ 인방돌

14 전력 퓨즈에 관한 설명으로 옳지 않은 것은?

① 재투입이 불가능하다.

② 릴레이나 변성기가 필요하다.

③ 과전류에서 용단될 수도 있다.

④ 소형으로 큰 차단 용량을 가졌다.

15 시멘트의 응결 및 경화에 관한 설명으로 옳지 않 은 것은?

① 시멘트의 분말도가 낮을수록 느리다.

② 온도가 높을수록 경화속도가 빠르다.

③ 물·시멘트비가 낮을수록 느리다

④ 풍화된 시멘트일수록 경화속도가 느리다.

16 건축 도면을 보관, 정리 또는 취급상 접을 때에 얼 마의 크기로 접는 것을 표준으로 하는가?

① A1　　　　　② A2

③ A3　　　　　④ A4

17 건축 제도의 기본 사항에 관한 설명으로 옳지 않은 것은?

① 투상법은 제3각법으로 작도함을 원칙으로 한다.

② 접은 도면의 크기는 A3의 크기를 원칙으로 한다.

③ 평면도, 배치도 등은 북쪽을 위로 하여 작도함을 원칙으로 한다.

④ 입면도, 단면도 등은 위아래 방향을 도면지의 위아래와 일치시키는 것을 원칙으로 한다.

18 투상도에 대한 설명 중 틀린 것은?

① 시점이 평행이다.

② 소점이 존재한다.

③ 모든 시점의 선들과 투영선은 주요 평면에 대해 직각을 이룬다.

④ 수직축, 수평축, 경사진 임의 축이 만들어진다.

19 도면 표시 기호를 바르게 설명한 것은?

① 치수 보조선은 도면에서 2~3mm 떨어져 긋는다.

② 화살표의 크기는 글씨 크기와 조화되게 쓴다.

③ 도면에 표시된 기호는 치수 뒤에 쓴다.

④ 반지름을 나타내는 기호는 ∅이다.

20 벽돌조 벽체에 있어서 1.0B 공간 쌓기의 벽 두께로 옳은 것은? (단, 벽돌은 표준형을 사용하고, 공간은 75mm로 한다.)

① 180mm　　② 255mm

③ 265mm　　④ 285mm

21 가구식 구조에 대한 설명으로 옳은 것은?

① 개개의 재료를 접착제를 이용하여 쌓아 만든 구조

② 목재, 강재 등 가늘고 긴 부재를 접합하여 뼈대를 만드는 구조

③ 철근 콘크리트 구조와 같이 전 구조체가 일체가 되도록 한 구조

④ 물을 사용하는 공정을 가진 구조

22 건물의 최하부에 놓여져 건물의 무게를 안전하게 지반에 전달하는 구조부는?

① 지붕　　② 계단

③ 기초　　④ 창호

23 다음 중 목구조에 대한 설명으로 옳지 않은 것은?

① 토대는 기초 위에 가로놓아 상부에서 오는 하중을 기초에 전달한다.

② 토대와 토대의 이음은 턱걸이 주먹장이음 또는 엇걸이산지이음 등으로 한다.

③ 평기둥은 밑층에서 위층까지 한 개의 부재로 되어 있다.

④ 간사이의 중간에서 지붕보를 받는 부재를 베개보라 한다.

24 목구조의 기둥에 관한 설명으로 옳지 않은 것은?

① 중층 건물의 상하층 기둥이 길게 한 채로 된 것을 토대라 한다.

② 활주는 추녀뿌리를 받친 기둥이고, 단면은 원형 또는 팔각형이 많다.

③ 심벽조는 기둥이 노출된 형식이다.

④ 기둥 몸이 밑둥에서부터 위로 올라가면서 점차 가늘게 된 것을 흘림기둥이라 한다.

25 목조 벽체에서 기둥 맨 위 처마 부분에 수평으로 거는 가로재로서 기둥 머리를 고정하는 것은?
① 처마도리   ② 샛기둥
③ 깔도리   ④ 꿸대

26 다음 중 지붕 경사의 표시로 가장 알맞은 것은?
① 4/10   ② 4/100
③ 4/50   ④ 2/100

27 벽돌 구조에서 줄눈의 종류가 아닌 것은?
① 가로 줄눈   ② 세로 줄눈
③ 통줄눈   ④ 경사 줄눈

28 벽돌 쌓기에서 세로 규준틀에의 표시 사항이 아닌 것은?
① 벽돌 한 켜의 높이
② 창문틀의 위치
③ 각층 바닥 높이
④ 개구부의 폭

29 벽량에 대한 설명으로 옳지 않은 것은?
① 내력벽 길이의 총 합계를 그 층의 바닥 면적으로 나눈 값을 의미한다.
② 보강 블록 구조의 내력벽의 벽량은 15cm/m^2 이상이 되도록 한다.
③ 큰 건물에 비해 작은 건물일수록 벽량을 증가할 필요가 있다.
④ 벽량을 증가시키면 횡력에 대항하는 힘이 생긴다.

30 타일 나누기에 대한 설명으로 옳지 않은 것은?
① 기준 치수는 타일 치수와 줄눈 치수를 합하여 산정한다.
② 시공면의 높이, 중간 문꼴부 등은 정수배로 나누어지도록 한다.
③ 타일의 세로 줄눈은 통 줄눈 또는 막힌 줄눈으로 한다.
④ 수도, 전등의 위치는 타일 한가운데 위치하도록 한다.

31 다음 중 거푸집 상호 간의 간격을 유지하는 데 쓰이는 긴결재는?
① 꺾쇠   ② 컬럼 밴드
③ 세퍼레이터   ④ 듀벨

32 그림과 같은 보에 하중이 다음과 같이 작용할 때 가장 올바른 철근 배근은?

33 철근 콘크리트 기둥에 관한 설명으로 옳지 않은 것은?
① 축방향의 수직 철근을 주근이라 한다.
② 띠철근은 기둥의 좌굴을 방지한다.
③ 사각기둥과 원기둥에서는 주근을 최소 3개 이상 배근한다.
④ 띠철근 기둥 단면의 최소 치수는 200mm이다.

34 슬래브 배근상의 주의 사항을 설명한 것이다. 적합하지 않은 것은?

① 슬래브의 인장 철근은 ∅9, D10 이상 또는 지름 6mm 이상의 용접 철망을 사용한다.
② 단변 방향 중앙부의 철근의 간격은 20cm 이하로 한다.
③ 중앙부 배력근의 간격은 30cm 이하 또는 슬래브 두께의 3배 이하로 한다.
④ 단변 방향 철근은 그 성질상 반드시 장변 방향 철근의 안쪽에 배근하도록 한다.

35 다음 중 건물 전체의 무게가 비교적 가벼우면서 강도가 커 고층이나 간사이가 큰 대규모 건축물에 적합한 구조는?

① 철근 콘크리트 구조
② 철골 구조
③ 목구조
④ 블록 구조

36 강구조의 조립보 중 웨브에 철판을 쓰고 상·하부에 플랜지 철판을 용접하거나 ㄱ형강을 리벳 접합한 것은?

① 형강 보
② 래티스 보
③ 격자 보
④ 판 보

37 다음 중 철(강제) 계단에 대한 설명으로 옳지 않은 것은?

① 피난 계단에 적당하다.
② 철 계단의 접합은 보통 볼트 조임, 용접 등으로 한다.
③ 철골 구조라 진동에 유리하다.
④ 공장, 창고 등에 널리 사용된다.

38 suspension cable에 의한 지붕 구조는 케이블의 어떠한 저항력을 이용한 것인가?

① 휨 모멘트
② 압축력
③ 인장력
④ 전단력

39 건물의 지붕에 적용된 공기 막 구조에 대하여 옳게 설명한 것은?

① 구조재의 자중이 무거워 대스팬 구조에 불리하다.
② 내외부의 기압의 차를 이용하여 공간을 확보한다.
③ 아치를 양방향으로 확장한 형태다.
④ 얇은 두께의 콘크리트 내부에 섬유막을 함유하였다.

40 강 구조 트러스에 대한 설명 중 옳지 않은 것은?

① 접합 시의 거싯 플레이트는 직사각형에 가까운 모양이 좋다.
② 지점의 중심선과 트러스 절점의 중심선은 가능한 일치시켜 편심 모멘트가 생기지 않도록 한다.
③ 현재란 수직으로 배치된 복재를 말한다.
④ 지점은 지지점이라고도 하며 트러스가 놓이는 점을 말한다.

41 건축 구조 재료에 요구되는 성질과 가장 거리가 먼 것은?

① 재질이 균일하고 강도가 커야 한다.
② 내화, 내구성이 커야 한다.
③ 가공이 쉬워야 한다.
④ 외관이 미려해야 한다.

42 재료를 잡아 당겼을 때 길게 늘어나는 성질을 무엇이라 하는가?

① 강성　　　　　② 연성
③ 강도　　　　　④ 전성

43 목재에서 힘을 받는 섬유소 간의 접착제 역할을 하는 것은?

① 도관 세포　　　② 헤미 셀룰로오스
③ 리그닌　　　　④ 탄닌

44 목재의 성질에 관한 설명으로 옳지 않은 것은?

① 함수율이 적어질수록 목재는 수축하며, 수축율은 방향에 따라 다르다.
② 함수율의 변동에 따라 목재의 강도에 변동이 있다.
③ 침엽수와 활엽수의 수축율은 차이가 있다.
④ 목재를 섬유 포화점 이하로만 건조시키면 부패 방지가 가능하다.

45 M.D.F(Medium Density Fiberboard)에 대한 설명으로 옳지 않은 것은?

① 톱밥, 나무 부스러기 등을 사용한 인공 합성 목재이다.
② 고정 철물을 사용한 곳은 재시공이 어렵다.
③ 천연 목재보다 강도가 작다.
④ 천연 목재보다 습기에 약하다.

46 다음 중 평균적으로 압축 강도가 가장 큰 석재는?

① 화강암　　　　② 사문암
③ 사암　　　　　④ 대리석

47 테라초(terrazzo)에 대한 설명으로 옳은 것은?

① 대리석의 쇄석을 종석으로 하여 시멘트를 사용, 콘크리트판의 한쪽 면에 타설한 후 가공 연마하여 대리석과 같이 미려한 광택을 갖도록 마감한 것을 말한다.
② 운모계 광석을 고열로 가열시켜 체적이 5~6배 된 다공질 경석을 말한다.
③ 화성암 중의 석회분이 물에 녹아 바닷속에 침전되어 퇴적, 응고된 것이다.
④ 대리석과 동일하나 석질이 불균일하고 다공질이며 특수 실내 장식재로 사용된다.

48 다음의 다공 벽돌에 대한 설명 중 옳지 않은 것은?

① 비중이 1.2~1.5 정도이다.
② 방음, 흡음성이 좋다.
③ 절단, 못치기 등의 가공이 우수하다.
④ 구조용으로 주로 사용된다.

49 시멘트 분말도에 대한 설명으로 옳지 않은 것은?

① 분말도가 클수록 수화 작용이 빠르다.
② 분말도가 클수록 초기 강도의 발생이 빠르다.
③ 분말도가 클수록 강도 증진율이 높다.
④ 분말도가 클수록 초기 균열이 적다.

50 보통 시멘트와 비교한 고로 슬래그 시멘트의 특징에 대한 설명 중 틀린 것은?

① 댐 공사에 적합하다.
② 바닷물에 대한 저항성이 크다.
③ 단기 강도가 작다.
④ 응결 시간이 빠르다.

51 20kg의 골재가 있다. 5mm체에 몇 kg 이상 통과하여야 잔 골재라 할 수 있는가?

① 3kg
② 10kg
③ 12kg
④ 17kg

52 다음 중 혼화제인 AE제에 대한 설명으로 옳은 것은?

① 사용 수량을 줄여 블리딩(bleeding)이 감소한다.
② 화학 작용에 대한 저항성을 저감시킨다.
③ 콘크리트의 압축 강도를 증가시킨다.
④ 철근의 부착 강도를 증가시킨다.

53 콘크리트의 강도에 대한 설명 중 옳은 것은?

① 물·시멘트 비가 가장 큰 영향을 준다.
② 압축 강도는 전단 강도의 1/10~1/15 정도로 작다.
③ 일반적으로 콘크리트의 강도는 인장 강도를 말한다.
④ 시멘트의 강도는 콘크리트의 강도에 영향을 끼치지 않는다.

54 강의 열처리 방법 중 담금질에 의하여 감소하는 것은?

① 강도
② 경도
③ 신장률
④ 전기 저항

55 금속 제품 중 목재의 이음 철물로 사용되지 않는 것은?

① 안장쇠
② 꺾쇠
③ 인서트
④ 띠쇠

56 안전 유리의 일종으로 유리 평면 및 곡면의 판유리를 약 600℃까지 가열하였다가 양면을 냉각 공기로 급랭한 유리는?

① 보통 관유리
② 복층 유리
③ 무늬 유리
④ 강화 유리

57 다음 중 열경화성 수지는?

① 염화비닐 수지
② 폴리스티렌 수지
③ 요소 수지
④ 아크릴 수지

58 다음의 도료 중 내알칼리성이 높아 모르타르나 콘크리트벽 등에 사용이 가능한 것은?

① 염화비닐 수지 도료
② 유성 페인트
③ 유성 바니시
④ 알루미늄 페인트

59 소석회에 모래, 해초풀, 여물 등을 혼합하여 바르는 미장 재료로서 목조 바탕, 콘크리트 블록 및 벽돌 바탕 등에 사용되는 것은?

① 돌로마이트 플라스터
② 회반죽
③ 석고 플라스터
④ 시멘트 모르타르

60 다음 중 방수 공사용 아스팔트의 품질을 판별하는 기준과 가장 거리가 먼 것은?

① 연화점
② 마모도
③ 침입도
④ 가열 안정성

01 다음 중 건축물의 계획·설계 시 내부적 요구 조건에 해당되는 것은?

① 규모 및 예산　　② 법규적인 제한
③ 이용상의 요구　　④ 기후적인 조건

02 건축법상 주요 구조부에 속하지 않는 것은?

① 기둥　　② 지붕틀
③ 내력벽　　④ 옥외 계단

03 주택에 있어서 식당의 배치유형 중 식당과 주방을 하나의 공간에 두거나 주방의 일부에 식탁을 설치하는 형식은?

① 리빙 키친　　② 리빙 다이닝
③ 다이닝 키친　　④ 다이닝 포치

04 먼셀의 표색계에서 5R 4/14로 표시되었다면 이 색의 명도는?

① 1　　② 4
③ 5　　④ 14

05 일조를 고려할 경우 우리나라의 기후 환경상 가장 유리한 건축물 방위는?

① 동향　　② 서향
③ 남향　　④ 북향

06 다음은 막 구조에 대한 설명이다. 옳지 않은 것은?

① 넓은 공간을 덮을 수 있다.
② 힘의 흐름이 명확하므로 구조 해석이 용이하다.
③ 응력이 집중되는 부위가 파손되지 않도록 보강을 하여야 한다.
④ 막재료에 있어서는 항상 인장응력이 작용하도록 계획되어야 한다.

07 주택의 평면 계획에서 인접의 원칙에 해당하지 않는 것은?

① 거실 – 현관
② 식당 – 주방
③ 식당 – 화장실
④ 주방 – 다용도실

08 주택 계획에서 다이닝 키친(Dining Kitchen)에 관한 설명으로 옳지 않은 것은?

① 공간 활용도가 높다.
② 주부의 동선이 단축된다.
③ 소규모 주택에 적합하다.
④ 거실의 일단에 식탁을 꾸며 놓은 것이다.

09 스킵 플로어형 공동 주택에 관한 설명으로 옳지 않은 것은?

① 구조 및 설비 계획이 용이하다.
② 주택 내의 공간의 변화가 있다.
③ 통풍·채광의 확보가 용이하다.
④ 엘리베이터의 효율적 운행이 가능하다.

10 다음 한식 주택에 대한 설명 중 옳지 않은 것은?

① 각 실은 홀로 연결된 조합평면이다.
② 가구는 부수적인 내용물이다.
③ 공간의 융통성이 낮다.
④ 평면의 실의 분화는 조합평면이다.

11 대변기의 세정 급수 방식과 관련 없는 것은?

① 로 탱크식(low tank type)
② 하이 탱크식(high tank type)
③ 압력 탱크 방식(pressure tank system)
④ 플러시 밸브식(flush valve type)

12 다음 중 온수 난방에 대한 설명으로 옳은 것은?

① 예열 시간이 증기 난방에 비해 짧다.
② 증기 난방에 비해 방열 면적과 배관이 작다.
③ 한랭 시 난방을 정지하였을 경우 동결의 우려가 없다.
④ 현열을 이용한 난방이므로, 증기 난방에 비해 쾌감도가 높다.

13 다음 그림과 같은 벽돌 쌓기법은?

① 미국식 쌓기
② 네덜란드식 쌓기
③ 프랑스식 쌓기
④ 영식 쌓기

14 피뢰 설비를 설치해야 하는 건축물의 높이 기준은?

① 20m 이상
② 25m 이상
③ 30m 이상
④ 35m 이상

15 다음 중 콘크리트의 강도에 영향을 주는 요인에 속하지 않는 것은?

① 물·시멘트의 비
② 혼화재료
③ 시공방법
④ 비빔장소

16 문서 등의 철을 위하여 도면을 접을 때 접는 크기는 얼마를 원칙으로 하는가?

① A2
② A3
③ A4
④ A6

17 도면에는 척도를 기입해야 하는데, 그림의 형태가 치수에 비례하지 않을 경우 표시 방법으로 옳은 것은?

① US
② DS
③ NS
④ KS

18 다음 중 계획 설계도에 속하지 않는 것은?

① 구상도
② 조직도
③ 배치도
④ 동선도

19 창호도에 표시하지 않아도 되는 것은?

① 창호 형태   ② 개폐 방법
③ 재료 및 치수   ④ 창호 단면도

20 조적조 벽체에서 1.5B 쌓기의 두께로 옳은 것은?
(단, 표준형 벽돌 사용)

① 190mm   ② 220mm
③ 280mm   ④ 290mm

21 규격화된 기성 제품을 가구식으로 짜맞추어 물을 거의 사용하지 않고 축조하는 구조는?

① 건식 구조   ② 습식 구조
③ 조적 구조   ④ 철근 콘크리트 구조

22 바닥 슬래브 전체가 기초판 역할을 하는 것은?

① 매트 기초   ② 복합 기초
③ 독립 기초   ④ 줄기초

23 목재의 성질로 틀린 것은?

① 함수율에 의한 변형이 크다.
② 가공하기 쉽다.
③ 불에 타기 쉽다.
④ 열전도율이 크다.

24 목구조에서 기둥에 대한 설명으로 틀린 것은?

① 마루, 지붕 등의 하중을 토대에 전달하는 수직 구조재이다.
② 통재 기둥은 2층 이상의 기둥 전체를 하나의 단일재로 사용하는 기둥이다.
③ 평기둥은 각 층별로 각 층의 높이에 맞게 배치되는 기둥이다.
④ 샛기둥은 본기둥 사이에 세워 벽체를 이루는 기둥으로, 상부의 하중을 대부분 받는다.

25 건물의 외벽에서 기둥 머리를 연결하고 지붕보를 받아 지붕의 하중을 기둥에 전달하는 가로재는?

① 토대   ② 처마도리
③ 서까래   ④ 층도리

26 지붕 물매 중 되물매에 해당하는 물매는?

① 4cm 물매   ② 6cm 물매
③ 10cm 물매   ④ 12cm 물매

27 벽돌 구조에서 통줄눈을 피하는 가장 중요한 이유는?

① 내부 구조상 하중의 분산을 위하여
② 외관의 미적 표현을 위하여
③ 벽체의 습기 방지를 위하여
④ 시공의 편의를 위하여

28 벽돌 구조의 내력벽 두께를 결정하는 요소와 가장 관계가 먼 것은?

① 벽의 높이   ② 지붕 물매
③ 벽의 길이   ④ 건축물의 층수

29 조적조에서 벽량의 산출식으로 옳은 것은?

① $벽량 = \dfrac{그 \ 층의 \ 바닥 \ 면적(m^2)}{내력벽의 \ 전체 \ 길이(cm)}$

② $벽량 = \dfrac{내력벽의 \ 전체 \ 길이(cm)}{그 \ 층의 \ 바닥 \ 면적(m^2)}$

③ $벽량 = \dfrac{비내력벽의 \ 전체 \ 길이(cm)}{그 \ 층의 \ 바닥 \ 면적(m^2)}$

④ $벽량 = \dfrac{그 \ 층의 \ 바닥 \ 면적(m^2)}{비내력벽의 \ 전체 \ 길이(cm)}$

30 투시도에 사용하는 용어 중 사람이 서 있는 곳을 의미하는 것은?

① 화면(P.P) ② 정점(S.P)
③ 소점(V.P) ④ 기선(G.L)

31 다음의 거푸집에 대한 설명 중 옳지 않은 것은?

① 기초 거푸집은 지반이 무르고 좋지 않을 때는 사용하지 않는다.
② 벽거푸집은 일반적으로 한쪽 벽 옆판은 버팀대로 지지하여 세우고 철근을 배근한 후에 다른 쪽 옆판을 세워서 조립한다.
③ 기둥 거푸집 재료로는 목재 합판이나 강재 패널 등을 사용한다.
④ 보거푸집은 바닥 거푸집과 함께 설치하는 경우가 많다.

32 철근 콘크리트 구조의 배근에 대한 설명으로 옳지 않은 것은?

① 기둥 하부의 주근은 기초판에 크게 구부려 깊이 정착한다.
② 압축측에도 철근을 배근한 보를 복근보라고 한다.
③ 단순보의 주근은 중앙부에서는 하부에 많이 넣어야 한다.
④ 슬래브의 철근은 단변 방향보다 장변 방향에 많이 넣어야 한다.

33 철근 콘크리트 기둥의 배근에 관한 설명 중 옳지 않은 것은?

① 기둥을 보강하는 세로 철근, 즉 축방향 철근이 주근이 된다.
② 나선 철근은 주근의 좌굴과 콘크리트가 수평으로 터져 나가는 것을 구속한다.
③ 주근의 최소 개수는 사각형이나 원형 띠철근으로 둘러싸인 경우 6개, 나선 철근으로 둘러싸인 철근의 경우 4개로 하여야 한다.
④ 비합성 압축 부재의 축방향 주철근 단면적은 전체 단면적의 0.01배 이상, 0.08배 이하로 하여야 한다.

34 철근 콘크리트 구조의 경사보식 계단에 대한 설명 중 옳지 않은 것은?

① 4변이 지지된 계단으로 본다.
② 좌우벽이나 측보로 지지한다.
③ 단변 방향에는 배력근, 장변 방향에는 주근을 배치한다.
④ 계단의 너비와 간사이가 큰 경우에 많이 사용된다.

35 강구조에 관한 설명 중 옳지 않은 것은?

① 내구·내화적이다.
② 좌굴의 위험성이 높다.
③ 철근 콘크리트조에 비해 경량이다.
④ 고층 건물이나 장스팬 구조에 적당하다.

36 철골 구조에서 판 보(plate girder)의 구성 부재 명칭과 관계가 없는 것은?

① 플랜지 앵글   ② 스티프너
③ 웨브 플레이트   ④ 메탈 터치

37 미닫이 창호와 거의 같은 구조이며, 우리나라 전통 건축에서 많이 볼 수 있는 창호로 칸막이 기능을 가지고 있는 것은?

① 접이 창호   ② 미서기 창호
③ 붙박이 창호   ④ 자재 창호

38 다음 중 열의 차단으로 더위를 막기 위해 축조된 구조는?

① 방서 구조   ② 방한 구조
③ 방충 구조   ④ 방청 구조

39 막 구조 중 막의 무게를 케이블로 지지하는 구조는?

① 골조 막 구조   ② 현수 막 구조
③ 공기 막 구조   ④ 하이브리드 막 구조

40 트러스 구조에 대한 설명으로 옳지 않은 것은?

① 지점의 중심선과 트러스 절점의 중심선은 가능한 한 일치시킨다.
② 항상 인장력을 받는 경사재의 단면이 가장 크다.
③ 트러스의 부재 중에는 응력을 거의 받지 않는 경우도 생긴다.
④ 트러스의 부재의 절점은 핀접합으로 본다.

41 구조용 재료에 요구되는 성질과 가장 거리가 먼 것은?

① 재질이 균일하고 강도가 큰 것이어야 한다.
② 색채와 촉감이 좋은 것이어야 한다.
③ 가볍고 큰 재료를 용이하게 얻을 수 있어야 한다.
④ 내화·내구성이 큰 것이어야 한다.

42 재료의 여러 성질 중 금, 은, 알루미늄 등과 같이 압력이나 타격에 의해 파괴됨 없이 얇은 판 모양으로 펼 수 있는 성질을 무엇이라 하는가?

① 취성   ② 인성
③ 전성   ④ 강성

43 목재를 구성하는 섬유의 배열 상태 및 목재의 외관적 상태를 말하는 것으로, 외관상 중요할 뿐만 아니라 건조 수축에 의한 변형에도 관계가 깊은 것은?

① 옹이   ② 나뭇결
③ 심재   ④ 변재

44 목재에 관한 설명 중 옳지 않은 것은?

① 섬유 포화점 이하에서는 함수율이 감소할 수록 목재 강도는 증가한다.

② 섬유 포화점 이상에서는 함수율이 증가해도 목재 강도는 변화가 없다.

③ 가력 방향이 섬유에 평행할 경우 압축 강도가 인장 강도보다 크다.

④ 심재는 일반적으로 변재보다 강도가 크다.

45 경질 섬유판에 대한 설명으로 옳지 않은 것은?

① 식물 섬유를 주원료로 하여 성형한 판이다.

② 신축의 방향성이 크며 소프트 텍스라고도 불리운다.

③ 비중이 $0.8g/m^3$ 이상으로 수장판으로 사용된다.

④ 연질, 반경질 섬유판에 비하여 강도가 우수하다.

46 다음 중 건물의 외부 벽체 마감용으로 적당하지 않은 석재는?

① 화강암   ② 안산암

③ 점판암   ④ 대리석

47 백색 포틀랜드 시멘트와 종석, 안료를 섞어서 반죽하여 만든 것은?

① 코킹(caulking)

② 테라코타(terra - cotta)

③ 테라초(terrazzo)

④ 트래버틴(travertine)

48 다공질 벽돌에 관한 설명 중 옳지 않은 것은?

① 방음, 흡음성이 좋지 않고 강도도 약하다.

② 점토에 분탄, 톱밥 등을 혼합하여 소성한다.

③ 비중은 1.5 정도로 가볍다.

④ 톱질과 못박음이 가능하다.

49 시멘트의 분말도가 높은 경우의 특징으로 옳지 않은 것은?

① 수화 작용이 빠르다.

② 시공 연도가 좋다.

③ 조기 강도가 크다.

④ 재료 분리가 크다.

50 화력 발전소와 같이 미분탄을 연소할 때 석탄재가 고온에 녹은 후 냉각되어 구상이 된 미립분을 혼화재로 사용한 시멘트로서, 콘크리트의 워커빌리티를 좋게 하며 수밀성을 크게 할 수 있는 시멘트는?

① 플라이 애시 시멘트

② 고로 시멘트

③ 백색 포틀랜드 시멘트

④ AE 포틀랜드 시멘트

51 골재에 대한 설명으로 부적당한 것은?

① 골재의 강도는 콘크리트 중의 경화 시멘트 페이스트의 강도 이상이어야 한다.

② 골재의 표면은 매끈하고 구형에 가까운 것이 좋다.

③ 골재는 잔 것과 굵은 것이 골고루 혼합된 것이 좋다.

④ 잔 골재의 염분 함유 한도는 0.04% 이하여야 한다.

52 시멘트 혼화제인 AE제에 대한 설명으로 옳지 않은 것은?

① 콘크리트 내부에 독립된 미세 기포를 발생시켜 콘크리트의 워커빌리티를 개선한다.

② AE제를 사용한 콘크리트의 강도는 물·시멘트 비가 일정할 경우 공기량 증가에 따라 압축 강도가 저하된다.

③ AE제를 사용하면 콘크리트 내부의 물의 이동이 활발해져 블리딩이 증가한다.

④ 경화 중에 건조 수축을 감소시킨다.

53 시멘트 제품의 양생 방법 중 가장 이상적인 것은?

① 통풍을 막고 직사광선을 피하여 건조시킨다.

② 가열을 해서 속히 건조시킨다.

③ 영하의 저온 환경에서 건조시킨다.

④ 적당한 온도와 습도를 위해서 수중 양생을 한다.

54 황동의 합금 구성으로 옳은 것은?

① Cu+Zn　　② Cu+Ni

③ Cu+Sn　　④ Cu+Mn

55 다음 중 강을 사용하여 만든 긴결 철물 및 고정 철물이 아닌 것은?

① 고력 볼트　　② 리벳

③ 스크루 앵커　　④ 조이너

56 판유리 종류를 600℃ 이상의 연화점 근처까지 가열한 후 표면에 냉기를 내뿜어 급랭시켜 제조하며, 담금 유리라고도 하는 유리는?

① 연마 판유리　　② 망입 판유리

③ 강화 유리　　④ 복층 유리

57 열경화성 수지에 해당되는 것은?

① 멜라민 수지

② 염화비닐 수지

③ 메타크릴 수지

④ 폴리에틸렌 수지

58 합성수지 에멀션 도료의 특징 중 옳지 않은 것은?

① 접착성이 좋다.

② 내알칼리성이 우수하다.

③ 내화성이 부족하다.

④ 착색이 자유롭다.

59 회반죽이 공기 중에서 굳어질 때 필요한 물질은?

① 산소　　② 수증기

③ 탄산가스　　④ 질소

60 아스팔트의 견고성 정도를 침의 관입 저항으로 평가하는 방법은?

① 수축률　　② 침입도

③ 경도　　④ 갈라짐

01 건축 설계 시 가장 먼저 생각해야 할 사항은?

① 건물 외관
② 구조 계획
③ 시공 계획
④ 대지 및 주위 환경 분석

02 건축법에 따른 고층 건축물의 정의로 옳은 것은?

① 층수가 30층 이상이거나 높이가 90m 이상인 건축물
② 층수가 30층 이상이거나 높이가 120m 이상인 건축물
③ 층수가 50층 이상이거나 높이가 150m 이상인 건축물
④ 층수가 50층 이상이거나 높이가 180m 이상인 건축물

03 부엌가구의 배치유형 중 양쪽 벽면에 부엌가구가 마주 보도록 배치한 형식으로 주방의 폭에 비해 넓은 주방의 형태는?

① 병렬형
② 일자형
③ ㄱ자형
④ ㄷ자형

04 다음 중 같은 색상의 청색 중에서 가장 채도가 높은 색은?

① 순색
② 명청색
③ 암청색
④ 탁색

05 다음 중 일조의 직접적인 효과로 볼 수 없는 것은?

① 광 효과
② 열 효과
③ 환기 효과
④ 생리적 효과

06 한식 주택과 양식 주택에 대한 설명 중 옳지 않은 것은?

① 한식 주택의 각 실들은 다용도 형식으로 되어 있어 융통성이 많다.
② 양식 주택은 개인의 생활 공간이 보호되는 유리한 점이 있는 만큼 많은 주거 면적이 소요된다.
③ 양식 주택의 가구는 부차적 존재이며, 한식 주택의 가구는 주요한 내용물이다.
④ 한식 주택은 좌식 생활이며, 양식 주택은 입식 생활이다.

07 다음 중 주택에서 각 실의 방위가 가장 부적절한 것은?

① 거실 – 남쪽
② 부엌 – 서쪽
③ 침실 – 동남쪽
④ 화장실 – 북쪽

08 주택에서 거실의 한 부분에 식탁을 설치하는 형식은?

① 리빙 키친
② 다이닝 키친
③ 다이닝 포치
④ 리빙 다이닝

09 다음과 같은 특징을 갖는 아파트 주동의 외관 형식은?

> 대지의 조망을 해치지 않고 건물의 그림자도 적어서 변화를 줄 수 있는 형태이지만, 단위 주거의 실내 환경 조건이 불균등하게 된다.

① 테라스형   ② 탑상형
③ 중복도형   ④ 복층형

10 다음 중 지붕재료에 요구되는 성질로 옳지 않은 것은?

① 외관이 좋은 것이어야 한다.
② 방수·방습·내화·내수성이 큰 것이어야 한다.
③ 열전도율이 작은 것이어야 한다.
④ 재료가 무겁고 안정감이 있어야 한다.

11 다음 설명에 알맞은 대변기의 세정 방식은?

> • 소음이 크나, 대변기의 연속 사용이 가능하다.
> • 사무실, 백화점 등 사용 빈도가 많거나 일시적으로 많은 사람들이 연속하여 사용하는 경우 등에 적용된다.

① 세락식   ② 로 탱크식
③ 하이 탱크식   ④ 플러시 밸브식

12 증기 난방의 응축수 환수 방식에 의한 분류에 속하지 않는 것은?

① 중력 환수식   ② 기계 환수식
③ 진공 환수식   ④ 습식 환수식

13 주택의 생활공간을 개인공간, 공동공간 및 그 밖의 공간으로 구분한다. 거실에 해당되는 공간은?

① 개인공간   ② 가사노동공간
③ 사회적 공간   ④ 보건위생공간

14 금속체를 피보호물에서 돌출시켜 수뢰부로 하는 것으로 투영 면적이 비교적 작은 건축물에 적합한 피뢰 설비 방식은?

① 돌침   ② 가공지선
③ 케이지 방식   ④ 수평 도체 방식

15 조적식 구조의 담의 두께로 옳은 것은? (단, 담의 높이가 2m를 초과함)

① 90mm 이상   ② 120mm 이상
③ 150mm 이상   ④ 190mm 이상

16 건축 도면의 크기 및 방향에 관한 설명으로 옳지 않은 것은?

① A3 제도 용지의 크기는 A4 제도 용지의 2배이다.
② 접은 도면의 크기는 A4의 크기를 원칙으로 한다.
③ 평면도는 남쪽을 위로 하여 작도함을 원칙으로 한다.
④ A3 크기의 도면은 그 길이 방향을 좌우 방향으로 놓은 위치를 정위치로 한다.

17 실제 길이 16m를 축척 1/200인 도면에 나타낼 경우 도면상의 길이는?

① 80cm   ② 8cm

③ 8m   ④ 8mm

18 다음 중 계획 설계도에 속하는 것은?

① 동선도   ② 배치도

③ 전개도   ④ 평면도

19 창호의 재질별 기호가 옳지 않은 것은?

① W : 목재   ② SS : 강철

③ P : 합성수지   ④ A : 알루미늄 합금

20 1.0B+70mm+0.5B의 벽돌벽체 공간쌓기에서 벽체의 두께선은 중심선에서 얼마를 띄어야 하는가? (단, 표준형 벽돌을 사용함)

① 150mm   ② 175mm

③ 180mm   ④ 195mm

21 다음 중 습식 구조와 가장 거리가 먼 것은?

① 목구조   ② 철근 콘크리트 구조

③ 블록 구조   ④ 벽돌 구조

22 벽 또는 일련의 기둥으로부터의 응력을 띠모양으로 하여 지반 또는 지정에 전달하도록 하는 기초 형식으로 연속 기초라고도 하는 것은?

① 복합 기초   ② 줄기초

③ 독립 기초   ④ 온통 기초

23 목조 벽체의 토대에 대한 설명으로 옳은 것은?

① 기초 위에 가로놓아 상부로부터 오는 하중을 기초에 전달하고 기둥 밑을 고정한다.

② 지붕, 마루 등의 하중을 전달하는 수직 구조재이다.

③ 본기둥 사이의 벽체를 이루는 것으로 가새의 옆휨을 막는 데 유효하다.

④ 모서리나 칸막이벽과의 교차부 또는 집중 하중을 받는 위치에 설치한다.

24 목구조에서 평기둥의 배치 간격으로 적당한 것은?

① 1m 정도   ② 2m 정도

③ 3m 정도   ④ 4m 정도

25 기둥 맨 위 처마의 부분에 수평으로 거는 것으로 기둥 머리를 고정하여 지붕틀을 받아 기둥에 전달하는 역할을 하는 것은?

① 깔도리   ② 층보

③ 허리잡이   ④ 처마도리

26 간사이가 15m일 때, 2cm 물매인 트러스의 높이는?

① 1m   ② 1.5m

③ 2m   ④ 2.5m

27 역학 구조상 비내력벽에 속하지 않는 벽은?

① 장막벽　　　　　② 칸막이벽
③ 전단벽　　　　　④ 커튼월

28 벽돌조에서 내력벽의 두께는 당해 벽 높이의 최소 얼마 이상으로 해야 하는가?

① 1/8　　　　　② 1/12
③ 1/16　　　　④ 1/20

29 보강 블록조에서 내력벽의 두께는 최소 얼마 이상 이어야 하는가?

① 90mm　　　　② 120mm
③ 150mm　　　④ 200mm

30 다음에서 설명하는 콘크리트의 명칭은?

> 주문자가 요구하는 품질의 콘크리트를 제조 공장에서 제조하여 소정의 시간에 원하는 수량을 특수한 자동차를 이용하여 현장까지 배달, 공급하는 굳지 않은 콘크리트이다.

① AE콘크리트
② 레디믹스트콘크리트
③ 프리팩트콘크리트
④ 프리스트레스트콘크리트

31 거푸집에 대한 일반적인 설명으로 옳지 않은 것은?

① 강재 거푸집은 콘크리트 오염의 가능성이 없지만, 목재 거푸집은 오염의 가능성이 높다.
② 거푸집은 콘크리트의 형태를 유지시켜 주며 외기로부터 굳지 않은 콘크리트를 보호하는 역할을 한다.
③ 지반이 무르고 좋지 않을 때, 기초 거푸집을 사용한다.
④ 보거푸집은 바닥 거푸집과 함께 설치하는 경우가 많다.

32 철근 콘크리트 단순보의 철근에 관한 설명 중 옳지 않은 것은?

① 인장력에 저항하는 재축방향의 철근을 보의 주근이라 한다.
② 중요한 보로서 압축 측에도 철근을 배근한 것을 단근보라 한다.
③ 전단력을 보강하여 보의 주근 주위에 둘러 감은 철근을 늑근이라 한다.
④ 늑근은 단부에서는 촘촘하게, 중앙부에서는 성기게 배치하는 것이 원칙이다.

33 철근 콘크리트 기둥의 배치에서 기둥 하나가 지지하는 바닥면적은 층마다 얼마 정도를 기준으로 하는가?

① 10m²　　　　② 20m²
③ 30m²　　　④ 40m²

34 벽의 종류와 역할에 대하여 가장 바르게 연결된 것은?

① 공간벽 – 벽돌 절감
② 전단벽 – 테두리보 설치 용이
③ 플라잉 월(flying wall) – 횡력 보강
④ 부축벽(buttress) – 기둥 수량 감소

35 다음 중 구조물의 고층화, 대형화의 추세에 따라 우수한 용접성과 내진성을 가진 극후판의 고강도 강재는?

① TMCP강　　　② SS강
③ FR강　　　　④ SN강

36 철골 구조에서 판 보(plate girder) 구성재와 가장 거리가 먼 것은?

① 플랜지(flange)
② 웨브 플레이트(web plate)
③ 스티프너(stiffener)
④ 래티스(lattice)

37 미서기 창호에 사용되는 철물과 관계가 없는 것은?

① 레일　　　　　② 경첩
③ 오목 손잡이　　④ 꽂이쇠

38 건축 구조의 구성 형식에 의한 분류의 하나로 기둥과 보, 슬래브 등의 뼈대를 강접합하여 하중에 대하여 일체로 저항하도록 하는 구조는?

① 플랫 슬래브 구조
② 라멘 구조
③ 벽식 구조
④ 셸 구조

39 다음 중 막 구조로 이루어진 구조물은?

① 금문교
② 장충체육관
③ 시드니 오페라 하우스
④ 상암동 월드컵 경기장

40 트러스를 곡면으로 구성하여 돔을 형성하는 것은?

① 와렌 트러스　　② 실린더 셸
③ 회전 셸　　　　④ 래티스 돔

41 다음 중 지붕 재료에 요구되는 성질과 가장 관계가 먼 것은?

① 외관이 좋은 것이어야 한다.
② 부드러워 가공이 용이한 것이어야 한다.
③ 열전도율이 작은 것이어야 한다.
④ 재료가 가볍고, 방수·방습·내화·내수성이 큰 것이어야 한다.

42 건축 재료의 성질에 관한 용어로서 어떤 재료에 외력을 가했을 때 작은 변형만 나타나도 곧 파괴되는 성질을 나타내는 것은?

① 전성　　　　　② 취성
③ 탄성　　　　　④ 연성

43 다음 중 목재의 심재에 대한 설명으로 옳지 않은 것은?

① 목질부 중 수심 부근에 있는 부분을 말한다.
② 변형이 적고 내구성이 있어 이용가치가 크다.
③ 오래된 나무일수록 폭이 넓다.
④ 색깔이 엷고 비중이 적다.

44 목재에 관한 설명 중 틀린 것은?

① 온도에 대한 신축이 비교적 적다.
② 외관이 아름답다.
③ 중량에 비하여 강도와 탄성이 크다.
④ 재질, 강도 등이 균일하다.

45 목재 제품 중 파티클 보드(particle board)에 대한 설명으로 옳지 않은 것은?

① 합판에 비해 휨 강도는 떨어지나 면내 강성은 우수하다.
② 강도에 방향성이 거의 없다.
③ 두께는 비교적 자유롭게 선택할 수 있다.
④ 음 및 열의 차단성이 나쁘다.

46 다음 각 석재의 용도로 옳지 않은 것은?

① 트래버틴 – 특수 실내 장식재
② 응회암 – 구조재
③ 점판암 – 지붕재
④ 대리석 – 장식재

47 다음 중 석재의 사용 시 유의 사항으로 옳은 것은?

① 석재를 구조재로 사용 시 인장재로만 사용해야 한다.
② 가공 시 되도록 예각으로 한다.
③ 외벽 특히 콘크리트 표면 첨부용 석재는 연석을 피해야 한다.
④ 중량이 큰 것은 높은 곳에 사용하도록 한다.

48 다공질 벽돌에 대한 설명으로 옳지 않은 것은?

① 원료인 점토에 탄가루와 톱밥, 겨 등의 유기질 가루를 혼합하여 성형, 소성한 것이다.
② 비중이 1.2~1.5 정도인 경량 벽돌이다.
③ 단열 및 방음성이 좋으나 강도는 약하다.
④ 톱질과 못박기가 어렵다.

49 시멘트 분말도가 높을수록 다음과 같은 성질이 있다. 옳지 않은 기술은?

① 초기 강도가 높다.
② 수화 작용이 빠르다.
③ 풍화하기 쉽다.
④ 수축 균열이 생기지 않는다.

50 실리카 시멘트에 대한 설명 중 옳은 것은?

① 보통 포틀랜드 시멘트에 비해 초기 강도가 크다.
② 화학적 저항성이 크다.
③ 보통 포틀랜드 시멘트에 비해 장기 강도는 작은 편이다.
④ 긴급 공사용으로 적합하다.

51 철근 콘크리트용 골재에 관한 설명 중 옳지 않은 것은?

① 골재의 알모양은 구(球)형에 가까운 것이 좋다.
② 골재의 표면은 매끈한 것이 좋다.
③ 골재는 크고 작은 알이 골고루 섞여 있는 것이 좋다.
④ 골재에는 염분이 섞여 있지 않은 것이 좋다.

52 AE제의 사용 효과에 대한 설명으로 옳지 않은 것은?

① 시공 연도가 좋아진다.
② 수밀성을 개량한다.
③ 동결 융해에 대한 저항성을 개선한다.
④ 동일 물·시멘트 비인 경우 압축 강도가 증가한다.

53 다음 중 콘크리트 보양에 관련된 내용으로 옳지 않은 것은?

① 콘크리트 타설 후 완전히 수화가 되도록 살수 또는 침수시켜 충분하게 물을 공급하고 또 적당한 온도를 유지하는 것이다.
② 콘크리트 비빔 후 습기가 공급되면 재령이 작아지며 강도가 떨어진다.
③ 보양 온도가 높을수록 수화가 빠르다.
④ 보양은 초기 재령 때 강도에 큰 영향을 준다.

54 경도가 너무 커서 내부에 변형을 일으킬 가능성이 있는 경우에는 인성을 부여하기 위하여 200~600℃ 정도로 다시 가열한 다음 공기 중에서 천천히 식혀 변형이 없어지고 강인한 강이 되게 하는 강재의 열처리 방법은?

① 불림
② 풀림
③ 뜨임
④ 담금질

55 ㄷ자형으로 구부려 만든 띠쇠로서, 평보를 대공에 달아맬 때나 평보와 ㅅ자보의 밑, 기둥과 들보를 걸쳐 대어 못을 박을 때 사용되는 것은?

① 감잡이쇠
② ㄱ자쇠
③ 안장쇠
④ 꺾쇠

56 현장에서 가공 절단이 불가능하므로 사전에 소요 치수대로 절단 가공하고 열처리를 하여 생산되는 유리이며, 강도가 보통 유리의 3~5배에 해당되는 유리는?

① 유리 블록
② 복층 유리
③ 강화 유리
④ 자외선 차단 유리

57 다음 중 열경화성 수지가 아닌 것은?

① 페놀 수지
② 요소 수지
③ 멜라민 수지
④ 폴리스티렌 수지

58 합성수지 도료를 유성 페인트와 비교한 설명이다. 옳지 않은 것은?

① 건조 시간이 빠르다.
② 도막이 단단하다.
③ 내산, 내알칼리성이 적다.
④ 방화성이 크다.

59 회반죽 바름은 공기 중의 어느 성분과 작용하여 경화하게 되는가?

① 산소
② 탄산가스
③ 질소
④ 수소

60 아스팔트의 물리적 성질 중 온도에 따른 견고성 변화의 정도를 나타내는 것은?

① 침입도
② 감온성
③ 신도
④ 비중

01 다음 중 건축 계획의 과정에서 계획 조건의 설정 시 고려하여야 할 사항과 가장 거리가 먼 것은?

① 건축의 용도   ② 건축주의 요구
③ 규모 및 예산   ④ 구조 계획

02 건축법에 따른 초고층 건축물의 기준은?

① 층수가 20층 이상이거나 높이가 50m 이상인 건축물
② 층수가 30층 이상이거나 높이가 100m 이상인 건축물
③ 층수가 50층 이상이거나 높이가 200m 이상인 건축물
④ 층수가 100층 이상이거나 높이가 400m 이상인 건축물

03 공동주택의 평면 형식 중 프라이버시가 좋고, 계단 및 엘리베이터와 가까운 것은?

① 집중형   ② 계단실형
③ 중복도형   ④ 편복도형

04 어떤 하나의 색상에서 무채색의 포함량이 가장 적은 색은?

① 명색   ② 순색
③ 탁색   ④ 암색

05 태양광선 가운데 적외선에 의한 열적 효과를 무엇이라 하는가?

① 일사   ② 채광
③ 살균   ④ 일영

06 한식 주택과 양식 주택에 대한 설명 중 옳지 않은 것은?

① 한식 주택은 좌식이고, 양식 주택은 입식이다.
② 한식 주택의 가구는 부차적 존재이며, 양식 주택의 가구는 주요한 내용물이다.
③ 한식 주택의 방은 단일 용도이나, 양식 주택의 방은 다용도이다.
④ 한식 주택은 은폐적이며, 양식 주택은 개방형이다.

07 주택의 각 실의 위치를 결정할 때 고려해야 할 사항과 가장 거리가 먼 것은?

① 일조   ② 동선
③ 시공 순서   ④ 프라이버시

08 다음 설명에 알맞은 주택의 실구성 형식은?

- 소규모 주택에서 많이 사용된다.
- 거실 내에 부엌과 식사실을 설치한 것이다.
- 실을 효율적으로 이용할 수 있다.

① K형   ② DK형
③ LD형   ④ LDK형

09 다음 중 공동 주택 배치에서 인동 간격의 결정 요소와 가장 거리가 먼 것은?

① 일조　　　　　② 경관

③ 채광　　　　　④ 통풍

10 다음에서 설명하는 것으로 옳은 것은?

> 재료의 단단한 정도로 굳기 또는 경도라고 하며, 긁히는 데에 대한 저항도, 새김질에 대한 저항도, 탄력 정도, 마멸에 의한 저항도 등에 따라 표시방법이 다르다.

① 모스경도　　　② 피로시험

③ 경도시험　　　④ 브리넬경도

11 대변기 세정수의 급수 방식 중 급수관에 직접 연결된 핸들을 누르면 급수관으로부터 일정량의 물이 방출되어 변기를 세정하는 방식은?

① 플러시 밸브식　② 로 탱크식

③ 하이 탱크식　　④ 세출식

12 증기 난방 방식에 관한 설명으로 옳지 않은 것은?

① 예열 시간이 온수 난방에 비해 짧다.

② 온수 난방에 비해 한랭지에서 동결의 우려가 적다.

③ 증발 잠열을 이용하기 때문에 열의 운반 능력이 크다.

④ 온수 난방에 비해 부하 변경에 따른 방열량 조절이 용이하다.

13 침실 계획에 있어서 소음 차단 방법으로 옳지 않은 것은?

① 창문은 2중창으로 하고, 커튼을 설치한다.

② 가능한 한 공지에 면하게 하고, 현관으로부터 멀리 떨어지도록 한다.

③ 침대의 윗부분에 환기와 통풍이 잘되도록 한다.

④ 침실의 외부에 나무 등을 심어 소음을 차단한다.

14 철근 콘크리트 구조의 특성으로 옳지 않은 것은?

① 내화성, 내진성이 우수하다.

② 철골 구조에 비해서 내식성이 좋지 못하다.

③ 기후에 대한 영향을 많이 받으므로 동절기 공사가 난이하다.

④ 거푸집의 모양에 따른 성형성이 우수하다.

15 탄소 함유량의 증가에 따른 철의 영향으로 옳지 않은 것은?

① 인장 강도와 항복 강도가 증대된다.

② 용접성이 증대된다.

③ 내식성과 전기 저항이 증대된다.

④ 비중, 연신율 및 열전도율이 감소한다.

16 삼각 스케일에 표기되어 있는 축척이 아닌 것은?

① 1/100　　　　② 1/300

③ 1/600　　　　④ 1/800

17 건축 도면에서 주 기준선의 표시 기호로 옳은 것은?

① 　　②

③ 　　④

18 사람이나 차, 또는 화물 등의 흐름을 도식화하여 나타낸 계획 설계도는?

① 동선도　　　　② 구상도
③ 조직도　　　　④ 면적도표

19 도면에서 창호의 재질별 기호로 옳지 않은 것은?

① 알루미늄 합금 : A
② 합성수지 : P
③ 강철 : S
④ 목재 : T

20 대린벽으로 구획된 벽돌조 내력벽의 벽길이가 7m일 때 개구부의 폭의 합계는 최대 얼마 이하로 하는가?

① 3m　　　　　② 3.5m
③ 4m　　　　　④ 4.5m

21 건축 구조에 관한 기술 중 옳은 것은?

① 나무 구조는 내구성이 약하다.
② 돌구조는 횡력과 진동에 강하다.
③ 철근 콘크리트 구조는 공사 기간이 짧다.
④ 철골 구조는 공사비가 싸고 내화적이다.

22 건물의 하부 전체 또는 지하실 전체를 하나의 기초판으로 구성한 기초는?

① 독립 기초　　　② 줄기초
③ 복합 기초　　　④ 온통 기초

23 목구조의 토대에 대한 설명으로 틀린 것은?

① 기둥에서 내려오는 상부의 하중을 기초에 전달하는 역할을 한다.
② 토대에는 바깥 토대, 칸막이 토대, 귀잡이 토대가 있다.
③ 연속 기초 위에 수평으로 놓고 앵커 볼트로 고정시킨다.
④ 이음으로 사개 연귀 이음과 주먹장 이음이 주로 사용된다.

24 한식 건축에서 추녀뿌리를 받치는 기둥의 명칭은?

① 평기둥　　　　② 누주
③ 활주　　　　　④ 통재 기둥

25 목구조에서 왕대공 지붕틀 구조에 사용하는 구성 재료의 명칭이 아닌 것은?

① 달대공, 평보　　② ㅅ자보, 빗대공
③ 중도리, 버팀대　④ 지붕보, 대공

26 지붕의 물매 중 되물매의 경사로 옳은 것은?

① 15°　　　　　② 30°
③ 45°　　　　　④ 60°

27 벽돌벽 줄눈에서 상부의 하중을 전 벽면에 균등하게 분포시키도록 하는 줄눈은?

① 빗줄눈　　　② 막힌 줄눈
③ 통줄눈　　　④ 오목 줄눈

28 조적식 구조에서 경계벽의 두께는 최소 얼마 이상으로 하는가?

① 9cm　　　② 12cm
③ 15cm　　　④ 20cm

29 조적 구조에서 테두리 보의 역할과 거리가 먼 것은?

① 벽체를 일체화하여 벽체의 강성을 증대시킨다.
② 개구부 상부의 하중을 좌우측 벽체로 전달한다.
③ 기초의 부동침하나 지진 발생 시 지반 반력의 국부 집중에 따른 벽의 직접 피해를 완화시킨다.
④ 수직 균열을 방지하고, 수축 균열 발생을 최소화한다.

30 다음은 단면도에 표시하여야 할 사항을 나열한 것이다. 부적합한 것은?

① 층높이, 천장높이
② 처마높이
③ 창높이, 창턱높이
④ 실의 면적

31 목재 거푸집과 비교한 강재 거푸집의 특성 중 옳지 않은 것은?

① 변형이 적다.
② 정밀하다.
③ 콘크리트 표면이 매끄럽다.
④ 콘크리트 오염도가 낮다.

32 다음 중 그림과 같은 철근 콘크리트 연속보의 배근법으로 가장 옳은 것은? (단, 하중은 연직 아래 방향 등분포하중임)

33 철근 콘크리트 기둥에 관한 설명으로 틀린 것은?

① 기둥은 보와 함께 라멘 구조의 뼈대를 구성한다.
② 건물의 각 층 바닥 하중을 기초에 전달한다.
③ 축방향 철근이 주근이고, 원형, 다각형 기둥에서 주근 주위를 나선형으로 둘러감은 것을 띠철근이라 한다.
④ 무근 콘크리트로도 할 수 있으나 단면이 커져서 바닥 면적이 감소하여 실용적이지 못하다.

34 벽의 종류와 역할에 대하여 가장 바르게 연결된 것은?

① 지하 외벽 – 결로 방지
② 실내의 칸막이벽 – 슬래브 지지
③ 옹벽의 부축벽 – 벽의 횡력 보강
④ 코어의 전단벽 – 기둥 수량 감소

35 강구조에 대한 다음 설명 중 옳지 않은 것은?

① 고층 건물이나 장스팬 구조에 적합하다.
② 내화성이 우수하여 별도의 조치가 필요 없다.
③ 부재가 세장하므로 좌굴의 위험성이 높다.
④ 소성 변형 능력이 크다.

36 플레이트보에 사용되는 부재의 명칭이 아닌 것은?

① 커버 플레이트　　② 웨브 플레이트
③ 스티프너　　　　④ 베이스 플레이트

37 창호 종류 중 방풍을 목적으로 풍소란을 설치하는 것은?

① 미서기문　　　　② 양판문
③ 플러시문　　　　④ 회전문

38 다음 건축 구조의 분류 중 라멘 구조에 해당하는 것은?

① 철근 콘크리트 구조
② 조적조
③ 벽식 구조
④ 트러스 구조

39 다음 중 막 구조로 이루어진 구조물이 아닌 것은?

① 서귀포 월드컵 경기장
② 상암동 월드컵 경기장
③ 인천 월드컵 경기장
④ 수원 월드컵 경기장

40 다음 각 구조에 대한 설명으로 옳지 않은 것은?

① PC의 접합 응력을 향상시키기 위하여 기둥에 CFT를 적용하였다.
② 초고층 골조 강성을 증가시키기 위하여 아웃 리거(out rigger)를 설치하였다.
③ 프리스트레스트 구조(pre-stressed)에서 강성을 향상시키기 위해 강선에 미리 인장을 작용시켰다.
④ 철골 구조 접합부의 피로 강도 증진을 위하여 고력 볼트 접합을 적용하였다.

41 건축 재료 중 벽, 천장 재료에 요구되는 성질이 아닌 것은?

① 외관이 좋은 것이어야 한다.
② 시공이 용이한 것이어야 한다.
③ 열전도율이 큰 것이어야 한다.
④ 차음이 잘되고 내화·내구성이 큰 것이어야 한다.

42 유리와 같이 어떤 힘에 대한 작은 변형으로도 파괴되는 재료의 성질을 나타내는 용어는?

① 연성　　　　　　② 전성
③ 취성　　　　　　④ 탄성

43 심재와 변재에 대한 설명으로 옳은 것은?

① 변재 - 수목의 가운데로 진한 부분
② 심재 - 세포가 고화된 부분
③ 변재 - 수분이 적고 강도가 큰 부분
④ 심재 - 양분을 저장하는 부분

44 목재에 대한 설명 중 옳지 않은 것은?

① 목재의 강도는 비중과 비례한다.

② 함수율이 작을수록 강도는 커진다.

③ 팽창 수축률은 비중이 클수록 작다.

④ 팽창 수축은 함수율과 관계가 있다.

45 나무 조각에 합성수지계 접착제를 섞어서 고열·고압으로 성형한 것은?

① 코르크 보드   ② 파티클 보드

③ 코펜하겐 리브   ④ 플로어링 보드

46 다음의 각 재료의 주 용도로 옳지 않은 것은?

① 테라초 – 바닥 마감재

② 트래버틴 – 특수 실내 장식재

③ 타일 – 내외벽, 바닥의 수장재

④ 테라코타 – 흡음재

47 석재에 관한 기술에서 옳지 않은 것은?

① 휘석안산암은 구조재나 판석, 비석 등의 재료로 사용된다.

② 대리석의 쇄석을 종석으로 하여 대리석과 같이 미려한 광택을 갖도록 한 인조석을 테라초라고 한다.

③ 응회암은 일반적으로 연질이고 내화성이 적다.

④ 대리석은 색채와 반점이 아름답고, 갈면 광택이 나므로 주로 실내 장식재, 조각재로 사용된다.

48 내화 벽돌이란 소성 온도가 얼마 이상인 것을 말하는가?

① SK 11 이상   ② SK 21 이상

③ SK 26 이상   ④ SK 36 이상

49 다음 중 시멘트 응결 시간이 단축되는 경우는?

① 풍화된 시멘트를 사용할 때

② 수량이 많을 때

③ 온도가 낮을 때

④ 시멘트 분말도가 클 때

50 다음 중 초기 강도 발현이 가장 큰 시멘트는?

① 보통 포틀랜드 시멘트

② 고로 시멘트

③ 중용열 포틀랜드 시멘트

④ 알루미나 시멘트

51 콘크리트에 사용하는 골재의 요구 성능으로 옳지 않은 것은?

① 내구성과 내화성이 큰 것이어야 한다.

② 유해한 불순물과 화학적 성분을 함유하지 않는 것이어야 한다.

③ 입형은 각이 구형이나 입방체에 가까운 것이어야 한다.

④ 흡수율이 높은 것이어야 한다.

52 AE제를 사용한 콘크리트의 특징이 아닌 것은?

① 워커빌리티가 좋아진다.
② 단위 수량이 감소한다.
③ 수밀성, 내구성이 커진다.
④ 강도가 증가한다.

53 콘크리트가 시일이 경과함에 따라 공기 중의 탄산 가스의 작용을 받아 수산화칼슘이 서서히 탄산칼 슘으로 되면서 알칼리성을 잃어가는 현상을 무엇 이라 하는가?

① 블리딩
② 동결 융해 작용
③ 중성화
④ 알칼리 골재 반응

54 황동은 구리와 무엇을 주성분으로 하는 합금인가?

① 주석   ② 아연
③ 알루미늄   ④ 납

55 목구조에 사용되는 금속의 긴결 철물 중 2개의 부 재 접합에 끼워 전단력에 견디도록 사용되는 것은?

① 감잡이쇠   ② ㄱ자쇠
③ 안장쇠   ④ 듀벨

56 강화 유리에 대한 설명으로 옳지 않은 것은?

① 유리를 가열한 후 급랭시켜 만든다.
② 보통 유리보다 강도가 크다.
③ 파괴되면 작은 알갱이로 분산된다.
④ 절단, 가공이 쉽다.

57 합성수지의 종류별 연결이 옳지 않은 것은?

① 열경화성 수지 – 멜라민 수지
② 열경화성 수지 – 폴리에스테르 수지
③ 열가소성 수지 – 폴리에틸렌 수지
④ 열가소성 수지 – 실리콘 수지

58 주로 실내 목재 내장재의 투명 마감에 사용하는 도료로서 광택 및 작업성이 좋고, 천연수지가 들 어 있어 건조가 빠른 도료는?

① 래커   ② 바니시
③ 에나멜 페인트 ④ 워시 프라이머

59 회반죽 바름이 공기 중에서 경화되는 과정을 가장 옳게 설명한 것은?

① 물이 증발하여 굳어진다.
② 물과의 화학적인 반응을 거쳐 굳어진다.
③ 공기 중 산소와의 화학 작용을 통해 굳어 진다.
④ 공기 중 탄산가스와의 화학 작용을 통해 굳 어진다.

60 양털, 무명, 삼 등을 혼합하여 만든 원지에 스트레 이트 아스팔트를 침투시켜 만든 두루마리 제품은?

① 아스팔트 싱글
② 아스팔트 루핑
③ 아스팔트 타일
④ 아스팔트 펠트

01 건축의 세부 계획 중 안전하고 내구적이며, 경제적인 구조체를 설계하기 위해서 계획하는 것은?

① 구조 계획　　　② 평면 계획
③ 형태 계획　　　④ 입면 계획

02 건축법상 건축물의 노후화를 억제하거나 기능 향상 등을 위하여 대수선하거나 일부 증축하는 행위로 정의되는 것은?

① 재축　　　② 개축
③ 리모델링　　　④ 리노베이션

03 다음 중 수평선에 관한 설명으로 적당하지 않은 것은?

① 안정되고 침착한 느낌을 준다.
② 평화스럽고 조용한 느낌이다.
③ 구조적인 높이와 존엄성을 느끼게 한다.
④ 영원, 확대, 무한의 느낌을 준다.

04 색의 지각적 효과에 대한 설명 중 옳지 않은 것은?

① 명시도에 가장 영향을 끼치는 것은 채도차이다.
② 일반적으로 고명도, 고채도의 색이 주목성이 높다.
③ 명도가 높은 색은 외부로 확산되려는 현상을 나타낸다.
④ 고명도, 고채도, 난색계의 색은 진출, 팽창되어 보인다.

05 다음 중 건물의 일조 조절 방법으로 이용되지 않는 것은?

① 차양　　　② 발코니
③ 이중창　　　④ 루버

06 프랑스의 사회학자 숑바르 드 로브(chombard de lawve)가 설정한 주거 면적 기준 중 거주자의 신체적 및 정신적인 건강에 나쁜 영향을 끼칠 수 있는 병리 기준은?

① $8m^2$/인 이하　　　② $14m^2$/인 이하
③ $16m^2$/인 이하　　　④ $18m^2$/인 이하

07 다음의 주택 대지에 대한 설명 중 옳지 않은 것은?

① 대지의 모양은 정사각형이나 직사각형에 가까운 것이 좋다.
② 경사지일 경우 기울기는 1/10 정도가 적당하다.
③ 대지가 작으면 일조, 통풍, 독립성 등의 확보가 용이하고 평면 계획에 제약을 받지 않는다.
④ 대지의 방위는 지방에 따라 다르지만, 남향이 좋다.

08 단독 주택의 식사실(dining room)에 대한 설명으로 틀린 것은?

① 한식 주택에서는 하나의 방이 침실, 거실, 식사실의 기능을 겸하였다.

② 식사실의 위치는 기본적으로 부엌과 근접 배치시키는 것이 이용상 편리하다.

③ 식사실은 무엇보다도 실내 환경 디자인에 유의하여 식사의 쾌적한 분위기를 살릴 수 있도록 한다.

④ DK(Dining Kitchen)형은 거실의 한 부분에 식탁을 설치하는 형태로, 부엌과의 연결이 유기적이지 못하다.

09 아파트에 관한 설명 중 옳지 못한 것은?

① 아파트의 평면 형식은 진입 방식에 따라 홀형, 편복도형, 중복도형, 집중형 등으로 분류된다.

② 도시 인구의 급증, 도시 생활자의 이동성, 세대 인원의 감소로 인해 성립되었다.

③ 공간의 다양화나 생활의 변화에 대해 융통성 있게 대응할 수 있다는 장점이 있다.

④ 단지 생활에 편리한 상업적·문화적 공동 시설을 만들어 생활 협동체로서 주거 환경의 질을 높일 수 있다.

10 건축물의 내부와 외부를 연결하는 완충공간으로 전망이나 휴식 등의 목적으로 건축물의 외벽에 접하여 부가적으로 설치하는 공간을 의미하는 것은?

① 베란다　　　② 발코니
③ 필로티　　　④ 테라스

11 증기, 가스, 전기, 석탄 등을 열원으로 하는 물의 가열 장치를 설치하여 온수를 만들어 공급하는 설비는?

① 변전 설비　　　② 배수 설비
③ 급수 설비　　　④ 급탕 설비

12 증기 난방에 관한 설명으로 옳지 않은 것은?

① 계통별 용량 제어가 곤란하다.

② 온수 난방에 비해 예열 시간이 길다.

③ 증발 잠열을 이용하는 난방 방식이다.

④ 부하 변동에 따른 실내 방열량의 제어가 곤란하다.

13 다음 목재의 전건상태의 함수율로 옳은 것은?

① 30%　　　② 25%
③ 15%　　　④ 0%

14 부엌가구의 배치유형 중 주방의 가운데 조리대와 같은 부엌 가구를 두어 작업대 주변에서 작업을 할 수 있는 주방의 형태는?

① 아일랜드형　　　② U(ㄷ)자형
③ 직선(일렬)형　　　④ L(ㄴ)자형

15 다음 중 구내 교환 설비의 구성 요소와 관련이 없는 것은?

① 구내 전화기　　　② 전력 설비
③ 단자함　　　④ 안테나

16 다음 중 도면에서 가장 굵은 선으로 표현되는 것은?

① 치수선 　　② 경계선

③ 기준선 　　④ 단면선

17 건축 도면에서 다음과 같은 단면용 재료 표시 기호가 나타내는 것은?

① 석재 　　② 인조석

③ 목재 치장재 　　④ 목재 구조재

18 다음 중 실시 설계도의 일반도가 아닌 것은?

① 배치도 　　② 입면도

③ 동선도 　　④ 창호도

19 다음 중 기초 평면도 작도 시 가장 나중에 이루어지는 작업은?

① 각 부분의 치수를 기입한다.

② 기초 평면도의 축척을 정한다.

③ 기초의 모양과 크기를 그린다.

④ 평면도에 따라 기초 부분의 중심선을 긋는다.

20 그림에서 줄눈의 명칭이 틀린 것은?

21 건축 구조의 분류에 따른 기술 중 옳지 않은 것은?

① 가구식 구조는 각 부재의 결합 및 짜임새에 따라 구조체의 강도가 좌우된다.

② 일체식 구조는 각 부분이 일체화되어 비교적 균일한 강도를 가진다.

③ 조립식 구조는 경제적이나 공기가 길다.

④ 조적식 구조는 조적 단위 재료의 접착 강도가 클수록 좋다.

22 건물의 하부 전체 또는 지하실 전체를 하나의 기초판으로 구성한 기초로서 매트 슬래브 기초 또는 매트 기초라고 불리는 것은?

① 독립 기초 　　② 줄기초

③ 복합 기초 　　④ 온통 기초

23 다음 중 목조에서 본기둥 간격이 2m일 때 샛기둥의 간격으로 가장 적당한 것은?

① 30cm 　　② 50cm

③ 80cm 　　④ 100cm

24 다음 중 기둥과 기둥 사이의 간격을 나타내는 용어는?

① 아치　　　　　　② 스팬
③ 트러스　　　　　④ 버트레스

25 왕대공 지붕틀에서 중도리를 직접 받쳐주는 것은?

① 처마도리　　　　② ㅅ자보
③ 깔도리　　　　　④ 평보

26 다음 중 지붕의 빗물을 지상으로 유도하기 위해 설치하는 것은?

① 아스팔트 루핑　　② 선홈통
③ 기와　　　　　　④ 석면 슬레이트

27 벽돌조 조적법 중 가장 튼튼한 내력벽 쌓기는?

① 영국식 쌓기　　　② 미국식 쌓기
③ 네덜란드식 쌓기　④ 플레밍식 쌓기

28 공간 벽돌 쌓기에서 표준형 벽돌로 바깥벽은 0.5B, 공간 80mm, 안벽 1.0B로 할 때 총 벽체 두께는?

① 290mm　　　　　② 310mm
③ 360mm　　　　　④ 380mm

29 블록 구조에 테두리 보를 설치하는 이유로 옳지 않은 것은?

① 횡력에 의해 발생하는 수직 균열의 발생을 막기 위해
② 세로 철근의 정착을 생략하기 위해
③ 하중을 균등히 분포시키기 위해
④ 집중 하중을 받는 블록의 보강을 위해

30 그림과 같이 철근을 배근하여야 하는 보의 종류는?

① 연속보　　　　　② 단순보
③ 캔틸레버보　　　④ 게르버보

31 다음 중 철근 콘크리트 구조에서 거푸집이 갖추어야 할 조건으로 가장 거리가 먼 것은?

① 콘크리트를 부어 넣었을 때 변형되거나 파괴되지 않을 것
② 반복 사용할 수 없을 것
③ 운반과 가공이 쉬울 것
④ 시멘트 페이스트가 누출되지 않을 것

32 철근 콘크리트보의 형태에 따른 철근 배근으로 옳지 않은 것은?

① 단순보의 하부에는 인장력이 작용하므로 하부에 주근을 배치한다.
② 연속보에서는 지지점 부분의 하부에서 인장력을 받기 때문에 이곳에 주근을 배치하여야 한다.
③ 내민보는 상부에 인장력이 작용하므로 상부에 주근을 배치한다.
④ 단순보에서 부재의 축에 직각인 스터럽의 간격은 단부로 갈수록 촘촘하게 한다.

33 철근 콘크리트 기둥에 대한 설명으로 옳지 않은 것은?

① 기둥의 최소 단면적은 60,000mm² 이상이어야 한다.

② 원형이나 다각형 기둥은 주근을 최소 2개 이상 사용하여야 한다.

③ 띠철근 기둥 단면의 최소 치수는 200mm이다.

④ 띠철근과 나선 철근은 주근의 좌굴을 막는 역할을 한다.

34 축방향 하중을 받는 철근 콘크리트 벽체의 두께는 최소 얼마 이상이어야 하는가?

① 100mm   ② 150mm

③ 200mm   ④ 300mm

35 철골 구조에 대한 설명 중 옳지 않은 것은?

① 내구, 내화, 내진적이다.

② 장스팬(span)이 가능하다.

③ 해체 수리가 가능하다.

④ 철근 콘크리트 구조물에 비하여 중량이 가볍다.

36 H형강, 판 보 또는 래티스 보 등에서 보의 단면 상하에 날개처럼 내민 부분을 지칭하는 용어는?

① 웨브   ② 플랜지

③ 스티프너   ④ 거싯 플레이트

37 미서기문의 마중대는 서로 턱솔 또는 딴혀를 대어 방풍적으로 물려지게 하는데 이것을 무엇이라 하는가?

① 지도리   ② 풍소란

③ 접문   ④ 문선

38 라멘 구조에 대한 설명으로 옳지 않은 것은?

① 예로는 철근 콘크리트 구조가 있다.

② 기둥과 보의 절점이 강접합되어 있다.

③ 기둥과 보에 휨응력이 발생하지 않는다.

④ 내부 벽의 설치가 자유롭다.

39 막 구조에 대한 설명으로 틀린 것은?

① 넓은 공간을 덮을 수 있다.

② 힘의 흐름이 불명확하여 구조 해석이 난해하다.

③ 막재에는 항시 압축 응력이 작용하도록 설계하여야 한다.

④ 응력이 집중되는 부위는 파손되지 않도록 조치해야 한다.

40 입체 트러스의 구조에 대한 설명으로 옳은 것은?

① 모든 방향에 대한 응력을 전달하기 위하여 절점은 항상 자유로운 핀(pin) 접합으로 이루어져야 한다.

② 풍하중과 적설 하중은 구조 계산 시 고려하지 않는다.

③ 기하학적인 곡면으로는 구조적 결함이 많이 발생하기 때문에 주로 평면 형태로 제작된다.

④ 구성 부재를 규칙적인 3각형으로 배열하면 구조적으로 안정이 된다.

41 다음 중 벽 및 천장 재료에 요구되는 성질로 옳지 않은 것은?

① 열전도율이 큰 것이어야 한다.
② 차음이 잘되어야 한다.
③ 내화·내구성이 큰 것이어야 한다.
④ 시공이 용이한 것이어야 한다.

42 강재가 항복 강도 이하의 강도를 유발하는 반복 하중을 장기간 받을 때, 균열이 심화되는 경우를 의미하는 용어는?

① 취성   ② 피로
③ 변형도   ④ 인성

43 심재와 변재에 대해 비교 설명한 것 중 옳지 않은 것은?

① 신축성은 심재가 작고, 변재가 크다.
② 강도는 심재가 크고, 변재가 작다.
③ 비중은 심재가 크고, 변재가 작다.
④ 내구성은 심재가 작고, 변재가 크다.

44 목재의 성질에 대한 설명으로 옳지 않은 것은?

① 목재는 열전도도가 아주 낮아 여러 가지 보온재로 사용된다.
② 섬유 포화점 이하에서는 그 강도는 일정하나 섬유 포화점 이상에서는 함수율이 증가할수록 강도는 증대된다.
③ 목재의 강도는 전단 강도를 제외하고 응력 방향이 섬유 방향에 평행한 경우에 강도가 최대가 된다.
④ 목재는 비중이 증가할수록 외력에 대한 저항이 증대된다.

45 파티클 보드에 대한 설명 중 옳지 않은 것은?

① 변형이 아주 적다.
② 합판에 비해 휨 강도는 떨어지나 면내 강성은 우수하다.
③ 흡음성과 열의 차단성이 작다.
④ 칸막이벽, 가구 등에 이용된다.

46 석재를 형상에 의해 분류할 때 두께가 15cm 미만으로, 대략 너비가 두께의 3배 이상이 되는 것을 무엇이라 하는가?

① 판석   ② 각석
③ 견치석   ④ 사괴석

47 다음의 각종 석재에 대한 설명 중 옳은 것은?

① 화강암 : 내화성이 좋다.
② 안산암 : 물갈기를 하면 특유의 광택이 난다.
③ 점판암 : 얇게 가공하여 지붕재료로 사용한다.
④ 석회암 : 석질이 치밀하고 견고하며 내화성이 커서 구조재로 많이 사용한다.

48 내화 벽돌에 대한 설명 중 옳지 않은 것은?

① 보통 벽돌보다 비중이 크고 내화성도 높다.
② 굴뚝 등의 내부쌓기용으로 사용된다.
③ 종류로는 샤모트 벽돌, 규석 벽돌, 고토 벽돌 등이 있다.
④ 쌓을 때 적당히 물축임을 한다.

49 모르타르 또는 콘크리트가 유동적인 상태에서 겨우 형체를 유지할 수 있을 정도로 엉키는 초기 작용을 의미하는 것은?

① 풍화　　　　　② 응결

③ 블리딩　　　　④ 중성화

50 물을 가한 후 24시간 내에 보통 포틀랜드 시멘트의 4주 강도가 발현되는 시멘트는?

① 고로 시멘트

② 알루미나 시멘트

③ 팽창 시멘트

④ 플라이 애시 시멘트

51 콘크리트용 골재로서 요구되는 성질에 대한 설명 중 틀린 것은?

① 잔 것과 굵은 것이 골고루 혼합된 것이 좋다.

② 강도는 시멘트풀의 최대 강도 이상이어야 한다.

③ 표면이 매끄럽고, 모양은 편평하거나 가늘고 긴 것이 좋다.

④ 내마멸성이 있고, 화재에 견딜 수 있는 성질을 갖추어야 한다.

52 AE제를 사용한 콘크리트에 대한 설명 중 옳지 않은 것은?

① 물·시멘트 비가 일정한 경우 공기량을 증가시키면 압축 강도가 증가한다.

② 시공 연도가 좋아지므로 재료 분리가 적어진다.

③ 동결 융해 작용에 의한 마모에 대하여 저항성을 증대시킨다.

④ 철근에 대한 부착 강도가 감소한다.

53 콘크리트의 크리프에 영향을 미치는 요인으로 가장 거리가 먼 것은?

① 작용 하중의 크기　　② 물·시멘트 비

③ 부재 단면 치수　　　④ 인장 강도

54 가공이 용이하고 내식성이 뛰어나 계단 논슬립, 창문의 레일, 장식 철물 및 나사, 볼트, 너트 등에 널리 사용되는 것은?

① 황동　　　　　② 구리

③ 알루미늄　　　④ 연철

55 콘크리트 구조 바닥판 밑에 묻어 반자틀 등을 달아매고자 할 때 사용되는 철물은?

① 메탈라스　　　② 논슬립

③ 인서트　　　　④ 앵커 볼트

56 강화 유리에 대한 설명 중 옳지 않은 것은?

① 강도가 보통 유리의 5배 정도이다.

② 파괴 시 작은 파편이 되어 분쇄된다.

③ 열처리를 한 후에는 가공 절단이 불가능하다.

④ 2매의 판유리 사이에 비닐계 플라스틱의 인공수지막을 끼워 고온·고압으로 접착시킨 것이다.

57 열경화성 수지로 전기 통신 기자재류에 주로 사용되며 건축용으로는 내수 합판의 접착제 등으로 사용되는 것은?

① 염화비닐 수지　　② 페놀 수지
③ 폴리에틸렌 수지　④ 아크릴 수지

58 목재 바탕의 무늬를 살리기 위한 도장 재료는?

① 유성 페인트　　② 수성 페인트
③ 에나멜 페인트　④ 클리어 래커

59 다음 중 회반죽에 관한 설명으로 옳지 않은 것은?

① 경화 건조에 의한 수축률은 미장 바름 중 가장 작은 편이다.
② 여물을 사용하여 균열을 분산, 경감시킨다.
③ 건조에 시일이 오래 걸린다.
④ 소석회에 모래, 해초풀 등을 혼합하여 만든다.

60 모래붙임 루핑을 사각형, 육각형으로 잘라 만든 것으로 주택 등의 경사 지붕에 사용하는 아스팔트 제품은?

① 아스팔트 펠트　　② 아스팔트 블록
③ 아스팔트 싱글　　④ 아스팔트 타일

01 계획 과정과 건축물의 형태 결정에 중요한 요인이 되는 건축대지의 조건 중 자연적 조건에 해당하지 않는 것은?

① 대지의 면적   ② 대지의 방위
③ 법적 규제   ④ 기후

02 다음 중 건축법상 용어의 정의가 옳지 않은 것은?

① 건축이란 건축물을 신축, 증축, 재축, 개축하거나 건축물을 이전하는 것을 말한다.
② 대수선이란 건축물의 기둥, 보, 주계단, 장막벽의 구조 또는 외부 형태를 수선하는 것을 말한다.
③ 리모델링이란 건축물의 노후화를 억제하거나 기능 향상 등을 위하여 대수선하거나 일부 증축하는 행위를 말한다.
④ 거실이란 건축물 안에서 거주, 집무, 작업, 집회, 오락, 그 밖에 이와 유사한 목적을 위하여 사용되는 방을 말한다.

03 고딕 성당에서 존엄성, 엄숙함 등의 느낌을 주기 위해 사용된 선은?

① 사선   ② 곡선
③ 수직선   ④ 수평선

04 배경을 검정으로 하였을 경우, 다음 중 가시도가 가장 높은 색은?

① 노랑   ② 주황
③ 녹색   ④ 파랑

05 실내 환경에서 실감 온도(유효 온도)의 3요소가 아닌 것은?

① 온도   ② 습도
③ 기류   ④ 열복사

06 건축 평면 계획에 대한 설명 중 옳지 않은 것은?

① 동선 계획과 동시에 진행되는 것이 보통이다.
② 주어진 기능의 어떤 건물 내부에서 일어나는 모든 활동의 종류, 규모 및 그 상호관계를 합리적으로 평면상에 배치함을 말한다.
③ 입면 설계의 수직적 크기를 나타낸다.
④ 소음 및 악취 등 환경적 문제를 해결해야 한다.

07 주택의 실내 공간 중 가족의 휴식, 대화, 단란한 공동생활의 중심이 되는 곳은?

① 거실   ② 응접실
③ 침실   ④ 서재

08 주택의 식당 및 부엌에 관한 설명으로 옳지 않은 것은?

① 식당의 색채는 채도가 높은 한색 계통이 바람직하다.
② 식당은 부엌과 거실의 중간 위치에 배치하는 것이 좋다.
③ 부엌의 작업대는 준비대 → 개수대 → 조리대 → 가열대 → 배선대의 순서로 배치한다.
④ 키친네트는 작업대 길이가 2m 정도인 소형 주방 가구가 배치된 간이 부엌의 형태이다.

09 공동 주택에 관한 설명 중 옳지 않은 것은?

① 토지 이용의 효율을 높일 수 있다.

② 설비를 집중화하기 쉽다.

③ 프라이버시가 양호하며 생활의 변화에 대해 자유롭게 대응할 수 있다.

④ 동일 면적의 단독 주택에 비하여 유지 관리비를 절감할 수 있다.

10 다음 중 배수 트랩의 설치 목적으로 옳은 것은?

① 관내의 청결을 유지하기 위해 신선한 공기를 유통시킨다.

② 배수의 흐름과 봉수의 보호를 위한 목적이 있다.

③ 배수관 속의 악취, 유독가스 및 벌레 등이 실내로 침투하는 것을 방지하기 위하여 배수계통의 일부에 봉수가 고이게 하는 것을 목적으로 한다.

④ 배수관 내의 압력을 일정하게 하기 위함이다.

11 다음 중 개별식 급탕 방식에 속하지 않는 것은?

① 순간식 　　　　② 저탕식

③ 직접 가열식 　　④ 기수 혼합식

12 증기 난방에 관한 설명으로 옳지 않은 것은?

① 예열 시간이 온수 난방에 비해 짧다.

② 방열 면적을 온수 난방보다 작게 할 수 있다.

③ 난방 부하의 변동에 따른 방열량 조절이 용이하다.

④ 증발 잠열을 이용하기 때문에 열의 운반 능력이 크다.

13 목재의 함수율에 관한 설명으로 옳지 않은 것은?

① 목재의 강도는 함수율에 따라 변화한다.

② 함수율이 감소될수록 목재는 수축한다.

③ 활엽수와 침엽수의 수축률은 거의 동일하다.

④ 일반적으로 견고하고 비중이 큰 목재일수록 수축량이 증대된다.

14 아파트의 평면형식 중 계단실형 아파트에 대한 설명으로 옳지 않은 것은?

① 채광, 통풍 등의 거주조건이 양호하다.

② 거주자의 프라이버시 보장에 불리하다.

③ 계단실에서 직접 각 세대로 접근할 수 있는 형식이다.

④ 통행부의 면적을 작게 차지하므로 건물의 이용도가 높다.

15 램프나 카드, 숫자에 의하여 상황이나 행위를 표현하여 다수가 알 수 있도록 하는 설비를 무엇이라 하는가?

① 인터폰 설비 　　② 표시 설비

③ 방송 설비 　　　④ 안테나 설비

16 건축 제도에서 가는 실선의 용도에 해당하는 것은?

① 단면선 　　　　② 중심선

③ 상상선 　　　　④ 치수선

17 건축 제도에서 석재의 재료 표시 기호(단면용)로 옳은 것은?

①   ②

③   ④

18 도면을 일반도와 구조설계도로 나눌 때, 일반도에 속하지 않는 것은?

① 배치도 ② 단면도
③ 창호도 ④ 골조도

19 다음 중 철근 콘크리트 줄기초 그리기에서 순서가 가장 늦은 것은?

① 기초 크기에 알맞게 축척을 정한다.
② 치수와 재료명을 기입한다.
③ 재료의 단면 표시를 한다.
④ 지반선과 기초벽의 중심선을 일점쇄선으로 그린다.

20 KS D 3503 ☐SS41☐의 기호 중 사각형 안의 첫 번째 S의 뜻으로 옳은 것은?

① 재질 ② 형상
③ 강도 ④ 규격

21 다음의 각 건축 구조에 대한 설명으로 옳지 않은 것은?

① 건식 구조는 기성재를 짜맞추어 구성하는 구조로서 물을 거의 쓰이지 않는다.
② 일체식 구조는 철근 콘크리트 구조 등을 말한다.
③ 조립식 구조는 경제적이나 공기(工期)가 길다.
④ 비내력벽 구조는 상부하중을 받지 않는 구조로서 장막벽 등을 말한다.

22 지반이 연약하거나 기둥에 작용하는 하중이 커서 기초판이 넓어야 할 때 사용하는 기초로, 건물의 하부 전체 또는 지하실 전체를 하나의 기초판으로 구성한 것은?

① 잠함 기초 ② 온통 기초
③ 독립 기초 ④ 복합 기초

23 목조 벽체를 수평력에 견디게 하고 안정한 구조로 하는 데 필요한 부재는?

① 멍에 ② 장선
③ 가새 ④ 동바리

24 한식 공사에서 종도리를 얹는 것을 의미하는 것은?

① 열초 ② 치목
③ 상량 ④ 입주

25 목조 왕대공 지붕틀에서 압축력과 휨 모멘트를 동시에 받는 부재는?

① 빗대공   ② 왕대공
③ ㅅ자보   ④ 평보

26 홈통의 구성 요소 중 처마홈통 낙수구 또는 깔대기홈통을 받아 선홈통에 연결하는 것은?

① 장식통   ② 지붕골홈통
③ 상자홈통   ④ 안홈통

27 벽돌 쌓기에서 길이쌓기 켜와 마구리쌓기 켜를 번갈아 쌓고 벽의 모서리나 끝에 반절이나 이오토막을 사용한 것은?

① 영국식 쌓기   ② 영롱 쌓기
③ 미국식 쌓기   ④ 화란식 쌓기

28 벽돌벽 2.5B 쌓기의 벽 두께는? (단, 벽돌 치수 190×90×57mm, 공간쌓기 아님)

① 490mm   ② 530mm
③ 540mm   ④ 470mm

29 보강 블록조에서 테두리보의 춤은 벽체 두께의 최소 얼마 이상으로 하는가?

① 1배   ② 1.5배
③ 2배   ④ 2.5배

30 다음은 철골 구조의 장점을 나열한 것이다. 옳지 않은 것은?

① 철골은 연성 구조이므로 취성파괴를 방지할 수 있다.
② 철골은 강도가 매우 크므로 부재를 경량화할 수 있다.
③ 철골은 고층 건축물이나 장스팬의 구조물에 적합하다.
④ 철골은 내화적이고 공사비가 싸다.

31 주로 철재 또는 금속재 거푸집에 사용되는 철물로서 지주를 제거하지 않고 슬래브 거푸집만 제거할 수 있도록 한 것은?

① 드롭 헤드   ② 컬럼 밴드
③ 캠버   ④ 와이어 클리퍼

32 철근 콘크리트 보에 관한 설명 중 옳지 않은 것은?

① 내민보는 연속보의 한 끝이나 지점에 고정된 보의 한 끝이 지지점에서 내밀어 달려 있는 보이다.
② 단순보는 양단이 벽돌, 블록, 석조벽 등에 단순히 얹혀 있는 상태로 된 보이다.
③ 인장력에 대항하는 재축 방향의 철근을 보의 주근이라 한다.
④ 단순보에서 늑근은 단부보다 중앙부에서 더 촘촘하게 배치한다.

33 철근 콘크리트 기둥에 대한 설명 중 옳은 것은?

① 기둥의 주근을 감싸고 있는 철근을 늑근이라 한다.
② 한 건물에서는 기둥의 간격을 다르게 하는 것이 유리하다.
③ 기둥의 축방향 주철근의 최소 개수는 직사각형 기둥의 경우 4개이다.
④ 기둥의 주근은 단면상 한쪽에만 배치하는 것이 유리하다.

34 축방향 하중을 받는 지하실 외벽 및 기초 벽체의 두께는 최소 얼마 이상이어야 하는가?

① 100mm   ② 150mm
③ 200mm   ④ 300mm

35 다음 중 철골 구조에 대한 설명으로 옳지 않은 것은?

① 벽돌 구조에 비하여 수평력이 강하다.
② 장스팬 구조가 가능하다.
③ 화재에 대비하기 위해 적당한 내화피복이 필요하다.
④ 철근 콘크리트 구조에 비하여 동절기 기후의 영향을 많이 받는다.

36 철골 구조에서 H 형강보의 플랜지 부분에 커버 플레이트를 사용하는 가장 주된 목적은?

① H형강의 부식을 방지하기 위해서
② 집중 하중에 의한 전단력을 감소시키기 위해서
③ 덕트 배관 등에 사용할 수 있는 개구부를 확보하기 위해서
④ 휨내력을 보강하기 위해서

37 문짝을 상하 문틀로 홈파 끼우고, 옆벽에 문짝을 몰아붙이거나 이중벽 중간에 몰아넣는 형태의 문은?

① 회전문   ② 미서기문
③ 여닫이문   ④ 미닫이문

38 다음의 벽식 구조에 대한 설명 중 ( ) 안에 알맞은 말은?

> 똑같은 판이라도 수직으로 세워져서 힘이 면을 따라 전달되는 것을 (㉠)(이)라 하고, 판을 수평으로 설치하여 면에 직각으로 힘을 받는 것을 (㉡)(이)라 한다.

① ㉠ 슬래브,   ㉡ 벽
② ㉠ 보,   ㉡ 기둥
③ ㉠ 벽,   ㉡ 슬래브
④ ㉠ 기둥,   ㉡ 보

39 곡면판의 역학적 잇점을 살려서 큰 간사이의 지붕을 만들 수 있는 구조는?

① 절판 구조
② 셸 구조
③ 현수 구조
④ 철골 철근 콘크리트 구조

40 다음 중 입체 구조에 해당하지 않는 것은?

① 절판 구조   ② 아치 구조
③ 셸 구조   ④ 돔 구조

41 건축 재료의 각 성능과 연관된 항목들이 올바르게 짝지어진 것은?

① 역학적 성능 – 연소성, 인화성, 용융성, 발연성

② 화학적 성능 – 강도, 변형, 탄성계수, 크리프, 인성

③ 내구 성능 – 산화, 변질, 풍화, 충해, 부패

④ 방화, 내화 성능 – 비중, 경도, 수축, 수분의 투과와 반사

42 물의 밀도가 1g/cm³이고 어느 물체의 밀도가 1kg/m³라 하면 이 물체의 비중은 얼마인가?

① 1
② 1,000
③ 0.001
④ 0.1

43 다음 중 목재의 흠에 해당하지 않는 용어는?

① 옹이
② 껍질박이
③ 연륜
④ 혹

44 목재에 대한 장단점을 설명한 것으로 옳지 않은 것은?

① 중량에 비해 강도와 탄성이 작다.

② 가공성이 좋다.

③ 충해를 입기 쉽다.

④ 건조가 불충분한 것은 썩기 쉽다.

45 다음 중 파티클 보드의 특성에 대한 설명으로 옳지 않은 것은?

① 큰 면적의 판을 만들 수 있다.

② 표면이 평활하고 경도가 크다.

③ 방충, 방부성은 비교적 작은 편이다.

④ 못, 나사못의 지지력은 목재와 거의 같다.

46 석재 표면을 구성하고 있는 조직을 무엇이라 하는가?

① 석목
② 석리
③ 층리
④ 도리

47 점토의 물리적 성질에 대한 설명으로 옳지 않은 것은?

① 비중은 일반적으로 2.5~2.6 정도이다.

② 입자의 크기가 클수록 가소성이 좋다.

③ 양질의 점토는 습윤 상태에서 현저한 가소성을 나타낸다.

④ 압축 강도는 인장 강도의 약 5배 정도이다.

48 점토 벽돌 중 매우 높은 온도로 구워 낸 것으로 모양이 좋지 않고 빛깔은 짙으나 흡수율이 매우 적고 압축 강도가 매우 큰 벽돌을 무엇이라 하는가?

① 이형 벽돌
② 과소품 벽돌
③ 다공질 벽돌
④ 포도 벽돌

49 보통 포틀랜드 시멘트의 응결 시간에 대한 설명 중 옳은 것은?

① 초결 30분 이상, 종결 10시간 이하

② 초결 30분 이상, 종결 20시간 이하

③ 초결 60분 이상, 종결 20시간 이하

④ 초결 60분 이상, 종결 10시간 이하

50 장기에 걸친 강도의 증진은 없지만 조기의 강도 발생이 커서 긴급 공사에 사용되는 시멘트는?

① 중용열 포틀랜드 시멘트

② 고로 시멘트

③ 알루미나 시멘트

④ 보통 포틀랜드 시멘트

51 골재의 크기가 고르게 섞여 있는 정도를 나타내는 용어는?

① 입도　　　　　② 실적률
③ 흡수율　　　　④ 단위 용적 중량

52 콘크리트용 혼화제 중 콘크리트의 발열량을 높게 하는 것은?

① 경화 촉진제　　② AE제
③ 포졸란　　　　④ 방수제

53 콘크리트 타설 후 수분 상승과 함께 미세한 물질이 상승하는 현상은?

① 블리딩　　　　② 풍화
③ 응결　　　　　④ 경화

54 구리와 주석을 주체로 한 합금으로 건축 장식 철물 또는 미술공예 재료에 사용되는 것은?

① 황동　　　　　② 두랄루민
③ 주철　　　　　④ 청동

55 그림과 같은 벽돌조 단면에서 '가' 부재의 명칭은?

① 듀벨　　　　　② 늑근
③ 스터럽　　　　④ 긴결 철물

56 다음 중 결로(結露) 현상 방지에 가장 적합한 유리는?

① 무늬 유리　　　② 강화판 유리
③ 복층 유리　　　④ 망입 유리

57 요소 수지에 대한 설명으로 틀린 것은?

① 착색이 용이하지 못하다.
② 마감재, 가구재 등에 사용된다.
③ 내수성이 약하다.
④ 열경화성 수지이다.

58 목재의 착색에 사용하는 도료 중 가장 적당한 것은?

① 오일 스테인　　② 연단 도료
③ 래커　　　　　④ 크레오소트

59 돌로마이트 석회에 관한 다음 설명 중 옳지 않은 것은?

① 회반죽에 비해 조기 강도 및 최종 강도가 크다.
② 소석회에 비해 점성이 높고 작업성이 좋다.
③ 점성이 거의 없어 해초풀로 반죽한다.
④ 수축 균열이 많이 발생한다.

60 옥상 아스팔트 방수층에서 부착력을 증가시키기 위하여 바탕에 제일 먼저 바르는 것은?

① 스트레이트 아스팔트
② 아스팔트 프라이머
③ 아스팔트 싱글
④ 블론 아스팔트

01 다음의 대규모의 건축물이나 복잡한 공공 건축물 등에 대한 기능 분석 중 가장 선행되어져야 하는 것은?
① 현상의 기술
② 다른 사례, 문헌의 검토
③ 현상의 조사, 관찰
④ 현상의 조건 또는 원인이라고 생각되는 것을 조사

02 다음은 건축법상 지하층의 정의와 관련된 기준 내용이다. ( ) 안에 알맞은 것은?

'지하층'이란 건축물의 바닥이 지표면 아래에 있는 층으로서 바닥에서 지표면까지 평균 높이가 해당 층 높이의 ( ) 이상인 것을 말한다.

① 2분의 1
② 3분의 1
③ 3분의 2
④ 4분의 1

03 심리적으로 상승감, 존엄성, 엄숙함 등의 조형 효과를 주는 선의 종류는?
① 사선
② 곡선
③ 수평선
④ 수직선

04 다음 설명에 알맞은 색의 대비와 관련된 현상은?

어떤 두 색이 맞붙어 있을 경우, 그 경계의 언저리가 경계로부터 멀리 떨어져 있는 부분보다 색의 3속성별로 색상 대비, 명도 대비, 채도 대비의 현상이 더욱 강하게 일어나는 현상

① 동시 대비
② 연변 대비
③ 한란 대비
④ 유사 대비

05 기온, 습도, 기류의 3요소의 조합에 의한 실내 온열 감각을 기온의 척도로 나타낸 것은?
① 유효 온도
② 작용 온도
③ 등가 온도
④ 불쾌 지수

06 건축 계획 과정 중 평면 계획에 관한 설명으로 옳지 않은 것은?
① 평면 계획은 일반적으로 동선 계획과 함께 진행된다.
② 실의 배치는 상호 유기적인 관계를 가지도록 계획한다.
③ 평면 계획 시 공간 규모와 치수를 결정한 후 각 공간에서의 생활 행위를 분석한다.
④ 평면 계획은 2차원적인 공간의 구성이지만, 입면 설계의 수평적 크기를 나타내기도 한다.

07 거실의 평면 계획에 대한 설명 중 옳은 것은?

① 거실은 현관, 식당, 화장실, 부엌의 위치와 멀수록 좋다.

② 주부 활동의 장소는 될 수 있는 한 거실과 멀어지게 한다.

③ 거실의 전체적인 형태는 정방형보다 장방형이 공간 활용의 융통성이 크다.

④ 거실은 가족의 단란을 위해 평면 계획상 통로나 홀로 사용될 수 있도록 하는 것이 좋다.

08 주택 욕실에 배치하는 세면기의 높이로 가장 적당한 것은?

① 600mm   ② 750mm

③ 850mm   ④ 900mm

09 주택지의 단위 분류에 속하지 않는 것은?

① 인보구   ② 근린분구

③ 근린주구   ④ 근린지구

10 다음은 어떤 공기조화방식에 대한 설명인가?

- 오래전부터 사용되던 공조방식이다.
- 중앙에서 에어핸들링유닛이나 패키지형 공조기 등을 써서 실내 또는 환기덕트 내 자동온도조절기 또는 자동습도조절기에 의하여 각 실의 조건에 알맞게 조절된 냉풍 또는 온풍을 하나의 덕트와 취출구를 통하여 각 실에 공조하는 방식이다.

① 이중덕트방식   ② 멀티존유닛방식

③ 각 층 유닛방식   ④ 단일덕트방식

11 중앙식 급탕법 중 간접 가열식에 관한 설명으로 옳지 않은 것은?

① 열효율이 직접 가열식에 비해 높다.

② 고압용 보일러를 반드시 사용할 필요는 없다.

③ 일반적으로 규모가 큰 건물의 급탕에 사용된다.

④ 가열 보일러는 난방용 보일러와 겸용할 수 있다.

12 온수 난방과 비교한 증기 난방의 특징으로 옳지 않은 것은?

① 예열 시간이 짧다.

② 열의 운반 능력이 크다.

③ 난방의 쾌감도가 높다.

④ 방열 면적을 작게 할 수 있다.

13 목재의 강도에 대한 설명으로 옳지 않은 것은?

① 섬유 방향의 인장강도가 압축강도보다 크다.

② 변재 부분이 심재 부분보다 강도가 크다.

③ 비중이 작은 목재는 큰 목재보다 강도가 작다.

④ 건조 상태의 강도가 습윤 상태의 강도보다 크다.

14 아파트의 평면형식 중 독신자 아파트에 적합한 형식으로 옳은 것은?

① 계단실형   ② 편복도형

③ 중복도형   ④ 집중형

15 다음과 같이 정의되는 엘리베이터 관련 용어는?

> 엘리베이터가 출발 기준층에서 승객을 싣고 출발하여 각 층에 서비스한 후 출발 기준층으로 되돌아와 다음 서비스를 위해 대기하는 데까지 걸리는 총시간

① 승차 시간
② 일주 시간
③ 주행 시간
④ 서비스 시간

16 다음 중 사용되는 선의 종류가 실선이 아닌 것은?

① 치수선
② 치수 보조선
③ 단면선
④ 경계선

17 목조벽 중 벽체 양면이 평벽을 나타내는 표시법은?

①
②
③
④

18 건물 내부의 입면을 정면에서 바라보고 그리는 내부 입면도는?

① 배근도
② 전개도
③ 설비도
④ 구조도

19 다음 중 기초의 제도 시 가장 먼저 해야 할 것은?

① 치수선을 긋고 치수를 기입한다.
② 제도지에 테두리선을 긋고 표제란을 만든다.
③ 제도지에 기초의 배치를 적당히 잡아 가로와 세로 나누기를 한다.
④ 중심선에서 기초와 벽의 두께, 푸팅 및 잡석 지정의 너비를 양분하여 연하게 그린다.

20 KS D 3503에서 강재의 종류를 나타내는 기호인 SS490의 첫 번째 S가 의미하는 것은?

① 재질
② 형상
③ 강도
④ 지름

21 선 공장 제작하여 현장에서 짜맞춘 구조이며, 규격화할 수 있고, 대량 생산이 가능하고, 공사 기간을 단축할 수 있는 구조체의 구성 양식은?

① 조립식 구조
② 습식 구조
③ 조적식 구조
④ 일체식 구조

22 견고한 지반이 깊이 있을 경우 지상에서 원형통, 사각형통의 밑 없는 상자를 만들고 그 속에서 토사를 파내어 상자를 내리 앉히고 저부에 콘크리트를 부어 기초로 하는 것으로 케이슨 기초라고 불리는 것은?

① 주춧돌 기초
② 잠함 기초
③ 말뚝 기초
④ 직접 기초

23 목구조에서 가새에 대한 설명으로 옳지 않은 것은?

① 벽체를 안정형 구조로 만들어준다.
② 구조물에 가해지는 수평력보다는 수직력에 대한 보강을 위한 것이다.
③ 힘의 흐름상 인장력과 압축력을 번갈아 저항할 수 있다.
④ 가새를 결손시켜 내력상 지장을 주어서는 안 된다.

24 목구조에서 토대와 기둥에 가장 적합한 맞춤은?

① 반턱 맞춤 　　② 메뚜기장 맞춤
③ 짧은 장부 맞춤 　④ 통 맞춤

25 그림과 같은 왕대공 지붕틀의 ◉표의 부재가 일반적으로 받는 힘의 종류는?

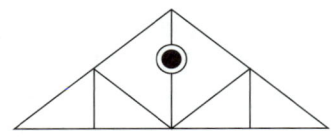

① 인장력 　　② 전단력
③ 압축력 　　④ 비틀림 모멘트

26 그림에서 화살표(?)가 지시하는 부재의 명칭으로 옳은 것은?

① 평고대 　　② 처마돌림
③ 단골막이널 　④ 박공널

27 벽돌 쌓기 방법 중 처음 한 켜는 마구리쌓기, 다음 한 켜는 길이쌓기를 교대로 쌓는 것으로, 통줄눈이 생기지 않으며, 가장 튼튼한 쌓기법으로 내력벽을 만들 때에 많이 이용되는 것은?

① 영국식 쌓기 　　② 미국식 쌓기
③ 네덜란드식 쌓기 　④ 프랑스식 쌓기

28 벽돌벽에 배관을 위한 홈파기를 할 때 가로홈의 길이는 최대 얼마 이하로 하는가?

① 1.0m 　　② 2.0m
③ 3.0m 　　④ 4.0m

29 콘크리트 블록조의 테두리보에 관한 설명 중 옳지 않은 것은?

① 단층 건물에서 보의 춤은 250mm 이상으로 한다.
② 테두리보의 춤은 내력벽 두께의 1.5배 이상이다.
③ 2층 이상일 때 테두리보의 춤은 최소 300mm 이상으로 한다.
④ 보의 너비는 그 밑에 있는 내력벽의 두께와 같게 하거나 다소 작게 한다.

30 철근 콘크리트 구조의 특성으로 옳지 않은 것은?

① 내구·내화·내풍적이다.
② 목구조에 비해 자체 중량이 크다.
③ 압축력에 비해 인장력에 대한 저항 능력이 뛰어나다.
④ 시공의 정밀도가 요구된다.

31 측압에 대한 설명으로 옳지 않은 것은?

① 토압은 지하 외벽에 작용하는 대표적인 측압이다.
② 콘크리트 타설 시 슬럼프 값이 낮을수록 거푸집에 작용하는 측압이 크다.
③ 벽체가 받는 측압을 경감시키기 위하여 부축벽을 세운다.
④ 지하수위가 높을수록 수압에 의한 측압이 크다.

32 철근 콘크리트 보에 관한 설명으로 틀린 것은?

① 단순보는 중앙에 연직 하중을 받으면 휨 모멘트와 전단력이 생긴다.

② T형보는 압축력을 슬래브가 일부 부담한다.

③ 보 단부의 헌치는 주로 압축력을 보강하기 위해 만든다.

④ 캔틸레버 보에는 통상적으로 단면 상부에 철근을 배근한다.

33 철근 콘크리트 기둥의 배근에 관한 기술 중 옳지 않은 것은?

① 원형기둥에서 기둥을 보강하는 세로 철근, 즉 축방향 철근이 주근이고, 그 주위에 나선형으로 둘러감은 것을 나선 철근이라 한다.

② 주근의 이음위치는 층높이의 1/2 하부에 두고 한자리에서 2/3 이상을 잇지 아니한다.

③ 기둥 하부의 주근은 기초에 정착한다.

④ 사각형 기둥에서는 주근을 4개 이상 사용한다.

34 철근 콘크리트 내력벽에 배근할 철근 직경은 최소 얼마 이상으로 하는가?

① D10　　　　　② D13

③ D16　　　　　④ D19

35 다음 중 철골 구조에 대한 설명으로 틀린 것은?

① 내진적 즉, 수평력에 강하다.

② 큰 간사이 구조가 가능하다.

③ 불연성이다.

④ 고열(高熱)과 부식에 강하다.

36 철골 구조의 플레이트 보에서 웨브의 두께가 춤에 비해서 얇을 때, 웨브의 국부 좌굴을 방지하기 위해 사용되는 것은?

① 데크 플레이트(deck plate)

② 턴 버클(turn buckle)

③ 베니션 블라인드(venetian blind)

④ 스티프너(stiffener)

37 은행, 호텔 등의 출입구에 통풍·기류를 방지하고 출입 인원을 조절할 목적으로 쓰이며 원통형을 기준으로 3~4개의 문으로 구성된 것은?

① 미닫이문　　　② 플러시문

③ 양판문　　　　④ 회전문

38 다음 중 기둥과 보가 없이 평면적인 구조체만으로 구성된 구조 시스템은?

① 막 구조　　　　② 셸 구조

③ 벽식 구조　　　④ 현수 구조

39 구조물에 작용하는 외력을 곡면판의 면내력으로 전달시키는 특성을 가진 구조는?

① 절판 구조　　　② 셸 구조

③ 현수 구조　　　④ 다이아그리드 구조

40 트러스를 종횡으로 배치하여 입체적으로 구성한 구조로, 형강이나 강관을 사용하여 넓은 공간을 구성하는 데 이용되는 것은?

① 셸 구조　　　　② 돔 구조

③ 현수 구조　　　④ 스페이스 프레임

41 다음 건축 재료 중 천연 재료에 속하는 것은?

① 목재
② 철근
③ 유리
④ 고분자 재료

42 단위 질량의 물질을 온도 1℃ 올리는 데 필요한 열량을 무엇이라 하는가?

① 열용량
② 비열
③ 열전도율
④ 연화점

43 목재의 공극이 전혀 없는 상태의 비중을 무엇이라 하는가?

① 기건 비중
② 절건 비중
③ 진비중
④ 겉보기 비중

44 목재의 물리적 성질 중 옳지 않은 것은?

① 열전도율은 전반적으로 적은 편이고, 비중이 적은 것일수록 열전도율도 적다.
② 비중이 큰 목재일수록 신축이 적다.
③ 비중이 큰 목재는 강도도 크다.
④ 함수율이 섬유 포화점 이상인 경우를 생목(生木)이라 한다.

45 파티클 보드의 특성에 관한 설명으로 옳지 않은 것은?

① 칸막이·가구 등에 이용된다.
② 열의 차단성이 우수하다.
③ 가공성이 비교적 양호하다.
④ 강도에 방향성이 있어 뒤틀림이 거의 일어나지 않는다.

46 석재의 조직 중 석재의 외관 및 성질과 가장 관계가 깊은 것은?

① 조암 광물
② 석리
③ 절리
④ 석목

47 다음 중 점토의 물리적 성질에 대한 설명으로 옳은 것은?

① 점토의 비중은 일반적으로 3.5~3.6 정도이다.
② 양질의 점토일수록 가소성은 나빠진다.
③ 미립 점토의 인장 강도는 3~10MPa 정도이다.
④ 점토의 압축 강도는 인장 강도의 약 5배이다.

48 길이가 폭의 3배 이상으로 가늘고 길게 된 타일로서 징두리벽 등의 장식용에 사용되는 것은?

① 스크래치 타일
② 보더 타일
③ 모자이크 타일
④ 논슬립 타일

49 시멘트의 응결 시간에 관한 설명 중 옳지 않은 것은?

① 가수량이 많을수록 응결이 늦어진다.
② 온도가 높을수록 응결 시간이 짧아진다.
③ 신선한 시멘트로서 분말도가 미세한 것일수록 응결이 빠르다.
④ 알루민산3칼슘 성분이 많을수록 응결이 늦어진다.

50 보크사이트와 같은 Al_2O_3의 함유량이 많은 광석과 거의 같은 양의 석회석을 혼합하여 전기로에서 완전히 용융시켜 미분쇄한 것으로, 조기의 강도 발생이 큰 시멘트는?

① 고로 시멘트

② 실리카 시멘트

③ 보통 포틀랜드 시멘트

④ 알루미나 시멘트

51 다음 중 콘크리트용 골재로서 일반적으로 요구되는 성질이 아닌 것은?

① 입도는 조립에서 세립까지 연속적으로 균등히 혼합되어 있을 것

② 입형은 가능한 한 편평, 세장하지 않을 것

③ 잔 골재의 염분 허용 한도는 0.04%(NaCl) 이하일 것

④ 강도는 콘크리트 중의 경화 시멘트 페이스트의 강도보다 작을 것

52 콘크리트에 염화칼슘($CaCl_2$)을 사용할 때 일어나는 현상으로 옳지 않은 것은?

① 철근의 부식을 방지한다.

② 방동 효과가 있다.

③ 과도하게 사용할 경우 콘크리트의 내구성을 저하시킬 수 있다.

④ 콘크리트의 경화가 촉진된다.

53 콘크리트 타설 후 비중이 무거운 시멘트와 골재 등이 침하되면서 물이 분리·상승하여 미세한 부유물질과 함께 콘크리트 표면으로 떠오르는 현상은?

① 레이턴스　　　② 초기 균열

③ 블리딩　　　　④ 크리프

54 청동에 대한 설명으로 옳지 않은 것은?

① 구리와 주석과의 합금이다.

② 황동보다 내식성이 작으며 주조하기가 어렵다.

③ 청동에 속하는 포금은 약간의 아연, 납을 포함한 구리 합금이다.

④ 표면은 특유의 아름다운 청록색으로 되어 있어 장식 철물, 공예 재료 등에 많이 쓰인다.

55 금속판에 여러 가지 무늬의 구멍을 펀칭한 것으로, 환기구나 라디에이터 커버 등에 쓰이는 철판 가공품을 무엇이라 하는가?

① 코너 비드　　　② 메탈 실링

③ 펀칭 메탈　　　④ 메탈 라스

56 페어 글라스라고도 불리며 단열성, 차음성이 좋고 결로 방지에 효과적인 유리 제품은?

① 접합 유리　　　② 강화 유리

③ 무늬 유리　　　④ 복층 유리

57 유리 섬유로 보강한 섬유 보강 플라스틱으로서 일명 F.R.P라 불리는 제품을 만드는 합성수지는?

① 아크릴 수지　　　② 폴리에스테르 수지

③ 실리콘 수지　　　④ 에폭시 수지

58 목부 바탕에 바탕칠을 한 다음 재벌칠의 흡수를 방지하기 위하여 쓰이는 것은?

① 끝손질 래커　　② 래커 에나멜

③ 우드 실러　　④ 녹막이 페인트

59 다음 중 돌로마이트 플라스터에 대한 설명으로 옳지 않은 것은?

① 수축 균열이 발생한다.

② 표면 경도가 회반죽보다 크다.

③ 점성이 적어서 풀로 반드시 반죽한다.

④ 마그네시아 석회라고도 하며 비중이 2.4 정도이다.

60 아스팔트를 용제에 녹인 액상으로서 아스팔트 방수의 바탕 처리재로 사용되는 것은?

① 아스팔트 펠트

② 아스팔트 루핑

③ 아스팔트 프라이머

④ 아스팔트 싱글

01 건축 계획 단계에서 설계자의 머릿속에서 이루어진 공간의 구상을 종이에 형상화하여 그린 다음, 시각적으로 확인하는 것은?

① 에스키스 ② 스킵
③ 캡쳐 ④ 데생

02 다음 중 건축법이 적용되는 건축물은?

① 고속도로 통행료 징수 시설
② 문화재보호법에 따른 지정 문화재
③ 철도의 선로 부지에 있는 플랫폼
④ 문화 및 집회 시설 중 동·식물원

03 지각적으로는 구조적 높이감을 주며 심리적으로는 상승감, 존엄감의 느낌을 주는 선의 종류는?

① 사선 ② 곡선
③ 수직선 ④ 수평선

04 색채가 가지는 느낌을 잘못 설명한 것은?

① 면적이 큰 색은 밝게 보이고, 채도도 높아 보인다.
② 채도가 높으면 진출의 느낌을, 낮으면 후퇴의 느낌을 준다.
③ 보는 사람에 따라서는 일반적으로 좋아하는 색, 유쾌한 색은 가볍게 느껴지는 것이 보통이다.
④ 명도가 높은 것은 멀리 있는 것처럼 보인다.

05 열 환경의 4요소(온열 요소)에 속하지 않는 것은?

① 공기의 습도
② 공기 중 산소의 함량
③ 공기의 온도
④ 주위 벽의 복사열

06 다음 중 건축물의 평면 계획 시 고려하여야 할 사항으로 가장 중요한 것은?

① 주위 환경과의 조화
② 경제적인 구조체 설계
③ 각 실의 기능 만족 및 실의 배치
④ 명암, 색채, 질감의 요소를 고려한 마감 재료의 조화

07 다음 설명에 알맞은 거실의 가구 배치 형식은?

- 서로 시선이 마주쳐 다소 딱딱하고 어색한 분위기를 만들 우려가 있다.
- 일반적으로 가구 자체가 차지하는 면적이 커지므로 실내가 협소해 보일 수 있다.

① 대면형 ② 코너형
③ 직선형 ④ 자유형

08 다음 중 주택의 식당 크기를 결정하는 요인과 가장 거리가 먼 것은?

① 가족의 수
② 부엌의 크기
③ 식당 가구의 크기
④ 통행 여유 치수

09 다음의 주택 단지의 단위 중 규모가 가장 작은 것은?

① 인보구
② 근린분구
③ 근린주구
④ 근린지구

10 다음 환기 방식 중 자연 환기에 속하는 것은?

① 제1종 환기
② 풍력 환기
③ 제2종 환기
④ 제3종 환기

11 배수관 속의 악취, 유독 가스 및 벌레 등이 실내로 침투하는 것을 방지하기 위하여 배수 계통의 일부에 봉수가 고이게 하는 기구는?

① 사이펀
② 플랜지
③ 트랩
④ 통기관

12 난방 방식의 종류 중 방열기가 필요하지 않으며, 바닥면의 이용도가 높은 것은?

① 증기 난방
② 온수 난방
③ 복사 난방
④ 배관 난방

13 다음 합판의 특성 중 옳지 않은 것은?

① 함수율의 변화에 따른 신축변형이 작다.
② 서로 직교시켜서 붙인 것으로 잘 갈라지지 않으며 방향에 따른 강도의 차가 크다.
③ 합판은 판재에 비하여 균질이고 목재의 이용률을 높일 수 있다.
④ 너비가 큰 판을 얻을 수 있고 쉽게 곡면판으로도 만들 수 있다.

14 경사지의 단점을 보완하기 위한 가장 적절한 주택의 형식은?

① 메조넷형
② 스킵플로어형
③ 트리플렉스형
④ 필로티형

15 교류 엘리베이터에 대한 설명 중 옳지 않은 것은?

① 기동 토크가 적다.
② 부하에 의한 속도 변동이 있다.
③ 직류 엘리베이터에 비해 착상 오차가 크다.
④ 속도를 선택할 수 있고, 속도 제어가 가능하다.

16 도면에서 기준선으로 사용되는 선은?

① 파선
② 점선
③ 일점쇄선
④ 이점쇄선

17 다음의 평면 표시 기호가 의미하는 것은?

① 미닫이창
② 셔터달린창
③ 이중창
④ 망사창

18 각 실내의 입면으로 벽의 형상, 치수, 마감 상세 등을 나타낸 도면은?

① 평면도
② 전개도
③ 배치도
④ 단면 상세도

19 다음 중 철근 콘크리트 줄기초 그리기에서 가장 먼저 이루어지는 작업은?

① 재료의 단면 표시를 한다.
② 기초 크기에 알맞게 축척을 정한다.
③ 단면선과 입면선을 구분하여 그린다.
④ 표제란을 작성하고 표시 사항의 누락 여부를 확인한다.

20 강재 표시 방법 2L－125×125×6에서 6이 나타내는 것은?

① 수량   ② 길이
③ 높이   ④ 두께

21 다음 중 건축 구조에 관한 기술로 옳은 것은?

① 나무 구조는 친화감이 있으나 부패되기 쉽다.
② 돌구조는 횡력과 진동에 강하다.
③ 철근 콘크리트 구조는 타 구조에 비해 공사 기간이 월등히 짧다.
④ 철골 구조는 공사비가 싸고 내화적이다.

22 기초 구조를 정할 때 고려할 점 중 옳지 않은 것은?

① 인접 건물의 기초에 주의하고 손상을 주지 않도록 한다.
② 지내력이 좋은 지반에 설치한다.
③ 기초 밑면을 동결선 밑에 놓는다.
④ 한 건물의 기초 형식은 여러 형식을 혼용한다.

23 목구조에서 가새에 대한 설명으로 옳은 것은?

① 목조 벽체를 수평력에 견디게 하고 안정한 구조로 하기 위한 것이다.
② 가새의 경사는 30°에 가까울수록 유리하다.
③ 기초와 토대를 고정하는 데 설치한다.
④ 가새에는 인장 응력만 발생한다.

24 목구조 접합부와 그 접합부에 사용되는 철물이 적절하게 연결되지 않은 것은?

① 왕대공과 평보 － 감잡이쇠
② 평기둥과 층도리 － 띠쇠
③ 큰 보와 작은 보 － 안장쇠
④ 토대와 기둥 － 앵커 볼트

25 목조 왕대공 지붕틀에서 압축력을 받는 부재는?

① 왕대공   ② 빗대공
③ 달대공   ④ 평보

26 지붕이기에서 지붕 물매를 가장 적게 할 수 있는 것은?

① 기와
② 소형 슬레이트
③ 금속판
④ 금속판 기와가락

27 벽돌 쌓기 방법 중 프랑스식 쌓기에 대한 설명으로 옳은 것은?

① 한 켜 안에 길이쌓기와 마구리쌓기를 병행하여 쌓는 방법이다.

② 처음 한 켜는 마구리쌓기, 다음 한 켜는 길이쌓기를 교대로 쌓는 방법이다.

③ 5~6켜는 길이쌓기로 하고, 다음 켜는 마구리쌓기를 하는 방식이다.

④ 모서리 또는 끝부분에 칠오토막을 사용하여 쌓는 방법이다.

28 벽돌조 독립기둥의 높이는 기둥 단면 최소 치수의 얼마를 넘지 않아야 하는가?

① 5배 ② 7배

③ 10배 ④ 15배

29 다음 중 테두리보에 대한 설명으로 옳지 않은 것은?

① 철근 콘크리트 블록조에 있어서 벽체를 일체화하기 위해 설치한다.

② 테두리보의 너비는 보통 그 밑의 내력벽의 두께보다는 작아야 한다.

③ 최상층의 경우 지붕 슬래브를 철근 콘크리트 바닥판으로 할 경우에는 테두리보를 따로 쓰지 않아도 좋다.

④ 테두리보는 폐쇄된 수평면의 골조를 구성해야 한다.

30 철근 콘크리트 구조의 특성으로 옳지 않은 것은?

① 부재의 크기와 형상을 자유자재로 제작할 수 있다.

② 내화성이 우수하다.

③ 작업 방법, 기후 등에 영향을 받지 않으므로 균질한 시공이 가능하다.

④ 철골조에 비해 철거 작업이 곤란하다.

31 철근 콘크리트보에 배근하는 주근의 직경은 최소 얼마 이상을 사용하는가?

① D6 ② D8

③ D10 ④ D13

32 다음의 철근 콘크리트보에 대한 설명 중 옳지 않은 것은?

① 내민보는 보의 한 끝이 지지점에서 내밀어 달려 있는 보이다.

② 연속보에서는 지지점 부분의 하부에서 인장력을 받기 때문에, 이곳에 주근을 배치하여야 한다.

③ 내민보는 상부에 인장력이 작용하므로 상부에 주근을 배치한다.

④ 단순보에서 부재의 축에 직각인 스터럽의 간격은 단부로 갈수록 촘촘하게 한다.

33 다음 중 철근 콘크리트 압축 부재의 설계에 대한 설명으로 틀린 것은?

① 축방향 주철근의 최소 개수는 직사각형 띠철근 내부의 철근의 경우 4개이다.

② 띠철근 압축 부재 단면의 최소 치수는 300mm이다.

③ 띠철근 압축 부재 단면의 최소 단면적은 60,000mm^{2}이다.

④ 나선 철근 압축 부재 단면의 심부 지름은 200mm 이상이어야 한다.

34 철근 콘크리트 내진벽의 배치에 관한 설명으로 틀린 것은?

① 위·아래층에서 동일한 위치에 배치한다.

② 아래층에 많이 배치한다.

③ 평면상으로 교점이 없으면 외력에 대한 저항력이 크다.

④ 하중을 고르게 부담하도록 배치한다.

35 다음 중 철골 구조의 구조 형식상 분류에 속하지 않는 것은?
　① 트러스 구조　　② 입체 구조
　③ 라멘 구조　　　④ 강관 구조

36 철골 구조의 플레이트 보에서 스티프너(stiffener)는 웨브의 무엇을 방지하기 위하여 사용하는가?
　① 처짐　　　　　② 좌굴
　③ 진동　　　　　④ 블리딩

37 울거미를 짜고 중간에 살을 25cm 이내 간격으로 배치하여 양면에 합판을 교착하여 만든 문은?
　① 접문　　　　　② 플러시문
　③ 띠장문　　　　④ 도듬문

38 벽식 구조에서 횡력에 대한 보강 방법으로 적합하지 않은 것은?
　① 벽 상부의 슬래브 두께를 증가시킨다.
　② 벽 상부에 테두리 보를 설치한다.
　③ 벽량을 증가시킨다.
　④ 부축벽(buttress)을 설치한다.

39 대표적인 구조물로 시드니 오페라 하우스가 있으며 간사이가 넓은 건축물의 지붕을 구성하는 데 많이 쓰이는 구조는?
　① 셸 구조　　　　② 벽식 구조
　③ 현수 구조　　　④ 라멘 구조

40 자중도 지지하기 어려운 평면체를 아코디언과 같이 주름을 잡아 지지 하중을 증가시킨 구조형태는?
　① 절판 구조　　　② 셸 구조
　③ 돔 구조　　　　④ 입체 트러스

41 건축 재료의 생산 방법에 따른 분류 중 1차적인 천연 재료가 아닌 것은?
　① 흙　　　　　　② 모래
　③ 석재　　　　　④ 콘크리트

42 금속에 열을 가했을 때 녹는 온도를 용융점이라 하는데 용융점이 가장 높은 금속은?
　① 수은　　　　　② 경강
　③ 스테인리스강　④ 텅스텐

43 목재가 기건 상태일 때 함수율은 대략 얼마 정도인가?
　① 7%　　　　　② 15%
　③ 21%　　　　　④ 25%

44 목재의 역학적 성질에 대한 설명 중 틀린 것은?
　① 섬유 포화점 이하에서는 강도가 일정하나 섬유 포화점 이상에서는 함수율이 증가함에 따라 강도는 증가한다.
　② 목재는 조직 가운데 공간이 있기 때문에 열의 전도가 더디다.
　③ 목재의 강도는 비중 및 함수율 이외에도 섬유 방향에 따라서도 차이가 있다.
　④ 목재의 압축 강도는 옹이가 있으면 감소한다.

45 집성 목재의 장점에 속하지 않는 것은?

① 목재의 강도를 인공적으로 조절할 수 있다.
② 응력에 따라 필요한 단면을 만들 수 있다.
③ 길고 단면이 큰 부재를 간단히 만들 수 있다.
④ 톱밥, 대패밥, 나무 부스러기를 이용하므로 경제적이다.

46 석재의 손가공 시 표면의 평활도 가공 순서로 옳은 것은?

① 혹두기 → 정다듬 → 잔다듬 → 갈기 → 도드락다듬
② 정다듬 → 잔다듬 → 혹두기 → 갈기 → 도드락다듬
③ 혹두기 → 정다듬 → 도드락다듬 → 잔다듬 → 갈기
④ 도드락다듬 → 잔다듬 → 도드락다듬 → 혹두기 → 갈기

47 다음 중 점토의 성질에 대한 설명으로 옳지 않은 것은?

① 불순물이 많을수록 점토의 강도가 높아진다.
② 인장 강도는 점토의 종류, 입자 크기 등에 영향을 받는다.
③ 양질의 점토일수록 가소성이 좋다.
④ 가소성이 과대할 때는 모래 또는 샤모트를 섞는다.

48 다음 중 외장용으로 사용할 수 없는 타일은?

① 석기질 타일   ② 자기질 타일
③ 모자이크 타일   ④ 도기질 타일

49 시멘트의 응결과 관련된 설명으로 옳지 않은 것은?

① 분말도가 낮을수록 응결이 빠르다.
② 온도가 높을수록 응결이 빠르다.
③ 알루민산3석회가 많을수록 응결이 빠르다.
④ 용수가 적을수록 응결이 빠르다.

50 각종 시멘트의 특성에 관한 설명 중 옳지 않은 것은?

① 중용열 포틀랜드 시멘트에 의한 콘크리트는 수화열이 작다.
② 실리카 시멘트에 의한 콘크리트는 초기 강도가 크고 장기 강도는 낮다.
③ 조강 포틀랜드 시멘트에 의한 콘크리트는 수화열이 크다.
④ 플라이 애시 시멘트에 의한 콘크리트는 내해수성이 크다.

51 콘크리트용 골재로서 요구되는 성질에 대한 설명으로 옳지 않은 것은?

① 강도는 콘크리트 중의 경화 시멘트 페이스트의 강도 이상이어야 한다.
② 표면이 매끄럽고, 모양은 편평하거나 가늘고 긴 것이 좋다.
③ 입도는 조립에서 세립까지 연속적으로 균등히 혼합되어 있어야 한다.
④ 유해량 이상의 염분이나 기타 유기 불순물이 포함되지 않아야 한다.

52 콘크리트의 경화 촉진제로 사용되는 염화칼슘에 대한 설명 중 옳지 않은 것은?

① 한중 콘크리트의 초기 동해 방지를 위해 사용된다.

② 시공 연도가 빨리 감소되므로 시공을 빨리 해야 한다.

③ 염화칼슘을 많이 사용할수록 콘크리트의 압축 강도는 증가한다.

④ 강재의 발청을 촉진시키므로 RC부재에는 사용하지 않는 것이 좋다.

53 블리딩(bleeding)과 크리프(creep)에 대한 설명으로 옳은 것은?

① 블리딩이란 굳지 않은 모르타르나 콘크리트에 있어서 윗면에 물이 스며 나오는 현상을 말한다.

② 블리딩이란 콘크리트의 수화 작용에 의하여 경화하는 현상을 말한다.

③ 크리프란 하중이 일시적으로 작용하면 콘크리트의 변형이 증가하는 현상을 말한다.

④ 크리프란 블리딩에 의하여 콘크리트 표면에 떠올라 침전된 물질을 말한다.

54 암모니아 가스에 침식되므로 화장실 등에 사용하기 곤란한 금속은?

① 구리(Cu)　　　② 스테인레스(SS)

③ 주석(Sn)　　　④ 아연(Zn)

55 두께 1.2mm 이하의 박강판을 여러 가지 무늬 모양으로 구멍을 뚫어 환기 구멍, 방열기 덮개 등에 쓰이는 것은?

① 펀칭 메탈(punching metal)

② 메탈 라스(metal lath)

③ 코너 비드(corner bead)

④ 와이어 라스(wire lath)

56 2장 또는 3장의 유리를 일정한 간격을 띄우고 둘레에는 틀을 끼워 내부는 기밀하게 하고 건조 공기를 넣어 방서, 단열, 방음용으로 쓰이는 유리는?

① 강화 유리　　　② 무늬 유리

③ 복층 유리　　　④ 망입 유리

57 열경화성 수지 중 건축용으로는 글라스 섬유로 강화된 평판 또는 판상제품으로 주로 사용되는 것은?

① 아크릴 수지　　　② 폴리에스테르 수지

③ 염화비닐 수지　　　④ 폴리에틸렌 수지

58 래커를 도장할 때 사용되는 희석제로 가장 적합한 것은?

① 유성 페인트　　　② 크레오소트유

③ PCP　　　④ 시너

59 돌로마이트 플라스터에 대한 설명 중 옳지 않은 것은?

① 소석회보다 점성이 작다.

② 풀이 필요 없다.

③ 변색, 냄새, 곰팡이가 없다.

④ 건조수축이 커서 균열이 생기기 쉽다.

60 블론 아스팔트를 휘발성 용제로 희석한 흑갈색의 액체로서 콘크리트, 모르타르 바탕에 아스팔트 방수층 또는 아스팔트 타일 붙이기 시공을 할 때에 사용되는 초벌용 도료는?

① 아스팔트 프라이머

② 타르

③ 아스팔트 펠트

④ 아스팔트 루핑

01 건축 척도 조정(M.C ; Modular Coordination)의 기본 고려 사항으로 옳지 않은 것은?

① 우리나라의 지역성을 최대한 고려한다.
② M.C화 되더라도 설계의 자유도는 낮춘다.
③ 가능한 한 국제적 M.C의 합의 사항에 맞도록 한다
④ 건물의 종류에 따라 그 성격에 맞추어 계획 모듈을 정한다.

02 다음 중 대수선의 범위기준으로 옳지 않은 것은?

① 내력벽의 벽면적 20m² 이상 수선 또는 변경하는 것
② 기둥을 3개 이상 수선 또는 변경하는 것
③ 보를 3개 이상 수선 또는 변경하는 것
④ 지붕틀을 3개 이상 수선 또는 변경하는 것

03 디자인 요소 중 수직선의 조형 효과와 가장 거리가 먼 것은?

① 상승감   ② 존엄성
③ 엄숙함   ④ 우아함

04 다음 색채 계획 중 가장 부적당한 것은?

① 교실의 벽 – 담록색
② 수영풀 수조 내부 – 녹색
③ 암실 – 흑색
④ 병원의 수술실 – 백색

05 열의 이동 방법에 해당하지 않는 것은?

① 복사   ② 회절
③ 전도   ④ 대류

06 생활 행위에 따른 동작을 가능하게 하며, 주거 공간을 구성하는 가장 기본적인 것은?

① 인체 동작 공간   ② 개인 공간
③ 공동 공간   ④ 주거 집합 공간

07 주택의 거실 계획에 대한 설명 중 옳지 않은 것은?

① 심리적으로 모이기 쉽고 안정된 분위기를 조성한다.
② 일조, 통풍 등의 자연 조건이 좋은 곳에 배치한다.
③ 가급적 현관에 직접 면하는 위치에 배치한다.
④ 생활에 알맞게 충분한 공간을 확보한다.

08 다음의 주택 계획에 대한 설명 중 옳지 않은 것은?

① 현관은 주택의 주출입구이며, 안과 밖을 연결시켜 주는 공간이기 때문에 주택 외부에서 쉽게 알아볼 수 있는 위치에 있어야 한다.
② 거실은 각 실로의 연결 통로이므로 평면 계획상 통로의 목적에 충실하도록 배치한다.
③ 주방 작업대의 높이는 80~86cm가 적당하다.
④ 아동 침실은 공부방과 유희실을 겸하도록 하고 채광, 통풍, 환기 등을 고려해야 한다.

09 다음 중 주택지의 단위인 인보구의 주택 호수로 가장 적당한 것은?

① 20~40호　　　② 50~100호
③ 200~300호　　④ 400~500호

10 수송설비 중 계단식으로 된 컨베이어로서 30° 이하의 기울기를 가지는 트러스에 발판을 부착시켜 레일로 지지한 구조체의 수송설비는?

① 엘리베이터　　② 에스컬레이터
③ 컨베이어벨트　④ 이동보도

11 배수 트랩의 종류에 속하지 않는 것은?

① S트랩　　　　② 벨 트랩
③ 버킷 트랩　　④ 드럼 트랩

12 복사 난방 방식에 대한 설명 중 옳지 않은 것은?

① 실내의 온도 분포가 균등하고 쾌감도가 높다.
② 방이 개방 상태인 경우에도 난방 효과가 있다.
③ 방열기 설치 면적이 크므로, 바닥면의 이용도가 낮다.
④ 시공, 수리와 방의 모양을 바꿀 때 불편하며, 매설 배관이 고장났을 때 발견하기가 어렵다.

13 치장목질 마루판의 KS F 3106에서 규정하는 목질 마루판의 품질 및 시험항목에 해당하지 않는 것은? (단, 일반적인 경우)

① 내산성
② 내알칼리성
③ 압축강도
④ 폼알데하이드 방출량

14 가옥 트랩, 메인 트랩으로서 옥내 배수 수평 주관의 말단 등 가옥 내 배수 기구에 부착하여 공공 하수관으로부터 해로운 가스가 집 안으로 침입하는 것을 방지하는 데 사용하는 트랩은?

① S트랩　　　　② 벨 트랩
③ P트랩　　　　④ 드럼 트랩

15 다음의 엘리베이터에 대한 설명 중 틀린 것은?

① 운송 대상은 주로 사람과 물품이다.
② 운행, 정지의 반복 빈도가 낮은 변동 부하를 가지고 있다.
③ 승객 자신이 직접 조작하는 경우가 많다.
④ 구조적인 강도와 제어의 안전성을 충분히 고려하여야 한다.

16 다음 중 물체의 절단한 위치를 표시하거나 경계선으로 사용되는 선은?

① 굵은 실선　　② 가는 실선
③ 일점쇄선　　④ 파선

17 다음 창호 기호의 명칭으로 옳은 것은?

① 셔터창　　　② 회전창
③ 망사창　　　④ 오르내리기창

18 다음 중 설계도서에 해당하지 않는 것은?

① 도면　　　　② 구조 계산서

③ 시방서　　　④ 견적서

19 기초 평면도의 표현 내용에 해당하지 않는 것은?

① 반자 높이

② 바닥 재료

③ 동바리 마루 구조

④ 각 실의 바닥 구조

20 직경 13mm의 이형 철근을 200mm 간격으로 배치할 때 도면 표시 방법으로 옳은 것은?

① D13 #200　　② D13 @200

③ 13 #200　　④ 13 @200

21 각종 구조에 대한 설명 중 옳지 않은 것은?

① 경량 철골 구조 – 내화, 내구성이 좋지 않다.

② 목구조 – 내화, 내구적이지 못하다.

③ 철근 콘크리트 구조 – 내구, 내진, 내화성이 뛰어나다.

④ 벽돌 구조 – 내진적이며 고층 건물에 적합하다.

22 다음 중 기초 구조의 결정 사항과 가장 관계가 먼 것은?

① 상부 건축물의 구조와 규모

② 지반의 상황 및 시공성

③ 공사비와 공사 기간

④ 건물 설계 기간

23 목조 벽체에 사용되는 가새에 대한 설명으로 옳지 않은 것은?

① 목조 벽체를 수평력에 견디게 하고 안정한 구조로 하기 위해 사용된다.

② 가새는 일반적으로 네모 구조를 세모 구조로 만든다.

③ 주요 건물에서는 한 방향 가새로만 하지 않고 X자형으로 하여 인장과 압축을 겸비하도록 한다.

④ 가새의 경사는 60°에 가까울수록 횡력 저항에 유리하다.

24 목구조에서 기초와 토대를 연결시키기 위하여 사용되는 것은?

① 감잡이쇠　　② 띠쇠

③ 앵커 볼트　　④ 듀벨

25 목조 지붕틀에서 ㅅ자보와 중도리 맞춤 시 보강 철물은?

① 띠쇠　　　　② 안장쇠

③ 꺾쇠　　　　④ 듀벨

26 평기와로 지붕잇기 공사를 하려면 지붕의 경사는 최소 얼마 이상으로 하는가?

① 1/10　　　　② 2/10

③ 3/10　　　　④ 4/10

27 한 켜는 길이쌓기로 하고 다음은 마구리쌓기로 하는 것은 영국식 쌓기와 같으나 모서리 또는 끝에서 칠오토막을 사용하는 벽돌 쌓기법은?

① 불식 쌓기　　　　② 화란식 쌓기
③ 미식 쌓기　　　　④ 반장 쌓기

28 조적조에서 내력벽의 길이는 최대 얼마 이하로 하여야 하는가?

① 6m　　　　　　② 8m
③ 10m　　　　　　④ 15m

29 블록 구조의 기초 및 테두리보에 대한 설명으로 옳지 않은 것은?

① 기초보는 벽체 하부를 연결하고 집중 또는 국부적 하중을 균등히 지반에 분포시킨다.
② 테두리보의 너비를 크게 할 필요가 있을 때에는 경제적으로 ㄱ자형, T자형으로 한다.
③ 테두리보는 분산된 벽체를 일체로 연결하여 하중을 균등히 분포시키는 역할을 한다.
④ 기초보의 두께는 벽체의 두께보다 더 두껍게 해서는 안 된다.

30 철근 콘크리트 구조에 관한 설명으로 옳지 않은 것은?

① 역학적으로 인장력에 주로 저항하는 부분은 콘크리트이다.
② 콘크리트가 철근을 피복하므로 철골 구조에 비해 내화성이 우수하다.
③ 콘크리트와 철근의 선팽창 계수가 거의 같아 일체화에 유리하다.
④ 콘크리트는 알칼리성이므로 철근의 부식을 막는 기능을 한다.

31 다음 중 철근 콘크리트 부재에서 주근의 이음 위치로 가장 알맞은 것은?

① 큰 인장력이 생기는 곳
② 경미한 인장력이 생기는 곳 또는 압축측
③ 단순보의 경우 보의 중앙부
④ 단부에서 1m 떨어진 곳

32 철근 콘크리트 보에 대한 설명 중 옳지 않은 것은?

① 보는 하중을 받으면 휨 모멘트와 전단력이 생긴다.
② T형보는 압축력을 슬래브가 일부 부담한다.
③ 보 단부의 헌치는 주로 압축력을 보강하기 위해 만든다.
④ 보의 인장력이 작용하는 부분에는 반드시 철근을 배근한다.

33 철근 콘크리트 슬래브에 배근하는 철근의 직경은 얼마 이상을 사용하는가?

① D6　　　　　　② D8
③ D10　　　　　　④ D13

34 다음 중 철근 콘크리트 구조의 내진벽에 관한 설명으로 틀린 것은?

① 내진벽은 수평 하중에 대하여 저항할 수 있도록 설계된 벽체이다.
② 평면상으로 둘 이상의 교점을 가지도록 배치한다.
③ 하중을 벽체가 고르게 부담할 수 있도록 배치한다.
④ 내진벽은 상부층에 많이 배치하는 것이 바람직하다.

35 철골 구조의 구조 형식상 분류에 속하지 않는 것은?

① 트러스 구조 ② 현수 구조
③ 아치 구조 ④ 경량 철골 구조

36 철골 구조의 보에 사용되는 스티프너(stiffner)에 대한 기술 중 옳지 않은 것은?

① 하중점 스티프너는 집중 하중에 대한 보강용으로 쓰인다.
② 중간 스티프너는 웨브의 좌굴을 막기 위하여 쓰인다.
③ 재축에 나란하게 설치한 것을 수평 스티프너라고 한다.
④ 대개 I자 형강으로 만든다.

37 목재 플러시문(flush door)에 대한 설명으로 옳지 않은 것은?

① 울거미를 짜고 중간살을 25cm 이내의 간격으로 배치한 것이다.
② 양면에 합판을 교착한 것이다.
③ 차양이 되며 통풍에 유리하다.
④ 뒤틀림 변형이 적다.

38 다음 중 벽식 구조로 적합하지 않은 공법은?

① PC(Precast Concrete)
② RC(Reinforced Concrete)
③ masonry
④ membrane

39 면에 곡률을 주어 경간을 확장하는 구조로서 곡면 구조 부재의 축선을 따라 발생하는 응력으로 외력에 저항하는 구조는?

① 막 구조
② 케이블 돔 구조
③ 셸 구조
④ 스페이스 프레임 구조

40 평면 형상으로 시공이 쉽고 구조적 강성이 우수하여 대공간 지붕 구조로 적합한 것은?

① 돔 구조 ② 셸 구조
③ 절판 구조 ④ PC 구조

41 다음 중 건축 재료의 제조 분야별 분류상 천연 재료에 속하지 않는 것은?

① 석재 ② 금속 재료
③ 목재 ④ 흙

42 열전도율이 큰 것부터 순서대로 나열된 것은?

A. 소나무 B. 콘크리트 C. 코르크 D. 철

① B - D - A - C ② B - D - C - A
③ D - B - A - C ④ D - B - C - A

43 목재의 종류에 관계없이 목재를 구성하고 있는 섬유질의 평균적인 진비중 값으로 옳은 것은?

① 0.5 ② 0.67
③ 1.54 ④ 2.4

44 10×10cm인 목재를 400kN의 힘으로 잡아당겼을 때 끊어졌다면, 이 목재의 최대 인장 강도는 얼마인가?

① 4MPa　　　　② 40MPa
③ 400MPa　　　④ 4,000MPa

45 다음에서 설명하는 목재의 제품은?

> 강당, 극장, 집회장 등에 음향 조절용으로 쓰이며, 단면형은 설계자의 의도에 따라 선택할 수 있고 두께가 3cm이고 폭이 10cm 정도의 긴 판에 가공한 것

① 합판　　　　　② 집성재
③ 플로어링 보드　④ 코펜하겐 리브

46 석재의 내구성이 오랜 세월이 지나면 감소하는 이유로 가장 거리가 먼 것은?

① 빗물 속의 산소, 이산화탄소 등에 의한 석재의 표면 침해
② 온도의 변화에 따른 광물의 팽창과 수축에 의한 석재의 갈라짐
③ 동결과 융해 작용의 반복에 의한 석재의 파괴
④ 공기 속 질소의 영향으로 인한 석재 내부의 파괴

47 점토의 압축 강도는 인장 강도의 약 얼마 정도인가?

① 1배　　　　　② 2배
③ 3배　　　　　④ 5배

48 다음 소지의 질에 의한 타일의 구분에서 흡수율이 가장 큰 것은?

① 자기질　　　　② 석기질
③ 도기질　　　　④ 클링커 타일

49 시멘트의 응결 및 경화에 영향을 주는 요인 중 가장 거리가 먼 것은?

① 시멘트의 분말도　② 온도
③ 습도　　　　　　④ 바람

50 시멘트에 관한 설명 중 옳지 않은 것은?

① 시멘트의 비중은 소성 온도나 성분에 따라 다르며, 동일 시멘트인 경우에 풍화한 것일수록 작아진다.
② 우리나라의 경우 시멘트 1포는 보통 60kg이다.
③ 시멘트의 분말도는 브레인법 또는 표준체법에 의해 측정된다.
④ 안정성이란 시멘트가 경화될 때 용적이 팽창하는 정도를 말한다.

51 골재가 이루고 있는 부피 중에서 골재가 차지하고 있는 부분을 말하며, 잔 골재 및 굵은 골재는 60~70% 정도를 나타내는 용어는?

① 입도　　　　　② 실적률
③ 흡수율　　　　④ 단위 용적 중량

52 콘크리트의 경량, 단열, 내화성 등을 목적으로 사용되며 ALC의 제조에도 이용되는 혼화제는?

① AE제   ② 감수제

③ 방수제   ④ 기포제

53 경량 콘크리트에 관한 기술 중 옳지 않은 것은?

① 일반적으로 기건 단위 용적 중량이 2.0t/m³ 이하인 것을 말한다.

② 동일한 물·시멘트 비에서는 보통 콘크리트보다 일반적으로 강도가 약간 크다.

③ 흡수율이 커서 동해에 대한 저항성이 약하다.

④ 경량 콘크리트는 직접 흙 또는 물에 상시 접하는 부분에는 쓰지 않도록 한다.

54 구리의 특징기 아닌 것은?

① 연성과 전성이 커서 선재나 판재로 만들기 쉽다.

② 열이나 전기 전도율이 크다.

③ 건조한 공기에서 산화하여 녹청색을 나타낸다.

④ 암모니아 등의 알칼리성 용액에 침식이 잘 된다.

55 연강판에 일정한 간격으로 금을 내고 늘려서 그물코 모양으로 만든 것으로 모르타르 바탕에 쓰이는 금속 제품은?

① 메탈 라스   ② 펀칭 메탈

③ 알루미늄판   ④ 구리판

56 복층 유리(pair glass)의 주된 사용 목적은?

① 건물의 경량화   ② 광선의 투과를 차단

③ 유리의 착색   ④ 단열 및 방음

57 FRP는 어떤 합성수지의 성형품인가?

① 요소 수지

② 페놀 수지

③ 멜라민 수지

④ 불포화 폴리에스테르 수지

58 방청 도료에 사용되는 안료로서 부적합한 것은?

① 크롬산아연   ② 연단

③ 산화철   ④ 티탄백

59 돌로마이트 플라스터에 대한 설명으로 옳지 않은 것은?

① 반죽하는 물은 뜨거운 것이 좋다.

② 반죽 후 보통 2시간 이내에 사용해야 한다.

③ 초벌 바름 후 10일 정도 경과하여 고름질을 한다.

④ 경화가 늦고 수축성이 작다.

60 아스팔트의 용도로서 가장 적절하지 않은 것은?

① 도로 포장 재료   ② 녹막이 재료

③ 방수 재료   ④ 보온, 보냉 재료

01 건축 계획에서 치수 조정(modular coordination)의 이점으로 옳지 않은 것은?

① 설계 작업이 간편화된다.
② 현장 작업이 단순해지고 공기가 단축된다.
③ 대량생산이 용이하고 생산비를 절약할 수 있다.
④ 사용자의 개성에 맞는 다양한 공간의 구성이 용이하다.

02 대지 면적에 대한 건축 면적의 비율을 의미하는 것은?

① 용적률   ② 건폐율
③ 점유율   ④ 수용률

03 동적이고 불안정한 느낌을 주나 건축에 강한 표정을 줄 수 있는 조형 요소는?

① 곡선   ② 수평선
③ 수직선   ④ 사선

04 주택의 색채 계획에 대한 설명 중 옳지 않은 것은?

① 건물의 외벽은 일반적으로 밝은 색으로 하는 것이 원칙이며, 부분적으로는 어두운 색을 써서 대비감을 주기도 한다.
② 현관의 색은 대체적으로 외부에서 들어오는 사람들이 서먹서먹한 기분이 들지 않도록 부드러운 엷은 색이 무난하다.
③ 응접실은 일반적으로 격조 있는 밝은 저채도의 색상을 기초로 하면 무난하다.
④ 거실 천장은 조명 효과를 고려할 경우에는 저명도의 색이 적당하다.

05 열의 이동 방법 중 어떤 물체에서 발생한 열에너지가 전달 매개체 없이 직접 다른 물체에 도달하는 것은?

① 대류   ② 복사
③ 전도   ④ 관류

06 단위 공간 및 평면 요소에 관한 설명 중 옳지 않은 것은?

① 건축 공간은 개개의 단위 공간이 모여서 전체를 구성한다.
② 단위 공간 안에서는 인간의 동작에 필요한 공간이 요구 조건은 아니다.
③ 어린이 방의 평면 요소에는 취침, 공부, 수납 등의 공간이 요구된다.
④ 부엌의 평면 요소에는 개수대, 조리대, 가열대, 배선대 등 조리 작업 공간이 요구된다.

07 주택의 거실에 관한 설명으로 옳지 않은 것은?

① 가급적 현관에서 가까운 곳에 위치시키는 것이 좋다.
② 거실의 크기는 주택 전체의 규모나 가족 수, 가족 구성 등에 의해 결정된다.
③ 전체 평면의 중앙에 배치하여 각 실로 통하는 통로로서의 역할을 하도록 한다.
④ 거실의 형태는 일반적으로 직사각형이 정사각형보다 가구의 배치나 실의 활용 측면에서 유리하다.

08 다음 중 아파트가 발생하게 된 요인 중 사회적 요인이 아닌 것은?

① 도시 인구밀도의 증가

② 세대 인원의 감소

③ 도시 생활자의 이동성

④ 단독 주거로는 해결할 수 없는 넓은 옥외공간 및 좋은 환경 조성 가능

09 주택 단지의 구성에서 근린분구를 이루는 주택 호수의 규모는?

① 20~40호

② 400~500호

③ 1,600~2,000호

④ 2,500~10,000호

10 직류 엘리베이터에 대한 교류 엘리베이터의 특성을 설명한 것으로 옳지 않은 것은?

① 기동토크가 크다.

② 속도를 임의로 선택할 수 없다.

③ 승차 시 승강기분이 좋지 않다.

④ 착상오차가 크다.

11 욕실 바닥의 물을 배수할 때 주로 사용되는 트랩은?

① 드럼 트랩

② U트랩

③ P트랩

④ 벨 트랩

12 복사 난방에 관한 설명으로 옳은 것은?

① 방열기 설치를 위한 공간이 요구된다.

② 실내의 온도 분포가 균등하고 쾌감도가 높다.

③ 대류식 난방으로 바닥면의 먼지 상승이 많다.

④ 열용량이 작기 때문에 방열량 조절이 용이하다.

13 다음 중 건축화 조명에 속하지 않는 것은?

① 코브 조명

② 광천장 조명

③ 루버 조명

④ 전반 확산 조명

14 석재의 성인에 의한 분류 중 화성암에 속하지 않는 것은?

① 응회암

② 현무암

③ 안산암

④ 화강암

15 계단식으로 된 컨베이어로서, 일반적으로 30° 이하의 기울기를 가지는 트러스에 발판을 부착시켜 레일로 지지한 구조체를 무엇이라 하는가?

① 엘리베이터

② HA 시스템

③ 이동보도

④ 에스컬레이터

16 다음 중 도면에서 1점쇄선으로 표현되는 선은?

① 단면선

② 치수 보조선

③ 중심선

④ 상상선

17 창호의 평면 표시 기호 명칭이 잘못 연결된 것은?

① 외여닫이창
② 미서기창
③ 외미닫이창
④ 쌍여닫이창

18 공사 예산서 작성 시 불필요한 것은?

① 공사에 소요되는 재료명
② 재료의 수량
③ 각종 단가
④ 구조 계산서

19 다음의 철근 콘크리트 줄기초 제도 순서에 관한 내용 중 가장 나중에 이루어지는 것은?

① 지반선과 기초벽의 중심선을 그린다.
② 재료의 단면 표시를 한다.
③ 표제란을 작성하고, 표시 사항의 누락 여부를 확인한다.
④ 지정과 기초판 각 부분의 두께와 너비를 그린다.

20 철근 콘크리트 그리기 기호 중 D13 @200에서 @의 뜻은?

① 철근 길이
② 철근 무게
③ 철근 종류
④ 철근 간격

21 조립식 구조물(P.C)에 대하여 옳게 설명한 것은?

① 슬래브의 부재는 크고 무거워서 P.C로 생산이 불가능하다.
② 접합의 강성을 높이기 위하여 접합부는 공장에서 일체식으로 생산한다.
③ P.C는 현장 콘크리트 타설에 비해 결과물의 품질이 우수한 편이다.
④ P.C는 장비를 사용하므로 공사 기간이 많이 소요된다.

22 다음 중 기초에 대한 설명으로 옳지 않은 것은?

① 매트 기초는 부동 침하가 염려되는 건물에 유리하다.
② 파일 기초는 연약 지반에 적합하다.
③ 기초에 사용된 콘크리트의 두께가 두꺼울수록 인장력에 대한 저항 성능이 우수하다.
④ RCD 파일은 현장 타설 말뚝 기초의 하나이다.

23 목조 벽체에 사용되는 가새에 대한 설명 중 옳지 않은 것은?

① 목조 벽체를 수평력에 견디게 하고 안정한 구조로 하기 위한 것이다.
② 가새는 45°에 가까울수록 유리하다.
③ 가새의 단면은 크면 클수록 좌굴할 우려가 없다.
④ 뼈대가 수평 방향으로 교체되는 하중을 받으면 가새에는 압축 응력과 인장 응력이 번갈아 일어난다.

24 목구조에서 감잡이쇠가 사용되는 곳은?

① 기둥과 보
② 기둥과 층도리
③ 평보와 왕대공
④ 큰 보와 작은 보

25 왕대공 지붕틀에서 평보와 왕대공의 맞춤에 사용되는 보강 철물은?

① 감잡이쇠
② 띠쇠
③ 꺾쇠
④ 주걱 볼트

26 다음 중 형상에 따른 계단의 분류에 속하지 않는 것은?

① 틀계단
② 돌음 계단
③ 곧은 계단
④ 꺾은 계단

27 다음 그림과 같이 벽돌을 쌓는 방식은?

마구리   길이   칠오토막   ←A켜 ←B켜

① 영국식 쌓기
② 네덜란드식 쌓기
③ 프랑스식 쌓기
④ 미국식 쌓기

28 조적조의 내력벽으로 둘러싸인 부분의 바닥 면적은 몇 m² 이하로 해야 하는가?

① 80m²
② 90m²
③ 100m²
④ 120m²

29 보강 블록조의 내력벽 구조에 관한 설명 중 옳지 않은 것은?

① 벽 두께는 층수가 많을수록 두껍게 하며 최소 두께는 150mm 이상으로 한다.
② 수평력에 강하게 하려면 벽량을 증가시킨다.
③ 위층의 내력벽과 아래층의 내력벽은 바로 위·아래에 위치하게 한다.
④ 벽 길이의 합계가 같을 때 벽 길이를 크게 분할하는 것보다 짧은 벽이 많이 있는 것이 좋다.

30 철근 콘크리트 구조의 특성 중 옳지 않은 것은?

① 콘크리트는 철근이 녹스는 것을 방지한다.
② 콘크리트와 철근이 강력히 부착되면 압축력에도 유효하게 된다.
③ 인장 응력은 콘크리트가 부담하고, 압축 응력은 철근이 부담한다.
④ 철근과 콘크리트는 선팽창 계수가 거의 같다.

31 철근 콘크리트 구조에서 보의 춤은 간사이의 얼마 정도로 하는가?

① 1/6~1/7
② 1/8~1/10
③ 1/10~1/15
④ 1/15~1/18

32 콘크리트와 철근 사이의 부착력에 영향을 주는 것이 아닌 것은?

① 철근의 항복점
② 콘크리트의 압축 강도
③ 철근 표면적
④ 철근의 표면 상태와 단면 모양

33 철근 콘크리트 구조물의 슬래브 두께는 최소 얼마 이상이어야 하는가?

① 6cm ② 8cm
③ 15cm ④ 20cm

34 하중의 작용 방향에 따른 하중 분류에서 수평 하중에 포함되지 않는 것은?

① 활하중 ② 풍하중
③ 수압 ④ 토압

35 철골조에 대한 기술 중 옳은 것은?

① 웨브재를 플랜지에 경사로 댄 것을 격자보라 한다.
② 격자보에 접합판을 대서 접합한 보를 래티스보라 한다.
③ 래티스 보의 웨브판은 두께 6~12mm로 한다.
④ 격자보는 콘크리트에 피복되지 않고 단독으로 쓰일 때가 많다.

36 강구조의 판 보(plate girder)에 사용되는 플랜지 플레이트의 겹침수는 최대 얼마 이하로 하는가?

① 2장 ② 4장
③ 6장 ④ 8장

37 목제 플러시 문(flush door)에 대한 설명으로 옳지 않은 것은?

① 울거미를 짜고 중간살을 25cm 이내의 간격으로 배치한 것이다.
② 뒤틀림 변형이 심한 것이 단점이다.
③ 양면에 합판을 교착한 것이다.
④ 위에는 조그마한 유치창경을 댈 때도 있다.

38 보와 기둥 대신 슬래브와 벽이 일체가 되도록 구성한 구조는?

① 라멘 구조 ② 플랫 슬래브 구조
③ 벽식 구조 ④ 아치 구조

39 곡면판이 지니는 역학적 특성을 응용한 구조로서 외력은 주로 판의 면내력으로 전달되기 때문에 경량이고 내력이 큰 구조물을 구성할 수 있는 것은?

① 철골 구조 ② 셸 구조
③ 현수 구조 ④ 커튼월 구조

40 절판 구조의 장점으로 가장 거리가 먼 것은?

① 강성을 얻기 쉽다.
② 슬래브의 두께를 얇게 할 수 있다.
③ 음향 성능이 우수하다.
④ 철근 배근이 용이하다.

41 다음 재료 중 천연 재료가 아닌 것은?

① 화강암 ② 테라코타
③ 석면 ④ 대리석

42 열과 관련된 용어에 대한 설명으로 틀린 것은?

① 질량 1g의 물체의 온도를 1℃ 올리는 데 필요한 열량을 그 물체의 비열이라 한다.
② 열전도율의 단위로는 W/m·K이 사용된다.
③ 열용량이란 물체에 열을 저장할 수 있는 용량을 말한다.
④ 금속 재료와 같이 열에 의해서 고체에서 액체로 변하는 경계점이 뚜렷한 것을 연화점이라 한다.

43 다음의 목재 강도에 대하여 그 강도가 큰 순으로 옳게 나열한 것은?

> A. 섬유 방향의 압축 강도
> B. 섬유 방향의 인장 강도
> C. 섬유 방향의 휨 강도
> D. 섬유 직각 방향의 인장 강도

① A – B – C – D
② D – C – B – A
③ A – D – B – C
④ B – C – A – D

44 길이가 4m인 생나무가 절대 건조 상태로 되었을 때 3.92m라면 전수축률은 몇%인가?

① 1%
② 2%
③ 3%
④ 4%

45 다음의 목재 제품 중 일반 건물의 벽 수장재로 사용되는 것은?

① 플로링 보드
② 코펜하겐 리브
③ 파키트리 패널
④ 파키트리 블록

46 수성암 중 점판암과 같이 퇴적층이 쌓여 지표면에 생긴 것으로 얇게 떼어 낼 수 있는 것을 무엇이라 하는가?

① 층리
② 절목
③ 도리
④ 조암

47 점토 벽돌에 붉은 색을 갖게 하는 성분은?

① 산화철
② 석회
③ 산화나트륨
④ 산화마그네슘

48 다음 중 모자이크 타일의 재질로 가장 좋은 것은?

① 토기질
② 자기질
③ 석기질
④ 도기질

49 다음 중 시멘트 안정성 시험 방법은?

① 비비 시험기에 의한 시험법
② 오토클레이브 팽창도 시험법
③ 브리넬 경도 측정
④ 슬럼프 시험법

50 다음 중 시멘트에 대한 설명으로 옳지 않은 것은?

① 시멘트의 분말도는 단위 중량에 대한 표면적, 즉 비표면적에 의하여 표시할 수 있다.
② 분말도가 큰 시멘트일수록 수화 반응이 지연되어 응결 및 강도의 증진이 작다.
③ 시멘트의 풍화란 시멘트가 습기를 흡수하여 경미한 수화 반응을 일으켜 생성된 수산화칼슘과 공기 중의 탄산가스가 작용하여 탄산칼슘을 생성하는 작용을 말한다.
④ 시멘트의 안정성 측정은 오토클레이브 팽창도 시험 방법으로 행한다.

51 크고 작은 모래, 자갈 등이 혼합되어 있는 정도를 나타내는 골재의 성질은?

① 입도
② 실적률
③ 공극률
④ 단위 용적 중량

52 콘크리트 혼화재료 중 콘크리트 내부의 철근이 콘크리트에 혼입되는 염화물에 의해 부식되는 것을 억제하기 위해 이용되는 것은?

① 기포제   ② 유동화제

③ AE제   ④ 방청제

53 다음 중 콘크리트의 시멘트 페이스트 속에 AE제, 알루미늄 분말 등을 첨가하여 만든 경량 콘크리트는?

① 경량 골재 콘크리트

② 경량 기포 콘크리트

③ 무세 골재 콘크리트

④ 무근 콘크리트

54 비철금속 중 구리에 대한 설명으로 틀린 것은?

① 알칼리성에 대해 강하므로 콘크리트 등에 접하는 곳에 사용이 용이하다.

② 건조한 공기 중에서는 산화하지 않으나 습기가 있거나 탄산가스가 있으면 녹이 발생한다.

③ 연성이 뛰어나고 가공성이 풍부하다.

④ 건축용으로는 박판으로 제작하여 지붕 재료로 이용된다.

55 수장용 금속 제품에 대한 설명으로 옳은 것은?

① 줄눈대 – 계단의 디딤판 끝에 대어 오르내릴 때 미끄럼을 방지한다.

② 논슬립 – 단면 형상이 L형, I형 등이 있으며, 벽, 기둥 등의 모서리 부분에 사용된다.

③ 코너 비드 – 벽, 기둥 등의 모서리 부분에 미장 바름을 보호하기 위해 사용된다.

④ 듀벨 – 천장, 벽 등에 보드를 붙이고, 그 이음새를 감추는 데 사용된다.

56 다음 중 복층 유리의 주 용도로 옳은 것은?

① 방음, 결로 방지   ② 도난, 화재 방지

③ 투시 방지   ④ 장식 효과

57 다음 합성수지 중 내열성이 가장 좋은 것은?

① 실리콘 수지   ② 페놀 수지

③ 염화비닐 수지   ④ 멜라민 수지

58 다음 중 광명단(光明丹)과 관계있는 것은?

① 방청제   ② 방부제

③ 희석제   ④ 공기 연행제

59 미장 재료 중 돌로마이트 플라스터에 대한 설명으로 틀린 것은?

① 수축 균열이 발생하기 쉽다.

② 소석회에 비해 작업성이 좋다.

③ 점도가 없어 해초풀로 반죽한다.

④ 공기 중의 탄산가스와 반응하여 경화한다.

60 다음 방수 재료 중 액체상 재료가 아닌 것은?

① 방수 공사용 아스팔트

② 아스팔트 루핑류

③ 폴리머 시멘트 페이스트

④ 아크릴 고무계 방수재

01 건축에서의 모듈 적용에 관한 설명으로 옳지 않은 것은?
① 공사 기간이 단축된다.
② 대량 생산이 용이하다.
③ 현장 작업이 단순하다.
④ 설계 작업이 복잡하다.

02 건축물의 대지면적에 대한 연면적의 비율을 무엇이라고 하는가?
① 체적률
② 건폐율
③ 입체율
④ 용적률

03 다음 설명이 나타내는 건축 형태의 구성 원리는?

일반적으로 규칙적인 요소들의 반복으로 디자인에 시각적인 질서를 부여하는 통제된 운동 감각을 말한다.

① 통일
② 균형
③ 강조
④ 리듬

04 건물의 색채 계획에서 가장 먼저 고려할 사항은?
① 마감 재료의 내구성
② 주변과의 조화
③ 도색 작업 시간
④ 도료의 종류

05 벽과 같은 고체를 통하여 고체 양쪽의 유체에서 유체로 열이 전해지는 현상은?
① 열복사
② 열대류
③ 열관류
④ 열전도

06 주거 건축 계획에서 평면 요소의 배치에 관한 설명 중 옳지 않은 것은?
① 같은 구성 인원이 영위하는 생활 행위에 대한 평면 요소는 서로 접근시킨다.
② 시간적으로 연속되는 생활 행위에 대한 평면 요소는 서로 격리시킨다.
③ 비슷한 생활 행위에 대한 평면 요소는 공용을 생각한다.
④ 조건이 상반되는 평면 요소는 서로 격리한다.

07 주택의 거실에 관한 설명으로 옳지 않은 것은?
① 다목적 공간으로 활용되도록 한다.
② 주택의 단부에 위치시킬 경우 개인적인 공간과 구분을 명확히 할 수 있다.
③ 안정된 거실 분위기를 위해 동선에 유의하고 출입구 수를 가능한 한 줄이는 것이 좋다.
④ 가족 구성원이 많고 주택의 규모가 큰 경우에는 리빙 키친을 적용하는 것이 좋다.

08 아파트의 평면 형식에 따른 분류에 속하지 않는 것은?
① 판상형
② 집중형
③ 계단실형
④ 편복도형

09 주거 단지의 단위 중 초등학교를 중심으로 한 단위는?

① 인보구   ② 근린지구
③ 근린분구   ④ 근린주구

10 다음에서 설명하는 설비로 옳은 것은?

> 건축물의 외벽, 창, 지붕 등에 설치하여 인접 건물에 화재가 발생하였을 때, 수막을 형성함으로써 화재의 연소를 방지하는 설비이다.

① 옥내소화전 설비
② 연결살수 설비
③ 드렌처 설비
④ 스프링클러 설비

11 가옥 트랩으로서 옥내 배수 수평주관의 말단 등 가옥 내 배수 기구에 부착하여 공공 하수관으로부터 해로운 가스가 집 안으로 침입하는 것을 방지하는 데 사용되는 것은?

① P트랩   ② S트랩
③ U트랩   ④ 버킷 트랩

12 복사 난방에 대한 설명으로 옳지 않은 것은?

① 실내의 온도 분포가 균등하고 쾌감도가 높다.
② 방열기가 필요하지 않으며, 바닥면의 이용도가 높다.
③ 열용량이 크기 때문에 방열량 조절에 시간이 걸린다.
④ 천장고가 높은 공장이나 외기 침입이 있는 곳에서는 난방감을 얻을 수 없다.

13 건축화 조명에 속하지 않는 것은?

① 코브 조명   ② 루버 조명
③ 코니스 조명   ④ 펜던트 조명

14 다음 중 LP 가스의 특성이 아닌 것은?

① 비중이 공기보다 크다.
② 발열량이 크며 연소 시에 필요한 공기량이 많다.
③ 누설이 될 경우 공기 중에 흡수되기 때문에 안전성이 높다.
④ 석유 정제 과정에서 채취된 가스를 압축 냉각해서 액화시킨 것이다.

15 에스컬레이터는 최대 얼마 이하의 속도로 운행하여야 하는가?

① 10m/min 이하
② 20m/min 이하
③ 30m/min 이하
④ 40m/min 이하

16 일점쇄선의 용도에 속하지 않는 것은?

① 상상선   ② 중심선
③ 기준선   ④ 참고선

17 창호의 평면 그림과 일치하는 입면은?

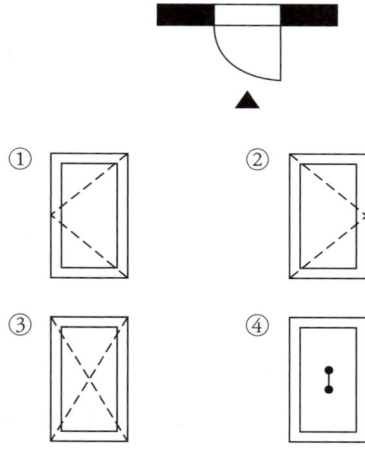

① ② ③ ④

18 다음 중 배치도에 표시하지 않아도 되는 사항은?
① 축척
② 건물의 위치
③ 대지 경계선
④ 각 실의 위치

19 철근 콘크리트 줄기초 부분의 제도에 관한 설명 중 옳지 않은 것은?
① 지반에서 기초의 길이를 고려하여 지반선을 그린다.
② 축척은 1/100로만 하며, 단면선과 입면선을 구분하여 그린다.
③ 중심선을 기준으로 하여 좌우에 기초벽의 두께, 콘크리트 기초판의 너비 등을 양분하여 그린다.
④ 재료의 단면 표시를 하고, 치수선과 치수보조선, 인출선을 가는 선으로 긋고, 부재의 명칭과 치수를 기입한다.

20 이형 철근에서 표면에 마디를 만드는 이유로 가장 알맞은 것은?
① 부착 강도를 높이기 위해
② 인장 강도를 높이기 위해
③ 압축 강도를 높이기 위해
④ 항복점을 높이기 위해

21 건축물 구성 부분 중 구조재에 속하지 않는 것은?
① 기둥
② 기초
③ 슬래브
④ 천장

22 다음 중 건물의 부동 침하 원인과 가장 관계가 먼 것은?
① 연약층
② 경사 지반
③ 지하실을 강성체로 설치
④ 건물의 일부 증축

23 목구조에서 수평력을 견디기 위해 설치하는 구조재로 거리가 먼 것은?
① 토대
② 가새
③ 귀잡이보
④ 버팀대

24 목구조에서 깔도리와 처마도리를 고정시켜 주는 철물은?
① 주걱 볼트
② 안장쇠
③ 띠쇠
④ 꺾쇠

25 목재 왕대공 지붕틀에 사용되는 부재와 연결 철물의 연결이 옳지 않은 것은?

① ㅅ자보와 평보 – 안장쇠
② 달대공과 평보 – 볼트
③ 빗대공과 왕대공 – 꺾쇠
④ 대공 밑잡이와 왕대공 – 볼트

26 계단의 종류 중 재료에 의한 분류에 해당하지 않는 것은?

① 석조 계단
② 철근 콘크리트 계단
③ 목조 계단
④ 돌음 계단

27 뒷면은 영국식 쌓기로 하고 표면은 치장 벽돌을 써서 5켜 또는 6켜는 길이쌓기로 하며, 다음 1켜는 마구리쌓기로 하여 뒷벽돌에 물려서 쌓는 방식은?

① 미국식 쌓기
② 네덜란드식 쌓기
③ 프랑스식 쌓기
④ 영롱 쌓기

28 횡력을 받는 벽을 지지하기 위해서 설치하는 구조물은?

① 버트레스   ② 커튼 월
③ 타이 바   ④ 컬럼 밴드

29 보강 블록조 내력벽에 관한 설명 중 옳지 않은 것은?

① 내력벽은 일반적으로 벽 두께를 늘이는 것보다 벽량을 크게 하는 쪽이 유효하다.
② 벽에 철근이 충분히 들어 있는 경우에도 테두리보를 두어야 한다.
③ 철근 배근 부분은 콘크리트를 충분히 채운다.
④ 통줄눈으로 쌓아서는 안 된다.

30 철근 콘크리트 구조의 특징이 아닌 것은?

① 내풍, 내진성이 크다.
② 시공이 간편하며 균열이 쉽게 발생되지 않는다.
③ 설계가 비교적 자유롭다.
④ 콘크리트의 성질이 알칼리성으로 철근의 부식을 막아 주므로 내구성이 크다.

31 철근 콘크리트 구조에서 동일 평면에서 평행하게 배치된 철근의 수평 순간격은 최소 몇 mm 이상이어야 하나?

① 20mm   ② 25mm
③ 35mm   ④ 40mm

32 철근과 콘크리트의 부착력에 대한 설명으로 틀린 것은?

① 부착력은 정착 길이를 크게 증가함에 따라 비례 증가되지는 않는다.
② 압축 강도가 큰 콘크리트일수록 부착력은 커진다.
③ 콘크리트의 부착력은 철근의 주장(周長)에 반비례한다.
④ 철근의 표면 상태와 단면 모양에 따라 부착력이 좌우된다.

33 1방향 슬래브에 대하여 배근 방법을 옳게 설명한 것은?

① 단변 방향으로만 배근한다.
② 장변 방향으로만 배근한다.
③ 단변 방향은 온도 철근을 배근하고 장변 방향은 주근을 배근한다.
④ 단변 방향은 주근을 배근하고 장변 방향은 온도 철근을 배근한다.

34 다음 중 건축물에 수평으로 작용하는 하중은?

① 적설 하중   ② 고정 하중
③ 적재 하중   ④ 지진 하중

35 다음 중 철골 구조에서 사용되는 접합 방법에 속하지 않는 것은?

① 용접 접합   ② 듀벨 접합
③ 고력 볼트 접합   ④ 핀 접합

36 철골보의 종류에서 형강의 단면을 그대로 이용하므로 부재의 가공 절차가 간단하고 기둥과 접합도 단순하며, 다른 철골 구조보다 재료가 절약되어 경제적인 것은?

① 조립보   ② 형강보
③ 래티스 보   ④ 트러스 보

37 다음 그림과 같은 문의 명칭은?

① 완자문   ② 아자문
③ 세살문   ④ 비늘살문

38 개구부 상부의 하중을 지지하기 위하여 돌이나 벽돌을 곡선형으로 쌓아올린 구조를 무엇이라 하는가?

① 골조 구조   ② 아치 구조
③ 린텔 구조   ④ 트러스 구조

39 다음 중 셸 구조의 대표적인 구조물은?

① 세종 문화 회관
② 시드니 오페라 하우스
③ 인천대교
④ 상암동 월드컵 경기장

40 돔의 상부에서 여러 부재가 만날 때 접합부가 조밀해지는 것을 방지하기 위해 설치하는 것은?

① 인장링   ② 압축링
③ 트러스 리브   ④ 트러스

41 재료의 분류 중 천연 재료에 속하지 않는 것은?

① 목재   ② 대나무
③ 플라스틱재   ④ 아스팔트

42 건축물의 내구성에 영향을 주는 인자에 해당하지 않는 것은?

① 바람
② 지진
③ 화재
④ 광택

43 목재 섬유에서 인장 강도가 가장 큰 방향은?

① 섬유 방향
② 섬유의 45° 방향
③ 섬유의 대각선 방향
④ 섬유의 직각 방향

44 길이 5m인 생나무가 전건 상태에서 길이가 4.5m로 되었다면 수축률은 얼마인가?

① 6%
② 10%
③ 12%
④ 14%

45 다음 중 강당, 집회장 등의 음향 조절용으로 쓰이거나 일반 건물의 벽 수장재로 사용하여 음향 효과를 거둘 수 있는 목재 제품은?

① 플로어링 블록
② 코펜하겐 리브
③ 플로어링 보드
④ 파키트리 패널

46 석재의 표면 마감 방법이 나머지 셋과 다른 것은?

① 정다듬
② 혹두기
③ 버너 마감
④ 도드락다듬

47 점토를 한 번 소성하여 분쇄한 것으로서 점성 조절재로 이용되는 것은?

① 질석
② 샤모테
③ 돌로마이트
④ 고로 슬래그

48 타일의 흡수율에 대한 규정으로 옳은 것은? (한국산업규격)

① 자기질 8%, 석기질 15%, 도기질 18%, 클링커 타일 28% 이하로 규정되어 있다.
② 자기질 13%, 석기질 15%, 도기질 18%, 클링커 타일 18% 이하로 규정되어 있다.
③ 자기질 3%, 석기질 5%, 도기질 18%, 클링커 타일 8% 이하로 규정되어 있다.
④ 자기질 15%, 석기질 15%, 도기질 18%, 클링커 타일 28% 이하로 규정되어 있다.

49 오토클레이브(autoclave) 팽창도 시험은 시멘트의 무엇을 알아보기 위한 것인가?

① 풍화
② 안정성
③ 비중
④ 분말도

50 물의 중량이 540kg이고 물·시멘트 비가 60%일 경우 시멘트의 중량은?

① 3,240kg
② 1,350kg
③ 1,100kg
④ 900kg

51 골재의 대소립이 혼합하여 있는 정도를 의미하는 것으로, 콘크리트의 워커빌리티, 경제성 및 경화 후의 강도나 내구성에 영향을 미치는 중요한 요인은?

① 공극률
② 실적률
③ 입형
④ 입도

52 콘크리트 배합에 사용되는 물에 대한 설명으로 옳지 않은 것은?

① 산성이 강한 물을 사용하면 콘크리트의 강도가 증가한다.

② 기름, 알칼리, 그 밖에 유기물이 포함된 물은 사용하지 않는 것이 좋다.

③ 당분은 시멘트 무게의 0.1~0.2%가 함유되어도 응결이 늦고, 그 이상이면 강도도 떨어진다.

④ 염분은 철근 부식의 원인이 되므로 철근 콘크리트에는 사용하지 않는 것이 좋다.

53 생석회와 규사를 혼합하여 고온, 고압하여 양생하면 수열 반응을 일으키는데 여기에 기포제를 넣어 경량화한 기포 콘크리트는?

① A.L.C 제품　　　② 흄관

③ 두리졸　　　④ 플렉시블 보드

54 동에 관한 설명으로 옳은 것은?

① 전·연성이 크다.

② 열전도율이 작다.

③ 건조한 공기 중에서도 산화된다.

④ 산, 알칼리에 강하다.

55 바름 공사에서 기둥이나 벽의 모서리면에 미장을 쉽게 하고, 모서리를 보호할 목적으로 설치하는 철물은?

① 조이너　　　② 논슬립

③ 코너 비드　　　④ 와이어 라스

56 다음 중 복층 유리의 특징으로 옳지 않은 것은?

① 흡음　　　② 단열

③ 결로 방지　　　④ 방음

57 다음 중 실리콘(silicon)과 가장 관계 깊은 것은?

① 방수 도료　　　② 신전제

③ 희석제　　　④ 미장재

58 녹막이 페인트로 방청제 역할을 하는 것은?

① 광명단　　　② 수성 페인트

③ 바니시　　　④ 유성 페인트

59 다음 미장 재료 중 균열 발생이 가장 적은 것은?

① 돌로마이트 플라스터

② 석고 플라스터

③ 회반죽

④ 시멘트 모르타르

60 다음 중 건축 재료와 그 품질을 판별하는 요소의 연결이 부적절한 것은?

① 벽돌 – 압축 강도, 흡수율

② 타일 – 휨 강도, 인장 강도

③ 기와 – 흡수율, 휨 강도

④ 내화 벽돌 – 내화도

01 모듈 적용에 대한 설명으로 옳지 않은 것은?
① 건축 구성재의 대량 생산이 용이하다.
② 설계 작업이 복잡하다.
③ 현장 작업이 단순하므로 공기가 단축된다.
④ 생산 코스트가 내려간다.

02 용적률 산정 시 연면적에서 제외되는 것은?
① 지상 1층 주차장(당해 건축물의 부속 용도)
② 지상 1층 근린 생활 시설
③ 지상 2층 사무실
④ 지상 3층 병원

03 다음 중 조화에 대한 설명으로 틀린 것은?
① 전체적인 조립 방법이 모순 없이 질서를 잡는 것이다.
② 부분과 부분 및 부분과 전체 사이에 안정된 관련성을 준다.
③ 조화에는 유사 조화와 대비 조화가 있다.
④ 전혀 성질이 다른 각 구성 요소들이 전체로서 동일한 이미지를 갖게 하는 것이다.

04 실내 색채 계획에 관한 설명으로 옳지 않은 것은?
① 주가 되는 색을 명확히 선정한다.
② 사용되는 색의 수는 되도록 많게 한다.
③ 각 실의 위치, 밝기, 조명 등의 영향을 고려한다.
④ 색의 팽창과 수축성에 따른 실의 확대, 축소감에 유의한다.

05 벽체의 열관류율을 계산할 때 필요한 사항이 아닌 것은?
① 상대 습도
② 공기층의 열저항
③ 벽체 구성 재료의 두께
④ 벽체 구성 재료의 열전도율

06 주거 공간은 주행동에 의해 개인 공간, 사회 공간, 가사 노동 공간 등으로 구분할 수 있다. 다음 중 개인 공간에 속하는 것은?
① 식당　　　　② 서재
③ 부엌　　　　④ 거실

07 다음 중 주택 공간의 배치 계획에서 다른 공간에 비하여 프라이버시 유지가 가장 요구되는 것은?
① 현관　　　　② 거실
③ 식당　　　　④ 침실

08 다음 중 아파트의 평면 형식에 의한 분류에 속하지 않는 것은?
① 홀형　　　　② 탑상형
③ 집중형　　　　④ 편복도형

09 근린주구의 중심이 되는 시설은?

① 초등학교　　② 중학교

③ 고등학교　　④ 대학교

10 다음 그림과 같이 A3용지의 도면에 테두리를 만들 경우 용지와 테두리선과의 거리(d)의 최솟값으로 옳은 것은? (단, 철을 하는 경우)

① 10mm　　② 15mm

③ 20mm　　④ 25mm

11 부엌용 개수기류에 사용되는 트랩으로, 관 트랩에 비하여 봉수의 파괴가 적은 것은?

① S트랩　　② P트랩

③ U트랩　　④ 드럼 트랩

12 지역 난방(district heating)에 관한 설명으로 옳지 않은 것은?

① 각 건물의 설비 면적이 증가된다.

② 각 건물마다 보일러 시설을 할 필요가 없다.

③ 설비의 고도화에 따라 도시의 매연을 경감시킬 수 있다.

④ 각 건물에서는 위험물을 취급하지 않으므로 화재 위험이 적다.

13 다음 중 건축화 조명의 종류에 속하지 않는 것은?

① 코브 조명　　② 코니스 조명

③ 밸런스 조명　　④ 펜던트 조명

14 LPG에 관한 설명으로 옳지 않은 것은?

① 공기보다 가볍다.

② 액화 석유 가스이다.

③ 주성분은 프로판, 프로필렌, 부탄 등이다.

④ 석유 정제 과정에서 채취된 가스를 압축 냉각해서 액화시킨 것이다.

15 1,200형 에스컬레이터의 공칭 수송 능력은?

① 4,800인/h　　② 6,000인/h

③ 7,200인/h　　④ 9,000인/h

16 다음 도면에서 A가 가르키는 선의 종류로 옳은 것은?

① 중심선　　② 해칭선

③ 절단선　　④ 가상선

17 건축물의 표현 방법에 관한 설명으로 옳지 않은 것은?

① 단선에 의한 표현 방법은 종류와 굵기에 유의하여 단면선, 윤곽선, 모서리선, 표면의 조직선 등을 표현한다.

② 여러 선에 의한 표현 방법에서 평면은 같은 간격의 선으로, 곡면은 선의 간격을 달리하여 표현한다.

③ 단선과 명암에 의한 표현 방법은 선으로 공간을 한정시키고 명암으로 음영을 넣는 방법으로 농도에 변화를 주어 표현한다.

④ 명암 처리만으로의 표현 방법에서 면이나 입체를 한정시키고 돋보이게 하기 위하여 공간상 입체의 윤곽선을 굵은 선으로 명확히 그린다.

18 주택 배치도의 제도 내용에서 반드시 표시하여야 하는 것은?

① 방위 및 경계선　　② 실의 크기

③ 외부 마감재　　　④ 지붕 물매

19 동바리 마루 구조 상부에서부터 시공 재료의 순서가 가장 바르게 나열된 것은?

① 플로어링 널 – 내수 합판 – 장선 – 멍에 – 동바리

② 플로어링 널 – 장선 – 내수 합판 – 멍에 – 동바리

③ 플로어링 널 – 내수 합판 – 멍에 – 장선 – 동바리

④ 플로어링 널 – 멍에 – 장선 – 내수 합판 – 동바리

20 철근 콘크리트 구조물에서 기둥의 최소 단면적은 얼마 이상이어야 하는가?

① 600cm^2　　　② 500cm^2

③ 400cm^2　　　④ 300cm^2

21 조립식 구조의 특성으로 틀린 것은?

① 각 부품과의 접합부가 일체화되기가 어렵다.

② 정밀도가 낮은 단점이 있다.

③ 공장 생산이 가능하다.

④ 기계화 시공으로 단기 완성이 가능하다.

22 건물의 부동 침하의 원인과 가장 거리가 먼 것은?

① 지반이 동결 작용을 받을 때

② 지하수위가 변경될 때

③ 이웃 건물에서 깊은 굴착을 할 때

④ 기초를 크게 할 때

23 토대 · 보 · 도리 등의 가로재가 서로 수평으로 맞추어지는 곳을 안정한 세모 구조로 하기 위하여 설치하는 것은?

① 귀잡이보　　　② 꿸대

③ 가새　　　　　④ 버팀대

24 목구조에서 토대를 기둥 및 기초부와 연결해주는 연결재가 아닌 것은?

① 띠쇠　　　　　② 듀벨

③ 산지　　　　　④ 감잡이쇠

25 왕대공 지붕틀에서 보강 철물 사용이 옳지 않은 것은?

① 달대공과 평보 – 볼트
② 빗대공과 ㅅ자보 – 꺾쇠
③ ㅅ자보와 평보 – 안장쇠
④ 왕대공과 평보 – 감잡이쇠

26 목재 틀계단 구조에 대하여 설명한 내용이다. 잘 못된 내용은?

① 주택에 주로 많이 이용된다.
② 디딤판의 두께는 2.5~3.0cm 정도로 한다.
③ 구조로는 옆판, 디딤판, 챌판으로 구성된다.
④ 디딤판은 옆판에 통장부 맞춤 쐐기치기로 한다.

27 벽돌 쌓기법 중 모서리에 칠오토막을 사용하여 통 줄눈이 되지 않도록 하는 벽돌 쌓기 방법은?

① 영국식 쌓기   ② 화란식 쌓기
③ 프랑스식 쌓기   ④ 미국식 쌓기

28 조적식 벽체의 길이가 10m를 넘을 때, 벽체를 보 강하기 위해 사용되는 것이 아닌 것은?

① 부축벽   ② 수벽
③ 붙임벽   ④ 붙임 기둥

29 보강 블록조의 벽체에 대한 설명 중 틀린 것은?

① 벽길이는 최대 15m 이하로 한다.
② 내력벽의 두께는 15cm 이상으로 한다.
③ 조적조의 내력벽으로 둘러싸인 부분의 바 닥 면적은 80m² 이하로 한다.
④ 내력벽의 한 방향의 길이의 합계는 그 층의 바닥 면적 1m²에 대하여 0.15m 이상이 되 도록 한다.

30 철근 콘크리트 구조의 원리에 대한 설명으로 옳지 않은 것은?

① 콘크리트와 철근이 강력히 부착되면 철근 의 좌굴이 방지된다.
② 콘크리트는 압축력에 강하므로 부재의 압 축력을 부담한다.
③ 콘크리트와 철근의 선팽창 계수는 약 10배 의 차이가 있어 응력의 흐름이 원활하다.
④ 콘크리트는 내구성과 내화성이 있어 철근 을 피복, 보호한다.

31 철근 콘크리트보의 주근 최소 배치간격으로 옳은 것은?

① 주근 지름의 1.25배 이상
② 굵은 골재의 공칭 최대 치수 1.5배 이상
③ 보 단면의 최소 치수 이상
④ 25mm 이상

32 철근 콘크리트 구조에서 철근과 콘크리트의 부착 력에 대한 설명 중 옳지 않은 것은?

① 철근에 대한 콘크리트의 피복 두께가 얇으 면 얇을수록 부착력이 감소된다.
② 철근의 표면 상태와 단면 모양에 따라 부착 력이 좌우된다.
③ 콘크리트의 부착력은 철근의 주장에 비례 한다.
④ 압축 강도가 작은 콘크리트일수록 부착력 은 커진다.

33 4변에 의해 지지되는 철근 콘크리트 슬래브 중 장변의 길이가 단변 길이의 몇 배를 넘으면 1방향 슬래브로 해석하는가?

① 2배　　　　　② 3배
③ 4배　　　　　④ 5배

34 구조물의 지점의 종류 중 이동과 회전이 불가능한 지점 상태로 반력은 수평 반력과 수직 반력, 그리고 모멘트 반력이 생기는 것은?

① 회전단　　　　② 이동단
③ 활절　　　　　④ 고정단

35 철골 구조에서 보통 볼트로 접합 시 볼트 구멍은 볼트 직경보다 얼마 이상 크게 해서는 안 되는가?

① 0.2mm　　　　② 0.5mm
③ 0.9mm　　　　④ 1.2mm

36 철골 구조에서 간사이가 15m를 넘거나, 보의 춤이 1m 이상 되는 보를 판보로 하기에는 비경제적일 때 사용하는 것으로 접합판(gusset plate)을 대서 접합한 조립보는?

① 허니컴 보　　　② 래티스 보
③ 상자형보　　　④ 트러스 보

37 경첩(hinge) 등을 축으로 개폐되는 창호를 말하며, 열고 닫을 때 실내의 유효 면적을 감소시키는 특징이 있는 창호는?

① 미서기창　　　② 여닫이창
③ 미닫이창　　　④ 회전창

38 벽돌 구조의 아치(arch)는 부재의 하부에 어떤 힘이 생기지 않도록 의도된 구조인가?

① 인장력　　　　② 압축력
③ 수평 반력　　　④ 수직 반력

39 다음 중 셸 구조에 대한 설명으로 틀린 것은?

① 얇은 곡면 형태의 판을 사용한 구조이다.
② 가볍고 강성이 우수한 구조 시스템이다.
③ 넓은 공간을 필요로 할 때 이용된다.
④ 재료는 주로 텐트나 천막과 같은 특수천을 사용한다.

40 다음 중 인장링이 필요한 구조는?

① 트러스　　　　② 막 구조
③ 절판 구조　　　④ 돔 구조

41 건축 재료의 사용 목적에 따른 분류에 해당하지 않는 것은?

① 구조 재료　　　② 마감 재료
③ 방화, 내화 재료　④ 천연 재료

42 재료의 내구성에 영향을 주는 요인에 대한 설명 중 틀린 것은?

① 내후성 – 건습, 온도 변화, 동해 등에 의한 기후 변화 요인에 대한 풍화 작용에 저항하는 성질

② 내식성 – 목재의 부식, 철강의 녹 등의 작용에 대해 저항하는 성질

③ 내화학 약품성 – 균류, 충류 등의 작용에 대해 저항하는 성질

④ 내마모성 – 기계적 반복 작용 등에 대한 마모 작용에 저항하는 성질

43 목재의 섬유 평행 방향에 대한 강도 중 가장 약한 것은?

① 휨 강도   ② 압축 강도
③ 인장 강도   ④ 전단 강도

44 목재를 벌목하기에 가장 적당한 계절로 짝지어진 것은?

① 봄 – 여름   ② 여름 – 가을
③ 가을 – 겨울   ④ 겨울 – 봄

45 벽 및 천장재로 사용되는 것으로 강당, 집회장 등의 음향 조절용으로 쓰이거나 일반 건물의 벽 수장재로 사용하여 음향 효과를 거둘 수 있는 목재 가공품은?

① 파키트리 패널   ② 플로어링 합판
③ 코펜하겐 리브   ④ 파키트리 블록

46 석재의 가공 과정에서 쇠메나 망치로 돌의 면을 대강 다듬는 것을 무엇이라 하는가?

① 혹두기   ② 정다듬
③ 도드락다듬   ④ 잔다듬

47 다음 점토 제품 중 흡수성이 가장 큰 것은?

① 토기   ② 도기
③ 석기   ④ 자기

48 점토 제품 중 타일에 대한 설명으로 옳지 않은 것은?

① 자기질 타일의 흡수율은 3% 이하이다.
② 일반적으로 모자이크 타일은 건식법에 의해 제조된다.
③ 클링커 타일은 석기질 타일이다.
④ 도기질 타일은 외장용으로만 사용된다.

49 시멘트의 강도에 영향을 주는 주요 요인이 아닌 것은?

① 시멘트 분말도
② 비빔 장소
③ 시멘트 풍화 정도
④ 사용하는 물의 양

50 시멘트 창고 설치에 대한 설명 중 옳지 않은 것은?

① 시멘트에 지상 30cm 이상 되는 마루 위에 적재해야 한다.
② 시멘트는 13포 이상 쌓지 않도록 한다.
③ 주위에는 배수구를 설치한다.
④ 시멘트의 환기를 위해 창문을 크게 설치한다.

51 다음 중 골재의 입도를 구하기 위한 시험은?

① 파쇄 시험
② 체가름 시험
③ 단위 용적 중량 시험
④ 슬럼프 시험

52 콘크리트 배합에 사용되는 수질에 대한 설명으로 옳지 않은 것은?

① 산성이 강한 물을 사용하면 콘크리트의 강도가 증가한다.
② 수질이 콘크리트의 강도나 내구력에 미치는 영향은 크다.
③ 당분은 시멘트 무게의 일정 이상이 함유되었을 경우 콘크리트의 강도에 영향을 끼친다.
④ 염분은 철근 부식의 원인이 된다.

53 ALC(Autoclaved Lightweight Concrete) 제품은?

① 흄관(hume pipe)
② 두리졸(durisol)
③ 규회(珪灰) 벽돌
④ 석면 시멘트 원통

54 구리 및 구리 합금에 대한 설명 중 옳지 않은 것은?

① 구리와 주석의 합금을 황동이라 한다.
② 구리는 맑은 물에서는 녹이 나지 않으나 염수(鹽水)에서는 부식된다.
③ 청동은 황동과 비교하여 주조성이 우수하고 내식성도 좋다.
④ 구리는 연성이고 가공성이 풍부하여 판재, 선, 봉 등으로 만들기가 용이하다.

55 계단의 미끄럼을 방지하기 위하여 놋쇠 또는 황동, 스테인리스강제 등에 홈파기, 고무 삽입 등의 처리를 한 것은?

① 와이어 메시　　② 코너 비드
③ 논슬립　　　　④ 경첩

56 금속망을 유리 가운데 넣은 것으로 비상통로의 감시창 및 진동이 심한 장소에 사용되는 유리는?

① 접합 유리　　② 망입 유리
③ 반사 유리　　④ 무늬 유리

57 전기 절연성, 내후성이 우수하며 발수성이 있어 방수제로 쓰이는 수지는?

① 실리콘 수지　　② 푸란 수지
③ 요소 수지　　　④ 멜라민 수지

58 페인트 안료 중 산화철과 연단은 어떤 색을 만드는 데 쓰이는가?

① 백색　　　　　② 흑색

③ 적색　　　　　④ 황색

59 무수석고가 주재료이며 경화한 것은 강도와 표면 경도가 큰 재료로서 킨즈 시멘트라고도 불리우는 것은?

① 돌로마이트 플라스터

② 질석 모르타르

③ 경석고 플라스터

④ 순석고 플라스터

60 도료 상태의 방수재를 바탕면에 여러 번 칠하여 얇은 수지 피막을 만들어 방수 효과를 얻는 공법은?

① 시트 방수

② 도막 방수

③ 시멘트 모르타르 방수

④ 아스팔트 방수

01 건축공간의 차단적 구획에 사용되는 요소가 아닌 것은?

① 조명 　　　　② 열주
③ 수납장 　　　④ 커튼

02 건축법상 다음과 같이 정의되는 것은?

> 건축물의 각 층 또는 그 일부로서 벽, 기둥, 그 밖에 이와 비슷한 구획의 중심선으로 둘러싸인 부분의 수평투영 면적

① 바닥 면적 　　② 연면적
③ 대지 면적 　　④ 건축 면적

03 건축 형태의 구성 원리 중 인간의 주의력에 의해 감지되는 시각적 무게의 평형 상태를 의미하는 것은?

① 균형 　　　　② 리듬
③ 비례 　　　　④ 강조

04 질감(texture)에 관한 설명으로 옳지 않은 것은?

① 모든 물체는 일정한 질감을 갖는다.
② 질감의 선택에서 중요한 것은 스케일, 빛의 반사와 흡수 등이다.
③ 매끄러운 재료는 빛을 흡수하므로 무겁고 안정적인 느낌을 준다.
④ 촉각 또는 시각으로 지각할 수 있는 어떤 물체 표면상의 특징을 말한다.

05 건축물의 에너지 절약을 위한 계획 내용으로 옳지 않은 것은?

① 실의 용도 및 기능에 따라 수평, 수직으로 조닝 계획을 한다.
② 공동 주택은 인동 간격을 좁게 하여 저층부의 일사 수열량을 감소시킨다.
③ 거실의 층고 및 반자 높이는 실의 용도와 기능에 지장을 주지 않는 범위 내에서 가능한 한 낮게 한다.
④ 건축물의 체적에 대한 외피 면적의 비 또는 연면적에 대한 외피 면적의 비는 가능한 한 작게 한다.

06 주거 공간을 주행동에 의해 개인 공간, 사회 공간, 가사 노동 공간 등으로 구분할 경우, 다음 중 사회 공간에 속하는 것은?

① 서재 　　　　② 식당
③ 부엌 　　　　④ 다용도실

07 침실의 위치에 대한 설명 중 옳지 않은 것은?

① 현관에서 떨어진 곳이 좋다.
② 도로 쪽은 피하고 독립성이 있는 곳이 좋다.
③ 일조, 통풍이 좋은 남쪽이나 동남쪽이 좋다.
④ 정원 등의 공지에 면하지 않는 것이 좋다.

08 계단 또는 엘리베이터 홀로부터 직접 주거 단위로 들어가는 형식으로 프라이버시의 확보가 양호한 것은?

① 계단실형 ② 편복도형
③ 중복도형 ④ 집중형

09 주택 단지 계획에서 근린주구에 해당되는 주택 호수로 알맞은 것은?

① 10~20호 ② 400~500호
③ 1,600~2,000호 ④ 6,000~12,000호

10 다음 중 한국산업표준(KS)의 분류 중 올바른 것은?

① C : 섬유 ② B : 기계
③ A : 항공우주 ④ L : 의료

11 배수 설비에 사용되는 포집기 중 레스토랑의 주방 등에서 배출되는 배수 중의 유지분을 포집하는 것은?

① 오일 포집기 ② 헤어 포집기
③ 그리스 포집기 ④ 플라스터 포집기

12 공기 조화 방식 중 전공기 방식에 관한 설명으로 옳지 않은 것은?

① 덕트 스페이스가 필요하다.
② 중간기에 외기 냉방이 가능하다.
③ 실내에 배관으로 인한 누수의 우려가 없다.
④ 팬 코일 유닛 방식, 유인 유닛 방식 등이 있다.

13 건축화 조명에 대한 설명으로 옳지 않은 것은?

① 조명이 건축물과 일체가 되고, 건물의 일부가 광원의 역할을 하는 것을 건축화 조명이라 한다.
② 건축화 조명은 건축 공간의 조명적 디자인이므로 천장이나 벽면의 크기, 재료, 색채 등의 전체적인 조화가 필요하다.
③ 코브 조명은 천장면을 확산 투과 재료로 마감하고, 그 속에 광원을 넣어 조명하는 방식이다.
④ 코니스 조명은 벽면의 상부에 위치하여 모든 빛이 아래로 직사하도록 하는 조명 방식이다.

14 액화 석유 가스(LPG)에 관한 설명으로 옳지 않은 것은?

① 공기보다 가볍다.
② 용기(bomb)에 넣을 수 있다.
③ 가스 절단 등 공업용으로도 사용된다.
④ 프로판 가스(propane gas)라고도 한다.

15 에스컬레이터의 구성 요소 중 핸드레일 가이드 측면과 만나고 상부 커버를 형성하는 난간의 가로 요소는?

① 뉴얼 ② 스커트
③ 난간 데크 ④ 내부 패널

16 도면 각 부분의 표기를 위한 지시선의 사용 방법으로 옳지 않은 것은?

① 지시선은 곡선 사용을 원칙으로 한다.
② 지시 대상이 선인 경우 지적 부분은 화살표를 사용한다.
③ 지시 대상이 면인 경우 지적 부분은 채워진 원을 사용한다.
④ 지시선은 다른 제도선과 혼동되지 않도록 가늘고 명료하게 그린다.

17 건축물과 관련된 각종 배경의 표현 방법으로 가장 알맞은 것은?

① 배경을 다양하게 표현한다.
② 표현은 항상 섬세하게 하도록 한다.
③ 건물을 이해할 수 있도록 배경을 다소 크게 표현한다.
④ 건물보다 앞쪽의 배경은 사실적으로, 뒤쪽의 배경은 단순하게 표현한다.

18 배치도에서 대지 경계선을 표시할 때 사용하는 선은?

① 실선   ② 파선
③ 일점쇄선   ④ 이점쇄선

19 다음 중 동바리 마루 바닥 그리기와 관련이 없는 부재는?

① 장선   ② 멍에
③ 달대   ④ 동바리

20 철근 콘크리트 기둥의 철근 배근에 대한 설명 중 부적당한 것은?

① 기둥을 보강하는 세로철근, 즉 축방향 철근이 주근이다.
② 띠철근이나 나선 철근은 주근의 좌굴과 콘크리트가 수평을 터져나가는 것을 구속한다.
③ 주근은 사각형 기둥에서는 6개 이상, 원형, 다각형 기둥에서는 4개 이상을 사용한다.
④ 띠철근 간격은 보통 30cm 이하로 한다.

21 높이가 다른 바닥의 상호 간에 단을 만들어 연결하는 구조체로서 세로 방향의 통로로 중요한 역할을 하는 것은?

① 수장   ② 기초
③ 계단   ④ 창호

22 다음 중 부동 침하의 원인과 가장 관계가 먼 것은?

① 건물의 위치가 이질 지층일 경우
② 일부 지정을 하였을 경우
③ 건물을 경량화하였을 경우
④ 지반이 연약한 경우

23 목조 건축물을 내진·내풍적(耐震耐風的)으로 하는 구조법으로서 적당하지 않은 것은?

① 토대를 앵커 볼트로 기초에 긴결한다.
② 벽체의 요소에 가새를 넣는다.
③ 지붕틀의 부재를 크게 한다.
④ 기둥과 횡가재는 철물로 긴결한다.

24 다음 각 접합부와 철물의 사용이 옳지 않은 것은?

① 평기둥과 층도리 - 띠쇠
② 토대와 기둥 - 앵커 볼트
③ 큰 보와 작은 보 - 안장쇠
④ ㅅ자보와 중도리 - 꺾쇠

25 다음 중 왕대공 지붕틀에서 평보와 ㅅ자보의 맞춤으로 알맞은 것은?

① 걸침턱 맞춤　　② 안장 맞춤

③ 사개 맞춤　　　④ 턱솔 맞춤

26 계단 난간의 윗머리에 가로대는 가로재로 손스침이라고도 하는 것은?

① 챌판　　　　　② 난간동자

③ 계단참　　　　④ 난간두겁대

27 벽돌벽 등에 장식적으로 사각형, 십자형 구멍을 내어 쌓는 것으로 담장에 많이 사용되는 쌓기 법은?

① 엇모 쌓기　　　② 무늬 쌓기

③ 공간벽 쌓기　　④ 영롱 쌓기

28 조적조에 대한 설명 중 옳지 않은 것은?

① 내력벽의 길이는 10m 이하로 한다.

② 벽돌벽을 이중으로 하고 중간을 띄어 쌓는 법을 공간쌓기라 한다.

③ 문꼴의 너비가 2m 정도일 때에는 목재 또는 석재 인방보를 설치한다.

④ 영롱쌓기는 벽돌벽 등에 장식적으로 구멍을 내어 쌓는 것이다.

29 보강 블록조에 대한 설명으로 옳지 않은 것은?

① 내력벽의 두께는 100mm 이상으로 한다.

② 내력벽으로 둘러싸인 부분의 바닥 면적은 80m² 를 넘지 않아야 한다.

③ 세로 철근의 양단은 각각 그 철근 지름의 40배 이상을 기초판 부분이나 테두리보 또는 바닥판에 정착시켜야 한다.

④ 내력벽은 그 끝부분과 벽의 모서리 부분에 12mm 이상의 철근을 세로로 배치한다.

30 철근 콘크리트 구조의 장점에 대한 설명으로 옳지 않은 것은?

① 콘크리트의 성질이 산성으로 철근의 부식을 막아 주므로 내구성이 크다.

② 콘크리트는 압축력에 강하고, 철근은 인장력에 강하다.

③ 설계가 비교적 자유롭고, 철골조보다 유지, 관리 비용이 저렴하다.

④ 철골조에 비해 처짐 및 진동이 적고, 소음이 비교적 적은 편이다.

31 철근 콘크리트 구조에서 철근의 간격 제한에 대한 설명 중 옳지 않은 것은?

① 동일 평면에서 평행하는 철근 사이의 수평 순간격은 25mm 이상으로 하여야 한다.

② 나선 철근과 띠철근 기둥에서 종방향 철근의 순간격은 40mm 이상으로 하여야 한다.

③ 벽체에서 휨 주철근의 간격은 600mm 이하로 하여야 한다.

④ 상단과 하단에 2단 이상으로 배치된 경우 상하 철근의 순간격은 25mm 이상으로 하여야 한다.

32 다음 중 철근의 정착 길이의 결정 요인과 가장 관계가 먼 것은?

① 철근의 종류
② 콘크리트의 강도
③ 갈고리의 유무
④ 물 – 시멘트 비

33 철근 콘크리트 구조에서 1방향 슬래브의 두께는 최소 얼마 이상이어야 하는가?

① 80mm
② 100mm
③ 120mm
④ 160mm

34 부재를 휘게 하려는 힘을 무엇이라 하는가?

① 강성
② 인장력
③ 압축력
④ 휨 모멘트

35 철골 구조에서 리벳 상호 간의 중심 간격은 최소한 리벳 지름의 몇 배 이상으로 하여야 하는가?

① 1.5배
② 2배
③ 2.5배
④ 3배

36 I형강의 웨브를 톱니 모양으로 절단한 후 구멍이 생기도록 맞추고 용접하여 구멍을 각 층의 배관에 이용하도록 제작한 보는?

① 트러스 보
② 판 보
③ 래티스 보
④ 허니컴 보

37 다음 중 여닫이 창호에 쓰이는 철물이 아닌 것은?

① 도어 클로저
② 경첩
③ 레일
④ 함자물쇠

38 다음 ( )에 알맞은 것은?

> 아치 구조는 상부에서 오는 수직 하중이 아치의 축선에 따라 좌우로 나누어져 밑으로 ( )만을 전달하게 한 것이다.

① 인장력
② 압축력
③ 휨 모멘트
④ 전단력

39 바닥 등의 슬래브를 케이블로 매단 특수 구조는?

① 공기 막 구조
② 셸 구조
③ 커튼월 구조
④ 현수 구조

40 돔의 하부에서 밖으로 퍼져 나가는 힘에 저항하기 위해 설치하는 것은?

① 압축링
② 인장링
③ 래티스
④ 스페이스 트러스

41 건축 재료의 화학적 조성에 의한 분류 중 유기질 재료가 아닌 것은?

① 목재
② 역청 재료
③ 합성수지
④ 석재

42 재료의 용어에 대한 설명 중 옳지 않은 것은?

① 열팽창 계수란 온도의 변화에 따라 물체가 팽창, 수축하는 비율을 말한다.

② 비열이란 단위 질량의 물질을 온도 1℃ 올리는 데 필요한 열량을 말한다.

③ 열용량은 물체에 열을 저장할 수 있는 용량을 말하며, 단위는 kcal/℃이다.

④ 차음률은 음을 얼마나 흡수하느냐 하는 성질을 말하며, 재료의 비중이 클수록 작다.

43 다음 중 목재의 허용 인장 강도가 가장 큰 것은?

① 참나무　　　　② 낙엽송
③ 전나무　　　　④ 소나무

44 목재의 벌목 시기로 겨울철이 가장 좋은 이유는?

① 목질이 연약하여 베어내기 쉽기 때문
② 사람의 왕래가 적기 때문
③ 수액이 적어 건조가 빠르기 때문
④ 옹이가 적기 때문

45 코펜하겐 리브(copenhagen rib)에 대한 설명으로 옳은 것은?

① 철물과 모르타르를 사용하여 콘크리트 마루에 깔 수 있도록 가공 제작된 것이다.

② 강당, 집회장 등의 음향 조절용이나 일반 건물의 벽 수장재로 사용된다.

③ 코르크나무 표피를 원료로 하여 분말된 것을 판형으로 열압한 것이다.

④ 목재와 합성수지를 복합하거나 또는 약품 처리에 의해 제조된 목재로서 제재품과는 성질이 다른 목재의 총칭이다.

46 석질이 견고하고 마멸에 강하며 대형재가 생산되므로 구조용 재료로 이용되며, 콘크리트용 골재로도 많이 사용되는 석재는?

① 현무암　　　　② 화강암
③ 감람석　　　　④ 대리석

47 점토 제품 중 흡수율이 가장 적은 것은?

① 토기　　　　② 석기
③ 도기　　　　④ 자기

48 타일 시공 후 압착이 충분하지 않은 경우 등으로 타일이 떨어지는 현상을 무엇이라 하는가?

① 백화 현상　　　　② 박리 현상
③ 소성 현상　　　　④ 동해 현상

49 시멘트의 성질에 대한 설명 중 옳지 않은 것은?

① 시멘트의 분말도는 단위 중량에 대한 표면적, 즉 비표면적에 의하여 표시한다.

② 분말도가 큰 시멘트일수록 수화 반응이 지연되어 응결 및 강도의 증진이 작다.

③ 시멘트의 풍화란 시멘트가 습기를 흡수하여 경미한 수화 반응을 일으켜 생성된 수산화칼슘과 공기 중의 탄산가스가 작용하여 탄산칼슘을 생성하는 작용을 말한다.

④ 시멘트의 안정성 측정은 오토클레이브 팽창도 시험 방법으로 행한다.

50 시멘트 모르타르의 경화 촉진제는?

① 규산백토　　　　② 염화암모니아
③ 플라이 애시　　　　④ 염화칼슘

51 다음 중 골재의 체가름 시험에서 사용하는 체가 아닌 것은?

① 0.15mm   ② 1.2mm

③ 5mm   ④ 35mm

52 콘크리트에서 물·시멘트 비란?

① 물의 용적/시멘트 용적

② 시멘트 용적/물의 용적

③ 물의 중량/시멘트 중량

④ 시멘트 중량/물의 중량

53 거푸집에 미리 자갈을 채워넣고 시멘트 모르타르를 주입시켜 만든 콘크리트는?

① 유동화 콘크리트

② 프리팩트 콘크리트

③ 매스 콘크리트

④ 진공 콘크리트

54 알루미늄을 부식시키지 않는 재료는?

① 아스팔트

② 시멘트 모르타르

③ 회반죽

④ 철강재

55 함석판 잇기 지붕 공사에 사용하는 골함석의 두께로서 가장 적합한 것은?

① #24~27   ② #28~31

③ #32~35   ④ #36~40

56 복층 유리에 대한 설명 중 옳지 않은 것은?

① 방음 효과가 있다.

② 단열 효과가 크다.

③ 결로 방지용으로 우수하다.

④ 유리 사이에 합성수지 접착제를 채워 제작한 것이다.

57 내열성·내한성이 우수한 수지로 −60~260℃ 정도의 범위에서는 안정하고 탄성을 가지며 내후성 및 내화학성 등이 아주 우수하기 때문에 접착제, 도료로서 주로 사용되는 것은?

① 페놀 수지   ② 멜라민 수지

③ 실리콘 수지   ④ 염화비닐 수지

58 밤에 빛을 비추면 잘 볼 수 있도록 도로 표지판 등에 사용되는 도료는?

① 방화 도료   ② 에나멜 래커

③ 방청 도료   ④ 형광 도료

59 석고 플라스터에 대한 설명으로 옳지 않은 것은?

① 점성이 작아서 여물 또는 해초 등을 원칙적으로 사용하여야 한다.

② 경화·건조 시 치수 안정성이 우수하다.

③ 결합수로 인하여 방화성이 크다.

④ 유성 페인트 마감이 가능하다.

60 다음 건축 재료와 원료와의 관계가 적절하지 않은 것은?

① 유리 – 규사

② 시멘트 – 석회석

③ 테라코타 – 점토

④ 테라초 – 마그네시아 석회

01 다음의 건축 공간에 대한 설명 중 옳지 않은 것은?

① 공간을 편리하게 이용하기 위해서는 실의 크기와 모양, 높이 등이 적당해야 한다.
② 내부 공간은 일반적으로 벽과 지붕으로 둘러싸인 건물 안쪽의 공간을 말한다.
③ 인간은 건축 공간을 조형적으로 인식한다.
④ 외부 공간은 자연 발생적인 것으로 인간에 의해 의도적으로 만들어지지 않는다.

02 연면적 200m²를 초과하는 초등학교의 학생용 계단의 단높이는 최대 얼마 이하여야 하는가?

① 15cm   ② 16cm
③ 18cm   ④ 20cm

03 균형의 원리에 관한 설명으로 옳지 않은 것은?

① 크기가 큰 것이 작은 것보다 시각적 중량감이 크다.
② 기하학적 형태가 불규칙적인 형태보다 시각적 중량감이 크다.
③ 색의 중량감은 색의 속성 중 특히 명도, 채도에 따라 크게 작용한다.
④ 복잡하고 거친 질감이 단순하고 부드러운 것보다 시각적 중량감이 크다.

04 건축제도에서 일점쇄선과 구분하거나 물체가 있는 것으로 가상되는 부분을 표시할 때 사용되는 선으로 옳은 것은?

① 실선의 가는 선
② 이점쇄선
③ 파선
④ 실선의 전선

05 건축물의 에너지 절약을 위한 단열 계획으로 옳지 않은 것은?

① 외벽 부위는 내단열로 시공한다.
② 건물의 창호는 가능한 작게 설계한다.
③ 태양열 유입에 의한 냉방 부하 저감을 위하여 태양열 차폐 장치를 설치한다.
④ 외피의 모서리 부분은 열교가 발생하지 않도록 단열재를 연속적으로 설치하고 충분히 단열되도록 한다.

06 주택의 생활 공간을 개인 생활 공간, 공동 생활 공간, 가사 생활 공간으로 구분할 경우, 다음 중 공동 생활 공간에 속하지 않는 것은?

① 거실   ② 서재
③ 식당   ④ 응접실

07 주택의 침실 계획에 대한 설명으로 옳지 않은 것은?

① 방위는 일조와 통풍이 좋은 남쪽이나 동남쪽이 이상적이다.
② 침실의 크기는 사용 인원수, 침구의 종류, 가구의 종류, 통로 등의 사항에 따라 결정된다.
③ 노인 침실의 경우, 바닥이 고저차가 없어야 하며 위치는 가급적 2층 이상이 좋다.
④ 침실 환기 시 통풍의 흐름이 직접 침대 위를 통과하지 않도록 한다.

08 다음 설명에 알맞은 아파트 평면 형식은?

> • 프라이버시가 양호하다.
> • 통행부 면적이 작아서 건물의 이용도가 높다.
> • 좁은 대지에서 집약형 주거 등이 가능하다.

① 편복도형   ② 중복도형
③ 계단실형   ④ 집중형

09 경사지를 적절하게 이용할 수 있고, 상부층으로 갈수록 약간씩 뒤로 후퇴하며 각 호마다 전용의 정원을 갖는 주택 형식은?

① town house
② row house
③ courtyard house
④ terrace house

10 다음 안료 중 인조석의 안료로 사용할 수 없는 것은?

① 황토   ② 아스팔트
③ 산화철   ④ 카본 검정

11 트랩(trap)의 봉수 파괴 원인과 가장 관계가 먼 것은?

① 증발 현상   ② 수격 작용
③ 모세관 현상   ④ 자기 사이펀 작용

12 다음의 공기 조화 방식 중 전공기 방식에 해당하지 않는 것은?

① 단일 덕트 방식
② 각 층 유닛 방식
③ 팬 코일 유닛 방식
④ 멀티존 유닛 방식

13 다음 중 실내 조명 설계 순서에서 가장 먼저 이루어져야 할 사항은?

① 조명 방식의 선정
② 소요 조도의 결정
③ 전등 종류의 결정
④ 조명 기구의 배치

14 LPG의 특성에 관한 설명으로 옳지 않은 것은?

① 순수한 LPG는 무색무취이다.
② LPG의 비중은 공기의 비중보다 크다.
③ 도시가스에 비해 발열량이 크다.
④ 일산화탄소를 함유하고 있어 생가스에 의한 중독의 위험이 있다.

15 에스컬레이터에 관한 설명으로 옳지 않은 것은?

① 수송 능력이 엘리베이터에 비해 작다.
② 대기 시간이 없고 연속적인 수송 설비이다.
③ 연속 운전되므로 전원 설비에 부담이 적다.
④ 건축적으로 점유 면적이 적고, 건물에 걸리는 하중이 분산된다.

16 도면 작성 시 사용되는 선의 종류와 용도의 연결이 옳지 않은 것은?

① 굵은 실선 – 단면선
② 가는 실선 – 치수선
③ 2점쇄선 – 상상선
④ 1점쇄선 – 숨은선

17 건축물의 묘사 및 표현에 관한 설명 중 옳지 않은 것은?

① 음영은 건축물의 입체적인 표현을 강조하기 위해 그려 넣는 것으로 실시 설계도나 시공도에 주로 사용된다.

② 건축 도면에 사람의 그림을 그려 넣는 목적은 스케일감을 나타내기 위해서이다.

③ 건축 도면에서 수목의 배치와 표현을 통해 건물 주변 대지의 성격을 나타낼 수 있다.

④ 여러 선에 의한 건축물의 표현 방법은 선의 간격을 달리함으로써 면과 입체를 결정한다.

18 바닥에서 높이 1~1.5m 정도에서 수평 절단하여 수평 투상한 도면은?

① 평면도   ② 입면도
③ 단면도   ④ 전개도

19 다음 중 입면도를 그리는 순서로 가장 나중에 해야 하는 것은?

① 지반선 GL을 긋는다.

② 각 층의 높이를 가는 선으로 긋는다.

③ 창의 모양에 따라 창과 문의 형태를 작도한다.

④ 바닥면에서 창 높이를 가는 선으로 긋는다.

20 철근 콘크리트 슬래브 두께는 최소 얼마 이상인가?

① 5cm   ② 8cm
③ 10cm   ④ 12cm

21 바닥 마감판과 바탕 사이에 암면 등의 완충재를 넣어 판의 진동을 감소시키는 바닥구조는?

① 방부 바닥구조   ② 방음 바닥구조
③ 방충 바닥구조   ④ 전도 바닥구조

22 연약 지반에 건축물을 축조할 때 부동 침하를 방지하는 대책으로 옳지 않은 것은?

① 건물의 강성을 높일 것

② 지하실을 강성체로 설치할 것

③ 건물의 중량을 크게 할 것

④ 건물은 너무 길지 않게 할 것

23 목구조에서 버팀대와 가새에 대한 설명 중 잘못된 것은?

① 가새의 경사는 45°에 가까울수록 유리하다.

② 가새는 하중의 방향에 따라 압축 응력과 인장 응력이 번갈아 일어난다.

③ 버팀대는 가새보다 수평력에 강한 벽체를 구성한다.

④ 버팀대는 기둥 단면에 적당한 크기의 것을 쓰고, 기둥 따내기도 되도록 적게 한다.

24 목구조에서 통재 기둥에 한편 맞춤이 될 때 통재기둥과 층도리의 맞춤 방법으로 가장 적합한 것은?

① 쌍장부 넣고 띠쇠를 보강한다.

② 빗턱통 넣고 내다지장부 맞춤·벌림 쐐기치기로 한다.

③ 걸침턱 맞춤으로 하고 감잡이쇠로 보강한다.

④ 통재넣기로 하고 주걱 볼트로 보강한다.

25 그림과 같은 양식 지붕틀의 명칭은?

① 왕대공 지붕틀　　② 쌍대공 지붕틀
③ 팬 지붕틀　　　　④ 맨사드 지붕틀

26 목조 계단에서 디딤판의 처짐, 보행 시의 진동 등을 막기 위하여 중간에 댄 보강재는?

① 계단멍에　　　　② 계단두겁
③ 엄지기둥　　　　④ 달대

27 조적조 공간벽의 외부에서 보이는 벽에 많이 쓰이는 조적 방법은?

① 길이쌓기　　　　② 마구리쌓기
③ 옆세워쌓기　　　④ 세워쌓기

28 조적 구조에 대한 설명으로 틀린 것은?

① 조적재를 모르타르로 쌓아서 벽체를 축조하는 구조이다.
② 일반적으로 벽돌 구조 건축은 풍압력, 지진력, 기타 인위적 횡력에 약한 구조체이므로 고층, 대건물에는 부적당하다.
③ 아치는 개구부의 상부 하중을 지지하기 위하여 조적재를 곡선형으로 쌓아서 인장력만이 작용되도록 한 구조이다.
④ 조적재로는 벽돌, 블록, 석재 등이 있다.

29 블록 구조에서 벽의 보강 철근 배근 방법으로 옳지 않은 것은?

① 철근의 정착 이음은 기초보나 테두리보에 둔다.
② 철근은 가는 것을 많이 넣는 것보다 굵은 것을 조금 넣는 것이 좋다.
③ 철근을 배치한 곳에는 모르타르 또는 콘크리트를 채워 넣어 빈틈이 없게 한다.
④ 세로근은 기초에서 보까지 하나의 철근으로 하는 것이 좋다.

30 철근 콘크리트 구조의 원리에 대한 설명으로 옳지 않은 것은?

① 콘크리트와 철근이 강력히 부착되면 철근의 좌굴이 방지된다.
② 콘크리트는 인장력에 강하므로 부재의 인장력을 부담한다.
③ 콘크리트와 철근의 선팽창 계수가 거의 같다.
④ 콘크리트는 내구성과 내화성이 있어 철근을 피복·보호한다.

31 부재축에 직각으로 설치되는 전단 철근의 간격은 철근 콘크리트 부재의 경우 최대 얼마 이하로 하여야 하는가?

① 300mm　　　　② 450mm
③ 600mm　　　　④ 700mm

32 압축 이형 철근의 정착에 대한 설명으로 옳은 것은?

① 정착 길이는 철근의 항복 강도가 클수록 길어진다.
② 정착 길이는 콘크리트 강도가 클수록 길어진다.
③ 정착 길이는 항상 200mm 이하로 한다.
④ 정착 길이는 철근의 지름과는 무관하다.

33 2방향 슬래브가 되기 위한 조건으로 옳은 것은?

① (장변/단변) ≦ 2
② (장변/단변) ≦ 3
③ (장변/단변) 〉 2
④ (장변/단변) 〉 3

34 부재에 하중이 작용하면 각 부재의 내부에는 외력에 저항하는 힘인 응력이 생기는데, 다음 중 부재를 직각으로 자를 때에 생기는 것은?

① 인장 응력
② 압축 응력
③ 전단 응력
④ 휨 모멘트

35 철골 구조에서 리벳으로 접합하는 판의 총 두께는 리벳 지름의 얼마 이하로 하는가?

① 3배
② 4배
③ 5배
④ 6배

36 철골 보에 관한 설명 중 틀린 것은?

① 형강 보는 주로 I형강 또는 H형강이 많이 쓰인다.
② 판 보는 웨브에 철판을 쓰고 상하부에 플랜지 철판을 용접하거나 ㄱ형강을 접합한 것이다.
③ 허니컴 보는 I형강을 절단하여 구멍이 나게 맞추어 용접한 보이다.
④ 래티스 보에 접합판(gusset plate)을 대서 접합한 보를 격자 보라 한다.

37 다음 중 여닫이 창호에 대한 설명으로 옳지 않은 것은?

① 여닫이 창호의 종류에는 외여닫이와 쌍여닫이 등이 있다.
② 밖여닫이는 빗물막기가 편리하지만 열렸을 때 바람에 손상되기 쉽다.
③ 경첩 등을 축으로 개폐되는 창호를 말한다.
④ 열고 닫을 때 실내 유효 면적이 증가되는 장점이 있다.

38 아치 벽돌을 사다리꼴 모양으로 특별히 주문 제작하여 쓴 것을 무엇이라고 하는가?

① 본아치
② 막만든 아치
③ 거친 아치
④ 층두리 아치

39 건축 구조에서 중간에 기둥을 두지 않고, 직사각형의 면적에 지붕을 씌우는 형식으로 교량 시스템을 응용한 것은?

① 절판 구조
② 공기 막 구조
③ 셸 구조
④ 현수 구조

40 초고층 건물의 구조 시스템 중 가장 적합하지 않은 것은?

① 내력벽 시스템
② 아웃 리거 시스템
③ 튜브 시스템
④ 가새 시스템

41 유기 재료에 속하는 건축 재료는?

① 철재
② 석재
③ 아스팔트
④ 알루미늄

42 건축 재료에 관한 용어의 설명 중 틀린 것은?

① 인장 하중을 받으면 파괴될 때까지 큰 신장을 나타내는 것이 있는데, 이러한 종류의 재료를 연성이 크다고 한다.

② 작은 변형만 나타내면 파괴되는 주철, 유리와 같은 재료의 성질을 인성이라고 한다.

③ 크리프란 일정한 응력을 가할 때, 변형이 시간과 더불어 증대하는 현상을 의미한다.

④ 재료에 사용하는 외력이 어느 한도에 도달하면 외력의 증감없이 변형만 증대하는 성질을 소성이라 한다.

43 함수율에 따른 강도가 큰 것부터 순서대로 나열된 것은?

① 생나무 〉 전건재 〉 기건재

② 전건재 〉 기건재 〉 생나무

③ 생나무 〉 기건재 〉 전건재

④ 기건재 〉 전건재 〉 생나무

44 목재를 건조하는 목적으로 틀린 것은?

① 중량의 경감

② 강도 및 내구성 증진

③ 도장 및 약제 주입 방지

④ 부패 균류의 발생 방지

45 내장재로 사용되는 판재 중 목질계와 가장 거리가 먼 것은?

① 합판류　　　② 강화 석고 보드

③ 파티클 보드　　④ 섬유판

46 다음 중 같은 조건일 때 내구성이 가장 큰 석재에 해당되는 것은?

① 사암　　　　② 석회암

③ 대리석　　　④ 화강암

47 다음의 점토 제품 중 가장 저급의 원료를 사용하는 것은?

① 타일　　　　② 기와

③ 테라코타　　④ 위생도기

48 난간벽, 돌림띠, 창대, 주두 등에 장식용으로 사용되는 공동(空胴)의 대형 점토 제품은?

① 콘크리트　　② 인조석

③ 테라초　　　④ 테라코타

49 댐 공사나 방사능 차폐용 콘크리트에 가장 적당한 시멘트는?

① 조강 포틀랜드 시멘트

② 중용열 포틀랜드 시멘트

③ 팽창 시멘트

④ 알루미나 시멘트

50 다음 중 시멘트의 저장 방법으로 옳지 않은 것은?

① 시멘트는 지면으로부터 30cm 위 마루 위에 저장한다.

② 시멘트는 13포대 이상 쌓지 않는다.

③ 약간이라도 굳은 시멘트는 사용하지 않는다.

④ 창고에서 약간의 수화 작용이 일어나도록 저장해야 한다.

51 골재의 비중 시험을 할 때 일반적으로 사용되는 비중은?

① 진비중　　　② 표건 비중

③ 절건 비중　　④ 기건 비중

52 다음 중 굳지 않은 콘크리트가 구비해야 할 조건이 아닌 것은?

① 워커빌리티가 좋을 것

② 시공 시 및 그 전후에 있어서 재료 분리가 클 것

③ 거푸집에 부어넣은 후, 균열 등 유해한 현상이 발생하지 않을 것

④ 각 시공 단계에 있어서 작업을 용이하게 할 수 있을 것

53 미리 거푸집 속에 적당한 입도 배열을 가진 굵은 골재를 채워 넣은 후, 모르타르를 펌프로 압입하여 굵은 골재의 공극을 충전시켜 만드는 콘크리트는?

① 소일 콘크리트

② 레디믹스트 콘크리트

③ 쇄석 콘크리트

④ 프리플레이스트 콘크리트

54 알루미늄의 성질에 관한 설명 중 옳지 않은 것은?

① 전기나 열의 전도율이 크다.

② 전성, 연성이 풍부하며 가공이 용이하다.

③ 산, 알칼리에 강하다.

④ 대기 중에서의 내식성은 순도에 따라 다르다.

55 다음 중 창호 철물이 아닌 것은?

① 도어 클로저   ② 플로어 힌지

③ 실린더   ④ 듀벨

56 유리 성분에 산화 금속류의 착색제를 넣은 것으로 스테인드글라스의 제작에 사용되는 유리 제품은?

① 색유리   ② 복층 유리

③ 강화 판유리   ④ 망입 유리

57 벤젠과 에틸렌으로부터 만든 것으로 벽, 타일, 천장재, 블라인드, 도료, 전기용품으로 쓰이며 특히, 발포 제품은 저온 단열재로 널리 쓰이는 수지는?

① 아크릴 수지   ② 염화비닐 수지

③ 폴리스티렌 수지   ④ 폴리프로필렌 수지

58 다음 재료의 용도와 조합에서 옳지 않은 것은?

① 오일 스테인 – 착색제

② 시너 – 희석제

③ 크레오소트 – 용제

④ 광명단 – 방청제

59 미장 재료 중 석고 플라스터에 대한 설명으로 틀린 것은?

① 알칼리성이므로 유성 페인트 마감을 할 수 없다.

② 수화하여 굳어지므로 내부까지 거의 동일한 경도가 된다.

③ 방화성이 크다.

④ 원칙적으로 해초 또는 풀을 사용하지 않는다.

60 다음 중 서로 관계있는 것끼리 짝지어지지 않은 것은?

① 테라초 – 점토

② 방수재 – 아스팔트

③ 창유리 – 소다 석회

④ 섬유판 – 펄프

01 건축 공간에 관한 설명으로 옳지 않은 것은?

① 인간은 건축 공간을 조형적으로 인식한다.

② 건축 공간을 계획할 때 시각뿐만 아니라 그 밖의 감각 분야까지도 충분히 고려하여 계획한다.

③ 일반적으로 건축물이 많이 있을 때 건축물에 의해 둘러싸인 공간 전체를 내부 공간이라고 한다.

④ 외부 공간은 자연 발생적인 것이 아니라 인간에 의해 의도적, 인공적으로 만들어진 외부의 환경을 말한다.

02 다음에서 설명하는 도면 중 단면도에 대한 설명으로 옳은 것은?

① 건축물을 각 층마다 창틀 위 즉, 바닥에서 높이 1~1.5m 정도에서 수평으로 자른 수평 투상도이다.

② 대지 안에 건물이나 부대시설의 배치를 나타낸 도면이다.

③ 건축물을 주요 부분을 수직으로 절단한 것을 상상하여 그린 도면이다.

④ 건축물의 외관을 나타낸 직립 투상도 또는 건물벽 직각 방향에서 건물의 겉모습을 그린 도면이다.

03 디자인의 기본 원리 중 성질이나 질량이 전혀 다른 둘 이상의 것이 동일한 공간에 배열될 때 서로의 특질을 한층 돋보이게 하는 현상은?

① 대비   ② 통일

③ 리듬   ④ 강조

04 다음 바닥용 타일의 요구성질로 옳지 않은 것은?

① 마모에 강한 내구성

② 낮은 흡수율

③ 미끄럼 방지

④ 타일의 모양

05 다음의 결로 현상에 관한 설명 중 (   ) 안에 알맞은 것은?

> 습도가 높은 공기를 냉각하면 공기 중의 수분이 그 이상은 수증기로 존재할 수 없는 한계를 (   )라 하며, 이 공기가 (   ) 이하의 차가운 벽면 등에 닿으면 그 벽면에 물방울이 생긴다. 이를 결로 현상이라 한다.

① 절대 습도   ② 상대 습도

③ 습구 온도   ④ 노점 온도

06 다음 중 공간의 레이아웃(layout)과 가장 밀접한 관계를 갖는 것은?

① 재료 계획   ② 동선 계획

③ 설비 계획   ④ 색채 계획

07 주택의 침실에 관한 설명으로 옳지 않은 것은?

① 방위상 직사광선이 없는 북쪽이 가장 이상적이다.

② 침실은 정적이며 프라이버시 확보가 잘 이루어져야 한다.

③ 침대는 외부에서 출입문을 통해 직접 보이지 않도록 배치하는 것이 좋다.

④ 침실의 위치는 소음원이 있는 쪽은 피하고, 정원 등의 공지에 면하도록 하는 것이 좋다.

08 계단실형 아파트에 관한 설명으로 틀린 것은?

① 계단실에서 직접 주거 단위로 연결된다.
② 좁은 대지에서 집약형 주거 등이 가능하다.
③ 각 단위 평면의 독립성이 보장된다.
④ 통행부 면적을 크게 차지하는 단점이 있다.

09 할로겐램프에 관한 설명으로 적합하지 않은 것은?

① 휘도가 낮아 시야에 광원이 직접 들어오도록 계획해도 무방하다.
② 흑화가 거의 일어나지 않고 광속이나 색 온도의 저하가 적다.
③ 백열전구에 비해 수명이 길다.
④ 연색성이 좋고 설치가 용이하다.

10 다음 중 현수교로 된 교량으로 옳은 것은?

① 신행주대교   ② 서해대교
③ 남해대교   ④ 올림픽대교

11 트랩의 봉수를 보호하고 배수관 내의 흐름을 원활히 하기 위하여 설치하는 것은?

① 스위블 조인트   ② 팽창관
③ 넘침관   ④ 통기관

12 공기 조화 방식 중 이중 덕트 방식에 관한 설명으로 옳지 않은 것은?

① 혼합 상자에서 소음과 진동이 생긴다.
② 냉풍과 온풍의 혼합으로 인한 혼합 손실이 발생한다.
③ 전수 방식이므로 냉·온수관과 전기 배선 등을 실내에 설치하여야 한다.
④ 단일 덕트 방식에 비해 덕트 샤프트 및 덕트 스페이스를 크게 차지한다.

13 직접 조명에 관한 기술 중 옳지 않은 것은?

① 작업면에서 높은 조도를 얻을 수 있다.
② 조명률이 좋고, 먼지에 의한 감광이 적다.
③ 실내 전체적으로 볼 때, 밝고 어두움의 차이가 거의 없다.
④ 설비비가 일반적으로 싸다.

14 가스 계량기는 전기 개폐기로부터 최소 얼마 이상 떨어져 설치하여야 하는가?

① 20cm   ② 30cm
③ 45cm   ④ 60cm

15 에스컬레이터에 관한 설명으로 옳지 않은 것은?

① 수송량에 비해 점유 면적이 작다.
② 대기 시간이 없고 연속적인 수송 설비이다.
③ 수송 능력이 엘리베이터의 1/2 정도로 작다.
④ 승강 중 주위가 오픈되므로 주변 광고 효과가 크다.

16 건축 도면에 선을 그을 때 유의 사항에 관한 설명으로 옳지 않은 것은?

① 선과 선이 각을 이루어 만나는 곳은 정확하게 작도가 되도록 한다.

② 선의 굵기를 조절하기 위해 중복하여 여러 번 긋지 않도록 한다.

③ 파선이나 점선은 선의 길이와 간격이 일정해야 한다.

④ 선 굵기는 도면의 축척이 다르더라도 항상 일정하여야 한다.

17 다음 중 건축 도면에 사람을 그려 넣는 목적과 가장 거리가 먼 것은?

① 스케일감을 나타내기 위해

② 공간의 용도를 나타내기 위해

③ 공간 내 질감을 나타내기 위해

④ 공간의 깊이와 높이를 나타내기 위해

18 다음 중 평면도에 나타내야 할 사항이 아닌 것은?

① 층고   ② 벽두께

③ 창의 형상   ④ 벽 중심선

19 다음은 지붕틀을 제도하는 과정의 일부를 나열한 것이다. 이 중에서 가장 나중에 하는 과정은?

① 축척에 따라 구도를 정한다.

② 각종 보강 철물을 그린다.

③ 각부 부재를 그린다.

④ 인출선과 치수선을 긋는다.

20 철근 콘크리트 슬래브의 장변 방향 철근의 배근 간격은 몇 cm 이하로 하는가?

① 10cm   ② 20cm

③ 30cm   ④ 40cm

21 인접 건물의 화재에 의해 연소되지 않도록 하는 구조는?

① 흡음벽   ② 보온벽

③ 방습벽   ④ 방화벽

22 신축 건물의 기초 파기 중 토질에 생기는 현상과 가장 관계가 먼 것은?

① 보일링   ② 파이핑

③ 언더피닝   ④ 융기현상

23 벽면을 보호하고 장식하기 위해 벽의 하부에 붙이는 마감재는?

① 걸레받이   ② 반자돌림대

③ 문선   ④ 반자대

24 옆에서 산지치기로 하고, 중간은 빗물리게 한 이음으로 토대, 처마도리, 중도리 등에 주로 쓰이는 것은?

① 엇걸이 산지 이음

② 빗 이음

③ 엇빗 이음

④ 겹친 이음

25 절충식 구조에서 지붕보와 처마도리의 연결을 위한 보강 철물로 사용되는 것은?

① 주걱 볼트　　　② 띠쇠

③ 감잡이쇠　　　④ 갈고리 볼트

26 목조 계단에서 양 끝에 세우는 굵은 난간동자의 명칭은?

① 계단멍에　　　② 두겁대

③ 엄지기둥　　　④ 디딤판

27 벽돌조 공간쌓기에서 벽체 연결 철물 간의 수평 간격은 최대 얼마 이하로 하여야 하는가?

① 450mm　　　② 600mm

③ 750mm　　　④ 900mm

28 블록공사에서 블록의 하루 쌓기 높이의 표준은?

① 1.5m 이내　　② 1.8m 이내

③ 2.1m 이내　　④ 2.4m 이내

29 창의 하부에 건너 댄 돌로 빗물을 처리하고 장식적으로 사용되는 것으로, 윗면·밑면에 물끊기·물돌림 등을 두어 빗물의 침입을 막고, 물흘림이 잘 되게 하는 것은?

① 인방돌　　　② 창대돌

③ 쌤돌　　　④ 돌림띠

30 철근 콘크리트 구조에 대한 바른 설명은?

① 내구성·내진성·내풍성은 좋으나 내화성이 좋지 않다.

② 철근 콘크리트 건축은 자체 중량은 크지만, 강도 계산이 단순하며 공사 기일이 짧다는 장점이 있다.

③ 콘크리트의 부착력은 철근의 주장에 비례한다.

④ 철근의 선팽창 계수는 콘크리트의 선팽창 계수의 3배 정도이다.

31 철근 콘크리트 보에 늑근을 넣는 이유는?

① 전단력 보강　　② 인장력 보강

③ 압축력 보강　　④ 휨 모멘트 보강

32 철근의 정착에 대한 설명 중 옳지 않은 것은?

① 철근의 부착력을 확보하기 위한 것이다.

② 정착 길이는 콘크리트의 강도가 클수록 짧아진다.

③ 정착 길이는 철근의 지름이 클수록 짧아진다.

④ 정착 길이는 철근의 항복 강도가 클수록 길어진다.

33 철근 콘크리트 슬래브에서 단변 길이가 3m일 때 2방향 슬래브가 되기 위한 장변 길이는 최대 얼마 이하여야 하는가?

① 4.5m　　　② 5.0m

③ 6.0m　　　④ 6.5m

34 신축 이음새(expansion joint)를 설치해야 하는 위치와 가장 거리가 먼 것은?

① 기존 건물과의 접합부
② 저층의 긴 건물과 고층 건물의 접속부
③ 평면이 복잡한 부분에서의 교차부
④ 단면이 균일한 소규모 바닥판

35 철골 구조의 리벳에 관한 세부 명칭 중 클리어런스의 의미는?

① 재축방향의 리벳 중심선
② 게이지 라인상의 리벳 간격
③ 리벳으로 접합되는 재의 총 두께
④ 리벳과 수직재면과의 거리

36 철골조의 보에 대한 설명으로 옳지 않은 것은?

① 형강보에는 L형강이 가장 많이 사용된다.
② 트러스 보에는 모든 하중이 압축력과 인장력으로 작용한다.
③ 플레이트 보는 형강보다 큰 단면 성능을 가지도록 만들 수 있다.
④ 래티스 보는 힘을 많이 받는 곳에는 잘 쓰이지 않는다.

37 창 면적이 클 때에는 스틸 바만으로는 약하며, 또한 여닫을 때의 진동으로 유리가 파손될 우려가 있으므로 이것을 보강하고 외관을 꾸미기 위해 사용하는 것은?

① 멀리온   ② 풍소란
③ 코너 비드   ④ 마중대

38 외관이 중요시되지 않는 아치는 보통 벽돌을 쓰고 줄눈을 쐐기모양으로 하는데 이러한 아치를 무엇이라 하는가?

① 본아치   ② 거친 아치
③ 막만든 아치   ④ 층두리 아치

39 특수 지지 프레임을 두 지점에 세우고 프레임 상부 새들(saddle)을 통해 케이블(cable)을 걸치고 여기서 내린 로프로 도리를 매다는 구조는 무엇인가?

① 현수 구조   ② 절판 구조
③ 셸 구조   ④ 트러스 구조

40 커튼 월의 부재 중 구조 용도로 사용되는 것과 관련이 가장 적은 것은?

① 노턴 테이프
② 간봉
③ 수직 알루미늄 바(mullion bar)
④ 패스너(fastener)

41 건축 재료 중 구조재로 사용할 수 없는 것끼리 짝지어진 것은?

① H형강·벽돌
② 목재·벽돌
③ 유리·모르타르
④ 목재·콘크리트

42 다음 중 건축 재료의 일반적인 성질로 옳은 것은?

① 탄성 : 재료에 작용하는 외력이 어느 한도에 도달하면 외력의 증감 없이 변형만 증대하는 성질

② 소성 : 물체에 외력이 작용하면 순간적으로 변형이 생기나 외력을 제거하면 순간적으로 원래의 형태로 회복되는 성질

③ 취성 : 작은 변형만 나타나면 파괴되는 재료의 성질

④ 연성 : 외력에 의해 얇게 퍼지는 성질

43 목재의 강도에 관한 기술 중 옳지 않은 것은?

① 습윤 상태일 때가 건조 상태일 때보다 강도가 크다.

② 목재의 강도는 가력방향과 섬유 방향의 관계에 따라 현저한 차이가 있다.

③ 비중이 큰 목재는 가벼운 목재보다 강도가 크다.

④ 심재가 변재에 비하여 강도가 크다.

44 목재의 건조 방법에는 자연 건조법과 인공 건조법이 있는데 다음 중 자연 건조법에 해당하는 것은?

① 증기 건조법　　② 침수 건조법

③ 진공 건조법　　④ 고주파 건조법

45 바닥재를 플로어링 판으로 마감을 할 경우의 수종으로 부적합한 것은?

① 참나무　　　　② 너도밤나무

③ 단풍나무　　　④ 마디카

46 석재 중 얇은 판으로 떼어 내어 기와 대신 지붕재로 사용할 수 있는 것은?

① 점판암　　　　② 사암

③ 석회암　　　　④ 응회암

47 석영, 운모 등의 풍화물로 만들어진 도토를 원료로 1,100∼1,250℃ 정도 소성하면 백색 불투명한 바탕을 이루어 타일 제조에 많이 이용되는 점토 제품은?

① 토기　　　　　② 자기

③ 도기　　　　　④ 석기

48 테라코타는 주로 어떤 목적으로 건축물에 사용되는가?

① 장식재　　　　② 보온재

③ 방수재　　　　④ 방진재

49 수화열 발생이 적은 시멘트로서 원자로의 차폐용 콘크리트 제조에 가장 적합한 시멘트는?

① 중용열 포틀랜드 시멘트

② 조강 포틀랜드 시멘트

③ 보통 포틀랜드 시멘트

④ 알루미나 시멘트

50 시멘트 저장 시 유의해야 할 사항으로 옳지 않은 것은?

① 시멘트는 개구부와 가까운 곳에 쌓여 있는 것부터 사용해야 한다.

② 지상 30cm 이상 되는 마루 위에 적재해야 하며, 그 창고는 방습 설비가 완전해야 한다.

③ 3개월 이상 저장한 시멘트 또는 습기를 머금은 것으로 생각되는 시멘트는 사용전 반드시 재시험을 실시해야 한다.

④ 포대에 들어 있는 시멘트는 13포대 이상 쌓으면 안 되며, 특히 장기간 저장할 경우에는 7포대 이상 쌓지 않는다.

51 콘크리트 배합 설계의 기준이 되는 골재의 함수 상태는?

① 절건 상태

② 기건 상태

③ 표면 건조 내부 포수 상태

④ 습윤 상태

52 다음 중 콘크리트가 구비해야 할 조건은?

① 골재의 분리가 있을 것

② 적당한 워커빌리티를 가질 것

③ 내구성이 적을 것

④ 수밀성이 적을 것

53 프리스트레스트 콘크리트(prestressed concrete) 구조의 특징으로 옳지 않은 것은?

① 간사이를 길게 할 수 있어서 넓은 공간을 설계할 수 있다.

② 부재 단면의 크기를 작게 할 수 있으며 진동이 없다.

③ 공기를 단축할 수 있고 시공 과정을 기계화할 수 있다.

④ 고강도 재료를 사용하므로 강도와 내구성이 큰 구조물을 만들 수 있다.

54 알루미늄의 특성에 대한 설명으로 옳지 않은 것은?

① 전기나 열전도율이 높다.

② 압연, 인발 등의 가공성이 나쁘다.

③ 가벼운 정도에 비하면 강도가 크다.

④ 해수, 산, 알칼리에 약하다.

55 다음 중 여닫이문에 사용되지 않는 창호용 철물은?

① 도어 체크   ② 플로어 힌지

③ 자유 경첩   ④ 레일

56 자외선의 화학 작용을 방지할 목적으로 의류품의 진열창, 식품이나 약품의 창고 등에 사용되는 유리는?

① 자외선 차단 유리

② 열선 흡수 유리

③ 열선 반사 유리

④ 자외선 투과 유리

57 다음 중 바닥 마감재인 비닐 타일에 대한 설명으로 옳지 않은 것은?

① 석면, 안료 등을 혼합·가열하고 시트형으로 만들어 절단한 판이다.
② 착색이 자유롭다.
③ 내마멸성, 내화학성이 우수하다.
④ 아스팔트 타일보다 가열 변형의 정도가 크다.

58 유지 및 수지 등의 충전제를 혼합하여 만든 것으로 창유리를 끼우거나 도장 바탕을 고르는 데 사용하는 것은?

① 형광 도료   ② 에나멜 페인트
③ 퍼티   ④ 래커

59 미장 재료에 여물을 첨가하는 이유로 가장 적절한 것은?

① 방수 효과를 높이기 위해
② 균열을 방지하기 위해
③ 착색을 위해
④ 수화 반응을 촉진하기 위해

60 다음 중 재료와 그 사용 용도의 연결이 옳지 않은 것은?

① 테라초 – 벽, 바닥의 수장재
② 트래버틴 – 내벽 등의 수장재
③ 타일 – 내외벽, 바닥의 수장재
④ 테라코타 – 흡음재

01 다음 설명에 알맞은 공간의 조직 형식은?

> 동일한 형이나 공간의 연속으로 이루어진 구조적 형식으로서 격자형이라고도 불리며 형과 공간뿐만 아니라 경우에 따라서는 크기, 위치, 방위도 동일하다.

① 직선식
② 방사식
③ 그물망식
④ 중앙 집중식

02 다음 중 건축물의 수장 부분에 속하지 않는 것은?

① 벽
② 바닥
③ 천장
④ 홈통

03 형태를 구성하는 요소에 대한 설명 중 옳은 것은?

① 공간에 하나의 점을 둘 경우 관찰자의 시선을 집중시킨다.
② 고딕 건물의 고결하고 종교적인 표정은 수평선이 주는 감정 표현이다.
③ 공간에 크기가 같은 두 개의 점이 있을 때 주의력은 하나의 점에만 작용한다.
④ 곡선은 약동감, 생동감 넘치는 에너지와 운동감, 속도감을 주며, 사선은 우아함, 여성적인 느낌을 준다.

04 콘크리트용 골재의 보관 및 취급에 대한 설명이다. 옳지 않은 것은?

① 잔골재 및 굵은골재에 있어 종류와 입도가 다른 골재는 각각 구분하여 따로 저장한다.
② 골재의 저장 및 취급에 있어서는 대소의 알이 분리하지 않고 먼지, 유해물 등이 혼합되지 않도록 하여야 한다.
③ 햇빛이 잘 드는 곳에 설치하여 골재를 건조하여야 한다.
④ 겨울에 동결된 골재나 빙설이 혼입되어 있는 골재를 그대로 사용하지 않도록 적절한 방지대책을 수립하고 골재를 저장한다.

05 실내의 결로 방지 방법 중 가장 효과가 적은 것은?

① 실내를 자주 환기시킨다.
② 건물 내부 공간의 표면 온도를 올리고, 실내 기온을 노점 이상으로 유지시킨다.
③ 실내의 수증기 발생을 억제한다.
④ 실내 벽면을 방수재료로 마무리한다.

06 일반 주택의 동선 계획에 대한 설명 중 옳지 않은 것은?

① 개인, 사회, 가사 노동권의 3개 동선이 서로 분리되어 간섭이 없어야 한다.
② 가사 노동의 동선은 되도록 북쪽에 오도록 하고, 길게 한다.
③ 동선에는 공간이 필요하고 가구를 두지 않는다.
④ 주택의 내부 동선은 외부 조건과 배실 설계에 따른 출입 형태에 의해 1차적으로 결정된다.

07 주택의 침실에 대한 설명으로 옳지 않은 것은?

① 침실의 위치는 소음원이 있는 쪽은 피하고, 정원 등의 공지에 면하도록 하는 것이 좋다.

② 어린이 침실은 주간에는 공부를 할 수 있고 놀이 공간을 겸하는 것이 좋다.

③ 침실의 크기는 사용 인원 수, 침구의 종류, 가구의 종류, 통로 등의 사항에 결정된다.

④ 방위상 직사광선이 없는 북쪽이 이상적이다.

08 홀(hall)형 아파트에 관한 설명 중 옳지 않은 것은?

① 통행부의 면적이 작으므로 건물의 이용도가 높다.

② 프라이버시가 양호하다.

③ 집중형에 비해 대지의 이용도가 높다.

④ 홀에서 직접 각 주거 단위로 연결된다.

09 다음 소화설비 중 피난구조 설비에 속하지 않는 것은?

① 완강기   ② 무선통신보조설비

③ 구조대   ④ 피난사다리

10 다음 중 건축재료의 사용목적에 의한 분류로 옳지 않은 것은?

① 구조재료   ② 천연재료

③ 차단재료   ④ 마감재료

11 다음의 통기 방식 중 가장 이상적인 통기 방식은?

① 각개 통기 방식   ② 도피 통기 방식

③ 회로 통기 방식   ④ 습윤 통기 방식

12 공기 조화 방식의 열반송 매체에 의한 분류 중 전수 방식에 속하는 것은?

① 단일 덕트 방식   ② 이중 덕트 방식

③ 팬 코일 방식   ④ 멀티존 유닛 방식

13 다음과 같은 특징을 갖는 배선 공사는?

> • 열적 영향이나 기계적 외상을 받기 쉬운 곳이 아니면 금속 배관과 같이 광범위하게 사용 가능하다.
> • 관 자체가 절연체이므로 감전의 우려가 없다.

① 목재 몰드 공사   ② 금속 몰드 공사

③ 합성수지관 공사   ④ 가요 전선관 공사

14 건물 또는 옥외 화재를 소화하기 위하여 옥외에 설치하는 고정식 소화 설비로, 대규모의 화재 또는 이웃 건물로 연소 확대의 우려가 있을 때 소화하기 위해 설치하는 것은?

① 스프링클러 설비

② 연결 살수 설비

③ 옥내 소화전 설비

④ 옥외 소화전 설비

15 수송 설비인 컨베이어 벨트 중 수평용으로 사용되며 기물을 굴려 운반하는 것은?

① 버킷 컨베이어   ② 체인 컨베이어

③ 롤러 컨베이어   ④ 에이프런 컨베이어

16 건축 도면을 작성할 때 일반적으로 사용되는 길이의 단위는?

① cm   ② mm
③ m   ④ km

17 다음에서 설명하는 묘사 방법으로 옳은 것은?

- 선으로 공간을 한정시키고 명암으로 음영을 넣는 방법
- 평면은 같은 명암의 농도로 하여 그리고 곡면은 농도의 변화를 주어 묘사

① 단선에 의한 묘사 방법
② 명암 처리만으로의 방법
③ 여러 선에 의한 묘사 방법
④ 단선과 명암에 의한 묘사 방법

18 건물벽 직각 방향에서 건물의 겉모습을 그린 도면은?

① 평면도   ② 배치도
③ 입면도   ④ 단면도

19 도면 작도 시 유의 사항으로 옳지 않은 것은?

① 축척과 도면의 크기에 관계없이 글자의 크기는 같아야 한다.
② 용도에 따라서 선의 굵기를 구분하여 사용한다.
③ 숫자는 아라비아 숫자를 원칙으로 한다.
④ 글자체는 수직 또는 15° 경사의 고딕체로 쓰는 것을 원칙으로 한다.

20 철근 콘크리트 단순보의 중앙부 철근 배근에 가장 적합한 것은?

① ②
③ ④

21 다음 재해 방지 성능상의 분류 중 지진에 의한 피해를 방지할 수 있는 구조는?

① 방화 구조   ② 내화 구조
③ 방공 구조   ④ 내진 구조

22 흙막이 공법에서 터파기 주위의 토사가 무너지지 않도록 알맞은 각도를 두어 굴삭하는 방식은?

① 오픈컷 공법   ② 수평 버팀대식 공법
③ 아치형 공법   ④ 아일랜드 공법

23 일반적으로 한식 목조 주택에 사용되는 벽의 형식은?

① 심벽식   ② 평벽식
③ 옹벽식   ④ 판벽식

24 목재의 마구리를 감추면서 창문 등의 마무리에 이용되는 맞춤은?

① 연귀 맞춤   ② 장부 맞춤
③ 통맞춤   ④ 주먹장 맞춤

25 절충식 지붕틀에서 동자기둥이 받는 부재는?

① 중도리와 마룻대
② 서까래와 베개보
③ 대공과 지붕보
④ 깔도리와 처마도리

26 계단에 대한 설명 중 옳지 않은 것은?

① 느린 층계(shallow stair)일수록, 즉 계단의 경사도가 낮으면 낮을수록 편리하다.
② 디딤판이 계속될 때 중간에 단이 없이 넓게 되어 다리쉼과 돌림 등에 쓰이는 부분을 계단참이라 한다.
③ 철 계단은 경쾌한 구조로서 비교적 내구·내화적이고, 공장, 창고 등에 널리 쓰인다.
④ 목조 계단에서 계단의 디딤널의 양 옆에서 지지하는 경사진 재를 계단 옆판이라 하고, 중간에 보조 지지대로 대는 것을 계단멍에 라고 한다.

27 벽돌조 이중벽(공간벽)쌓기에서 연결재의 배치·거리 간격의 수직 거리는 최대 얼마 이하로 하는가?

① 40cm
② 50cm
③ 75cm
④ 90cm

28 조적식 구조에 대한 설명 중 옳지 않은 것은?

① 조적식 구조인 각 층의 벽은 편심 하중이 작용하도록 설계하여야 한다.
② 조적식 구조인 내력벽의 길이는 10m를 넘을 수 없다.
③ 조적식 구조인 내력벽으로 둘러싸인 부분의 바닥 면적은 80m²를 넘을 수 없다.
④ 조적식 구조인 내력벽의 두께는 바로 위층의 내력벽의 두께 이상이어야 한다.

29 석 구조에서 창문 등의 개구부 위에 걸쳐대어 상부에서 오는 하중을 받는 수평 부재는?

① 인방돌
② 창대돌
③ 문지방돌
④ 쌤돌

30 철근 콘크리트 구조 형식으로 가장 부적합한 것은?

① 트러스 구조
② 라멘 구조
③ 플랫 슬래브 구조
④ 벽식 구조

31 다음 중 철근 가공에서 표준 갈고리의 구부림 각도를 135°로 할 수 있는 것은?

① 기둥 주근
② 보 주근
③ 늑근
④ 슬래브 주근

32 철근 콘크리트 구조 기둥 주근의 이음 위치로 가장 알맞은 것은? (단, 바닥에서부터의 높이임)

① 0.5m 부근에서
② 1.0m 부근에서
③ 1.5m 부근에서
④ 2.0m 부근에서

33 직사각형 슬래브에서 단변 방향으로 배치하는 인장 철근의 명칭은?

① 늑근
② 온도 철근
③ 주근
④ 배력근

34 경첩으로 유지할 수 없는 무거운 자재여닫이 문에 사용되는 창호철물은?
① 래버터리힌지　　② 플로어힌지
③ 피벗힌지　　　　④ 도어체크

35 철골 구조의 접합에서 접합면에 생기는 마찰력으로 힘이 전달되는 것으로 마찰 접합이라고도 불리우는 것은?
① 리벳 접합　　　② 핀 접합
③ 고력 볼트 접합　④ 용접 접합

36 철골 구조에서 간 사이가 크고 옆면의 기둥 간격이 좁은 공장이나 체육관 같은 건축물에 유리한 기둥 단면 형태는?

37 도어 체크(door check)를 사용하는 문은?
① 접문　　　　　② 회전문
③ 여닫이문　　　④ 미서기문

38 다음 중 인방보를 써서 쌓은 아치는?
① 본 아치　　　　② 거친 아치
③ 막만든 아치　　④ 숨은 아치

39 케이블을 이용하는 구조물에 해당하지 않는 것은?
① 현수 구조　　　② 사장 구조
③ 트러스 구조　　④ 막 구조

40 다음 그림과 같이 지붕의 길이가 12m, 너비가 8m, 물매가 4.5인 지붕의 높이로 옳은 것은?

① 1.8m　　　　② 1.7m
③ 1.6m　　　　④ 1.5m

41 한국산업표준의 분류 중 토목·건축 부분의 분류 기호는?
① A　　　　　② D
③ F　　　　　④ P

42 다음 중 목재의 장점에 해당하는 것은?
① 내화성이 뛰어나다.
② 재질과 강도가 결 방향에 관계없이 일정하다.
③ 충격 및 진동을 잘 흡수한다.
④ 함수율에 따라 팽창과 수축이 작다.

43 목재의 강도에 관한 설명으로 틀린 것은?

① 섬유 포화점 이하의 상태에서는 건조하면 함수율이 낮아지고 강도가 커진다.

② 옹이는 강도를 감소시킨다.

③ 일반적으로 비중이 클수록 강도가 크다.

④ 섬유 포화점 이상의 상태에서는 함수율이 높을수록 강도가 작아진다.

44 다음 중 목재의 방부제로서 가장 부적절한 것은?

① 황산동 1% 수용액

② 염화아연 3% 수용액

③ 수성 페인트

④ 크레오소트 오일

45 목조 주택의 건축용 외장재로 많이 사용하는 목재로, 표면의 독특한 질감과 문양으로 인해 그 자체가 최종 마감재로 사용되는 경우도 있고, 직사각형 모양의 얇은 나무 조각을 서로 직각으로 겹쳐지게 배열하고 내수 수지로 압착 가공한 패널을 의미하는 것은?

① 코어합판　　② OSB

③ 집성 목재　　④ 코펜하겐 리브

46 다음 중 내화도가 가장 큰 석재는?

① 화강암　　② 대리석

③ 석회암　　④ 응회암

47 다음 중 가장 높은 온도에서 소성된 점토 제품은?

① 토기　　② 도기

③ 석기　　④ 자기

48 테라코타에 관한 기술 중 옳지 않은 것은?

① 장식용으로 사용되며 시멘트 제품이다.

② 대리석보다 풍화에 강하므로 외장에 적당하다.

③ 압축 강도는 800~900kg/cm^2 정도이다.

④ 단순한 제품은 기계로 압축, 성형, 압출 성형하여 만든다.

49 중용열 포틀랜드 시멘트에 대한 설명으로 옳은 것은?

① 초기 강도 증진을 위한 시멘트이다.

② 급속 공사, 동기 공사 등에 유리하다.

③ 발열량이 적고 경화가 느린 것이 특징이다.

④ 수화 속도가 빨라 한중 콘크리트 시공에 적합하다.

50 다음 시멘트, 콘크리트 제품 가운데 벽체를 구성하는 구조재로 사용할 수 있는 것은?

① 석면 시멘트판

② 목모 시멘트판

③ 펄라이트 시멘트판

④ 속빈 시멘트 블록

51 철근 콘크리트에 사용하는 모래는 염분 함유 한도를 얼마 이하로 하는가?

① 0.02%　　② 0.04%

③ 0.06%　　④ 0.08%

52 실험실이나 레미콘 생산 배합과 같이 정밀한 배합을 요구할 때 사용되는 콘크리트 배합 방법은?

① 절대 용적 배합

② 현장 계량 용적 배합

③ 표준 계량 용적 배합

④ 중량 배합

53 콘크리트 제조 공장에서 주문자가 요구하는 품질의 콘크리트를 소정의 시간에 원하는 수량을 현장까지 배달·공급하는 굳지 않은 콘크리트는?

① 프리팩트 콘크리트
② 수밀 콘크리트
③ AE 콘크리트
④ 레디믹스트 콘크리트

54 철판에 도금하여 양철판으로 쓰이며 음료수용 금속 재료의 방식 피복 재료로도 사용되는 금속은?

① 니켈　　　　② 아연
③ 주석　　　　④ 크롬

55 다음 그림이 나타내는 창호 철물은?

① 경첩　　　　② 도어 클로저
③ 코너 비드　　④ 도어스톱

56 단열 유리라고도 하며 철, 니켈, 크롬 등이 들어 있는 유리로서 담청색을 띠고 태양광선 중에 장파 부분을 흡수하는 유리는?

① 열선 흡수 유리
② 열선 반사 유리
③ 자외선 투과 유리
④ 자외선 차단 유리

57 바닥 재료를 타일로 마감할 때의 내용으로 옳지 않은 것은?

① 접착력을 높이기 위해 타일 뒷면에 요철을 만든다.
② 바닥 타일은 미끄럼 방지를 위해 유약을 사용하지 않는다.
③ 보통 클링커 타일은 외부 바닥용으로 사용한다.
④ 외장 타일은 내장 타일보다 강도가 약하고 흡수율이 높다.

58 다음 미장 바름 재료 중 수경성인 것은?

① 진흙
② 회반죽
③ 돌로마이트 플라스터
④ 경석고 플라스터

59 미장 재료에 대한 설명 중 옳은 것은?

① 회반죽에 석고를 약간 혼합하면 경화 속도, 강도가 감소하며 수축 균열이 증대된다.
② 미장 재료는 단일 재료로서 사용되는 경우보다 주로 복합 재료로서 사용된다.
③ 결합재에는 여물, 풀 등이 있으며 이것은 직접 고체화에 관계한다.
④ 시멘트 모르타르는 기경성 미장 재료로, 내구성 및 강도가 크다.

60 다음 재료와 용도를 옳게 짝지은 것은?

① 광명단 – 방음제
② 회반죽 – 방수제
③ 카세인 – 접착제
④ 아교 – 흡음제

01 다음은 건축법의 용어에 대한 설명이다. 옳지 않은 것은?

① 대수선이란 건축물의 기둥, 보, 장막벽, 주계단 등의 구조나 외부 형태를 수선·변경하거나 증설하는 것으로서 대통령령으로 정하는 것을 말한다.

② 건축이란 건축물을 신축·증축·개축·재축하거나 건축물을 이전하는 것을 말한다.

③ 거실이란 건축물 안에서 거주, 집무, 작업, 집회, 오락, 그 밖에 이와 유사한 목적을 위하여 사용되는 방을 말한다.

④ 리모델링이란 건축물의 노후화를 억제하거나 기능 향상 등을 위하여 대수선하거나 일부 증축하는 행위를 말한다.

02 건폐율을 산정하는 식으로 옳은 것은?

① $\dfrac{\text{연면적}}{\text{대지면적}} \times 100[\%]$

② $\dfrac{\text{건축면적}}{\text{대지면적}} \times 100[\%]$

③ $\dfrac{\text{대지면적}}{\text{연면적}} \times 100[\%]$

④ $\dfrac{\text{대지면적}}{\text{건축면적}} \times 100[\%]$

03 건축법상 승용승강기를 설치하여야 하는 대상 건축물의 기준으로 적합한 것은?

① 5층 이상으로서 연면적이 2,000m² 이상인 건축물

② 5층 이상으로서 연면적이 3,000m² 이상인 건축물

③ 6층 이상으로서 연면적이 2,000m² 이상인 건축물

④ 6층 이상으로서 연면적이 3,000m² 이상인 건축물

04 큰 크기의 배경색을 보고 작은 크기의 배경색을 적용하거나, 작은 크기의 배경색을 보고 큰 크기의 배경색을 적용할 경우 나타나는 현상으로 옳은 것은?

① 보색대비　　　② 면적대비
③ 동시대비　　　④ 한난대비

05 질감(texture)을 선택할 때 고려하여야 할 사항과 가장 거리가 먼 것은?

① 촉감　　　　　② 색조
③ 스케일　　　　④ 빛의 반사와 흡수

06 실내외의 압력차이를 조정할 수 있고, 급기와 배기를 모두 기계장치, 즉 급기팬과 배기팬을 사용하는 환기방식은?

① 중력환기　　　② 제1종 환기
③ 제2종 환기　　④ 제3종 환기

07 건축물의 에너지 절약을 위한 계획내용으로 옳지 않은 것은?

① 건축물의 체적에 대한 외피면적의 비 또는 연면적에 대한 외피면적의 비는 가능한 작게 한다.

② 거실의 층고 및 반자높이는 실의 용도와 기능에 지장을 주지 않는 범위 내에서 가능한 높게 한다.

③ 공동주택은 인동간격을 넓게 하여 저층부의 일사수열량을 증대시킨다.

④ 건축물은 대지의 향, 일조 및 주풍향 등을 고려하여 배치하며, 남향 또는 남동향 배치를 한다.

08 한식 주택의 특징 중 옳지 않은 것은?

① 가구는 주요한 내용물이다.

② 다목적용 좌식생활이다.

③ 공간의 융통성이 높다.

④ 평면은 조합평면으로 은폐적이고 실의 조합으로 이루어진다.

09 주택의 생활공간을 개인공간, 공동공간 및 그 밖의 공간으로 구분한다. 공동공간에 해당하지 않는 것은?

① 거실　　　　　　② 다용도실

③ 식당　　　　　　④ 응접실

10 주택에 있어서 식당의 배치유형 중 중소형 아파트나 소규모 주택에 적합한 형식으로 거실, 식사실, 부엌을 한 공간에 두는 형식은?

① 리빙 키친

② 리빙 다이닝

③ 다이닝 키친

④ 다이닝 포치

11 부엌가구의 배치유형 중 동선의 길이가 가장 짧아 작업의 효율을 높이는 형태로 옳은 것은?

① 일자형　　　　　② ㄱ자형

③ ㄷ자형　　　　　④ 병렬형

12 다음 그림과 같은 세면기의 설치치수(A×B)로 가장 적당한 것은?

① (500~600)×750mm

② (500~600)×650mm

③ (600~700)×750mm

④ (600~700)×650mm

13 아파트의 평면형식에 의한 분류 중 집중형에 대한 설명으로 옳지 않은 것은?

① 채광과 통풍이 불리하다.

② 프라이버시 보장면에서 가장 우수한 형식이다.

③ 대지의 이용률이 높다.

④ 엘리베이터나 계단실을 건물의 중앙에 두고 많은 주호들을 집중배치하는 형식이다.

14 주택의 평면계획에 있어서 인접이 가능한 실의 연결로 부적합한 것은?

① 부엌 – 식사실　　② 화장실 – 침실

③ 화장실 – 식당　　④ 부엌 – 거실

15 배수설비에 있어서 트랩의 봉수파괴원인에 속하지 않는 것은?

① 자정작용　　　　② 자기사이펀작용

③ 모세관작용　　　④ 분출작용

16 복사난방에 대한 설명으로 옳지 않은 것은?

① 실내의 수직온도분포가 균일하고 실내가 쾌적하다.

② 천장고가 높은 곳에서 난방감을 얻을 수 있다.

③ 코일이 매립되어 있으므로 유지 및 보수가 용이하다.

④ 열용량이 작아 방열량 조절이 어렵다.

17 다음 중 자연환기에 대한 설명으로 옳지 않은 것은?

① 자연환기의 종류에는 풍력환기와 중력환기가 있다.

② 온도차에 의한 자연환기는 중력환기라고 하고, 바람에 의한 자연환기는 풍력환기이다.

③ 송풍기와 배풍기를 이용하여 강제적으로 환기하는 방식이다.

④ 개구부의 설치에 있어서 풍향에 수직으로 계획하면 환기량이 증대된다.

18 건축물의 옥내 또는 구내 전용의 통화 연락을 목적으로 설치하는 것은?

① 구내교환설비 　② 방송설비

③ 표시설비 　　　④ 인터폰설비

19 엘리베이터 배치 시 고려하여야 할 사항으로 옳지 않은 것은?

① 엘리베이터의 대면배치 시 6대 이하로 한다.

② 엘리베이터의 대면배치 시 대면거리는 10m 이상으로 한다.

③ 엘리베이터는 교통동선의 중심에 배치하여 보행거리가 짧도록 배치한다.

④ 엘리베이터의 직선배치는 4대를 한도로 한다.

20 다음은 스프링클러설비에 대한 설명이다. 부적합한 것은?

① 고층 건축물이나 지하층의 소화에 적합한 소화설비이다.

② 초기 화재 시 소화율이 매우 높다.

③ 소화기능은 있으나, 경보기능은 없다.

④ 화재로 인한 열에 의해 스프링클러헤드의 용해전을 녹여 자동적으로 개구되어 방수하는 방식이다.

21 다음 중 제도용지의 A2 규격과 철하지 않는 경우의 테두리선의 간격으로 옳게 짝지은 것은?

① A2 규격 : 420mm×594mm, 테두리선의 간격 : 10mm

② A2 규격 : 420mm×594mm, 테두리선의 간격 : 15mm

③ A2 규격 : 297mm×420mm, 테두리선의 간격 : 15mm

④ A2 규격 : 297mm×420mm, 테두리선의 간격 : 10mm

22 다음은 한국산업규격에 대한 설명이다. 틀린 것은?

① 제품규격면에서 제품의 형상·치수·품질 등을 규정한 것

② 한국산업규격은 기본부문(A)부터 정보산업부문(X)까지 14개 부문으로 구성된다.

③ 전달규격면에서 용어·기술·단위·수열 등을 규정한 것

④ 방법규격면에서 시험·분석·검사 및 측정방법, 작업표준 등을 규정한 것

23 평면도 및 배치도 등의 설계도면의 위방향의 방위로 옳은 것은?

① 동쪽 　　　　② 서쪽

③ 남쪽 　　　　④ 북쪽

24 다음 세 가지의 선과 관계가 없는 선은?

① 일점쇄선   ② 실선

③ 이점쇄선   ④ 파선

25 건축도면 중 사람이나 차 또는 화물 등의 흐름을 도식화하여 기능도와 조직도를 바탕으로 관찰하고 동선의 원칙에 따르도록 하는 도면의 명칭은?

① 설비도   ② 전개도

③ 구상도   ④ 동선도

26 다음은 구조양식과 시공방식을 연결한 것 중 옳지 않은 것은?

① 벽돌 구조 – 습식 구조

② 철근 콘크리트 구조 – 건식 구조

③ 블록 구조 – 습식 구조

④ 목구조 – 건식 구조

27 흙막이공사 시 흙막이 뒷부분의 흙이 미끄러져 내부로 밀려들어오는 현상을 의미하는 것은?

① 보일링   ② 히빙

③ 파이핑   ④ 언더피닝

28 목조벽체에 대한 설명 중 옳지 않은 것은?

① 평벽식 구조는 양식 구조에 많이 사용된다.

② 한식 구조에는 심벽식이 많이 사용된다.

③ 심벽식 구조는 기둥이 노출되나, 평벽식 구조는 기둥이 노출되지 않는다.

④ 평벽식 구조에는 주로 펠대를 사용한다.

29 다음 절충식 지붕틀에 대한 설명 중 옳지 않은 것은?

① 절충식 구조는 한식 구조와 유사하다.

② 수직부재를 통하여 지붕의 하중이 지붕보에 전달된다.

③ 지붕틀 작업이 복잡하고 간사이가 큰 대규모 건축물에 적합하다.

④ 지붕보는 휨이 발생하므로 구조적으로 매우 불리한 구조이다.

30 다음은 왕대공 지붕틀에 대한 설명이다. 옳지 않은 것은?

① 중도리는 서까래를 받기 위해 설치하고, 지붕의 하중을 지붕틀에 전달하며, ㅅ자보 위에 걸쳐댄다.

② 중도리의 위치가 ㅅ자보의 절점에 있으면 단순히 압축재이나, 절점 사이에 있으면 휨이 작용한다.

③ 대공가새는 대공 상호 간의 연결을 위하여 V자형 또는 X자형으로 가새를 댄다.

④ 인장부재인 빗대공의 설치는 경사를 완만하게 할수록 좋다.

31 벽을 따라 연속적인 기초로서 조적식 구조에 많이 사용되는 기초로 옳은 것은?

① 독립기초   ② 복합기초

③ 온통기초   ④ 줄기초

32 표준형 벽돌을 사용하여 1.5B 벽돌벽을 쌓을 경우 벽의 두께로 옳은 것은?

① 190mm   ② 290mm

③ 390mm   ④ 490mm

33 다음은 조적조의 벽체에 대한 설명이다. 적합하지 않은 것은?

① 내력벽은 건축물의 상부하중과 벽체에 작용하는 하중을 받는 벽이다.

② 비내력벽은 벽체 자체 하중만을 견디는 벽으로 칸막이역할을 하는 벽이다.

③ 부축벽은 내력벽 사이의 시야를 막는 벽이다.

④ 대린벽은 서로 직각으로 만나는 벽이다.

34 철근콘크리트구조의 독립기초 설계 시 수직압력만 작용하도록 하기 위한 가장 효과적인 방법으로 옳은 것은?

① 기초판의 크기를 증대시킨다.

② 기초 상부의 주각을 연결하는 지중보의 크기를 증대시킨다.

③ 기초판의 두께를 증대시킨다.

④ 기초 상부의 기둥의 크기를 증대시킨다.

35 철근 콘크리트 구조에 있어서 다음과 같은 역할을 하는 철근으로 옳은 것은?

> 철근 콘크리트 기둥에 있어서 주근의 위치를 고정하고 주근의 좌굴을 방지하며, 수평하중에 의해 발생하는 전단력에 대한 보강과 아울러 콘크리트가 수평방향으로 터져 나가는 것을 방지하는 철근이다.

① 주근

② 늑근

③ 띠철근

④ 수축·온도철근

36 철근 콘크리트 구조의 거푸집의 구비조건으로 옳지 않은 것은?

① 거푸집의 간격을 유지하기 위한 부속재료로 간격재(separater)를 사용한다.

② 거푸집의 조립 및 해체가 용이하고 면의 평활도를 위해 사용횟수를 1회로 제한한다.

③ 형상 및 치수의 정밀도가 높고 변형이 없어야 한다.

④ 외력에 의한 손상이 없도록 내구성 및 강도가 있어야 한다.

37 철근 콘크리트 단순보의 철근 배근에 대한 설명 중 틀린 것은?

① 주근은 인장력에 저항하는 재축 방향의 철근을 말한다.

② 인장 측과 압축 측에 철근을 배근한 보를 복근보라고 한다.

③ 전단력에 저항하기 위하여 보의 주근을 감싸고 있는 철근을 늑근이라고 한다.

④ 늑근의 배근은 보의 단부보다 중앙부에 촘촘하게 배치하여야 한다.

38 철골보 중 형강보에 있어서 상부와 하부의 날개 모양으로 된 부분의 명칭으로 옳은 것은?

① 윙플레이트

② 플레이트

③ 플랜지

④ 웨브

39 구조물의 주요 부분을 케이블로 매달아서 인장력으로 저항하는 구조는?

① 현수 구조

② 라멘 구조

③ 벽식 구조

④ 플랫 슬래브 구조

40 다음 구조 중 막 구조에 속하지 않는 것은?

① 골조 막 구조

② 공기 막 구조

③ 스페이스 막 구조

④ 현수 막 구조

41 다음 중 바닥재료에 요구되는 성질에 속하지 않는 것은?

① 탄력성이 있고 충격을 흡수할 수 있어야 한다.

② 미끄럼이 적어야 하고, 청소가 용이하여야 한다.

③ 내구, 내화성이 커야 한다.

④ 기계적 성능, 감각적 성능과는 무관하다.

42 다음에서 설명하는 재료의 역학적 성질은?

> 재료가 외력을 받아 파괴될 때까지의 에너지 흡수 능력이 큰 성질로서 큰 외력을 받아 변형을 나타내면서도 파괴되지 않고 견딜 수 있는 성질이다.

① 강성   ② 인성

③ 연성   ④ 경도

43 다음 사항 중 건축물의 내구성과 가장 관계가 없는 것은?

① 내후성   ② 내식성

③ 가공성   ④ 내마모성

44 목재의 세포 중 활엽수에만 있고 줄기방향으로 배치되어 양분과 수분의 통로가 되며, 나무의 종류를 구분하는 데 표준이 되는 세포로 옳은 것은?

① 나무섬유세포

② 수선세포

③ 수지관

④ 도관세포

45 목재가 통상 대기의 온도, 습도와 평형된 수분을 함유한 상태를 의미하는 것은?

① 기건 비중

② 전건 비중

③ 겉보기 비중

④ 진비중

46 다음 목재의 강도 중 강한 것부터 약한 것의 순으로 나열한 것으로 옳은 것은?

① 인장강도 → 전단강도 → 압축강도 → 휨강도

② 인장강도 → 휨강도 → 전단강도 → 압축강도

③ 인장강도 → 압축강도 → 휨강도 → 전단강도

④ 인장강도 → 휨강도 → 압축강도 → 전단강도

47 다음 목재의 건조방법 중 인공건조방법에 속하는 것으로 옳은 것은?

① 촉진천연건조

② 천연건조

③ 태양열건조

④ 증기건조법

48 다음은 파티클보드의 특성을 설명한 것이다. 옳지 않은 것은?

① 목재섬유와 소편을 방향성 없이 열압, 성형, 제관한 것이다.

② 방향에 따른 강도의 차이가 매우 크다.

③ 방충·방부·방화성을 높일 수 있고, 가공성·흡음성과 열차단성이 크다.

④ 못, 나사못의 지보력이 목재와 거의 동일하다.

49 다음 건축재료 중 섬유제품으로 볼 수 없는 것은?

① 연질섬유판　　　② MDF

③ 목섬유　　　　　④ 암면

50 다음 석재 중 내화성이 가장 낮은 석재로 옳은 것은?

① 대리석　　　　　② 화강암

③ 석회암　　　　　④ 응회암

51 다음 점토의 성질에 대한 설명 중 옳지 않은 것은?

① 점토의 비중은 2.5~2.6 정도로 불순 점토일수록 작고, 알루미나분이 많을수록 크다.

② 점토의 입자가 작을수록 양질의 점토가 된다.

③ 점토제품의 색상은 장석, 운모 등이다.

④ 점토의 주성분은 함수규산알루미나이다.

52 테라코타에 관한 설명 중 옳지 않은 것은?

① 석재 조각물 대신에 사용되는 장식용 공동의 대형 점토제품이다.

② 일반 석재보다 무겁고, 1개의 크기는 제조 및 취급상 $1m^3$ 정도이다.

③ 건축물의 패러핏, 버팀벽, 주두, 난간벽, 창대, 돌림띠 등의 장식에 사용한다.

④ 단순한 제품의 경우 압축성형 및 압출성형 등의 방법을 사용하고, 복잡한 형태는 형틀에 점토를 부어넣어 만들 수 있다.

53 시멘트 중에서 수화열이 가장 크고, 물을 가한 후 재령 1일 내에 보통 포틀랜드 시멘트의 28일 압축강도(4주 강도)가 발현되므로 동기, 해수 및 긴급공사에 사용되는 시멘트는?

① 고로 시멘트

② 알루미나 시멘트

③ 팽창 시멘트

④ 플라이 애시 시멘트

54 골재의 함수 상태 중 골재의 내부는 수분으로 가득 채워져 있고, 표면은 건조한 상태를 무엇이라고 하는가?

① 습윤 상태

② 표면건조 내부포수(포화) 상태

③ 기건 상태

④ 절건 상태

55 다음 중 철근 콘크리트의 단위 용적 중량으로 옳은 것은?

① $2.0t/m^3$　　　② $2.1t/m^3$

③ $2.3t/m^3$　　　④ $2.4t/m^3$

56 레미콘을 현장에 반입하는 경우 시행되는 품질 시험항목에 속하지 않는 것은?

① 슬럼프시험　　② 압축강도시험
③ 탁도　　　　　④ 공기량시험

57 청동은 구리와 어떤 금속의 합금인가?

① 아연　　　　　② 주석
③ 니켈　　　　　④ 망간

58 다음 중 디딤판의 끝에 대어 오르내릴 때 미끄럼을 방지하는 철물로서 계단에 사용되는 것은?

① 코너 비드　　　② 듀벨
③ 논슬립　　　　④ 크레센트

59 유리의 종류 중 2장 또는 3장의 판유리를 일정한 간격으로 띄어 금속테로 기밀하게 테두리를 한 다음, 유리 사이의 내부를 진공으로 하거나 특수 기체를 넣은 유리는?

① 열선흡수유리
② 프리즘유리
③ 로이유리
④ 복층유리

60 돌로마이트 플라스터에 대한 설명으로 옳지 않은 것은?

① 수경성이므로 외벽 바름에 매우 적합하다.
② 소석회에 비해 점성이 높고 작업성이 좋다.
③ 경화 시 수축균열이 많이 발생한다.
④ 표면 경도가 회반죽보다 크다.

01 건축행위에 대한 설명 중 옳지 못한 것은?

① 신축이란 건축물이 없는 대지(기존 건축물이 철거되거나 멸실된 대지를 포함)에 새로 건축물을 축조하는 것(부속건축물만 있는 대지에 새로 주된 건축물을 축조하는 것을 포함하되 개축 또는 재축하는 것은 제외)을 말한다.

② 증축이란 기존 건축물이 있는 대지에서 건축물의 건축면적, 연면적, 층수 또는 높이를 늘리는 것을 말한다.

③ 개축이란 기존 건축물의 전부 또는 일부[내력벽·기둥·보·지붕틀(한옥의 경우에는 지붕틀의 범위에서 서까래는 제외) 중 셋 이상이 포함되는 경우를 말한다]를 철거하고 그 대지에 종전보다 증대된 규모의 범위에서 건축물을 다시 축조하는 것을 말한다.

④ 이전이란 건축물의 주요 구조부를 해체하지 아니하고 같은 대지의 다른 위치로 옮기는 것을 말한다.

02 다음 중 건축허가신청에 필요한 설계도서에 포함되지 않는 것은?

① 배치도
② 건축계획서
③ 실내마감도
④ 투시도

03 다음은 대수선에 대한 설명이다. 옳지 않은 것은?

① 방화벽 또는 방화구획을 위한 바닥 또는 벽을 증설 또는 해체하거나 수선 또는 변경하는 것

② 주계단·피난계단 또는 특별피난계단을 증설 또는 해체하거나 수선 또는 변경하는 것

③ 다가구주택의 가구 간 경계벽 또는 다세대주택의 세대 간 경계벽을 증설 또는 해체하거나 수선 또는 변경하는 것

④ 건축물의 외벽에 사용하는 마감재료를 증설 또는 해체하거나 벽면적 $20m^2$ 이상 수선 또는 변경하는 것

04 무채색이 섞이지 않은 색을 청색이라고 하는데, 동일 색상의 청색 중 채도가 가장 높은 색을 무엇이라고 하는가?

① 명청색
② 순색
③ 암청색
④ 탁색

05 다음 설명에 알맞은 형태의 종류는?

• 구체적 형태를 생략 또는 과장의 과정을 거쳐 재구성한 형태이다.
• 대부분의 경우 원래의 형태를 알아보기 어렵다.

① 자연형태
② 인위형태
③ 이념적 형태
④ 추상적 형태

06 다음 환기방식 중 급기구나 배기구를 이용하지 않는 것은?

① 중력환기 ② 제1종 환기
③ 제2종 환기 ④ 제3종 환기

07 직접조명방식에 대한 설명 중 옳지 않은 것은?

① 조명률이 높다.
② 실내의 균일한 조도분포를 얻기 용이하다.
③ 직사 눈부심이 일어나기 쉽다.
④ 일반적으로 설비비가 저렴하다.

08 한식 주택과 양식 주택을 비교한 것이다. 옳지 않은 것은?

① 한식 주택의 개구부는 크고, 양식 주택의 개구부는 작다.
② 양식 주택의 평면은 실의 기능적인 분화평면이다.
③ 한식 주택의 실은 단일용도이고, 양식 주택의 실은 혼용도이다.
④ 한식 주택의 가구는 부수적인 내용물이나, 양식 주택의 가구는 주요한 내용물이다.

09 주택의 생활공간을 개인공간, 공동공간 및 그 밖의 공간으로 구분한다. 서재에 해당되는 공간은?

① 개인공간
② 가사노동공간
③ 사회적 공간
④ 보건위생공간

10 주택의 평면배치 중 거실배치 시 고려할 사항으로 옳지 않은 것은?

① 일조 ② 동선
③ 주택의 규모 ④ 가구의 배치

11 부엌의 일부에 간단히 식탁을 꾸민 것 또는 부엌의 일부분에 식사실을 두는 형태인 다이닝키친의 가장 큰 장점은?

① 주부의 동선 단축과 노동력이 절감된다.
② 식침분리가 가능하다.
③ 식사분위기가 이상적으로 조성된다.
④ 접대 및 휴식의 장소로 유리하다.

12 다음 설명에 알맞은 부엌가구의 배치유형으로 옳은 것은?

> • 부엌가구의 배치가 간단한 평면형이나, 설비가구가 많은 경우에는 작업동선이 길어지는 단점이 있다.
> • 소규모 주택에 적합하다.

① 병렬형 ② 일자형
③ ㄱ자형 ④ ㄷ자형

13 공동주택의 평면형식 중 계단실형의 특성으로 옳지 않은 것은?

① 통행부의 면적이 작으므로 건물의 이용도가 높다.
② 양면에 개구부를 설치할 수 있으므로 채광 및 통풍이 유리하다.
③ 전용면적비를 높일 수 있다.
④ 프라이버시가 양호하지 않다.

14 공동주택의 단면형식 중 트리플렉스형에 관한 설명으로 옳지 않은 것은?

① 피난이 매우 용이하다.
② 엘리베이터의 정지층수를 적게 할 수 있다.
③ 거주성 및 프라이버시 보장에 유리하다.
④ 주택 내의 공간의 변화가 있다.

15 급수방식 중 고가수조방식에 대한 설명 중 옳지 않은 것은?

① 단수 시에도 일정량의 급수가 가능하다.
② 수질오염의 측면에서 가장 유리한 급수방식이다.
③ 일정한 수압을 유지할 수 있다.
④ 대규모의 급수설비에 적합한 방식이다.

16 증기난방에 대한 설명으로 옳지 않은 것은?

① 온수난방에 비해 쾌감도가 매우 좋다.
② 증발잠열을 이용하므로 열의 운반능력이 크다.
③ 예열 시간이 온수난방에 비해 짧다.
④ 배관의 관경 및 방열면적이 작아도 된다.

17 다음에서 설명하는 공기조화방식으로 옳은 것은?

> 건축물의 구조체(천장, 바닥, 벽체 등)에 파이프 코일을 설치하여 여름에는 냉수, 겨울에는 온수를 공급하여 냉·난방을 하고, 공기를 공기조화기로부터 덕트를 통해 공급하므로 실의 공기를 조화하는 방식이다.

① 단일덕트 방식
② 이중덕트 방식
③ 복사패널 덕트병용 방식
④ 팬코일 유닛 방식

18 다음 인터폰설비에 대한 설명 중 접속방식에 따른 분류에 속하지 않는 것은?

① 모자식
② 동시통화식
③ 상호식
④ 복합식

19 사무소 건축에 있어서 엘리베이터 계획 시 고려하여야 할 사항으로 옳지 않은 것은?

① 초고층, 대규모 건축물의 경우에는 서비스 그룹을 조닝하는 것을 검토한다.
② 군관리운전의 경우에는 동일 군 내의 서비스층은 동일하게 한다.
③ 승객의 층별 대기시간은 평균운전간격 이상이 되게 한다.
④ 엘리베이터의 수량 계산 시 대상건축물의 교통수요량에 적합해야 한다.

20 가스계량기와 전기점멸기의 이격거리로 옳은 것은?

① 15cm 이상
② 30cm 이상
③ 60cm 이상
④ 90cm 이상

21 한국산업표준(KS)의 건축제도 통칙에 규정된 척도로 옳지 않은 것은?

① 2/1
② 1/1
③ 1/200
④ 1/150

22 도면에 사용하는 일반 기호 중 반지름을 나타내는 것은?

① R
② D
③ H
④ V

23 다음 창호 표시 기호가 의미하는 것은?

① 알루미늄 합금창 2개
② 알루미늄 합금창 2번
③ 알루미늄 2중창
④ 알루미늄 합금문 2번

24 건축제도에 사용되는 선의 내용으로 옳지 않은 것은?

① 실선의 전선 : 단면선, 외형선 및 파단선으로 사용한다.
② 실선의 가는 선 : 치수선, 치수보조선, 지시선, 해칭선으로 사용한다.
③ 일점쇄선 : 물체의 보이지 않는 부분에 사용된다.
④ 이점쇄선 : 물체가 있는 가상 부분 또는 일점쇄선과 구분할 때 사용한다.

25 다음 그림과 같이 표현되는 투시도로 옳은 것은?

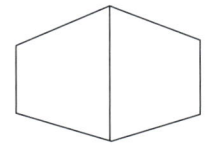

① 1소점 투시도　② 2소점 투시도
③ 3소점 투시도　④ 4소점 투시도

26 물을 사용하지 않고, 가구재를 끼워 맞추는 철골 구조와 같은 구조형식은?

① 건식 구조　② 습식 구조
③ 일체식 구조　④ 조립식 구조

27 기초 구조에서 부동침하를 줄일 수 있는 가장 효과적인 기초로 옳은 것은?

① 복합 기초　② 줄기초
③ 온통 기초　④ 독립 기초

28 왕대공 지붕틀에 있어서 왕대공과 평보의 맞춤 시 사용되는 ㄷ자 형태의 보강철물은?

① 감잡이쇠　② 꺾쇠
③ 안장쇠　④ 띠쇠

29 다음 중 절충식 지붕틀의 부재에 속하지 않는 것은?

① 대공　② 중도리
③ 달대공　④ 종보

30 다음은 목조 지붕틀 중 왕대공 지붕틀의 부재와 발생하는 응력과의 관계이다. 옳게 짝지은 것은?

① 왕대공 : 압축응력
② 빗대공 : 압축응력
③ 평보 : 압축응력과 휨모멘트
④ ㅅ자보 : 인장응력과 휨모멘트

31 다음과 같은 특성을 갖는 지붕틀의 명칭으로 옳은 것은?

> 지붕의 일부가 높이 솟아 오른 지붕 또는 중앙간의 지붕이 높고 좌우간의 지붕이 낮은 지붕이다. 채광과 통풍을 위하여 지붕의 일부분이 더 높게 솟아오른 작은 지붕으로 공장 등의 경사지붕에 쓰인다.

① 외쪽지붕　② 톱날지붕
③ 모임지붕　④ 솟을지붕

32 다음 마름질벽돌 중 크기가 가장 작은 벽돌의 명칭은?

① 이오토막
② 칠오토막
③ 반토막
④ 반절

33 보통 외관을 중요시하지 않는 곳에 사용하는 아치로서 보통 벽돌을 사용하고, 줄눈을 쐐기 모양으로 만들어 사용하는 아치로 옳은 것은?

① 거친 아치
② 층두리 아치
③ 숨은 아치
④ 막만든 아치

34 다음 벽에 대한 설명으로 옳지 않은 것은?

① 장막벽은 실내의 공간을 구분하는 벽이다.
② 부축벽은 장막(비내력)벽으로 프라이버시를 보장하기 위한 벽이다.
③ 내력벽은 건축물의 상부 하중을 받는 벽이다.
④ 대린벽은 서로 이웃하는 벽으로 직각을 이루고 있다.

35 다음에서 설명하는 철근의 종류로 옳은 것은?

- 전단력에 대한 보강, 주근의 위치를 고정 및 압축력에 의한 주근의 좌굴을 방지함과 동시에 인장력에 저항한다.
- 직경은 6mm 이상의 것을 사용한다.
- 간격은 주근 직경의 16배 이하, 띠철근 직경의 48배 이하, 기둥의 최소 치수 이하 중의 최솟값으로 한다.

① 늑근
② 수축·온도철근
③ 주근
④ 띠철근(대근)

36 철근 콘크리트 구조의 슬래브에 있어서 단변방향의 순간사이를 ℓx, 장변방향의 순간사이를 ℓy라고 하면 1방향 슬래브의 조건으로 옳은 것은?

① $\dfrac{\ell_y}{\ell_x} > 2$
② $\dfrac{\ell_y}{\ell_x} \leq 2$
③ $\dfrac{\ell_y}{\ell_x} > 1$
④ $\dfrac{\ell_y}{\ell_x} \leq 1$

37 등분포하중을 받는 다음 그림과 같은 지지상태의 철근 콘크리트 보의 배근으로 적당한 것은?

①
②
③
④

38 H형강이나 I형강 등을 그대로 사용하는 보로서 강재를 그대로 사용하므로 조립 및 가공절차가 단순한 보는?

① 래티스보
② 형강보
③ 트러스보
④ 판보

39 케이블에 인장력을 가한 후 이 케이블에 막을 씌워 지붕 구조에 주로 사용하는 구조는?

① 트러스 구조
② 현수 구조
③ 막 구조
④ 절판 구조

40 고층 건축물의 구조형식 중 건축물의 수평 저항을 강하게 해주는 허리띠 역할을 하여 고층 건축물이 바람이나 지진에 견딜 수 있게 하는 구조로 옳은 것은?

① 튜브 구조
② 스페이스 프레임 구조
③ 트러스 구조
④ 아웃리거 구조

41 다음 구조재료에 요구되는 성질 중 옳지 않은 것은?

① 재질이 균일하여야 한다.
② 강도, 내화 및 내구성이 큰 것이어야 한다.
③ 가볍고 큰 재료를 얻을 수 있으며 가공이 용이한 것이어야 한다.
④ 탄력성이 있고 마멸이나 미끄럼이 적으며 청소하기가 용이한 것이어야 한다.

42 다음에서 설명하는 재료의 역학적 성질은?

어떤 재료에 인장력을 가하였을 때 파괴되기 전에 큰 늘음상태를 나타내는 성질을 말한다.

① 전성
② 탄성
③ 연성
④ 인성

43 수직부재에 수직하중이 작용하는 과정에서 임계상태에서 기하학적으로 갑자기 변화하는 현상으로 옳은 것은?

① 응력
② 좌굴
③ 항복점
④ 취성

44 다음 재료 중 유기재료에 속하지 않는 것은?

① 철재
② 목재
③ 아스팔트
④ 플라스틱재

45 목재 중 구조용재는 함수율이 얼마 이하로 건조하여야 하는가?

① 5% 이하
② 8% 이하
③ 15% 이하
④ 20% 이하

46 다음은 목재의 공극률을 산정하는 공식으로 옳은 것은? (단, w : 절건 비중)

① $V=(1-\dfrac{w}{1.54})\times100(\%)$

② $V=(1+\dfrac{1.54}{w})\times100(\%)$

③ $V=(1+\dfrac{w}{1.54})\times100(\%)$

④ $V=(1-\dfrac{1.54}{w})\times100(\%)$

47 다음에서 설명하는 방부제로 옳은 것은?

• 흑갈색의 용액으로 방부력이 우수하고 내습성이 있으며 가격이 싸다. 특히 침투성이 좋아서 목재에 깊게 주입할 수 있다.
• 미관을 고려하지 않는 외부에 많이 사용하나 페인트를 그 위에 칠할 수 없고, 좋지 않은 냄새가 나므로 실내에서는 사용할 수 없다.

① 펜타클로로페놀
② 콜타르
③ 아스팔트
④ 크레오소트

48 다음 파티클보드의 특성 중 옳지 않은 것은?

① 방부·방화성을 높일 수 있고 가공성·흡음성과 열차단성도 좋다.

② 두께를 비교적 자유롭게 선택할 수 있고 강도가 크므로 구조용으로도 적합하다.

③ 응력에 따른 필요한 단면을 만들 수 있다.

④ 못, 나사못의 지보력은 목재와 거의 동일하다.

49 목질 섬유에 대한 설명 중 옳지 않은 것은?

① 연질 섬유판은 건물의 단열, 방음을 목적으로 성형한 제품이다.

② 중질 섬유판은 유공 흡음판, 수장용으로 사용하며, 비중은 0.4~0.8 정도이다.

③ 경질 섬유판은 강도가 비교적 크고, 2차 가공도 용이하다.

④ 유리 섬유판은 보온재, 흡음재로 사용하고, 1,000℃에서도 사용이 가능하다.

50 석재의 절리 이외에 작게 쪼개지기 쉬운 면을 석목이라고 하는데, 석재의 가공에 있어서 석목을 이용한다. 석목이 가장 분명한 암석은?

① 화강암　　　　② 대리석

③ 응회암　　　　④ 석회암

51 다음 중 대리석에 대한 설명으로 틀린 것은?

① 석회암이 변질된 것으로 주성분은 탄산석회이다.

② 포함된 성분에 따라 경도, 색채, 무늬 등이 매우 다양하다.

③ 아름답고 갈면 광택이 나므로 장식용 석재 중에서는 가장 고급재로 사용된다.

④ 열과 산에 매우 강하다.

52 벽돌의 품질 기준 중 1종 점토 벽돌의 흡수율로 옳은 것은?

① 10% 이하　　　② 13% 이하

③ 15% 이하　　　④ 18% 이하

53 장기강도에 비해 초기 강도가 높고, 공사기간과 양생기간을 단축할 수 있으며, 긴급 공사에 사용되는 시멘트로 옳은 것은?

① 고로 시멘트

② 백색 포틀랜드 시멘트

③ 중용열 포틀랜드 시멘트

④ 조강 포틀랜드 시멘트

54 다음 중 콘크리트의 굳지 않는 성질 중 컨시스턴시를 시험하는 방법은?

① 체가름시험　　② 슬럼프시험

③ 블리딩시험　　④ 블레인시험

55 콘크리트의 강도에 영향을 끼치는 것이 아닌 것은?

① 물·시멘트의 비

② 재료의 품질

③ 거푸집의 형상

④ 시공 방법

56 다음에서 설명하는 현상으로 옳은 것은?

화재 시 콘크리트가 급격한 고온에 의해 내부 수증기압이 발생하고, 이 수증기압이 콘크리트의 인장강도보다 크게 되면 콘크리트 부재 표면이 심한 폭음과 함께 박리 및 탈락하는 현상

① 좌굴 현상　　　② 폭렬 현상

③ 크리프 현상　　④ 컬럼 쇼트닝

57 형강의 규격이 400×350×6×10일 때 플랜지의 두께로 옳은 것은?

① 400   ② 350

③ 6   ④ 10

58 다음 철재제품 중 옥상의 빗물처리를 용이하게 하기 위하여 설치하는 것은?

① 논슬립   ② 메탈 라스

③ 펀칭 메탈   ④ 루프드레인

59 박강판에 마름모꼴 등의 구멍을 연속적으로 뚫어 만든 것으로 천장, 내벽 등의 회반죽 바탕의 균열을 방지하기 위한 목적으로 사용하는 금속 제품은?

① 코너 비드   ② 메탈 실링

③ 펀칭 메탈   ④ 메탈 라스

60 돌로마이트 플라스터에 대한 설명으로 잘못된 것은?

① 수축 균열이 발생하기 쉽다.

② 가소성이 매우 크므로 풀을 필요로 하지 않는다.

③ 수경성이므로 미장 바름에 매우 적합하다.

④ 알칼리성이 매우 강하므로 건조 직후 유성 페인트를 즉시 칠할 수 있다.

MEMO

MEMO

MEMO

Q PASS

전산응용
건축제도
기능사 필기

실전모의고사 24회

2026
최/신/판

전산응용
건축제도
기능사 필기

실전모의고사 24회

정하정 저

✓ **CBT 완벽 대비!** 2026 최신 출제 기준 반영
✓ **고빈도 문제 별도 표시**로 학습효과 극대화
✓ 기출문제 전면 분석한 **실전모의고사 24회**
✓ 최종 점검을 위한 **필수 핵심 용어집**

모바일
모의고사

다락원

전산응용건축제도기능사 필기

실전모의고사 24회

01	①	02	③	03	③	04	①	05	②	06	④	07	④	08	④	09	③	10	①
11	①	12	③	13	③	14	③	15	①	16	③	17	③	18	④	19	①	20	②
21	③	22	④	23	①	24	④	25	②	26	②	27	②	28	②	29	②	30	③
31	②	32	②	33	④	34	①	35	①	36	④	37	①	38	④	39	②	40	①
41	①	42	③	43	①	44	③	45	④	46	②	47	③	48	④	49	①	50	③
51	②	52	③	53	④	54	③	55	②	56	③	57	④	58	②	59	①	60	③

01 **건축 원리의 3대 요소**
건축 원리의 3대 요소는 구조, 기능, 미(형태)이고, **견실, 견고, 축조 및 논리에 대한 사항은 구조에 해당**된다.

02 건축 법규상 공동 주택 중 **아파트는 주택으로 쓰이는 층수가 5개층 이상인 주택을** 의미한다.

03 **건폐율**은 대지 면적에 대한 건축 면적의 비로 건폐율 $= \dfrac{\text{건축 면적}}{\text{대지 면적}} \times 100$이고, **용적률은 대지 면적에 대한 연면적의 비로**

용적율 $= \dfrac{\text{연면적}}{\text{대지 면적}} \times 100$이다. 그러므로, 건폐율 $= \dfrac{\text{건축 면적}}{\text{대지 면적}} = \dfrac{1,000}{2,000} \times 100 = 50\%$이다.

04 난색(빨강·주황·노랑)은 무겁게, 한색(청록·파랑·남색)은 가볍게 느껴진다. 즉, 색의 3요소 중 **명도는 무게감을 나타낸다.**

05 **블록조의 종류**

조적식 블록조	**조적식 블록조**는 블록을 단순히 모르타르를 사용하여 쌓아올린 것으로 상부에서 오는 힘을 직접 받아 기초에 전달하며 1, 2층 정도의 소규모 건축물에 적합하다.
블록장막벽	**블록장막벽**은 주체 구조체(철근 콘크리트조나 철골 구조 등)에 블록을 쌓아 벽을 만들거나 단순히 칸을 막는 정도로 쌓아 상부에서의 힘을 직접 받지 않는 벽으로 라멘 구조체의 벽에 많이 사용한다.
거푸집 블록조	**거푸집 블록조**는 ㄱ자형, ㄷ자형, T자형, ㅁ자형 등으로 살두께가 얇고 속이 없는 블록을 콘크리트의 거푸집으로 사용하고 블록 안에 철근을 배근하여 콘크리트를 부어넣어 벽체를 만든 것이다.

06 **잔향시간은 음원에서 소리가 끝난 후, 실내에 음의 에너지가 그 백만분의 일이 될 때까지의 시간** 또는 실내에 남은 음의 에너지가 60dB 감소하는 데 소요되는 시간을 말한다.

07 **사용 빈도가 높은 공간(화장실, 현관, 계단 등)은 동선을 짧게 처리**하는 것이 바람직하다.

08 **일자형**은 소규모 주택에 적합하고, **ㄱ자형**은 일자형보다 동선이 짧고, 중간과 소규모 부엌에 주로 사용한다. **병렬형**은 부엌의 가구가 마주 보도록 배치하는 형태이고, **ㄷ자형은 동선이 가장 짧으며, 면적이 넓은 부엌에 적합**하다.

09 공동 주택을 통로(평면)형식에 의해 분류하면 계단실형(홀형), 편복도형, 중복도형, 집중형 등이 있고, 단면(입체)형식에 의해 분류하면 **단층형, 복층형(메조넷형) 및 트리플렉스형** 등이 있다. **판상형은 공동 주택의 주동 형태의 일종**이다.

10 ②는 **강제 거푸집**, ③은 **논슬립(미끄럼막이)**, ④는 **인방**에 대한 설명이다.

11 COD 및 SS

COD (Chemical Oxygen Demand : 화학적 산소 요구량)	COD(Chemical Oxygen Demand : 화학적 산소 요구량)는 수질 오탁 지표로서 값이 적을수록 수질 오탁은 적다. 측정법은 배수의 종류에 따르지만, 분뇨 오수 관계의 시료는 20℃에서 과망간산 칼륨을 산화제로 하여 화학적으로 산화시킬 때 소비되는 산소 소비량을 측정하는 방법을 이용하며, 단위는 PPM으로 나타낸다.
SS(Suspended Solid : 부유 물질)	SS(Suspended Solid : 부유 물질)는 물 속에 존재하는 고형물을 말하며, 보통 PPM으로 나타낸다. 물의 오염 원인이 되는 것으로, 용해성 물질에 반대되는 물질이다.

12 **굵은 실선**은 단면선, 외형선, 파단선에 사용하고, **가는 실선**은 **치수선, 치수 보조선, 인출선, 지시선** 및 **해칭선에 사용**하며, **이점쇄선**은 **가상(상상)선**(물체가 있는 것으로 가상되는 부분)으로 사용한다.

13 **흡수식 냉동기**는 **재생기(발생기), 응축기, 증발기** 및 흡수기 등으로 구성되고, **압축식 냉동기**는 **압축기**, 응축기, 증발기 및 팽창 밸브 등으로 구성된다.

14 **키르히호프 제1법칙**은 도선망 중 임의의 분기점에 유입하는 전류와 유출하는 전류의 대수화는 영이다. **키르히호프 제2법칙**은 도선망 중 어느 폐회로에 대해서도 그 회로 중에 흐르는 전류와 그 회로의 저항값의 적의 대수화는 그 회로망 중에 포함되어 있는 모든 기전력의 대수화와 같다. **플레밍 왼손 법칙**은 자계가 전류에 미치는 작용, 즉 자계 중에 전류를 유입시킨 도체를 두었을 때, 도체가 받는 힘을 규정하는 법칙이다.

15 소화 설비의 종류
소화 설비의 종류에는 소화 기구, **옥내 소화전 설비, 스프링클러 설비, 물분무 등 소화 설비**, 강화액 소화 설비, 옥외 소화전 설비 등이 있고, **연결 살수 설비는 소화 활동 설비**에 속한다.

16 한국산업표준의 분류 기호

부문	기본	기계	전기	금속	광산	**토건**	일용품	식료품	섬유	요업	화학	의료	항공
기호	A	B	C	D	E	**F**	G	H	K	L	M	P	W

17 치수 기입 시 도면의 아래로부터 위로, 또는 왼쪽에서 오른쪽으로 읽을 수 있도록 치수선 위의 가운데(중앙)에 기입한다. **치수선의 양 끝 표시 방법인 화살 또는 점은 같은 도면에서 혼용하지 않는 것이 좋다.**

18 연필의 표시에서 H는 Hard, B는 Black의 약자이고, **H의 수가 클수록 굳고 흐리며**, B의 수가 클수록 연하고 진하다.

19 단면도를 그리는 순서는 지반선의 위치 결정 → 기둥의 중심선 → 기둥의 크기와 벽의 크기 → 창틀 및 문들의 위치 → 지붕 → 천정 → 치수 기입의 순으로 작도한다. 그러므로 작도의 순서는 가 → 나 → 다 → 라의 순이다.

20 건축 제도에 있어서 **물매의 표시 방법**에는 **지붕처럼 비교적 물매가 큰 경우에는 분모를 10으로 하는 분수로 표시**하고, 지면의 물매나 바닥 매수의 물매같이 작은 경우에는 분자를 1로 하는 분수로 표시한다.

21 **주체 재료에 의한 분류**에는 **목구조**, 벽돌 구조, 블록 구조, **돌구조, 철골(강) 구조**, 철근 콘크리트 구조, 철골 철근 콘크리트 구조 등이 속하고, **아치 구조는 구성 형식에 의한 분류**에 속한다.

22 나무 말뚝의 머리는 상수면 이하에 두어 부식을 방지한다. 현장타설 콘크리트 말뚝을 배치할 때 그 **중심 간격은 말뚝머리 지름의 2.0배 이상**으로 하며, **말뚝의 중심 최소 간격은 말뚝 머리 직경의 2.5배 이상**으로 한다. 나무 말뚝은 600mm, **기성 콘크리트 말뚝은 750mm**, 제자리 콘크리트 말뚝은 900mm 이상으로 하여야 한다.

23 **목재의 공극률**(목재에서 공기가 차지하는 비율)

목재의 공극률 $V = (1 - \dfrac{w}{1.54}) \times 100\% = (1 - \dfrac{0.9}{1.54}) \times 100 = 41.56 \fallingdotseq 42\%$

여기서, w : 절건 비중

24 **2층 마루의 종류**

구분	홑(장선)마루	보마루	짠마루
간사이	2.5m 이하	2.5m 이상 6.4m 이하	6.4m 이상
구성	보를 쓰지 않고 충도리와 칸막이 도리에 직접 장선을 약 50cm 사이로 걸쳐 대고, 그 위에 널을 깐 것	보를 걸어 장선을 받게 하고, 그 위에 마루널을 깐 것	큰 보 위에 작은 보를 걸고, 그 위에 장선을 대고 마루널을 깐 것

※ **또한, 1층 마루의 종류**에는 **납작마루**와 동바리마루 등이 있다.

25 **이음**은 두 부재를 재의 길이 방향으로 길게 접하는 것 또는 그 자리이고, **벽선**은 벽면의 인방과 중방에 세워대어 창문의 옆틀이 되는 부재 또는 벽 중간에 세운 문설주(문의 양쪽에 세워 문짝을 끼워 달게 된 기둥)이며, **쪽매**는 좁은 폭의 널을 옆으로 붙여 그 폭을 넓게 하는 것으로 마룻널이나 양판문의 제작에 사용한다.

26 **외쪽 지붕**은 지붕 전체가 한쪽으로만 물매진 지붕으로 지붕 모양별 종류의 하나이고, **솟을지붕**은 지붕의 일부가 높이 솟아오른 지붕 또는 중앙간의 지붕이 높고 좌우간의 지붕이 낮은 지붕이며, **꺾인지붕**은 지붕면이 도중에서 꺾여 두 물매로 된 지붕 또는 박공 지붕의 물매의 상하가 다른 지붕이다.

27 **계단실(홀)형**은 계단 또는 엘리베이터홀로부터 직접 주거단위로 들어가는 형식으로 프라이버시가 양호하다. **독립성(privacy)**이 좋고 출입이 매우 편리하며, 통행부 면적이 작아서 건물의 이용도가 높다. 특히 편복도형에 비하여 밀도가 낮아진다.

28 **벽돌벽 내쌓기**(마루나 방화벽을 설치하고자 할 때 벽돌을 벽에서 부분적으로 내어 쌓는 방식) 방식은 **1단씩 내쌓을 경우에는 B/8씩, 2단씩 내쌓을 경우에는 B/4씩**을 내밀어 쌓으며, **내미는 정도는 2.0B 정도**이다.

29 **창쌤용 블록**은 창문틀(선대) 주위에 사용하는 블록이고, 창문틀의 하부에 설치하여 물끊기홈이 설치되어 있는 블록은 **창대블록**에 대한 설명이다.

30 **석재의 가공 순서**

석재의 가공 순서는 혹두기(쇠메, 망치) → 정다듬(정) → 도드락다듬(도드락망치) → 잔다듬(양날 망치) → 물갈기(와이어 톱, 다이아몬드 톱, 그라인더 톱, 원반 톱, 플레이너, 그라인더 등)의 순이다.

31 **철근의 피복 두께를 확보하여야 하는 이유**는 콘크리트는 알칼리성이므로 **철근의 부식 방지, 내화, 내구 및 부착력의 확보**를 위함이고, **철근의 연성 감소와는 무관**하다.

32 **늑근의 간격**은 보의 전길이에 대하여 같은 간격으로 배치하나 보의 전단력은 일반적으로 양단에 갈수록 커지므로 양단부에서는 늑근의 간격을 좁히고, **중앙부로 갈수록 늑근의 간격을 넓혀(느슨하게) 배근**한다.

33 **띠철근의 간격**은 주근 직경의 16배 이하, 띠철근 직경의 48배 이하, 기둥의 최소 치수 이하 중에 **최솟값**으로 한다.(단, 띠철근은 기둥 상·하단으로부터 기둥의 최대 너비에 해당하는 부분에서는 앞에서 설명한 값의 1/2로 한다.)

34 철근 콘크리트 기둥의 **띠철근(대근)**은 풍하중과 지진 하중 등과 같은 수평 방향으로 작용하는 하중에 대한 **전단력 보강에 사용**되고, **주근의 위치를 고정**하며, **압축력에 의한 주근의 좌굴 방지**를 한다.

35 왕대공 지붕틀의 부재응력

부재	ㅅ자보	평보	왕대공, 달대공	빗대공
응력	**압축응력**, 중도리에 의한 휨 모멘트	**인장응력**, 천장하중에 의한 휨모멘트	**인장응력**	압축응력

※ 왕대공 지붕틀의 수직·수평부재(평보, 왕대공, 달대공)는 인장응력이 발생하고, 경사부재(빗대공, ㅅ자보 등)는 압축응력이 발생하며, ㅅ자보와 평보는 휨모멘트가 발생한다.

36 **초음파 탐상법**은 용접 부위에 초음파 투입과 동시에 모니터 화면에 용접 상태가 형상으로 나타난다. 결함의 종류, 위치 및 방위 등을 검출하는 **용접 검사 방법의 하나**로 넓은 면을 판단할 수 있고, 판독이 빠르고 쉬우며 경제적이나, 복잡한 형상의 검사가 불가능하다.

37 **모멘트**는 물체를 회전시키는 힘이고, **코어**는 건물 내의 공공 부분(화장실, 계단, 엘리베이터 등)이 한 곳에 집중되어 있는 부분이며, **전단 파괴**는 전단 응력 또는 전단 변형에 의해 발생하는 파괴이다.

38 **아코디언 도어(접이문, 접문)**는 포개어 겹쳐 접게 된 문 또는 몇 개의 문짝을 서로 정첩으로 연결 또는 문 위틀에 설치한 레일에 특수한 도르래(달바퀴)가 달린 철물로 달아 접어서 열고 펴서 닫는식의 문을 말한다. 특히 문골의 폭이 크더라도 사용할 수 있으며, 칸막이겸 2실을 1실로 크게 사용하는 경우에 사용한다. **실린더 자물쇠**는 자물쇠 장치를 실린더에 만든 것으로 기능이 좋은 가장 안전한 자물쇠로서 자물통 속에 있는 원통의 편심 위치에 원형의 마개와 같은 것을 장치하여 그 마개의 속에 열쇠 구멍을 만든 것이며, 나이트 래치와 같이 안쪽에서는 열쇠 없이 문을 열 수 있는 창호 철물로 **여닫이 문에 사용**한다.

39 안정된 아치[개구부 상부의 하중을 지지하기 위하여 돌이나 벽돌을 곡선(포물선)형으로 쌓아 올린 구조]는 추력(아치 구조의 지점을 수평 방향으로 이동시키려는 힘)에 적절히 저항하도록 하여야 한다. 추력에 저항하는 대책은 하부 구조의 설치, 교점에서의 추력 상쇄, 버트레스(횡력을 받는 벽을 지지하기 위하여 벽체의 전면에 설치하는 벽) 및 타이 바(아치에서 양쪽으로 벌어지려는 힘을 잡아주는 부재)를 설치하는 것 등이다.

40 **트러스 구조**는 **축방향력(인장력과 압축력)만으로 힘을 받는 직선재를 핀으로 결합하여 효율적으로 힘을 전달하는 구조 시스템**으로서 직선 부재가 서로 한 점에서 만나고 그 형태가 삼각형인 구조물이다.

41 **19세기 중엽**에는 **프랑스 모니에(Monnier)**에 의해 **철근 콘크리트의 이용법이 개발**되어 그 구조 이론이 진보되고 체계화되어 실용적으로 응용되었다. 19세기 말부터는 독일을 중심으로 하여 전 세계에 보급되었으며, 20세기에 들어와서는 건축 재료의 주축을 이루어 여러 가지의 건설 공사에 널리 이용되었다.

42 **탄성**은 물체에 외력이 작용되면 순간적으로 변형이 생기지만 외력을 제거하면 원래의 상태로 되돌아가는 성질이다. **소성**은 외력이 작용하면 변형하였다가 외력을 제거해도 원래의 상태로 돌아가지 못하는 성질 또는 재료에 사용하는 외력이 어느 한도에 도달하면 외력의 증가 없이 변형만 증대하는 성질이다.

43 **요소 수지 접착제**는 접착할 때 경화제로서 염화암모늄 10% 수용액을 수지에 대하여 10~20%(무게)를 가하면 상온에서 경화하고, 합성수지계 접착제 중에서는 가장 값이 싸고, 접착력이 우수하며, 상온에서 경화되어 합판, 집성 목재, 파티클 보드, 가구 등에 널리 쓰인다. **페놀 수지 접착제**는 페놀과 포르말린과의 반응에 의하여 얻어지는 다갈색의 액상, 분상, 필름상의 수지로서 가장 오래된 합성수지 접착제 중 목재의 접착제로서 접착력, 내열성, 내수성이 우수하나, 유리나 금속의 접착에는 부적당하다. **멜라민 수지 접착제**는 멜라민과 포르말린과의 반응에 의하여 얻어지는 투명, 흰색의 액상 접착제로서 내수성이 크고, 열에 대한 안전성이 크며, 착색될 염려가 없다. **금속, 고무 및 유리의 접착에는 부적합**하다.

44 목재의 공극률

목재의 공극률$(V) = (1 - \dfrac{w}{1.54}) \times 100[\%]$

여기서, w : 절대 건조 비중

1.54 : 목재를 구성하고 있는 섬유질의 비중

$\therefore V = (1 - \dfrac{w}{1.54}) \times 100\%$

$\quad = (1 - \dfrac{0.3}{1.54}) \times 100\% = 80.5\%$

45 목재의 방부제 중 **PCP(펜타클로르 페놀)**는 무색이고, 방부력이 가장 우수하며, 그 위에 페인트를 칠할 수 있다. 하지만, 크레오소트에 비하여 가격이 비싸며, **석유 등의 용제로 녹여서 사용해야** 한다.

46 화성암계에는 **심성암**(화강암, 섬록암, 반려암 등)과 **화산암**[안산암(휘석, 각섬, 운모, 석영), 현무암, 부석 등]이 있다.

47 점판암, 사문암, 안산암
- **점판암**은 이판암이 오랜 세월 동안 지열과 지압에 의하여 변성되어 층상으로 응고된 것이며, 회청색의 치밀한 판석으로 떼어 낼 수 있어, 얇은 판으로 만들 수 있다. 또 석질이 치밀하여 방수성이 있으므로 기와 대용, 지붕 및 바닥재로 사용이 가능하다.
- **사문암**은 흑록색의 치밀한 화강석인 감람석 중에 포함되어 있던 철분이 변질되어 흑록색 바탕에 적갈색의 무늬를 가진 것으로 물갈기를 하면 광택이 나므로 대리석의 대용으로 사용한다.
- **안산암**은 화성암 중 화산암에 속하는 석재로 화강암과 비슷한 치밀한 조직을 가진 석재로, 가공이 용이하여 조각을 필요로 하는 곳에 적합하다. 표면을 갈아도 광택이 나지 않으므로 잔다듬을 하여 사용하며, 특히, 내화성이 크다.

48 점토 제품의 **SK 번호는 소성 온도**를 나타내고, 소성 온도를 측정하는 데에는 광학 온도계, 방전 온도계, 열전쌍 온도계 등이 쓰이나 **제게르 추가 가장 많이 사용**되며, 600~2,000℃까지 온도를 측정할 수 있다.

49 점토의 화학 성분은 내화성, 소성 변형, 색채 등에 영향을 준다. **산화철**은 제품의 색깔과 관계가 있다. 즉, 산화철은 **적색**을 띠며, **석회**는 소성된 다음 물에 의해 팽창하므로 좋지 않은 영향을 주고, **황색**을 띤다.

50 ①은 **보통 포틀랜드 시멘트**이고, ②는 **중용열 포틀랜드 시멘트**이며, ④는 **내황산염 포틀랜드 시멘트**이다.

51 아스팔트는 방수성과 화학적 안정성이 크므로 방수 재료, 화학 공장의 내약품 재료, 그 밖의 녹막이 재료, 도로 포장 재료로 사용한다. **실링재**는 퍼티, 코킹, 실링재의 총칭으로 사용 시 페이스트 상태이나, 공기 중에서는 시간이 경과함에 따라 탄성이 풍부한 고무상 고상체이다. **글라스 울**은 환기 장치의 먼지 흡수용, 화학 공장의 산 여과용으로 사용한다.

52 콘크리트의 혼화재료(혼화재, 혼화제 등)는 콘크리트의 내부에 혼합되어 콘크리트의 성질을 향상(**초기 및 장기 강도의 증진**), 워커빌리티 및 펌퍼빌리티를 향상시키기 위함이다. **수화열의 증가와 알칼리골재 반응 형성은 콘크리트에 좋지 않은 결과를 초래하는 원인**이 된다.

53 콘크리트의 워커빌리티에 영향을 주는 요소에는 **단위 수량**, 단위 시멘트량, 시멘트의 성질, 모양, 배합 비율, **골재의 입도**, 혼화 재료의 종류와 양, 비비기 정도와 **비빔 시간**, 혼합 후의 시간, 온도 등에 따라 다르다. **콘크리트 강도와는 무관**하다.

54 콘크리트는 현대 건축에서는 **구조용 재료로 주로 사용**되고, 압축 강도가 크며 **내화성이 강하고, 타 재료에 비해 인장 강도가 작다.**

55 구리의 합금 중에서 **청동은 구리와 주석의 합금**이고, **황동(놋쇠)은 구리와 아연의 합금**이다. **포금은 구리, 주석, 납 및 아연**의 합금이다. **두랄루민은 알루미늄, 구리, 마그네슘 및 망간의 합금**이다.

56 보통 창유리의 강도는 **휨 강도를 의미**한다. 유리의 강도는 같은 두께의 반투명 유리는 투명 유리의 80%, 망입 유리는 90% 정도이다.

57 **프리즘 타일**은 입사 광선의 방향을 바꾸거나, 확산 또는 집중시킬 목적으로 프리즘의 원리를 이용하여 만든 일종의 유리 블록으로서 주로 **지하실 창이나 옥상의 채광용**으로 쓰인다.

58 도장 재료의 수지 중 **천연수지의 종류**에는 **송진, 셸락, 다마르** 등이 있고, **합성수지의 종류**에는 열경화성 합성수지계(페놀, 요소, 멜라민, 에폭시 및 폴리에스테르 수지 등)와 **열가소성 합성수지계**(아세트산 비닐, 염화 비닐, 아크릴, 규소 및 **니트로 셀룰로오스** 등) 등이 있다.

59 **미장 재료 중 수경성**(수화 작용에 충분한 물만 있으면 공기 중에서나 수중에서 굳어지는 성질)의 재료에는 시멘트계(시멘트 모르타르, 인조석, 테라초 현장 바름 등)와 석고계 플라스터(혼합 석고, 보드용 석고, 크림용 석고, 킨스 시멘트 등) 등이 있다.

60 **도장 재료**는 물체의 표면에 칠하여 부식을 방지하고 표면을 보호하며, 광택, 색채, 무늬 등을 이용하여 아름답게 하는 데 사용하는 재료이다. **미장 재료**는 석회, 석고 및 돌로마이트 플라스터 등을 건축물의 바닥, 내·외벽 및 천장 등에 적당한 두께로 발라 마무리하는 재료이다. **합성수지 재료**는 고분자 물질로 석탄, 석유, 유지, 녹말, 섬유소 및 고무 등의 원료를 인공적으로 합성시켜 만든 재료이다.

01	①	02	④	03	②	04	③	05	③	06	①	07	②	08	①	09	②	10	④
11	①	12	②	13	①	14	③	15	③	16	④	17	②	18	③	19	④	20	②
21	①	22	①	23	②	24	②	25	③	26	④	27	④	28	③	29	②	30	②
31	①	32	①	33	①	34	③	35	④	36	②	37	③	38	①	39	①	40	③
41	④	42	①	43	①	44	③	45	②	46	②	47	②	48	①	49	③	50	③
51	②	52	③	53	③	54	③	55	③	56	①	57	③	58	④	59	③	60	①

01 건축물이 이루어지는 과정(3단계)은 **기획 → 설계 → 시공**이다.

02 **재축**이란 **건축물이 천재지변이나 그 밖의 재해로 멸실된 경우, 그 대지에 종전과 동일한 규모의 범위에서 다시 축조하는 것**이고, **개축**이란 기존 건축물을 철거하여 종전과 동일한 규모의 범위 안에서 건축물을 축조하는 것이다.

03 **정수비례**는 어떤 양과 다른 양 사이에서 간단한 정수비(1 : 1, 1 : 2 : 3)이고, 수열에 의한 비례는 상가수열, 등차수열 및 등비수열에 의한 비이고, **수열에 의한 비례**는 등차 및 등비 수령에 의한 비례이며, **루트직사각형 비례**는 변의 길이의 비가 $1 : \sqrt{2} : \sqrt{3}$과 같이 두 제곱하여 정수비가 되는 비례이다.

04 **조도**는 광원에서 비춰진 어떤 면의 밝기이고, **휘도**는 발광체의 표면 밝기를 나타내는 단위, 또는 발광체나 빛을 받고 있는 물체를 어떤 방향에서 볼 때 그 방향에 수직한 단위 면적에 대한 광도이며, **채도**는 색의 선명하고 탁한 정도를 말한다.

05 기둥처럼 수직방향의 하중을 지지하는 벽을 **내력벽**이라고 하며, 하중을 지지하지 않고 공간구획만을 목적으로 설치된 벽을 **비내력벽(장막벽, 칸막이벽 등)**이라고 한다.

06 접착제 종류

페놀수지 접착제	• **페놀수지 접착제**는 페놀과 포르말린과의 반응에 의하여 얻어지는 다갈색의 액상, 분상, 필름상의 수지로서 가장 오래된 합성수지 접착제이다. • 목재의 접착제로서 접착력, 내열성, 내수성이 우수하나, 유리나 금속의 접착에는 부적당하다.
실리콘수지 접착제	• **실리콘수지 접착제는** 유기용제(알코올, 벤졸 등)로 60% 정도의 농도가 되게 녹여 사용하고, 200℃의 온도에서도 견뎌 내열성, 전기절연성, 내수성이 매우 우수하다. • 가죽제품 이외에는 모두 사용이 가능하다.
네오프렌 접착제	• **네오프렌 접착제**는 니트릴고무보다 성능이 우수하고 합성고무계 접착제로서 접착력이 가장 우수하다. • 초기의 접착력이 강하고 고무와 금속, 레저용품과 금속, 직물 등의 접착에 적당하다.

07 현관은 단지 출입을 위한 장소가 아니고, 주택의 외부와 내부를 연결하는 중요한 기능을 가지고, 주택의 평면이나 대지의 모양, 도로와의 관계에 따라서 결정되며, 특히 주택의 평면과는 깊은 연관을 갖고 있다. **현관의 바닥에서 거실 홀의 단높이**는 **90~210mm 정도**로 한다.

08 **부엌 설비의 배열 순서는 준비대 – 개수대 – 조리대 – 가열대 – 배선대** – 식당의 순이다.

09 ①, ③, ④는 복층(메조넷)형, ②는 플랫형에 대한 설명이고, 스킵 플로어형은 주거 단위의 단면을 단층형과 복층형에서 동일 층으로 하지 않고 반 층씩 엇나게 하는 형식이다.

10 입면도에 표시하여야 할 사항은 주요부의 높이(건물의 전체 높이, **처마높이** 등), 지붕의 경사 및 모양(**지붕물매**, 지붕이기재료 등), 창문의 형태, 벽 및 기타 마감재료 등이다.

11 수질 오염의 가능성(위생성)이 낮은 것부터 높은 것의 순으로 나열하면, 수도 직결 방식 → 탱크 없는 부스터 방식 → 압력 탱크 방식 → 고가 탱크 방식의 순이다.

12 합판은 3장 이상의 얇은 판(단판)을 각각의 섬유 방향이 다른 각도(90˚)로 교차되도록 홀수(3, 5, 7장 등)장을 겹쳐서 만든 목재 제품으로 방향에 따른 강도의 변화가 없다.

13 제1종 환기법(**병용식**)은 **송풍기와 배풍기를 사용한 환기법**이고, 제2종 환기법(압입식)은 송풍기와 개구부를 사용한 환기법이며, 제3종 환기법(흡출식)은 개구부와 배풍기를 사용한 환기법이다.

14 전압의 구분

구분	저압	고압	특고압
직류	**1.5kV 이하**	1.5kV 초과 7kV 이하	7kV 초과
교류	**1kV 이하**	1kV 초과 7kV 이하	

15 소방 시설 중 **경보 설비의 종류**에는 비상 경보 설비(비상벨 설비, 자동식 사이렌 설비), 단독 경보형 감지기, **누전 경보기, 비상 방송 설비, 자동 화재 탐지 설비** 및 시각 경보기, 자동 화재 속보 설비, 가스 누설 경보기, 통합 감시 시설 등이 있다. **무선 통신 보조 설비**는 소화 활동 설비이다.

16 자는 **수평선을 그리거나** 삼각자와 함께 사용하여 수직선, 사선을 그릴 때 사용한다. 선을 그을 때에는 **T자의 머리를 제도판의 가장자리에 밀착시켜** 움직이지 않도록 하며, **수평선은 왼쪽에서 오른쪽으로** 긋는다.

17 입면도는 건축물의 외관을 나타낸 직립 투상도로, 남쪽, 동쪽, 서쪽 및 북쪽 입면도 또는 정면도, 측면도 및 배면도 등으로 나누어 그린다. ②의 해설은 **단면도에 대한 설명**이다.

18 투시법에 쓰이는 용어 중에서 시선축(A.V : Axis of Vision)은 시점에서 화면에 수직으로 통하는 투사선이며, 시점(E.P : Eye Point)은 보는 사람의 눈의 위치이다.

19 단면도는 건축물을 수직으로 잘라 그 단명을 나타낸 것으로 기초, 지반, 바닥, 처마, 층 등의 높이와 지붕의 물매, 처마의 내민 길이 등을 나타내며, 단면 상세도는 건축물의 구조상 중요한 부분을 수직으로 자른 것으로 각 부의 높이, 부재의 크기, 접합 및 마감 등을 상세하게 그린다. 또한, **실명, 창호 기호 표시** 등은 **평면도**에 **등고선**은 **배치도**에 나타낼 내용이다.

20 토대, 깔도리 및 층도리는 수평재이고, **기둥은 수직재**이다.

21 철골 철근 콘크리트 구조는 철골 구조와 철근 콘크리트 구조의 합성 구조로 **연직(수직) 하중은 철골이 부담**하고, **수평 하중은 철골과 철근 콘크리트의 양자가 부담**하는 형식의 구조이다.

22 충격식 보링, 수세식 보링, 탄성파식 지하탐사

충격식 보링	**충격식 보링**은 보링대를 관 속에서 상하로 회전시켜 충격과 회전력으로 관 내의 토석을 뚫고 토사 채취 공구를 사용하여 꺼내어 보는 방식이다.
수세식 보링	**수세식 보링**은 지중에 외관을 쳐박고 그 속에 내관을 넣어 내관 끝에서 물을 내뿜게 하여 외관 밑의 토사를 씻어 올려 침전통에 침전시켜 지층의 형태를 알아보는 방식이다.
탄성파식 지하탐사	**탄성파식 지하탐사**는 낙하추나 화약폭발로 인공 지진동을 일으켜 진동 이론을 응용하여 굳은 층의 지하 구조 즉, 위치, 형상, 경도 등을 판단하는 방식이다.

23 **주택단지의 구성은 인보구**(15~40호, 100~200명, 0.5~2.5ha) → **근린분구**(400~500호, 2,000~2,500명, 15~25ha) → **근린주구**(1,600~2,000호, 8,000~10,000명, 100ha)이다.

24 **동바리마루**는 1층 마루의 일종으로 **장선, 멍에,** 동바리, **동바리돌** 등을 짜 맞추어 만든 마루이고, **짠마루**는 큰 보 위에 작은 보를 걸고, 그 위에 장선을 대고 마루널을 깐 마루이며, **납작마루**는 콘크리트 슬래브 위에 바로 **멍에**를 걸거나, **장선**을 대어 마루틀을 짜고, **마루널**을 깐 마루이다.

25 **목조 반자틀은 반자틀받이, 반자틀, 달대받이** 및 **달대로 구성**된다. **변재**는 목재의 양분을 함유한 수액을 보내어 수목을 자라게 하거나, 양분을 저장하는 세포이다.

26 **지붕의 형태는 건축물의 크기와 종류** 및 **용도**, 외관, 재료, **지역적 특성** 및 **기후** 등에 따라 결정된다. 건축물의 외적인 면에 큰 영향을 주기 때문에 그 모양과 색깔 등이 매우 중요하다.

27 **벽돌쌓기 시 주의사항은** 벽돌은 쌓기 전에 물을 충분히 축여서 사용하여야 하고, 특별한 경우를 제외하고는 막힌 줄눈으로 쌓는 것을 원칙으로 하며, **하루에 쌓은 높이는 1.2m(18켜)를** 표준으로 하고 **최대 1.5m(22켜) 이내**로 한다.

28 **개구부 바로 위에 있는 개구부와의 수직 거리는 60cm 이상**으로 하고, 각 벽의 개구부 폭의 합계는 그 벽길이의 1/2 이하로 한다. 폭 1.8m를 넘는 개구부의 상부에는 철근 콘크리트의 윗인방을 설치한다.

29 **보강 블록조에 있어서 기초보의 두께는** 벽체의 두께(블록의 두께)와 같게 하거나 다소 크게 하고, 그 높이는 처마 높이의 1/12 이상 또는 60cm 이상(**단층의 경우에는 45cm 이상**)으로 한다. 2층 건축물로서 처마 높이가 7m인 경우에는 60cm 이상, 3층 건축물로서 처마 높이가 11m인 경우에는 90cm 이상으로 한다.

30 **석재의 가공 순서는 혹두기**(쇠메, 망치) → **정다듬**(정) → **도드락다듬**(도드락망치) → **잔다듬(양날 망치)** → **물갈기**(와이어 톱, 다이아몬드 톱, 그라인더 톱, 원반 톱, 플레이너, 그라인더 등)의 순이다.

31 현장치기 콘크리트의 피복 두께는 ①은 **100mm 이상,** ②는 80mm 이상, ③은 40mm 이상 60mm 이하, ④는 20mm 이상 40mm 이하이다.

32 철근 콘크리트 보에서 **압축 철근(복근보)을 사용하는 이유는 늑근의 설치가 용이, 장기 처짐의 감소** 및 **연성 거동 증진** 등이며, **전단 내력의 증진은 늑근의 역할**이다.

33 철근 콘크리트 기둥의 **띠철근의 간격은 주근 직경의 16배 이하**(16×13=208mm 이하), **띠철근 직경의 48배 이하**(10×48= 480mm 이하), **기둥의 최소 치수 이하**(400mm 이하) 중의 최솟값으로 한다. 그러므로 208mm 이하 즉, 200mm이다.

34 **장선(리브드, 조이스트) 슬래브**는 등간격으로 분할된 장선과 슬래브가 일체로 된 슬래브로, 단부는 보 또는 벽체에, 슬래브는 장선에 의해 지지된다. **워플 슬래브**는 장선 슬래브의 장선을 직교시켜 구성한 우물 반자 형태로 된 2방향의 장선 슬래브이다.

35 철골 구조는 목 구조와 같이 **가구식 구조**(접합점을 용접하는 경우에는 일체식 구조로 간주함)이므로 **접합에 유의**하여야 하고, 용도로는 큰 간사이의 구조물(정거장, 대공장, 체육관 등)과 높은 탑(무전탑, 송전탑 등)에 쓰인다.

36 **언더 컷**은 용착 금속이 홈에 채워지지 않고 홈 가장자리가 남아 있는 용접 결함이고, **피트**는 용접 부분에 작은 구멍이 생기는 용접 결함이며, **피쉬 아이**는 수소의 영향으로 용착 금속 단면에 생기는 직경 2~3mm 정도의 은색 원점이 생기는 용접 결함이다.

37 **휨**은 수평으로 놓인 부재가 길이 방향에 수직으로 하중을 받으므로 생기는 현상이고, **인장**은 부재를 양쪽에서 잡아당기는 상태에서 일어나는 현상이다. **비틀림**은 다양한 상황으로부터 발생하는 구조재의 '꼬임 현상'으로 주로 하중의 편심 작용에 의해 발생한다.

38 입체트러스 구조는 모든 방향으로 이동이 구속되어 있어서 평면트러스보다 큰 하중을 지지할 수 있다. 입체트러스의 최소 유닛(unit)은 삼각형 또는 사각형이다. 또한 ②의 모든 절점은 축방향력(압축력과 인장력)에 견딜 수 있도록 **회전(핀)절점**으로 되어 있다. ③의 구조적인 결함이 적은 기하학적인 **입체의 형태를 이용**한다. ④의 **평면트러스보다 스팬이 큰 대형 스팬**(체육관, 공연장 등)의 지붕구조물에 사용된다.

39 셸 구조, 절판 구조, 케이블 구조

셸 구조	**셸 구조**는 곡률을 가진 얇은 판으로써 주변을 충분히 지지시키면, 면에 분포되는 하중을 인장과 압축과 같은 면내력으로 전달시키는 역학적 특성을 이용하여 만든 구조로, 가볍고 강성이 우수한 구조물이다.
절판 구조	**절판 구조**는 자중도 지지할 수 없는 얇은 판을 접으면 큰 강성을 발휘한다는 점을 착안하여 아코디언처럼 주름을 잡아지지 하중을 증가시키는 구조로서, 휨에 저항할 수 있는 저항 거리가 커져서 부재의 강성이 커지게 하는 구조이다.
케이블 구조	**케이블 구조**는 케이블을 이용한 구조로서, 사장 구조(다리에 작용하는 하중은 케이블을 통해 바로 기둥으로 전달되는 구조)와 현수 구조(구조물의 무게를 케이블이 지지하게 되고, 케이블은 인장력을 받게 되므로 압축력을 받도록 설계된 구조물과 비교하여 부재의 좌굴을 고려할 필요가 없는 구조)로 나눈다.

40 **트러스 구조**는 삼각형 뼈대를 하나의 기본형으로 조립하여 각 부재에는 축방향력만 생기도록 한 구조이다. 상대적으로 얇고 길이가 짧은 부재를 상하 그리고 경사로 연결하여 장스팬의 길이를 확보할 수 있다. 또한 직선 부재가 서로 한 점에서 만나고 그 형태가 삼각형인 구조물로서 인장력과 압축력의 축력만을 지지하는 구조이다.

41 20세기의 새로운 건축 재료는 **18세기 말의 소다 석회 유리, 19세기 초의 포틀랜드 시멘트, 19세기 중엽의 철근 콘크리트(철근+콘크리트)** 등이다. 즉, **유리, 시멘트 및 강철 등**이다.

42 안전율 $= \dfrac{\text{최대 강도}}{\text{허용 강도}}$ 이다. 그러므로 허용강도 $= \dfrac{\text{최대 강도}}{\text{안전율}} =$ 허용 강도이다.

43 **단열 재료**는 **열전도율이 높을수록(열을 잘 전달함) 단열 성능은 떨어지고**, 열전도율이 낮을수록 단열 성능이 높아진다.

44 **목재의 공극률**

$$\therefore V = (1 - \frac{w}{1.54}) \times 100[\%]$$

여기서, w : 절대 건조 비중

1.54 : 목재를 구성하고 있는 섬유질의 비중

그런데, $w = 0.95$이다. 그러므로, $\therefore V = (1 - \frac{w}{1.54}) \times 100\% = (1 - \frac{0.95}{1.54}) \times 100\% = 38.3\%$

45 **방부제 처리법**의 종류에는 **도포법, 침지법, 주입법**(상압, 가압 및 생리적) 등이 있다.

46 성인에 의한 석재의 분류

구분	화성암		퇴적(수성)암					변성암	
	심성암	화산암	쇄설성			유기적	화학적	수성암계	화성암계
종류	**화강암** **섬록암** 반려암	안산암 현무암 부석	이판암 점판암	**사암** 역암	**응회암** (사질, 각력질)	**석회암** 처트	석고	대리석	**사문암**

47 석회석, 안산암, 화산암

석회석	• **석회석**은 화강암이나 동·식물의 잔해 중에 포함되어 있는 석회분이 물에 녹아 침전되어 퇴적, 응고한 것으로 주성분은 탄산석회이다. • 석질은 견고, 치밀하나, 내산성, 내화성이 부족하므로 석재로는 부적합하고, 석회나 시멘트의 원료로 사용한다.
안산암	• **안산암**은 화성암 중 화산암으로, 가공이 용이하여 조각을 필요로 하는 곳에 적합하고, 내화성이 높으며, 표면을 갈아도 광택이 나지 않은 특성이 있다.
화산암	• **화산암**은 지표면에 용암이 유출되어 갑자기 응고, 냉각된 석재이다.

48 벽돌의 표준 치수에서 **표준형(블록 혼합형)은 190×90×57mm**이고, 기존형(재래형)은 210×100×60mm이다.

또한, 조적재의 너비 $= \dfrac{\text{조적재의 길이} - \text{줄눈의 폭}}{2}$ 이고, 조적재의 높이 $= \dfrac{\text{조적재의 길이} - \text{줄눈의 폭} \times 2}{3}$ 이다.

49 포틀랜드 시멘트의 주요 화학 성분

종류＼성분	실리카 (SiO_2)	알루미나 (Al_2O_3)	석회 (CaO)	산화철 (Fe_2O_3)	마그네시아 (MgO)	무수 황산 (SO_3)
보통 포틀랜드 시멘트	21~23	5~6	**63~66**	3~4	1~2	1~1.6
조강 포틀랜드 시멘트	20~22	4~6	65~67	2~3	1~2	1~1.7
중용열 포틀랜드 시멘트	23~24	4~5	63~65	4~5	1~2	1~1.4

50 **백색 포틀랜드 시멘트**(석회석+점토(철분이 거의 없는 백색 점토)+석고)는 산화철 및 마그네시아의 양을 제한한 시멘트로서 **건축물의 내·외면 마감, 각종 인조석 제조, 미장재 및 도장재로 사용**하고, **구조체의 축조에는 거의 사용되지 않는다.**

51 **콘크리트**의 특성 중 단점은 **자체 중량(하중)이 크고**, 인장 강도가 작으며, 경화할 때 수축에 의한 균열이 생기기 쉽다는 것이다.

52 **콘크리트의 혼화재료**는 혼화재(포졸란과 같이 사용량이 비교적 많아 그 자체의 용적이 콘크리트의 배합 계산에 포함되는 재료)와 혼화제(사용량이 비교적 작아 약품적인 사용에 그치는 것으로 배합 계산에 무시되는 재료) 등으로 구분한다. **혼화재에는 포졸란(고로 슬래그 미분말, 플라이 애시, 실리카 퓸 등), 팽창재** 등이 있으며, **혼화제에는 A.E제, 감수제와 유동화제, 응결·경화 시간 조절제, 방수제, 방청제, 기포제, 발포제, 착색제** 등이 있다.

53 콘크리트의 슬럼프 시험에 있어서 **묽은 콘크리트일수록 슬럼프 값은 크다.** 즉, 슬럼프 테스트 콘에서 내려 앉는 길이가 크다.

54 철강의 분류

종류	탄소 함유량(%)	용융점(℃)	비중
순철(연철)	0.04 이하	1,538	7.876
강	**0.04~1.7**	1,450 이상	7.871~7.830
주철(선철)	1.7 이상	1,100~1,250	• 백주철 : 7.6 • 회주철 : 7.1~7.3

※ **철강**은 **철의 성분 중 탄소의 양에 따라서 구분**한다.

55 **금속의 방식법에는 서로 다른 종류의 금속을 잇대어 사용하지 않는다.** 서로 다른 종류의 금속을 잇대어 사용하면, 전기 분해 작용에 의해 부식된다.

56 X선 차단 유리는 유리의 원료에 산화납 성분을 포함시켜 X선의 차단성을 증대시킨 유리로, 산화납의 포함 한도는 6% 정도이다.

57 **합성수지의 일반적인 성질**은 소성, 방적성, 전성, 접착성, 안전성, 내산성, 내알칼리성, 투광성이 크고, 흡수율, **투수율**, 내수성, 내화성, 경도 및 내마멸성이 **적다**. 고체의 성형품은 경량이며, 강도가 큰 것은 있으나, 탄성이 강철의 1/10 정도이며, 강성도 작아 구조재로는 불리하다. 특히, **착색이 자유롭다.**

58 유성 페인트는 알칼리에 약하므로 콘크리트, 모르타르 및 플라스터면에는 별도의 처리없이 바를 수 없으므로 알칼리성 면에 유성 페인트를 칠하려면 내알칼리성 도료를 발라야 한다. 콘크리트 면에 가장 적합한 도료는 알칼리성에 강한 **수성 페인트, 합성수지 도료** 등이다.

59 미장 재료 중 **기경성**(충분한 물이 있다고 하더라도 공기 중에서만 경화하고, 수중에서는 경화하지 않는 성질) 재료에는 **석회계 플라스터(회반죽, 돌로마이트 플라스터, 회사벽 등), 흙반죽** 및 **섬유벽** 등이 있다. **시멘트계**와 **석고계 플라스터는 수경성 미장 재료**이다.

60 **석유계 아스팔트**의 종류에는 스트레이트 아스팔트, 블론 아스팔트 및 아스팔트 콤파운드(용제 추출 아스팔트) 등이 있고, **천연 아스팔트**의 종류에는 **레이크 아스팔트, 로크 아스팔트** 및 **아스팔타이트** 등이 있다.

01	②	02	③	03	①	04	③	05	①	06	①	07	④	08	②	09	③	10	②
11	④	12	③	13	③	14	①	15	①	16	①	17	①	18	③	19	③	20	③
21	③	22	③	23	④	24	③	25	③	26	③	27	③	28	②	29	②	30	③
31	③	32	④	33	①	34	④	35	③	36	④	37	②	38	③	39	②	40	④
41	②	42	②	43	②	44	③	45	②	46	③	47	①	48	④	49	①	50	①
51	①	52	①	53	①	54	①	55	①	56	③	57	④	58	③	59	①	60	①

01 기본 설계, 실시 설계, 시공
- **기본 설계**는 기획 시에 의도된 것을 분석하고 조립하여 구체적인 형태의 기본을 결정하는 단계이다.
- **실시 설계**는 보다 상세한 설계를 하여 설계도서를 만드는 단계로 공사 시공에 필요할 뿐 아니라 시공자가 공사비를 산출할 수 있을 정도의 설계도서가 되어야 한다.
- **시공**은 설계도서에 표현된 내용을 실제의 건물로 만드는 건설공사의 과정인데, 이는 공사 시공업자에 의하여 행하여진다.

02 신축, 증축
- **신축**은 건축물이 없는 대지(기존 건축물이 철거되거나, 멸실된 대지를 포함)에 새로 건축물을 축조하는 것(부속 건축물만이 있는 대지에 새로 주된 건축물을 축조하는 것을 포함하되, 개축 또는 재축하는 것을 제외)이고,
- **증축**은 기존 건축물이 있는 대지에서 건축물의 건축면적, 연면적, 층수 또는 높이를 늘리는 것이다.

03 면적대비에 의해 동일한 색상인 경우, **면적이 작으면 명도와 채도가 낮아지고 어둡게 보이고**, 면적이 크면 명도와 채도가 높아져 밝고 선명하게 보이는 현상이 발생한다. 그러므로, **면적이 작은 벽지**를 보고 선택하면 **명도가 낮아지고**(밝기는 어두워지고) **채도가 낮아진다**(희미하게 보인다).

04 **명시(가독)성**(표식 등 각종 시각 표시나 선전, 광고, 패키지 디자인에서는 문자의 읽기 쉬움이 중요하지만 그 문자 등의 읽기 쉬움에 주는 색의 영향)은 **명도차가 큰 무채색과 유채색의 조합이 가장 높은 명시(가독)성을 만들어 내고**, 그 다음이 채도차, 색상차의 순이다.

05 ② 부재의 형상과 치수를 자유롭게 **구현할 수 있다.**
③ 날씨 등의 양생조건에 따라 **균일한 시공이 불가능**하다.
④ **전음도와 균열 발생이 많고, 국부적으로 파손**이 된다.

06 테라스, 유틸리티, 베란다
- **테라스**는 주택의 거실 등의 외부에 지대를 일단 높게 만들고 위에 지붕을 씌워 사용하는 공간이다.
- **유틸리티**는 여러 가지의 용도(아동의 유희실, 가사, 작업 등)로 사용하는 방이다.
- **베란다**는 일반적으로 계단형의 주택에서 아래층의 지붕으로 사용되는 부분으로 벽이 없고 난간으로 둘러쳐진 지붕으로 덮인 부분이다.

07 **주택의 현관 위치**는 주택의 평면, 대지의 모양 및 도로와의 관계에 의하여 결정된다.

08 **부엌의 작업 삼각형**(냉장고, 싱크대 및 조리대)은 삼각형 세 변 길이의 합이 짧을수록 효과적이고, 삼각형 세 변 길이의 합이 3.6~6.6m 사이에서 구성하는 것이 바람직하다. 싱크대(개수대)와 조리대 사이의 길이는 1.2~1.8m가 가장 적합하고, 싱크대(개수대)와 냉장고 사이의 변이 가장 짧아야 한다.

09 단층형, 집중형, 듀플렉스형
- 단층(flat)형은 한 주호의 각 실면적 배분이 한 층만으로 구성된 공동 주택에 가장 많이 쓰이는 형식이다.
- 집중형은 건물 중앙 부분의 엘리베이터와 계단을 이용해서 각 단위 주거에 도달하는 형식이며, 트리플렉스형(triplex type)은 하나의 주호가 3층으로 구성되어 있는 형식이다.
- 듀플렉스형은 복층형, 메조넷형과 동일한 형이다.

10 연약 지반에 대한 대책에는 **상부 구조와의 관계**(건축물의 경량화, **평균 길이를 짧게 할 것**, 강성을 높게 할 것, 이웃 건축물과 거리를 멀게 할 것, 건축물의 중량을 분배할 것 등)와 **기초 구조와의 관계**[굳은 층(경질층)에 지지시킬 것, 마찰 말뚝을 사용할 것 및 지하실을 설치할 것 등]가 있다.

11 수도 직결 방식, 압력 수조 방식, 펌프 직송 방식
- **수도 직결 방식**은 수도 본관에 인입관을 연결하여 건축물 내의 필요한 곳에 직접 급수하는 방식이다.
- **압력 수조 방식**은 펌프에 의해 물을 수조 내에서 압입하여 수조 내의 압축된 공기의 힘으로 급수하는 방식이다.
- **펌프 직송(탱크 없는 부스터) 방식**은 수도 본관에 인입관을 연결하여 일단 저탱크에 저수한 후 급수 펌프로 압력 탱크에 보내면 압력 탱크에서 공기를 가압하여 그 압력으로 건물 내의 필요한 곳에 급수하는 방식이다.

12 **플로어링 블록**은 플로어링 보드의 길이를 그 너비의 정수배로 하여 **3~5장씩 붙여**서 길이와 너비를 같게 하여 **4면을 제혀쪽매**로 만든 정사각형의 블록으로 **뒷면에 방부처리**를 하여 콘크리트 슬래브 위에 고정 철물을 넣고 모르타르로 접착하는 **마룻바닥 마감재**이다.

13 **실내 환기의 척도는 이산화탄소의 농도를 기준**으로 한다. 즉, 공기 중의 이산화탄소량은 실내 공기 오염의 척도가 된다.

14 절연, 피복, 분기
- **절연**은 전기 또는 열의 부도체로 둘러싸는 것이다.
- **피복**은 전기 절연재로 인정하지 않는 합성물 또는 두꺼운 재료로 전선을 씌우는 것이다.
- **분기**는 간선에서 과전류 차단기를 거쳐 부하에 이르는 배선이다.

15 소방 설비 중 **자동 화재 탐지 설비**는 화재 발생 시 화재 감지기에 의하여 자동적으로 경보를 발하는 설비로 화재 경보 수신반, 수동 발신기 및 화재 감지기 등으로 구성된다. **감지기 작동 방식에는 열감지기(차동식, 보상식 및 정온식 등)와 연기 감지기(광전식, 이온화식 등)** 등이 있다.

16 제도 용지의 크기 및 여백

(단위 : mm)

제도지의 치수		A0	A1	A2	A3	A4	A5	A6
$a \times b$		**841×1,189**	594×841	**420×594**	**297×420**	**210×297**	148×210	105×148
c(최소)		10				5		
d (최소)	철하지 않을 때	10				5		
	철할 때	25						

여기서, c : 도면의 상, 하 및 우측의 여백
　　　　d : 도면의 좌측 여백

17 제도 통칙에 있어서 제도 글자의 크기는 높이로 표시하고, **글자체는 고딕체**로 하며, 문장은 가로쓰기를 원칙으로 하나, **세로쓰기도 가능**하다. 또한, **4자리수 이상**의 3자리마다 휴지부를 찍거나, 간격을 두어야 한다.

18 **정점**(S.P : Station Point)은 사람이 서 있는 곳이고, **소점**(V.P : Vanishing Point)은 좌측 소점, 우측 소점 및 중심 소점 등으로 투시도에서 직선을 무한한 먼 거리로 연장하였을 때 그 무한거리 위의 점과 시점을 연결하는 시선과의 교점이다.

19 **천장 평면도**는 환기구 개구부, 조명 기구 및 설비 기구, 반자틀의 재료 및 규격 등을 표시하고, **천장의 높이는 단면도에 표기**한다.

20 **왕대공 지붕틀 부재의 크기**

(단위 : mm)

부재명	평보	ㅅ자보	왕대공	빗대공	달대공	평보잡이	귀잡이보
크기	100×180	100×200	100×180	100×90	100×50	60×120	100×165

21 건축 구조의 분류 중 **구성 양식에 의한 분류**에는 **가구식 구조**(나무 구조, 철골 구조 등), **조적식 구조**(벽돌 구조, 블록 구조 및 돌구조 등) 및 일체식 구조(철근 콘크리트 구조, 철골 철근 콘크리트 구조 등)등이 있다. **습식 구조는 시공 과정에 의한 분류**에 속한다.

22 **나무 말뚝 지정** 설치 시 말뚝의 최소 중심 간격은 **말뚝 끝마구리 직경의 2.5배 이상, 600mm 이상**으로 한다.

23 소방시설 중 소화설비(물 또는 그 밖의 소화약제를 사용하여 소화하는 기계·기구 또는 설비)의 종류에는 **소화기구, 자동소화장치, 옥내소화전설비, 스프링클러설비**, 물분무등 소화설비, **옥외소화전설비** 등이 있고, **소화용수설비**에는 상수도 소화용수설비, 소화수조, 저수조, 그 밖의 소화용수설비 등이 있다.

24 **동바리마루**는 1층 마루의 일종으로 **장선, 멍에**, 동바리, **동바리돌** 등을 짜 맞추어 만든 마루이고, **홑마루**는 보를 쓰지 않고 **층도리와 칸막이 도리에 직접 장선을 걸쳐 대고, 그 위에 널을 깐** 마루이며, **납작마루**는 콘크리트 슬래브 위에 바로 **멍에**를 걸거나, **장선**을 대어 마루틀을 짜고, **마루널을 깐** 마루이다.

25 **반자틀받이는 약 90cm 간격으로 대고 달대로 매달며**, 달대를 반자틀에 외주먹장 맞춤으로 한다, 위는 달대받이 층보·평보·장선 옆에 직접 못을 박아댄다.

26 ②는 모임지붕, ③은 합각지붕, ④는 반박공지붕이다.

27 **막만든 아치, 거친 아치, 본아치**
- 막만든 아치 : 보통 벽돌을 쐐기모양으로 다듬어 쓰는 아치이다.
- 거친 아치 : 아치틀기에 있어 보통 벽돌을 사용하여 줄눈을 쐐기모양으로 한 아치이다.
- 본아치 : 아치벽돌을 주문 제작하여 만든 아치이다.

28 조적조에 있어서 좁은 벽은 수평력(횡력)에 약하므로 **개구부 상호간** 또는 **개구부와 대린벽 중심과의 수평 거리는 벽두께의 2배 이상**으로 하여야 한다.

29 보강 블록조에 있어서 기초보의 두께는 벽체의 두께(블록의 두께)와 같게 하거나, 다소 크게 하고 **그 춤은 처마 높이의 1/12 이상**, 60cm 이상(단층일 경우에는 45cm 이상)으로 한다. 2층 건축물로서 처마 높이가 7m일 때에는 60cm 이상, 3층 건축물로서 처마 높이가 11m일 때에는 90cm 이상으로 한다.

30 석재의 가공에 있어서 **잔다듬은 정다듬한 면을 양날 망치로 평행 방향으로 정밀하게 곱게 쪼아 표면을 더욱 평탄하게 만드는 것**이고, **카보런덤을 써서 윤이 나게 다듬는 것은 물갈기**에 속한다.

31 **기초** 부분은 **흙에 접하여 콘크리트를 친 후 영구히 흙에 묻혀 있는 콘크리트**이므로 **피복 두께를 80mm 이상**으로 하여야 한다.

32 **T형보, 지중보, 플랫 슬래브**
- **T형보**는 철근 콘크리트의 T형 단면을 가진 보 또는 보와 바닥이 연속되어 있을 때는 보에 접해 있는 바닥의 일부가 보와 협력하여 외력에 저항하는 보이다.
- **지중보**는 기초의 부동 침하 또는 기둥의 이동 방지를 목적으로 지중에 기초와 기초를 연결한 보이다.

- **플랫 슬래브**(평판 구조, 무량판 구조)는 건축 등의 바닥 또는 지붕 구조로서 보가 없고 슬래브만으로 된 바닥을 기둥으로 받치는 철근 콘크리트 슬래브이다.

33 기둥에는 **대근**(띠철근, 장방형 기둥에서 주근의 주위를 둘러 감은 철근)과 나선 철근(원형기둥에서 주근의 주위를 나선형으로 감은 철근) 등이 있다.

34 **벨트 트러스 구조, 다이아그리드 구조, 막 구조**
- **벨트 트러스 구조**는 지렛대 작용을 하여 측방향 응력을 직접 외주에 전달하는 구조이다.
- **다이아그리드 구조**는 대각 가새를 이용한 구조이다.
- **막 구조**는 텐트나 천막은 자체로서는 전혀 하중을 지지할 수 없는 막을 잡아당겨 인장력을 주면 막 자체에 강성이 생겨 구조체로 힘을 받을 수 있는 구조이다.

35 풍압력＝풍력계수×속도압이다. 풍력 계수는 건축물의 형상과 관계가 있고, 속도압은 건축물의 높이, 기본 풍속 등과 관계가 깊으며, **건축물의 무게와는 무관하다.**

36 용접 결함의 종류에는 공기 구멍, 선상 조직, 슬래그 혼입, 외관 불량, **언더 컷, 오버 랩** 등이 있다. **엔드 탭**은 용접의 처음과 끝에서 결함이 생기지 않도록 하기 위한 **보조판**으로 용접한 후 제거한다.

37 **윙 플레이트**(힘의 분산을 위함)와 **베이스 플레이트**(힘을 기초에 전달함)는 **철골의 주각부에 사용**하는 부재이고, **메탈 라스**는 얇은 강판에 절목을 넣어 이를 옆으로 늘려 만든 금속 제품이다.

38 **현수 구조(suspension structure)**
- **현수 구조(suspension structure)**는 구조물의 주요 부분을 매달아서 **인장력으로 저항하는 구조물**이다.
- 건물의 1층에 기둥이 없는 공간, 상부에서 기둥이 없는 공간을 만들기 위하여, 상부에서 기둥으로 전달되는 하중을 케이블 형태의 부재가 지지하고 있다. 이 하중은 상부에 있는 거대한 트러스에 의하여 지지되고, 이 트러스는 케이블의 지지점에서 안으로 모아지려는 압축력에 저항하고 있다. 최종적으로 각 층에 작용하는 수직력은 양단부에 있는 코어에 의하여 지반으로 전달된다.

39 **입체 트러스 구조, 절판 구조, 조적식 구조**

입체 트러스 구조	**입체 트러스 구조**는 모든 방향으로 이동이 구속되어 평면 트러스보다 큰 하중을 지지할 수 있는 구조로, 최소 유닛은 삼각형과 사각형이다.
절판 구조	**절판 구조**는 자중도 지지할 수 없는 얇은 판을 접으면 큰 강성을 발휘한다는 점에서 개발된 구조이다.
조적식 구조	**조적식 구조**는 조적재의 하나하나를 석회, 시멘트 등의 접착제를 사용하여 쌓아올리는 구조이다.

40 **셸 구조, 아치 구조, 린텔 구조**

셸 구조	**셸 구조**는 곡면 바닥판의 역학적 특성을 사용한 구조로서 하중은 축선에 따라 압축력을 하부에 전달하므로 휨 모멘트가 작고, 작은 단면으로 큰 간사이를 구성할 수 있는 구조이다.
아치 구조	**아치 구조**는 개구부 상부의 하중을 지지하기 위하여 돌이나 벽돌로 곡선형으로 쌓아올리는 구조이다.
린텔 구조	**린텔 구조**는 기둥과 보를 주로 하는 구조 방식으로 조적조의 개구부에 있어서 아치 대신에 인방보를 사용하는 구조이다.

41 **현대 건축 재료의 세 가지 요구 조건**
현대 건축 재료의 세 가지 요구 조건은 **고성능화**(건축물의 종류가 다양화·대형화·고층화되고, 건축물의 요구 성능이 고도화됨), **생산성**(에너지 **절약화**와 능률화), **공업화**(공장 시공, 건설 작업의 기계화, 합리화)이다.

42 **푸아송의 비**
- **푸아송의 비**는 보통 재료에서 축방향에 하중을 받을 경우 그 방향과 수직의 횡방향에도 변형이 생기는데 이때, **세로 방향의 변형에 대한 가로 방향의 변형의 비**를 말한다.

- 강재의 푸와송의 비는 1/3~1/4 정도이고, 콘크리트의 푸와송의 비는 1/6~1/12 정도이며, 최댓값은 0.5를 넘을 수 없다. 푸아송 비의 역수는 푸아송의 수라 한다.

43 단열재가 갖추어야 할 조건
열전도율, 흡습 및 흡수율, 투기성 및 비중이 **작고**, 균질한 품질과 가격이 저렴하여야 하며, 시공성(가공, 접착 등), 기계적인 강도, 내화성 및 내부식성이 좋고, 또한, 유독성 가스가 발생하지 않고, 사용 연한에 따른 변질이 없어야 한다.

44 목재의 성질 중 **강도는 비중이 클수록 크고**, 외력에 대한 저항이 증가한다.

45 보통 합판은 3장 이상의 얇은 판을 1장마다 **섬유 방향이 다른 각도(90°)로** 교차되도록 한다. 여기서 1장의 얇은 판을 단판이라 하고, **겹치는 장수는 3, 5, 7장 등의 홀수**이며, 이와 같이 겹쳐서 만든 것은 합판이라고 한다.

46 **변성암의 종류**에는 수성암계의 **대리석**, 화성암계의 **사문암** 등이 있다. 섬록암과 화강암은 화성암의 심성암, 안산암은 화성암의 안산암에 속한다.

47 테라코타, 점판암, 석회암
- **테라코타**는 난간, 주두, 돌림띠 및 외벽 등의 장식재로 사용되는 점토 제품이다.
- **점판암**은 기와 대용으로 사용된다.
- **석회암**은 석회나 시멘트의 원료로 사용된다.

48 **벽돌의 마름질에 의한 벽돌의 크기**를 보면, 벽돌 전체 크기를 100%로 본다면, 이오토막은 25%, 반 토막은 50%, 반반절은 25%, **칠오토막은 75% 정도**이다.

49 포틀랜드 시멘트의 원료는 석회석과 점토의 비를 4 : 1로 섞어 만든 클링커에 **응결 시간 조절제(응결 시간을 조절하기 위함)인 석고**를 섞어서 제조한다.

50 시멘트의 종류 중 **혼합 시멘트**에는 **고로 슬래그 시멘트, 플라이 애시 시멘트**, 포틀랜드 포졸란 시멘트 및 **착색 시멘트** 등이 있고, 보통 포틀랜드 시멘트는 포틀랜드 시멘트에 속한다.

51 **콘크리트**는 압축 강도가 크고 **내화·내수·내구적인 장점**이 있으며, 무게가 크고 **인장 강도가 매우 작으며**, 경화할 때 수축에 의한 균열이 생기기 쉬운 결점이 있으나 강재와 병용함으로써 어느 정도 보완할 수 있다.

52 콘크리트의 혼화재료로 **혼화재**에는 **포졸란(고로 슬래그 미분말, 플라이 애시, 실리카 퓸** 등), **팽창재** 등이 있다. **혼화제에는 AE제**(콘크리트 내부에 미세한 독립된 기포를 발생시켜 콘크리트의 작업성 및 동결 융해 저항 성능을 향상시키기 위해 사용되는 화학 혼화제), **감수제와 유동화제, 응결 경화 시간 조절제, 방수제, 기포제, 방청제, 발포제, 착색제** 등이 있다.

53 **슬럼프 값**은 공시체가 충분히 주저앉은 다음 **몰드의 높이와 공시체 윗면의 원 중심으로부터의 높이 차**(정밀도 0.5mm 단위), 즉 X이다.

54 **강의 탄소량이 증가**함에 따라 물리적 성질의 비열, 전기 저항, 항장력과 화학적 성질의 내식성, **항복 강도(항복점)**, 인장 강도 및 **경도 등은 증가**하고, 물리적 성질의 비중, 열팽창 계수, 열전도율과 화학적 성질의 **연신율**, 충격치, 단면 수축률, 용접성 등은 **감소한다**.

55 **금속의 방식법**에는 **다른 종류(동판과 철판 등)의 금속을 잇대어 사용하지 않고**, 균질한 재료를 사용하며, 표면을 깨끗하고 물기나 습기가 없도록 한다. 또한, 도료나 내식성이 있는 금속으로 표면을 보호한다.

56 **자외선을 차단하는 유리의 주성분은 산화 제2철**이므로 보통의 판유리는 자외선을 차단시키는 효과가 있다.

57 **합성수지**는 **석탄, 석유, 유지, 녹말, 섬유소, 목재** 및 **천연가스** 등의 원료를 인공적으로 합성시켜 만든 것으로 분자량이 수백에서 수십만에 이르는 **고분자 물질**이다.

58 유성 페인트는 **안료, 건성유, 용제, 건조제 등을 혼합한 것**으로서, 유량을 늘리면 광택과 내구성이 증대되나, 건조의 속도가 늦다. 용제를 늘리면 건조가 빠르고 솔질은 잘 되나, 옥외 도장 시 내구력이 떨어진다.

59 미장 재료를 응결, 경화 방식에 의해 구분하면, **수경성**의 재료에는 **시멘트계**(시멘트 모르타르, 인조석, 테라초 현장 바름 등)와 **석고계 플라스터**(혼합, 보드용, 크림용 석고, 킨스 시멘트 등)가 있고, **기경성**의 재료에는 **석회계 플라스터(회반죽, 회사벽, 돌로마이트 플라스터** 등), 흙반죽과 섬유벽 등이 있다.

60 **블론 아스팔트, 아스팔트 콤파운드, 아스팔트 프라이머**

블론 아스팔트	**블론 아스팔트**는 점성이나 침투성은 작으나 온도에 의한 변화가 적어서 열에 대한 안정성이 크며 아스팔트 프라이머의 제작과 옥상의 아스팔트 방수에 사용한다.
아스팔트 콤파운드	**아스팔트 콤파운드**는 동·식물성 유지와 광물질 미분 등을 블론 아스팔트에 혼입하여 만든 것으로 내열성, 점성, 내구성 등을 블론 아스팔트보다 좋게 한 것으로 용도로는 방수 재료, 아스팔트 방수 공사에 사용한다.
아스팔트 프라이머	**아스팔트 프라이머**는 옥상 아스팔트 방수층에서 부착력을 증가시키기 위하여 바탕에 제일 먼저 바르는 것 또는 아스팔트를 용제에 녹인 액상으로서 아스팔트 방수의 바탕 처리재로 사용되는 것 및 블론 아스팔트를 휘발성 용제로 희석한 흑갈색의 액으로서 콘크리트, 모르타르 바탕에 아스팔트 방수층 또는 아스팔트 타일 붙이기 시공을 할 때의 초벌용 도료이다.

01	①	02	④	03	③	04	②	05	②	06	④	07	③	08	③	09	③	10	③
11	③	12	④	13	②	14	③	15	①	16	②	17	③	18	②	19	④	20	③
21	③	22	①	23	①	24	③	25	④	26	②	27	③	28	①	29	②	30	③
31	③	32	①	33	②	34	③	35	②	36	①	37	④	38	②	39	④	40	④
41	②	42	①	43	④	44	①	45	①	46	④	47	②	48	③	49	③	50	③
51	④	52	④	53	③	54	②	55	①	56	①	57	①	58	④	59	①	60	③

01 건축물의 설계 진행법의 순서는 기획 → **설계(조건 파악 → 기본 계획 → 기본 설계 → 실시 설계)** → 시공의 순이다.

02 **건축물의 층수 산정**에 있어서 층의 구분이 명확하지 아니한 건축물은 그 **건축물의 높이 4m마다 하나의 층**으로 보고, 층수를 산정한다.

03 **질감**(만져보거나 눈으로만 보아도 알 수 있는 촉각적, 시각적으로 지각되는 재질감)을 선택할 때 고려하여야 할 사항에는 촉감, 스케일, 빛의 반사와 흡수 등이 있고, 색조는 무게감과 관계가 깊다. 특히, **거친 질감은 근거리의 느낌**이 있고, **매끈한 질감은 원거리의 느낌**을 준다.

04 **명도차**는 색의 명시도에 가장 큰 영향을 끼친다.

05 **철근의 피복두께를 확보**하여야 하는 이유는 콘크리트는 알칼리성이므로 **철근의 부식 방지, 내화, 내구 및 부착력의 확보**를 위함이고, **철근의 강도와는 무관**하다.

06 **대수선**
대수선이란 건축물의 기둥, 보, 내력벽, 주계단 등의 구조나 외부 형태를 수선·변경하거나 증설하는 것으로서 다음에서 정하는 것을 말한다.

> • **내력벽**, 기둥, 보, 지붕틀, 방화벽 또는 방화구획, 다가구주택의 가구 간 경계벽 또는 다세대주택의 세대 간 경계벽, 건축물의 외벽에 사용하는 마감재료를 **증설** 또는 **해체**하는 것
> • **내력벽의 면적을 30m² 이상, 기둥, 보 및 지붕틀을 세 개 이상 수선** 또는 **변경**하는 것
> • 방화벽 또는 방화구획을 위한 바닥 또는 벽, 주계단·피난계단 또는 특별피난계단, 다가구주택의 가구 간 경계벽 또는 다세대주택의 세대 간 경계벽, 건축물의 외벽에 사용하는 마감재료를 벽면적 30m² 이상 수선 또는 변경하는 것

07 **현관**은 일반적으로 북쪽이나 북서쪽 또는 동쪽과 서쪽이 적합하고, 건축물의 중앙부가 되는 것이 유리하다. **현관의 크기**는 접객의 용무 외에 독립된 현관은 신발장·우산대·외투걸이 등의 자리를 따로 잡고, **최소한 너비는 1.2m, 깊이는 0.9m를 필요**로 한다. 특히, 현관의 바닥에서 거실 홀의 단 높이는 90~210mm 정도로 한다.

08 주택의 주방과 식당 계획 시 가장 중요한 사항은 **주부의 동선(작업 동선)을 가능한 한 줄여야 한다**는 것이다.

09 **복층형(메조넷형, 듀플렉스형)은 한 주호가 두 개층에 나누어 구성되어 있으며 한 층씩 걸러 통로와 엘리베이터 홀을 설치**하므로 독립성이 좋고 전용 면적비가 크나, 소규모(50m² 이하)의 주거 형식에는 비경제적이다.

10 목구조의 장단점

- **장점** : 열전도율이 작고 비강도(비중에 비한 강도)가 크며, 가공이 비교적 용이하다. 또한 자중이 가볍고 구조공작이 쉬우며, 공사기간이 단축된다.
- **단점** : 함수율의 증감에 따라 팽창과 수축으로 인하여 변형(갈림, 휨, 뒤틀림 등)이 생기는 것이 가장 큰 단점이다. 또한 고층 건축이나 간사이가 큰 건축에는 곤란하고 **내화성이 부족**하며, 부패 및 충해가 크다.

11 급수 공급 압력이 일정하고 정전(전력 공급 차단) 시에도 급수가 가능한 급수 방식은 **고가 탱크 방식**이고, **위생성 측면에서 가장 바람직한 급수 방식은 수도 직결 방식**이다. 특히, **압력 탱크 방식은 전력 공급 차단 시 급수가 불가능**하다.

12 **안산암**은 화성암의 화산암이고, **응회암**은 퇴적(수성)암의 쇄설성 퇴적암이며, **석회암**은 퇴적(수성)암의 유기적 수성암이고, **대리석은 수성암계의 변성암**이다.

13 **제1종 환기법(병용식)**은 송풍기와 배풍기를 사용하고, **제2종 환기법(압입식)은 송풍기와 개구부를 사용**하며, 제3종 환기법**(흡출식)**은 개구부와 배풍기를 사용하는 환기 방식이다.

14 **분기 회로**는 간선으로부터 분기하여 분기 과전류 보호기를 거쳐 전등 또는 콘센트와 같은 부하에 이르는 배선이다. **배선**은 기구류의 각 구성 부분을 전선에 의하여 접속시켜 전류의 통로를 만들고, 회로를 구성하는 것 또는 접속한 전선을 말한다.

15 자동 화재 탐지 설비의 감지기 종류에는 **열감지기(차동식, 보상식 및 정온식)**와 연기 감지기**(광전식, 이온화식 등)** 등이 있다.

16 제도 용지의 크기 및 여백

(단위 : mm)

제도지의 치수	A0	A1	A2	A3	A4	A5	A6
$a \times b$	841×1,189	594×841	420×594	297×420	210×297	148×210	105×148

17 글자 쓰기에서 글자는 명확하게 하고, 문장은 왼쪽에서부터 가로쓰기를 원칙으로 하며(다만, 가로쓰기가 곤란할 때에는 세로쓰기도 무방), **글자체는 고딕체로 하며, 수직 또는 15° 경사로 쓰는 것을 원칙**으로 한다.

18 **투시도**에 있어서 **투사선이 한 곳에 모이므로 물체의 크기는 화면에 가까이 있는 물건이 크게 보이고, 멀리 있는 물체는 작게 보인다.**

19 천장 복도는 천장의 복도를 말하는 것으로 한 건물 내에서 여러 종류의 천장일 경우에는 재료 등을 상세하게 기입할 때가 많으며, 환기구 및 조명 기구 등의 위치를 기입한다.

20 ①의 평보와 왕대공의 보강 철물은 감잡이쇠, ②의 ㅅ자보와 평보의 보강 철물은 볼트, ③의 **처마도리, 평보**와 깔도리의 보강 철물은 **주걱 볼트**, ④의 왕대공과 대공 가새의 보강 철물은 양나사 볼트를 사용한다.

21 ①은 일체식-조적식 구조, ②는 가구식-가구식 구조, ④는 일체식-조적식 구조, ③은 **조적식-조적식 구조**이다.

22 기초의 구분에서 **기초판 형식에 따른 분류**에는 독립 기초, 복합 기초, **연속 기초** 및 온통 기초 등이 있고, **지정 형식에 의한 분류**에는 **직접 기초, 말뚝 기초, 피어 기초**(우물통 기초, 잠함 기초 등) 등이 있다.

23 **나무 구조**는 목재를 접합하여 건물의 뼈대를 구성하는 구조로서 비교적 저층의 주택에 적합하고, 가볍고 가공성이 좋으며 친화감이 있고 미려하나, **연소하기 쉽고(내화성이 나쁘다)** 부패하기 쉽다.

24 **보마루**는 보를 걸어 장선을 받게 하고, 그 위에 마루널을 깐 마루로서, 보통 **간사이가 2.5m 이상의 6.4m 이하의 마루에 사용**하며, 2m 정도의 간격으로 보를 걸치고, 이 위에 장선을 배치하여 마룻널을 깐다.

25 천장 구조체인 반자는 2가지(달반자, 제물 반자) 중의 하나로서 주로 나무 구조 또는 철골 구조에 쓰인다. 상층 바닥틀 또는 지붕틀에 달아맨 반자를 달반자라고 하고, **제물 반자**는 **바닥판 밑을 제물 또는 직접 바르는 반자**로, 철근 콘크리트 건축 또는 순 한식 고미반자 등이 있다.

26 지붕 평면도

명칭	박공지붕	모임지붕	방형지붕
지붕 평면도			

27 피뢰침의 보호각
- 낙뢰의 피해를 안전하게 보호하는 범위는 **일반 건물의 경우 돌침 및 수평도체의 보호각이 60° 이하**이다.
- **화약류, 가연성 액체나 가스 등의 위험물을 저장, 제조 또는 취급하는 건축물에 대해서는 보호각 45° 이하에 들어가는 원뿔체 내에 있도록 한다.**

28 벽돌조에 있어서 각 층의 대린벽으로 구획된 벽에서 **개구부의 폭의 합계는 그 벽길이의 1/2 이하로** 하고, 개구부 바로 위에 있는 개구부과의 수직 거리는 60cm 이상으로 하여야 한다.

29 **보강 콘크리트 블록조의 내력벽의 벽량**(각 방향의 내력벽 길이의 총 합계를 그 층의 내력벽으로 둘러싸인 바닥 면적으로 나눈 값)은 **15cm/m² 이상**이다.

30 **마름돌**은 일정한 형태와 치수로 까낸 석재 또는 채석장에서 대강의 크기로 갈라 떠낸 돌이고, **각석(장대돌, 장석)**은 단면이 각형으로 된 긴 돌이고, **다듬돌**은 채석된 석재의 표면을 다듬어서 소정의 크기, 형상으로 가공한 돌이다.

31 현장치기 콘크리트의 피복 두께에서 **수중에서 타설하는 콘크리트**는 **100mm 이상**이다.

32 **헌치**란 보, 슬래브의 단부의 단면을 중앙부의 단면보다 크게 한 부분으로 폭과 높이를 크게 하여 그 부분의 **휨 모멘트나 전단력을 견디게 하기 위하여 단부의 단면을 증가한 부분**이다. 헌치의 폭은 안목 길이의 1/10~1/12 정도이며, 헌치의 춤은 헌치 폭의 1/3 정도이다.

33 철근 콘크리트 압축 부재에서 **직사각형 및 원형 단면의 띠철근 내부의 축방향 주철근의 개수는 4개 이상**이고, 삼각형 띠철근 내부의 철근의 경우는 3개, 나선 철근으로 둘러싸인 철근의 경우는 6개로 하여야 한다.

34 **무량판(플랫 슬래브) 구조**에 있어서 기둥의 치수는 한 변의 길이 D(원형기둥에 있어서는 직경)는 **그 방향의 기둥 중심 사이의 거리의 1/20 이상, 300mm 이상 및 층높이의 1/15 이상**이고, **바닥판의 두께는 150mm 이상**으로 한다. 단, 지붕 바닥판은 이 제한에 따르지 않아도 좋으나, 일반 바닥판은 최소 두께 이하로 해서는 안 된다.

35 **강(철골)구조**는 콘크리트 구조에 비해 강도가 크나, **바닥 진동 저감에는 불리**하다.

36 철골 부재의 용접과 관계가 깊은 것에는 **엔드 탭**(철골 부재의 용접의 처음과 끝에서 결함이 생기지 않도록 하기 위한 보조판으로 용접 후에 제거하는 부품), **뒷댐재**(루트 부분에 아크가 강하여 녹아떨어지는 것을 방지하기 위한 보조판) 및 **스캘럽**(철골 부재의 용접 시 이음 및 접합 부위의 용접선이 교차되어 재용접된 부위가 열 영향을 받아 취약해지기 때문에 모재에 부채꼴 모양의 모따기를 한 것) 등이 있다. **윙 플레이트는 기둥의 하중을 분산시켜 베이스 플레이트에 전달하는 부재**로서 용접과는 무관하다.

37 주각부의 구성은 힘의 분산을 위한 윙 플레이트, 힘을 기초에 전달하기 위한 베이스 플레이트, 기초와의 접합을 위한 클립 앵글, 사이드 앵글 및 앵커 볼트를 사용하고, 앵커 볼트의 직경은 16~36mm, 매립 깊이는 볼트 직경의 30~40배 정도로 한다. 또한, **스터드 볼트**는 둥근 쇠막대의 양 끝에 나사가 있고, **너트를 사용하여 죄어야 할 때 사용하는 볼트**이다.

38 테두리보
- 건축물 각 층의 내력벽 위에는 그 춤이 벽두께의 1.5배 이상인 철골 구조 또는 철근 콘크리트 구조의 테두리보를 설치하여야 한다.
- 1층인 건축물로서 벽두께가 벽의 높이의 1/16 이상이거나 **벽길이가 5m 이하**인 경우에는 **목조의 테두리보를 설치**할 수 있다.

39 **공기 막 구조, 막 구조**

공기 막 구조	• **공기 막 구조**는 단막 구조와 이중막 구조로 분류한다. – 단막 구조는 막 내부의 기압을 조절하여 낙하산에서와 같이 형태를 유지하는 형식이다. – 이중막 구조는 풍선과 같이 막 안에 공기를 불어 넣어 구조물을 형성하는 구조이다.
막 구조	• **막 구조**(골조 막, 현수 막, 공기 막 및 하이브리드 막 구조 등)는 **자연 친화성**, **구조미**, **공사 기간**, 그리고 채광 등에서 여러 가지 장점이 있어 최근에 많이 사용되고 있다.

40 **플랫 트러스, 와렌 트러스, 하우 트러스**

플랫 트러스	**플랫 트러스**는 사재의 경사 방향이 양단에서 중심부의 하단을 향하는 형태의 트러스로서 트러스의 사재가 인장 응력을 받도록 부재를 구성한 트러스이다.
와렌 트러스	**와렌 트러스**는 수직재가 없는 트러스로서 사재의 방향이 교대로 우와 좌로 변하므로 압축재와 인장재의 작용이 변화하는 트러스이다.
하우 트러스	**하우 트러스**는 사재의 경사 방향이 양단에서 중심부 상단을 향하는 형태의 트러스로서 트러스의 사재 응력이 압축 응력을 받도록 부재를 구성한 트러스이다.

41 건설 작업의 기계화, 합리화에 따라 재료가 개선되고 개발됨으로써 건축 생산의 근대화와 공업화가 이루어졌다. 즉, 수작업의 기계화, **현장 시공의 공장 시공화(프리패브화)**, 비표준화의 표준화, 단일 기능의 고층화 다기능화로의 변화이다.

42 **탄성(영) 계수와 푸아송의 수**
  • **탄성(영) 계수**는 응력(σ)과 변형(ε)이 비례하므로 응력＝비례 상수×변형도이다.

  이때의 비례 상수를 탄성(영) 계수라고 하고, **응력도(σ)** $=\dfrac{\text{하중}}{\text{단면적}}$이다.

  • **푸아송의 수**는 푸아송의 비($\dfrac{1}{m} = \dfrac{\beta(\text{가로 변형도})}{\varepsilon(\text{세로 변형도})}$)의 역수이다.

43 **테라초와 퍼티**
  • **테라초**란 인조석의 종석을 대리석의 쇄석으로 사용하여 대리석 계통의 색조가 나도록 표면을 물갈기한 것을 말하고, 원료로는 대리석의 쇄석, 백색 시멘트, 강모래, 안료, 물 등을 활용한다.
  • **퍼티**란 산화상납, 호분 또는 탄산석회를 아마인유에 풀어 갠 일종의 페인트로서 된 것이다.

44 **목재**는 철에 비해 열전도율, 내화성, **열팽창률이 작다.** 또한, **가공이 쉽다.**

45 보통 합판은 3장 이상의 얇은 판을 1장마다, 섬유 방향이 다른 각도(90°)로 교차되도록 한다. 여기서 한 장의 얇은 판을 단판이라고 하고, **겹치는 장수는 3, 5, 7장 등의 홀수**이며, 이와 같이 겹쳐서 만든 것은 합판이라고 한다.

46 **안산암**은 화성암의 화산암이고, **응회암**은 퇴적(수성)암의 쇄설성 퇴적암이며, **석회암**은 퇴적(수성)암의 유기적 수성암이고, **사문암은 화성암계의 변성암**이다.

47 **테라초**는 백색 포틀랜드 시멘트와 종석, 안료를 섞어서 반죽하여 만든 인조석 중 대리석의 쇄석을 사용하여 대리석 계통의 색조가 나도록 표면을 물갈기한 것이다. **펄라이트**는 진주암, 흑요암, 송지석 또는 이에 준하는 석질(유리질 화산암)을 포함한 암석을 분쇄하여 소성, 팽창시켜 제조한 백색의 다공질 경석이다. **점판암**은 이판암이 오랜 세월 동안 지열, 지압으로 인하여 변성되어 층상으로 응고된 석재이다.

48 **벽돌의 구분**

구분	1종	2종
흡수율(% 이하)	**10% 이하**	15% 이하
압축 강도(N/mm^2)	**24.50 이상**	14.70 이상

49 시멘트를 구성하는 3대 성분은 석회(산화 칼슘), 실리카, 알루미나(산화 알루미늄) 등이고, 소량의 산화철, 산화 마그네슘, 아황산, 알칼리 등이 포함되어 있다.

50 **백색 포틀랜드 시멘트**는 건축물의 표면(내·외면) 마감, 도장에 주로 사용하고 구조체에는 거의 사용하지 않는 시멘트이다. **조강 포틀랜드 시멘트**는 규산삼칼슘의 함유량이 많아 보통 포틀랜드 시멘트에 비하여 경화가 빠르고 조기 강도가 높은 시멘트이며, **알루미나 시멘트**는 보크사이트, 석회석의 원료를 혼합하여 전기로에서 용융시켜 미분쇄한 시멘트이다.

51 **콘크리트**는 압축 강도가 크고 내화·내구적인 장점이 있다. 또한 무게가 크고 인장 강도가 작으며, 경화할 때 수축에 의한 균열이 생기기 쉬운 결점이 있으나 강재와 병용함으로써 어느 정도 보완할 수 있다. 즉, **콘크리트는 강재와의 접착이 매우 좋다.**

52 **포졸란을 사용한 콘크리트**는 **블리딩**(비중 차이에 의하여 부어 넣은 콘크리트에 물 등이 떠오르는 현상) **현상이 감소**하고, 수밀성이 높아지며, 작업성이 좋아지며, 수화 발열량이 적어지고, 경화가 느려지므로 조기 강도는 낮으나 장기 강도는 증가한다.

53 **슬럼프 값**은 공시체가 충분히 주저앉은 다음 **몰드의 높이와 공시체 윗면의 원 중심으로부터의 높이 차**(정밀도 0.5mm 단위), 즉 슬럼프 값은 22cm이다.

54 응력–변형률 곡선

· A : 탄성 한계점   · B : 상위 항복점
· C : 하위 항복점   · D : 최대(인장) 강도점
· E : 파괴 강도점

55 **금속의 방식법**에는 **서로 다른 종류의 금속을 잇대어 사용하지 않는다.** 서로 다른 종류의 금속을 잇대어 사용하면, 전기 분해 작용에 의해 부식된다.

56 **유리의 광학적 성질** 중 흡수율은 2∼6% 정도이고, 두께가 두꺼울수록, **불순물이 많을수록**, 착색 정도가 짙을수록 **광선의 흡수율이 커진다.**

57 **합성수지**는 석탄, 석유, 유지, 녹말, 섬유소, 목재 및 천연가스 등의 원료를 인공적으로 합성시켜 만든 것으로 분자량이 수백에서 수십만에 이르는 **고분자 물질**이다.

58 유성 에나멜 페인트는 유성 페인트보다 건조 시간이 늦고(경화 건조 12시간), 도막은 탄성·광택이 있으며, 평활하고 경도가 크다.

59 **돌로마이트 플라스터**는 기경성(충분한 물이 있다고 하더라도 공기 중에서만 경화하고, 수중에서는 경화하지 않는 성질)**의 미장 재료**이다.

60 로크 아스팔트와 아스팔타이트는 천연 아스팔트에 속한다. **스트레이트 아스팔트**는 아스팔트 성분을 되도록 분해, 변화하지 않도록 만든 것으로 점성, 침투성, 신축성은 크나, 증발 성분이 많고, 온도에 의한 강도, 신축성, 유연성의 변화가 크다. 아스팔트 펠트나 루핑의 바탕재로 사용한다.

01	②	**02**	④	**03**	④	**04**	①	**05**	④	**06**	④	**07**	④	**08**	③	**09**	②	**10**	②
11	③	**12**	②	**13**	②	**14**	④	**15**	①	**16**	①	**17**	③	**18**	③	**19**	③	**20**	②
21	①	**22**	①	**23**	④	**24**	③	**25**	③	**26**	④	**27**	②	**28**	②	**29**	③	**30**	②
31	②	**32**	②	**33**	②	**34**	③	**35**	②	**36**	⑤	**37**	④	**38**	③	**39**	①	**40**	②
41	③	**42**	③	**43**	④	**44**	②	**45**	④	**46**	③	**47**	③	**48**	②	**49**	②	**50**	④
51	②	**52**	④	**53**	④	**54**	④	**55**	④	**56**	①	**57**	③	**58**	①	**59**	②	**60**	④

01 건축물의 설계 진행법의 순서는 기획 → **설계(조건 파악 → 기본 계획 → 기본 설계 → 실시 설계)** → 시공의 순이다.

02 건축법상 **건축**이라 함은 건축물을 **신축**, **증축**, **개축**, **재축**하거나 건축물을 **이전**하는 것 등을 말한다.

03 **루버, 차양, 어닝**
- **루버**는 바늘 살처럼 되어 직사광선을 피하고 광선을 투과시키는 기구의 일종이다.
- **차양**은 햇볕, 낙숫물 등을 피하기 위하여 널, 함석 등으로 창문 위나 처마 끝 지붕 밑에 이어 만든 좁은 지붕모양의 구조체이다.
- **어닝**은 햇볕, 낙숫물 등을 피하기 위하여 천막을 이용하여 폈다 접었다 하면서 사용하는 것이다.

04 색채를 나타내는 체계를 표색계라 하며 **먼셀 표색계**, 오스트발트 표색계, CIE(국제조명위원회) 표색계 등이 있고, 이 중에서도 먼셀 표색계가 가장 많이 쓰이고 있는데, 이것은 미국의 색채학자인 먼셀(Munsell. A.H. 1858~1918)에 의해 창안된 것으로, 우리나라에서는 한국산업규격(KSA 0062)으로 채택되어 있다.

05 **세퍼레이터, 스페이서, 폼타이**
- **세퍼레이터**(separater)는 거푸집의 간격을 유지하기 위한 격리재이다.
- **스페이서**(spacer)는 거푸집과 철근 사이의 간격을 유지하기 위한 간격재이다.
- **폼타이**는 거푸집을 조일 때 사용하는 철물이다. 또한, 박리제는 폼오일(form oil)이라고도 한다.

06 먼셀의 표색계는 색을 나타내기 위해서 색상, 명도, 채도의 순으로 나타내고, **5R 4/14 중 R은 색상, 4는 명도, 14는 채도를 의미**하며, 기본색은 빨강, 노랑, 녹색, 파랑, 보라 등 5가지의 색이다.

07 **현관의 벽체는 고명도, 고채도의 색채를 사용하고, 현관의 바닥은 저명도, 저채도의 색채로 계획**하는 것이 바람직하다.

08 **부엌 작업대의 높이는 80~85cm가 적당**하고, 작업의 흐름 순서는 한쪽(오른쪽에서 왼쪽)으로 이동하도록 한다.

09 **복층형 아파트**는 문간층(거실, 부엌 등), 위층(거실)으로 계획하므로 **다른 평면형의 상·하층을 서로 포개**게 되므로 구조, 설비 등이 복잡해지고 설계가 어렵다.

10 **동자기둥, 통재 기둥, 샛기둥**
- **동자기둥**은 지붕보 위에 세워 중도리 종보 등을 받는 짧은 기둥이다.
- **통재 기둥**은 부재를 잇지 않고 2층 이상까지 하나의 부재로 된 기둥으로 건축물의 모서리 또는 교차되는 부분에 사용된다.
- **샛기둥**은 본기둥과 본기둥 사이에서 벽체의 바탕으로 배치하는 작은 기둥이다.

11 **고가 탱크 방식**은 우물물 또는 상수를 일단 지하 물받이 탱크(receiving)에 받아 이것을 양수 펌프에 의해 건물 옥상 또는 높은 곳에 가설한 탱크로 양수하여 그 수위를 이용해 탱크에서 밑으로 세운 급수관에 의해 급수하는 방식으로 장점은 **항상 일정한 수압으로 급수**할 수 있고, **단수 시에도 일정량(탱크의 저수량)의 급수**를 계속할 수 있으며, **대규모 급수 설비에 가장 적합한 방식**이다.

12 **화강암**
- **화강암**은 화성암의 대표적인 심성암으로, 성분은 석영, 장석, 운모, 휘석, 각섬석 등이고, **석질이 견고(압축 강도 1,500 kg/cm² 정도)하며** 풍화 작용이나 **마멸에 강하다**. 바탕색과 반점이 아름다울 뿐만 아니라 석재의 자원도 풍부하므로 **건축 토목의 구조재**, 내·외장재 및 **콘크리트용 골재로 많이 사용**된다.
- **내화도가 낮아서 고열을 받는 곳에는 적당하지 않으며**, 세밀한 조각이 필요한 곳에는 가공이 불편하여 적당하지 않다. 또한, 질이 단단하고, 내구성 및 강도가 크고, 외관이 수려하며, 절리가 비교적 커서 큰 판재를 얻을 수 있다. 다만, 너무 단단하여 조각 등에는 부적당하다.

13 **압입식(제2종 환기)**은 급기는 송풍기, 배기는 배기구로서 환기량은 일정하고, 실내·외 압력차는 정압이며, **흡출식(제3종 환기)**은 급기는 급기구, 배기는 배풍기로서 환기량은 일정하고, 실내·외 압력차는 부압이다.

14 전기 설비에서 **간선의 배선 방식에는 평행식, 나뭇가지식 및 평행식과 나뭇가지식의 병용식(루프식)** 등이 있고, **군관리 방식**은 엘리베이터 운전 방식의 일종이다.

15 자동 화재 탐지 설비의 감지기 종류에는 열감지기(차동식, 보상식 및 정온식)와 연기 감지기(광전식, 이온화식 등) 등이 있다.

16 A열 제도지의 크기(An)=A0×$(\frac{1}{2})^n$이다. A2의 용지는 n=2이므로, **A2**=A0×$(\frac{1}{2})^2$=**A0의** $\frac{1}{4}$이다.
그러므로 **A2 용지**=A0 용지의 1/4=A1 용지의 1/2=(841−1)×1/2mm×594=**420×594mm**이다.

17 **글자 쓰기**에서 글자는 명확하게 하고, 문장은 왼쪽에서부터 가로쓰기를 원칙으로 하며(다만, 가로쓰기가 곤란할 때에는 세로쓰기도 무방), **글자체는 고딕체로 하며, 수직 또는 15° 경사로 쓰는 것을 원칙**으로 한다.

18 **1소점 투시도**는 화면에 그리려는 물체가 화면에 대하여 평행 또는 수직이 되게 놓여지는 경우로 소점이 1개가 되고, **실내 투시도 또는 기념 건축물과 같은 정적인 건물의 표현에 효과적**이며, 3소점 투시도는 물체가 돌려져 있고 화면에 대하여 기울어져 있는 경우로, 화면과 평행한 선이 없으므로 소점은 3개가 된다.

19 표제란은 반드시 설정하여야 하며, **표제란의 표기 사항에는 도면 번호 및 명칭**, 공사 명칭, **축척**, 설계 책임자의 서명, 설계자의 성명, **도면 작성 기관의 명칭, 도면 작성 연월일** 및 도면 분류 기호 등을 기입한다. 표제란의 위치는 일반적으로 도면의 우측 하단으로 하며, 오른쪽 끝 일부 및 도면의 아래쪽 일부를 사용하기도 한다.

20 **조적 구조 벽체의 제도 시 요구되는 사항은 구성 재료의 치수, 종류 및 벽체의 두께 등이고, 토대는 목구조에 사용되는 부재**로서 기초 위에 가로 놓아 기둥을 고정하는 벽체의 최하 수평 부재이다.

21 **지반의 허용 지내력도**

(단위 : kN/m²)

지반		장기 응력에 대한 허용 지내력도	단기 응력에 대한 허용 지내력도
경암반	화강암, 섬록암, 편마암, 안산암 등의 화성암 및 굳은 역암 등의 암반	4,000	장기 응력에 대한 허용 응력도 값의 1.5배로 한다.
연암반	편암, 판암 등의 수성암의 암반	2,000	
	혈암, 토단반 등의 암반	1,000	
자갈		300	
자갈과 모래의 혼합물		200	
모래 섞인 점토 또는 롬토		150	
모래 또는 점토		**100**	

22 **캔틸레버 구조**는 한쪽만을 고정(고정 지점)시키고, 다른 끝은 돌출시켜(자유단) 그 위에 하중을 지지하도록 한 구조이고, **조적식 구조**는 개별적 재료(벽돌, 블록, 돌 등)를 석회나 시멘트 등의 접착제를 이용하여 구조체를 만드는 구조이며, **습식 구조**는 건축 시공 시 현장에서 공정상 물을 사용하여 구조체를 완성하는 방식이다.

23 **목구조의 단점**에는 **큰 단면이나 긴 부재를 얻기 힘든 점**이 있다.

24 동바리마루 구조는 장선, 멍에, 동바리 등을 짜 맞추어 만든 마루로서 동바리는 멍에에 짧은 장부 맞춤으로 하여 큰 못 또는 꺾쇠치기로 하고, 멍에는 내이음으로 주먹장 이음 또는 메뚜기장 이음으로 하며, 장선은 멍에에 걸침턱으로 맞춘다. 특히, **동바리는 동바리돌 위에 수직재로 설치**한다.

25 **바름 반자**는 반자틀에 졸대를 못박아 대고, 그 위에 수염을 약 30cm²에 하나씩 박아 느리고 회반죽 또는 플라스터를 바른 반자이다. **우물 반자**는 반자틀을 격자 모양으로 하고, 서로 +자로 만나는 곳은 연귀 턱맞춤으로 하며, 이음은 턱솔 또는 주먹장으로 한 반자이다. **널반자**는 반자틀을 짜고 그 밑에 널을 쳐올려 못박아 붙여대는 반자이다.

26 ①은 **박공지붕**, ②는 **모임지붕**, ③은 **솟을지붕**이다.

27 벽돌조 기초에서 **콘크리트 기초판의 두께는 그 너비의 1/3 정도(보통 20~30cm)**로 하고, 벽돌면보다 10~15cm 정도 내밀고 철근을 보강하기도 한다.

28 벽돌조에 있어서 각 층의 대린벽으로 구획된 벽에서 **개구부 너비의 합계는 그 벽 길이의 1/2 이하**로 하고, 개구부 바로 위에 있는 개구부와의 수직 거리는 60cm 이상으로 하여야 하므로, 7×1/2＝3.5m 이상이다.

29 **보강 블록조의 내력벽의 벽량**(내력벽 길이의 총 합계를 그 층의 건물면적으로 나눈 값, 즉 단위 면적에 대한 그 면적 내에 있는 내벽력의 비)은 보통 15cm/m² 이상으로 하고, 내벽력의 양이 증가할수록 횡력에 대항하는 힘이 커지므로 큰 건물일수록 **벽량을 증가시킬 필요**가 있다.

30 **석재의 용도에 따른 분류**에는 **구조용**(하중을 받는 곳에 쓰이는 것으로서 기초돌과 장석), **마감용**(외장용으로는 화강암, 안산암, 점판암 등이 쓰이고, 내장용으로는 대리석, 사문암, 응회암 등) 및 **골재**(모르타르, 콘크리트에 혼합한 것으로서 자갈, 모래, 황호석, 석면 등) 등이 있다.

31 현장치기 콘크리트의 피복 두께에서 **옥외의 공기나 흙에 접하지 않는 경우의 보, 기둥**은 40mm 이상이다.

32 **건축물의 작은 보 배치**에 있어서 **큰 보의 사이에 짝수를 배치하면 중앙 부분의 집중 하중에 의한 휨 모멘트를 줄일 수 있으므로 유리**하다.

33 철근 콘크리트 압축 부재에서 **직사각형 및 원형 단면의 띠철근 내부의 축방향 주철근의 개수는 4개 이상**이고, 삼각형 띠철근 내부의 철근의 경우는 3개, 나선 철근으로 둘러싸인 철근의 경우는 6개로 하여야 한다.

34 **무량판(플랫 슬래브) 구조의 바닥판의 두께는 150mm(＝15cm)이상**으로 한다. 단, 지붕 바닥판은 이 제한에 따르지 않아도 좋으나, 일반 바닥판의 최소 두께 이하로 해서는 안 된다.

35 **철골(강)구조의 특성 중 화재에 약한 단점, 즉 내화성이 부족한 단점**이 있다.

36 **엔드 탭**은 철골 부재의 용접의 처음과 끝에서 결함이 생기지 않도록 하기 위한 보조판으로 용접 후에 제거하는 판이고, **뒷댐재**는 루트 부분에 아크가 강하여 녹아떨어지는 것을 방지하기 위한 보조판이다. **스캘럽**은 철골 부재의 용접 시 이음 및 접합 부위의 용접선이 교차되어 재용접된 부위가 열 영향을 받아 취약해지기 때문에 모재에 부채꼴 모양의 모따기를 한 것이다.

37 **허니컴 보**는 H형강의 웨브를 절단하여 웨브에 육각형의 구멍이 생기도록 하여 다시 용접합 보이고, **래티스 보**는 상·하 플랜지에 ㄱ자 형강을 대고, 플랜지에 웨브재를 직각으로 접합한 보이다. **플레이트 보(판 보)**는 L형강과 강판 또는 강판과 강판을 조립하여 형강보보다 훨씬 큰 단면 성능을 지니도록 한 보이다.

38 FSD는 Fire Steel Door의 약자로서 **방화문을 의미**하며, 방화문은 건축물 내의 화재 발생 시 피해를 줄이고, 불의 확산을 방지하기 위하여 방화구역에 설치하는 문이다.

39 셸 구조, 현수 구조, 입체 트러스 구조

셸 구조	**셸 구조**는 곡률을 가진 얇은 판으로써 주변을 충분히 지지시키면 면에 분포하여 하중을 인장과 압축과 같은 면내력으로 전달시키는 역학적 특성을 가지고 있으므로 가볍고 강성이 우수한 구조 시스템이며, 큰 공간을 덮는 지붕이나 액체를 담는 용기 등에 널리 사용되고 있다.
현수 구조	**현수 구조**는 구조물의 주요 부분을 매달아서 인장력으로 저항하는 구조물이다. 건물의 1층에 기둥이 없는 공간을 만들기 위하여, 상부에 기둥이 없는 공간을 만들기 위하여 상부에서 기둥으로 전달되는 하중을 케이블 형태의 부재가 지지하고 있다.
입체 트러스 구조	**입체 트러스 구조**는 모든 방향으로 이동이 구속되어 있어서 평면 트러스보다 큰 하중을 지지할 수 있다. 입체 트러스의 최소 유닛(unit)은 삼각형 또는 사각형이고, 이것을 조합한 것도 있다. 건축 구조물에서 입체 트러스는 체육관이나 공연장과 같이 넓은 대형 공간의 지붕 구조물로 많이 사용된다.

40 **트러스 보**에서 상현재(upper chord member)와 하현재(lower chord member)의 연결부 역할을 하는 부재는 **웨브재**(web member)이다.

41 현대 건축 재료의 세 가지 요구 조건은 고성능화(저품질을 고품질), 생산성[구공법을 합리화(에너지 절약형)], 공업화(**수작업, 현장시공을 기계화, 프리패브화**) 등이다.

42 세로 방향의 변형에 대한 가로 방향의 변형의 비를 푸아송비($\frac{1}{m} = \frac{\beta(\text{가로 변형도})}{\varepsilon(\text{세로 변형도})}$)라 하고, 푸아송비의 역수를 푸아송수라고 한다.

43 소나무, 삼송나무 및 잣나무 등은 침엽수에 속하고, **단풍나무는 활엽수**에 속한다.

44 ①은 **자연 발화점**, ③은 **용융점**, ④는 **연화점**의 설명이다.

45 **슬라이스드 베니어**는 상하 또는 수평으로 이동하는 너비가 넓은 대팻날로 얇게 절단한 것으로 합판의 표면에 곧은결 등의 아름다운 결을 장식적으로 사용할 때 사용한다. **소드 베니어**는 판재를 만드는 것과 같이 얇게 톱으로 켜내는 베니어로 아름다운 결을 얻을 수 있다.

46 **화산암**에는 안산암(휘석, 각섬, 운모, 석영 안산암), 석면, 조면암 등이 있고, **화강암에 비해 압축 강도가 작다.**

47 **부석**은 마그마가 급속히 냉각될 때 가스가 방출하면서 다공질의 유리질로 된 석재로서 비중이 0.7~0.8 정도로 석재 중 가장 가벼운 석재이다. **탄각**은 석탄을 때고 나오는 재 중의 덩어리 진 것이며, **펄라이트**는 진주암, 흑요암, 송지석 또는 이에 준하는 석질(유리질 화산암)을 포함한 암석을 분쇄하여 소성, 팽창시켜 제조한 백색의 다공질 경석이다.

48 벽돌의 구분

구분	1종	2종
흡수율(% 이하)	10% 이하	15% 이하
압축 강도(N/mm^2)	24.50 이상	**14.70 이상**

49 포졸란, 플라이 애시, 광재(슬래그)
- **포졸란**은 화산회 등의 광물질(실리카질) 분말로 된 콘크리트 혼화 재료의 일종이다.
- **플라이 애시**는 세립의 석탄재로서 콘크리트의 혼화 재료로 쓰이는 규산질 물질로 포졸란의 일종이다.

- 광재(슬래그)는 용광로에서 철광을 제련할 때 생성되는 비금속성 생성물로 주성분은 규산염, 석회질, 규산반토 등의 염기물로 이루어진 것이다.

50 **고로 시멘트**는 건조에 의한 수축은 일반 포틀랜드 시멘트보다 크나, **수화할 때 발열이 적고(초기 강도가 적고)**, 화학적 팽창에 뒤이은 수축이 적어서 종합적으로 균열이 적다. **댐공사, 매스 콘크리트 공사에 적합**하고, 비중(2.85 이상)이 작으며, **바닷물에 대한 저항이 크다.**

51 보통 **콘크리트의 인장 강도**는 **압축 강도의 1/9~1/13 정도**이고, 경량 콘크리트의 인장 강도는 압축 강도의 1/9~1/15 정도이다.

52 **응결, 강화 조절제, 방청제, 기포제**
- **응결, 경화 조절제**는 시멘트의 수화 반응에 영향을 끼쳐서 모르타르나 콘크리트의 응결 시간이나 초기 수화 촉진 또는 지연시킬 목적으로 사용하는 혼화제이다.
- **방청제**는 콘크리트 내부의 철근이 콘크리트에 혼입되는 염화물에 의해 부식되는 것을 억제하기 위해 이용되는 혼화제이다.
- **기포제**는 콘크리트의 경량, 단열, 내화성 등을 목적으로 사용되는 혼화제이다.

53 **콘크리트의 강도** 중에서는 **압축 강도가 가장 크고**, 그 밖의 인장 강도, 휨 강도, 전단 강도는 압축 강도의 1/10~1/5에 불과하다.

54 **강재의 온도에 의한 강도의 영향**은 0~250℃ 사이에서는 강도가 증가하고, **약 250℃에서는 최대**이며, 500℃에서는 0℃일 때 강도의 1/2로 감소한다. 또한, 600℃에서는 0℃일 때 강도의 1/3로 감소하고, 900℃에서는 0℃일 때 강도의 1/10로 감소한다.

55 **금속의 방식법** 중 **도료나 내식성이 큰 금속으로 표면에 피막을 만들어 보호하는 방법**에는 방청 도료, **아스팔트 및 콜타르를 칠하고, 법랑을 올리거나, 내구·내식성이 있는 금속으로 도금**하며, 금속의 표면을 화학적으로 방식 처리하는 방법이 있다. 또한, 알루미늄에는 알루마이트, 철재에는 사삼산화철과 같은 치밀한 산화 피막을 표면에 형성하게 하고, **모르타르나 콘크리트로 강재를 피복**한다. **AE제는 시멘트 혼화제로서 철제의 부식 방지와는 무관**하다.

56 **유리의 종류**

안전유리	• **접합 유리**는 투명 판유리 2장 사이에 아세테이트, 부틸셀룰로오스 등 합성수지막을 넣어 합성수지 접착제로 접착시킨 유리이다. • **강화 판유리**는 유리를 500~600℃의 연화점 근처까지 가열한 다음 특수 장치를 이용하여 균등하게 급격히 냉각시킨 유리이다. • **배강도 유리**는 판유리를 열처리하여 유리 표면에 적절한 크기의 압력 응력층을 만들어 파괴 강도를 증대시키고, 파손되었을 때 재료인 판유리와 유사하게 깨지도록 한 유리이다.
특수 유리	• **형판 유리**는 판유리의 한 면에 각종 무늬를 입힌 것으로 2~5mm 정도의 반투명 유리이다.

57 **합성수지의 분류**

열경화성 수지	**페놀(베이클라이트) 수지, 요소 수지, 멜라민 수지, 폴리에스테르 수지**(알키드 수지, 불포화 폴리에스테르 수지), 실리콘 수지, **에폭시 수지** 등
열가소성 수지	**염화·초산비닐 수지, 폴리에틸렌 수지**, 폴리프로필렌 수지, 폴리스티렌 수지, ABS 수지, **아크릴산 수지**, 메타아크릴산 수지
섬유소계 수지	셀룰로이드, 아세트산 섬유소 수지

58 **유성 페인트의 특성**은 ②, ③, ④ 외에 값이 싸고, 비교적 두꺼운 도막을 만드나 **건조 시간이 늦고(길고)**, 일반적인 도막의 성질(내후성, 내약품성, 변색성 등)이 나쁘다.

59 미장 재료 중 **수경성**의 재료에는 **시멘트계**(시멘트 모르타르, 인조석, 테라초 현장 바름 등)와 **석고계 플라스터**(혼합, 보드용, 크림용 석고, 킨스 시멘트 등)가 있고, **기경성**의 재료에는 **석회계 플라스터**(회반죽, **회사벽**, **돌로마이트 플라스터** 등), 흙반죽과 섬유벽 등이 있다.

60 **아스팔트 유제**는 아스팔트를 미립자로 하여 수중 또는 수용액 중에 분산시킨 것으로 간단한 방수 공사에 사용한다. **아스팔트 펠트**는 유기질의 섬유(양털, 무명, 삼, 펠트 등)로 원지포를 만들어, 이것에 스트레이트 아스팔트를 침투시켜 롤러로 압착하여 만든 것이다. **아스팔트 루핑**은 아스팔트 펠트의 양면에 아스팔트 콤파운드를 피복한 다음, 그 위에 활석 또는 운석 분말을 부착시킨 것이다.

01	④	02	④	03	②	04	③	05	③	06	①	07	②	08	③	09	③	10	②
11	②	12	③	13	③	14	④	15	③	16	②	17	④	18	③	19	③	20	③
21	②	22	③	23	④	24	③	25	④	26	①	27	③	28	②	29	③	30	④
31	③	32	①	33	③	34	④	35	③	36	④	37	③	38	④	39	①	40	④
41	④	42	①	43	④	44	③	45	②	46	①	47	③	48	①	49	③	50	②
51	①	52	②	53	②	54	①	55	③	56	②	57	②	58	④	59	④	60	④

01 건축 계획 과정에서 가장 먼저 이루어지는 사항은 **대지의 조건 파악과 주위 환경의 분석**이다.

02 ①은 **대지 면적**, ②는 **엘리베이터 설치 대상 건축물**, ③은 **연면적**을 의미한다.

03 주거면적

(단위 : m²/인 이상)

구분	최소한 주택의 면적	콜로뉴 (cologne) 기준	숑바르 드 로브(사회학자)			국제주거회의 (최소)
			병리기준	한계기준	표준기준	
면적	10	16	8	**14**	16	15

04 먼셀의 표색계에서는 R(빨강), Y(노랑), G(녹색), B(파랑), P(보라)의 **5색을 주가 되는 색으로 하고**, 그 중간의 YR(주황), GY(연두), BG(청록), PB(남색), RP(자주)의 5색을 합한 10개의 순색을 기준으로 한다.

05 RC(Reinforced Concrete) 구조는 철근 콘크리트 구조, S.R.C.(Steel encased Reinforced Concrete) 구조는 **철골 철근 콘크리트 구조**, PS(Prestress Concrete) 구조는 미리 인장력을 주어 압축력을 작용시킴으로써 구조물의 인장력에 대항하는 구조이다.

06 연변(경계) 대비, 한난 대비, 동시 대비
- **연변(경계) 대비**는 동시 대비 중에서 색과 색이 접하는 경계 부분에서 강한 색채 대비가 일어나는 현상이다.
- **한난 대비**는 색이 차고 따뜻함에 변화가 오는 현상이다.
- **동시 대비**는 시간차가 없이 두 색 이상을 동시에 놓고 보았을 때 서로의 색의 영향으로 색의 3속성인 색상, 명도, 채도 등이 다르게 보이는 현상이다.

07 주택의 평면 계획에서 **각 실의 상호 관계가 깊은 것은 인접**시키고, 상호관계가 낮은 것은 격리시킨다.

08 **부엌의 위치**는 항상 쾌적하고, 일광에 의한 소독을 할 수 있는 남쪽과 동쪽이 좋으며, 식사실과 인접하고, 작업 중 어린이의 놀이 등을 관찰할 수 있는 곳이면 더욱 좋다. **서쪽은 여름철 오후에 음식물을 쉽게 상하게 하므로 반드시 피해야 한다.**

09 **복층형 아파트**는 한 주호가 두 개 층에 나누어 구성되어 있고, 독립성과 전용 면적비가 좋으나, 소규모(50m² 이하) 주거에는 부적합하다. 또한, **주호 내의 변화를 줄 수 있고**, 공용 통로를 절약할 수 있어 임대 면적이 증대되며, 주·야간의 생활 공간을 분리할 수 있다.

10 **절충식 지붕틀**은 처마도리 또는 직접 기둥 위에 보를 걸쳐 대고, 그 위에 대공을 세워 서까래를 받치는 중도리를 댄 것으로 역학적으로 좋지 않은 구조이다. 각 부재는 비교적 굵은 재료가 필요하나, **조립이 간단하고 용이하기 때문에 작은 건물에 많이 쓰인다.**

11 **압력 탱크 방식**(수도 본관으로부터의 인입관 등에 의해 일단 물받이 탱크에 저수한 다음 급수 펌프로 압력 탱크에 보내면 압력 탱크에서 공기를 압축 가압하여, 그 압력에 의해 물을 건축 구조물 내의 필요한 곳으로 급수하는 방식)은 조작상 **최고·최저의 압력차가 크므로 급수압이 일정하지 않다.**

12 **법랑**은 광물을 원료로 만든 유리질의 유약으로 금속그릇이나 사기그릇 등의 표면에 발라 구우면 밝은 윤기가 나며 녹이 슬지 않는다.

13 **실내 환기의 척도**는 **이산화탄소의 농도를 기준**으로 한다. 즉, 공기 중의 이산화탄소량은 실내 공기 오염의 척도가 된다.

14 **변압기, 콘덴서(축전기), 분전반**
  • **변압기**는 전기 기기의 하나로서 전압을 임의로 바꾸는(올리거나 내리거나 등) 장치이다.
  • **콘덴서(축전기)**는 전기의 도체에 다량의 전기량을 축적하여 두는 기기이다.
  • **분전반**은 소형의 배전반으로 빌딩과 같이 많은 방을 가지는 곳에서 각 방의 가스나 전력에 대하여 배선할 때 분기 회로용의 개폐기나 보안 장치를 소형 배전반에 만들어 놓고, 각 구간 또는 한 개소에서 취급할 수 있도록 한 것을 말한다.

15 **한국 산업 규격**

부문	기본	기계	전기	금속	광산	건설	일용품	식료품	환경	섬유	요업	화학	의료	항공 우주
기호	A	B	C	D	E	F	G	H	I	K	L	M	P	W

16 제도 용지의 크기(An)=A0×$(\frac{1}{2})^n$이다. 그런데 n=2이므로, **A2**=$\frac{1}{4}$**A0**이다.

17 건축 도면의 글자 및 치수에서 **치수는 치수선에 평행**하게 도면의 **왼쪽에서 오른쪽으로 읽을 수 있도록 기입**한다.

18 정투상법에는 제1각법(눈 – 물체 – 투상면의 순으로 투상면의 앞쪽에 물체를 놓게 된다.)과 제3각법이 있으며, **건축 제도 통칙**에서는 제3각법(눈 – 투상면 – 물체의 순으로 투상면의 뒤쪽에 물체를 놓는다.)**을 원칙**으로 한다.

19 **표제란**은 반드시 설정하여야 하며, 표제란에는 도면 번호, 공서 명칭, 축척, 설계 책임자의 서명, 설계자의 성명, 도면 작성 날짜 및 도면 분류 기호 등을 기입한다. 표제란의 위치는 일반적으로 **도면의 우측 하단**으로 하며, **오른쪽 끝 일부 및 도면의 아래쪽 일부를 사용**하기도 한다.

20 조적조 벽체의 제도 순서는 ㉠ → ㉢ → ㉡ → ㉣의 순이다.

21 **일체식 구조**는 전 구조체(기둥, 보, 벽, 지붕 및 바닥 등)를 일체로 만드는 구조로서 **철근 콘크리트 구조, 철골 철근 콘크리트 구조** 등이 있다. **목구조는 가구식 구조**이다.

22 지반의 허용 응력도를 보면, **자갈은 300kN/m²**, **모래는 100kN/m²**, **연암반은 1,000~2,000kN/m²**, **모래 섞인 점토는 150kN/m²**이다.

23 목재는 **함수율의 증감에 따라 팽창과 수축으로 인하여 변형(갈림, 휨, 뒤틀림 등)이 생기는 것이 가장 큰 단점**이나, 섬유포화점 이상에서는 팽창과 수축 및 강도의 변화가 없다.

24 **맞댄 쪽매**는 널 옆을 서로 맞대어 깔거나 붙여 대는 쪽매이고, **반턱 쪽매**는 널의 옆을 부재 두께의 반만큼 턱지게 깎아서 서로 반턱이 겹치게 물리는 쪽매이며, **딴혀 쪽매**는 널의 양 옆에 홈을 파고 혀를 따로 끼워 댈 수 있게 한 쪽매이다.

25 반자의 구조

[반자틀]

26 **지붕 물매**(빗물의 흐름이 잘 되도록 두는 경사)**의 결정 요소**에는 건축물의 용도, 간사이의 크기, **지붕의 크기**와 **형상**, 지붕이기 재료, **지붕 재료의 성질**, 1개의 크기, 지붕 흐름면의 길이, **강우량의 다소** 등이 있다.

27 조적식 구조인 내력벽의 기초(최하층의 바닥면 이하에 해당하는 부분)를 연속 기초로 하고, 기초 중 기초판은 철근 콘크리트 구조 또는 무근 콘크리트 구조로 하며, **기초벽의 두께**는 **250mm 이상**으로 하여야 한다.

28 각 층의 대린벽으로 구획된 벽에서 **개구부 너비의 합계는 그 벽 길이의 1/2 이하**로 하고, 개구부 바로 위에 있는 개구부와의 수직 거리는 60cm 이상으로 한다.

29 내력벽 길이의 총 합계를 그 층의 바닥 면적으로 나눈 값을 벽량이라고 하는데, **보강 블록조의 내력벽의 벽량은 15cm/m² 이상**으로 한다.

30 ①은 꺾쇠 이음은 **꺾쇠**, ②는 은장 이음은 **은장**, ③은 촉이음은 **촉을 사용**하나, ④는 **제혀 이음**은 돌의 이음부에 제혀(돌의 한 옆에 제물로 혀를 만들고, 딴 옆에 홈을 파 끼우는 방식)를 만들므로 연결 철물을 사용하지 않고, **석재만을 이용하는 이음**이다.

31 **기초보**란 기초와 기초를 연결하는 보로서 독립 기초 상호 간을 연결하고, 주각의 이동과 회전을 구속하며, 지진시에 주각에서 전달되는 모멘트에 저항하는 역할을 하므로, **기둥 및 기초의 부동침하를 방지하는 역할**을 한다.

32 ②의 상태로 된 보를 **단순보**라고 한다. 내민보의 철근 배근은 내민 부분에는 상부에, 단순보의 부분에는 하부에 배근하며, 전단력의 보강을 위해서는 늑근을 배근한다.

33 보나 기둥의 부재에서 철근의 이음은 재료, 운반 거리 등의 이유로 반드시 생기게 마련이고, 중요 부재의 이음 위치는 응력이 작은 부분에 두어야 하며, **원칙적으로 D35를 초과하는 철근은 겹침 이음을 하지 않는다.**

34 **슬래브의 두께는 8cm 이상**(경량 콘크리트는 10cm 이상) 또는 산정식에 의한 값 이상으로 하여야 한다.

35 **철골 구조의 단점**은 열에 약하고 고온에서는 강도가 저하되기 때문에 **내화**에 특별한 주의가 필요하고, 접합에 유의하여야 하며, 부재가 세장하기 때문에 **변형**이나 **좌굴**이 생기기 쉽다. 또한, 일반적으로 **녹(부식)**이 슬기 쉬우므로 녹막이 처리가 필수적이다.

36 **전단(단순)접합**은 접합부의 회전이 단순보의 재단과 같이 휨 모멘트에 대하여 충분히 회전할 수 있도록 연성이 요구되는 접합이다. **강접 접합부는 접합부가 모멘트 내력을 가지고 부재의 연속성이 유지되도록 충분한 회전 강성을 갖는 접합**(축방향력, 전단력 및 모멘트)으로 대표적인 강접합의 형태에는 확장 엔드플레이트 접합, 스플릿 티 접합 등이 있다.

37 **스틸 하우스의 특성**은 ①, ② 및 ④ 외에 **결로 현상이 발생하는 단점**이 있다.

38 **인장철근**은 인장력에 저항하는 철근이고, **압축철근**은 압축력에 저항하는 철근이며, **전단철근**은 전단력에 저항하는 철근이다. 이형철근은 형태에 의한 분류로 볼 수 있다.

39 **현수 구조**는 구조물의 주요 부분을 매달아서 인장력으로 저항하는 구조이고, **곡면판 구조**는 부재의 형상에 의한 분류의 하나로 판이 곡면형으로 된 구조물이다. **입체 트러스 구조**는 2차원의 트러스(축방향만으로 힘을 받는 직선재를 핀으로 결합하여 효율적으로 힘을 전달하는 구조)를 평면 또는 곡면의 2방향으로 확장시킨 구조이다.

40 트러스 부재의 응력

구분	하우(왕대공) 트러스	플랫 트러스
인장재	하현재, 수직재	하현재, 경사재
압축재	상현재, 경사재	상현재, 수직재

41 **현대 건축 재료의 세 가지 요구 조건**은 **고성능화**(건축물의 종류가 다양화·대형화·고층화되고, 건축물의 요구 성능이 고도화됨), **생산성**(에너지 절약화와 능률화), **공업화**(건설 작업의 기계화, **공장 시공**, 합리화)이다.

42 **모스 경도**는 재료의 긁힘(마멸)에 대한 저항성을 나타내는 것으로서, 주로 유리 및 석재의 경도를 표시하는 데 사용한다.

재료에서 횡방향의 변형의 축방향의 변형에 대한 비, 즉, $\dfrac{1}{m} = \dfrac{\beta(가로\ 변형도)}{\varepsilon(세로\ 변형도)}$ = 푸아송의 비이고, 푸아송의 수는 푸아송의 비의 역수이다.

43 참나무, 느티나무, 벚나무는 **활엽수**에 속한다.

44 목재의 연소

온도	100℃	180℃ 전후	260~270℃	400~450℃
현상	수분 증발	가연성 가스 발생(인화점)	가연성 가스의 다량 발생 (착화점, 화재 위험 온도)	자연 발화가 되는 점 **(자연 발화점)**

45 **슬라이스드 베니어**는 상·하 또는 수평으로 이동하는 너비가 넓은 대팻날로 얇게 절단한 것으로 합판의 표면에 곧은결 등의 아름다운 결을 장식적으로 사용할 때 사용한다. **소드 베니어**는 판재를 만드는 것과 같이 얇게 톱으로 켜내는 베니어로 아름다운 결을 얻을 수 있다.

46 석회암, 응회암, 사암
- **석회암**은 화강암이나 동·식물의 잔해 중에 포함되어 있는 석회분이 물에 녹아 침전되어 퇴적, 응고된 석재이다.
- **응회암**은 화산재, 화산 모래 등이 퇴적·응고되거나, 물에 의하여 운반되어 암석 분쇄물과 혼합되어 침전된 석재이다.
- **사암**은 석영질의 모래가 압력을 받아 규산질, 산화철질, 탄산석회질, 점토질 사암 등의 교착제에 의해 응고, 경화된 석재이다.

47 점판암, 석회석, 화강암
- **점판암**은 이판암(점토가 강물에 녹아 바다 밑에 침전, 응결된 석재)이 오랜 세월 동안 지열, 지압으로 인하여 변성되어 층상으로 응고된 석재이다.
- **석회석**은 석질이 치밀, 견고하나 내산성, 내화성이 부족하여 석회나 시멘트의 원료로 사용한다.
- **화강암**은 내화도가 낮아서 고열을 받는 곳과 세밀한 조각이 필요한 곳에는 가공이 불편하여 적당하지 않으나, 질이 단단하고 내구성 및 강도가 크며 절리가 큰 석재이다.

48 점토 벽돌의 품질 결정은 **압축 강도**와 흡수율로 판정한다.

49 시멘트의 단위 용적 중량은 **1,500kg/m³**로 본다.

50 **고로 시멘트**는 건조에 의한 수축은 일반 포틀랜드 시멘트보다 크나, **수화할 때 발열이 적고(초기 강도가 낮고, 장기 강도가 높다)**, 화학적 팽창에 뒤이은 수축이 적어서 종합적으로 균열이 적다. **댐공사, 매스 콘크리트 공사에 적합**하고, **비중(2.85 이상)이 작으며, 바닷물에 대한 저항이 크다.**

51 이형 철근에서 표면에 마디와 리브를 만드는 이유는 콘크리트와 접착면을 증대시켜 **부착 강도를 높이기 위함**이다.

52 AE제(콘크리트 내부에 미세한 독립된 기포를 발생시켜 콘크리트의 작업성 및 동결 융해 저항 성능을 향상시키기 위해 사용되는 화학 혼화제)는 **작업성, 동결 융해 작용에 대하여 저항(내구)성을 주기 위하여 사용**한다.

53 콘크리트 배합에서 물·시멘트 비와 가장 관계가 깊은 것은 콘크리트의 강도이다. 즉, 아브라함의 물·시멘트 비 설에 따르면, 물·시멘트 비가 작을수록 강도가 크고, 물·시멘트 비가 클수록 강도는 작아진다. 물·시멘트 비와 콘크리트 강도는 서로 반비례한다.

54 담금질, 불림, 풀림
 • 담금질은 높은 온도로 가열된 강을 물 또는 기름 속에서 급히 냉각시키는 열처리 방법으로 강도와 경도가 증가한다. 저탄소강은 담금질이 어렵고 담금질의 온도가 높아지며 탄소 함유량이 클수록 담금질 효과가 커진다.
 • 불림은 강을 800~1,000℃로 가열한 다음 공기 중에서 냉각시키는 열처리 방법으로 가열된 것이 식으면 강철의 결정 입자가 미세하게 되어 변형이 제거되고 조직이 균일화된다.
 • 풀림은 강을 800~1,000℃로 가열한 다음 노 속에서 서서히 냉각시키는 열처리 방법으로 강의 결정이 미세화되는 동시에 연화되기도 한다.

55 금속의 방식법에 있어서 **부분적인 녹이 발생되면 즉시 처리**하여야 한다.

56 강화 판유리(유리를 500~600℃의 연화점 근처까지 가열한 다음 특수 장치를 이용하여 균등하게 급격히 냉각시킨 유리)는 **열처리를 한 후에는 절단 등 가공을 할 수 없다.**

57 염화비닐 수지, 폴리에틸렌 수지 및 아크릴 수지는 열가소성 수지(중합 반응, 열에 의하여 연화되며, 유기 용제에 녹는 성질)에 속하고, **멜라민 수지는 열경화성 수지**(축합 반응, 열과 용제에 녹지 않는 성질)에 속한다.

58 **수성 페인트**는 속건성이어서 작업의 단축을 가져오고, 내수·내후성이 좋아서 햇빛과 빗물에 강하며, **내알칼리성이라서 콘크리트면에 밀착이 우수**하다.

59 **결합재**는 고결재의 결함(수축 균열, 점성, 보수성의 부족 등)을 보완하고, 응결 경화 시간을 조절하기 위하여 쓰이는 재료로 모래, 종석, 경량 골재, 돌가루 등이 있다. **혼화재**는 방수, 내화, 단열 등의 효과를 얻기 위한 재료와 착색제, 촉진제, 급결제 등이 있으며, **보강재**는 균열 방지 등을 위하여 부분적으로 사용되는 여물, 풀, 수염과 와이어 라스, 메탈 라스 등이 있다.

60 **아스팔트의 품질을 판별**하는 품목에는 **연화점, 침입도**(아스팔트의 견고성 정도를 침의 관입에 대한 저항으로 평가), 침입도 지수, **신도, 감온비**(아스팔트의 온도에 따라 변하는 견고성의 정도), 증발량, 인화점, 취화점, 흘러내린 길이, **가열 안정성**, 사염화탄소 가용분 등이 있다.

01	②	02	②	03	③	04	①	05	①	06	①	07	③	08	③	09	③	10	④
11	④	12	④	13	③	14	②	15	③	16	④	17	②	18	②	19	①	20	②
21	②	22	③	23	③	24	①	25	③	26	①	27	④	28	④	29	③	30	④
31	③	32	①	33	③	34	④	35	②	36	④	37	③	38	③	39	②	40	③
41	④	42	②	43	③	44	④	45	③	46	①	47	①	48	④	49	④	50	④
51	④	52	①	53	①	54	③	55	③	56	①	57	③	58	①	59	②	60	②

01 건축물을 만드는 과정 중 가장 먼저 이루어져야 하는 것은 대지 조건 파악과 주위 환경의 분석 등이다.

02 대지라 함은 **지적법에 의하여 각 필지로 구획된 토지**를 말한다.

03 **개인공간**에는 **침실**(부부, 어린이, 노인 등), **서재** 등이 있고, **공동공간**에는 거실, 식당, **응접실** 등이 있다.

04 먼셀의 표색계는 색을 나타내기 위해서 색상, 명도 및 채도의 순으로 나타내며, 5R 1/14는 **빨강의 순색**은 색상 : R, 명도 : 1, 채도 : 14로 나타낸다.

05 **일교차**는 **하루 동안의 기온차**(최고 기온과 최저 기온의 차)**를 의미**하고, 연교차는 월평균 기온의 연중 최고치와 최저치의 차를 의미한다.

06 강성 골조 구조, 골조 전단벽 구조, 전단 코어 구조

강성 골조 구조	**강성 골조 구조**는 수평의 보와 수직인 기둥이 동일선상에 접합한 장방형 격자로 구성된 구조이다.
골조 전단벽 구조	**골조 전단벽 구조**는 횡하중에 견디기 위해서 골조 내에 전단벽을 사용한 구조이다.
전단 코어 구조	**전단 코어 구조**는 상업용 건축물과 같이 최대한 유동성을 필요로 하는 건축물의 크기와 용도에 따라 코어(수직 교통 시스템과 에너지 공급 시스템 등)에 집중시켜 전단벽 구조로 이용한 구조 형식이다.

07 **물을 사용하는 공간**(부엌, 욕실 및 화장실 등)이므로 **가능한 한 한 곳에 집중 배치를 하는 것이 유리**하다.

08 **다이닝 키친**(부엌의 일부분에 식사실을 두는 형태로, 부엌과 식사실을 유기적으로 연결시켜 노동력을 절감하기 위한 형태)은 **소규모 주택에 적합**하고 **동선**(주부의 노동력 절감)**이 단축**되며, **면적의 활용도**(공사비와 실면적의 절약)**가 높은 특성이** 있다.

09 **홀(계단실)형**은 계단실 또는 엘리베이터 홀에서 직접 단위 주거에 들어가는 형식이고, **편복도형**은 건물 한쪽의 긴 복도에서 단위 주거에 들어가는 형식이며, **플랫형**은 단위 주거가 1층만으로 되어 있는 것으로 같은 평면을 수직으로 중첩시킨 형식이다.

10 **직접조명의 장단점**

장점	• 조명률이 좋고 먼지에 의한 감광이 적으며, 자외선조명을 할 수 있다. • 설비비가 일반적으로 저렴하고 집중적으로 밝게 할 때 유리하다.
단점	• 글로브를 사용하지 않으면 **눈부심이 크고** 음영이 강하게 된다. • 실내 전체적으로 볼 때 밝고 어둠의 차이가 크다.

11 **급수 펌프**, **양수 펌프** 및 **순환 펌프** 등으로 건축 설비에 주로 사용되는 펌프는 **원심식 펌프**(임펠러가 원심력에 의해서 액체의 속도 형태로서 운동 에너지가 형성되는 펌프)이다.

12 **온수 난방**은 ①, ② 및 ③ 외에 난방 부하에 따른 온수 온도와 온수 순환 수량을 쉽게 조절할 수 있고, 방열기 표면의 온도가 낮아 부착된 먼지가 타서 냄새가 나는 일이 없으며, 보일러의 취급이 안전하고 용이한 장점이 있는 반면에 예열 시간이 길고, 증기 난방에 비해 방열 면적과 배관이 크므로 설비비가 많아진다. 특히, **열용량이 크기 때문에 온수 순환 시간이 길다.**

13 **문지방돌, 쌤돌, 인방돌**

문지방돌	문지방은 문턱이 되는 밑틀과 출입구 또는 창문 바닥의 목재 또는 석재의 인방을 말하고, 문지방돌은 출입문 밑에 문지방으로 댄 돌을 말한다.
쌤돌	창문틀 옆에 세워대는 돌 또는 벽돌벽의 중간 중간에 설치한 돌로서 돌구조와 벽돌구조에 사용하며 면접기나 쇠시리를 하고, 쌓는 일반 벽체에 따라 촉과 긴결철물로 긴결한다.
인방돌	인방(기둥과 기둥에 가로 대어 창문틀의 상하 벽을 받고, 하중은 기둥에 전달하며 창문틀을 끼워댈 때 뼈대가 되는 것)돌이란 개구부(창문 등) 위에 가로로 길게 건너대는 돌을 말한다.

14 **전력 퓨즈**는 전력 회로에 사용되는 퓨즈로서 주로 고전압 회로 및 기기의 단락 보호용으로 차단기와 같은 과전류 보호 장치이다. **릴레이**(전기 전자 제품의 구동과 신호 전달 기능을 수행하는 전자 부품)**와 변성기**(통신 전송계에 있어서 주로 임피던스 정합에 사용하는 기기)**는 필요 없다.**

15 시멘트의 응결 및 경화는 물·시멘트비가 낮을수록 빠르다.

16 건축 도면의 복사도를 보관, 정리 또는 취급상 접을 때에는 **A4를 기준**으로 하여 접는다.

17 건축 도면을 보관, 정리 또는 취급상 접을 때 도면의 크기는 **A4(210×297mm)의 크기를 원칙**으로 한다.

18 투상도에서 무한대의 거리에 설정된 **시점은 평행**하며, **소점은 존재하지 않고**, 어디에서도 모이지 않는 일정 방향에 대하여 **모두 평행이다.** 또한, 모든 **시점의 선들과 투영선은 주요 평면에 대해 직각을 이루고** 수직축, 수평축, 경사진 임의 축이 만들어 진다.

19 화살표의 크기는 선의 굵기와 조화 이루도록 하고, 도면에 표기된 기호는 치수 앞에 쓰며, **반지름은 R, 지름은 ∅로 표기**한다.

20 **1.0B 공간 쌓기의 벽 두께**
1.0B 공간 쌓기의 벽 두께 = **0.5B+공간의 치수+0.5B**=90mm+75mm+90mm=255mm

21 ①은 **조적식 구조**, ③은 **일체식 구조**, ④는 **습식 구조**에 대한 설명이다.

22 **지붕, 계단, 창호**
- **지붕**은 건축물의 최상부를 막아 비나 눈이 건축물의 내부로 흘러들지 못하게 하고, 실내 공기를 보호하는 부분으로 그 모양과 기울기가 다양하다.
- **계단**은 바닥의 일부로서 높이가 서로 다른 바닥을 연결하는 통로의 구실을 한다.
- **창호**는 채광과 통풍을 하는 창과 통행을 하는 문을 함께 부르는 것으로, 창호가 있는 곳을 개구부라고 한다.

23 **목구조 기둥의 종류**
목구조 기둥의 종류에는 **평기둥**과 **통재 기둥** 등이 있다.

평기둥	상부에서 내려오는 하중을 받아 토대에 전달하는 수직재로서 **각 층마다 별개로 되어 있는 기둥**으로 통재 기둥 사이에 배치한다.
통재 기둥	상부에서 내려오는 하중을 받아 토대에 전달하는 수직재로서 **밑층에서 위층까지 한 개의 부재로 되어 있는 기둥**으로 건축물의 모서리, 중간 요소(칸막이벽과 바깥벽이 만나는 부분)에 배치한다.

24 목구조에서 중층 건축물의 상·하층 기둥이 길게 한 부재로 된 것을 **통재 기둥**이라고 한다. **토대**는 기초 위에 놓아 상부에서 내려오는 하중을 기초에 전달하며, 기둥의 밑부분을 고정하는 역할을 하는 부재이다.

25 **처마도리, 샛기둥, 꿸대**
  - **처마도리**는 건물의 외벽에서 기둥 머리를 연결하고 지붕보를 받아 지붕의 하중을 기둥에 전달하는 가로재이다.
  - **샛기둥**은 본기둥과 본기둥 사이에 벽체의 바탕으로 배치한 기둥으로 가새의 휨 방지나 졸대 등 벽재의 뼈대로 배치한 기둥이다.
  - **꿸대**는 기둥, 동자기둥 등을 꿰뚫어 찌른 보강 가로재이다.

26 지면의 물매나 바닥의 물매 등의 물매가 작을 때에는 분자를 1로 한 분수로 표시하고, 지붕의 물매처럼 비교적 물매가 클 때에는 분모를 10으로 한 분수로 표시한다.

27 **줄눈의 종류**에는 **가로 줄눈**, **세로 줄눈**(통 줄눈, 막힌 줄눈) 및 **치장 줄눈** 등이 있다.

28 **벽돌 쌓기**에 있어서 **세로(수직) 규준틀의 표시 사항**에는 벽돌 한 켜의 높이, 각 층의 바닥 높이, 창문틀 위치, 아치, 나무 벽돌, 앵커 볼트의 위치 등이 있고, **개구부의 폭은 수평 규준틀에 표기**한다.

29 벽량은 보강 블록조의 내력벽 길이의 총 합계를 바닥 면적으로 나눈 값. 즉, 단위 면적당 그 면적 내에 있는 벽 길이의 비로서, **작은 건물일수록 벽량을 감소**시킬 수 있다.

30 **타일 나누기**에 있어서 **수도**, **전등의 위치**는 타일의 중앙 부분에 위치하면 구멍 뚫기가 곤란하므로, **타일의 가장자리(+자로 교차되는 줄눈)에 위치**하도록 한다.

31 **꺾쇠, 컬럼 밴드, 듀벨, 스페이서**

꺾쇠	• 꺾쇠는 강봉 토막의 양 끝을 뾰족하게 하고, ㄷ자형으로 구부려 2부재(목재)를 이어 연결 또는 엇갈리게 고정시킬 때 사용하는 철물이다.
컬럼 밴드	• 컬럼 밴드는 기둥 형틀에 콘크리트를 타설할 때 거푸집 널의 수직 부재를 지지하는 수평 부재의 역할을 하는 것이다.
듀벨	• 듀벨은 볼트와 함께 사용하는데 듀벨은 전단력에, 볼트는 인장력에 작용시켜 접합재 상호간의 변위를 막는 강한 이음을 얻는 데 사용한다. • 큰 간사이의 구조, 포갬보 등에 쓰이고 파넣기식과 압입식이 있다.
스페이서	• 스페이서(spacer)는 거푸집과 철근 사이의 간격을 유지하기 위한 간격재이다.

32 철근 콘크리트 구조의 배근 방법은 구조물 풀이에 의한 **휨 모멘트도에 따라 배근**하면 된다. 즉, 아래 그림과 같다.

33 기둥의 배근에서 **주근(축방향 철근)의 최소 개수**는 **사각형이나 원형 띠철근으로 둘러싸인 경우 4개 이상, 나선 철근으로 둘러싸인 경우 6개 이상**으로 하여야 한다.

34 슬래브 배근에 있어서 주근은 휨 모멘트에 견딜 수 있도록 하기 위하여 단면 2차 모멘트를 크게 하여야 하며, 이를 위하여 **주근(단변 방향의 철근)은 배력근(장변 방향의 철근)의 바깥쪽에 배근**하여야 한다.

35 철근 콘크리트 구조, 목구조, 블록 구조

철근 콘크리트 구조	**철근 콘크리트 구조**는 철근을 배근한 다음 거푸집에 콘크리트를 부어넣어 각 구조부를 일체로 구성한 구조로서 내구, 내화, 내진성이 뛰어나나, 자중이 무겁고 시공 과정이 복잡하다.
목구조	**목구조**는 목재를 접합하여 건물의 뼈대를 구성하는 구조로서 비교적 저층의 주택에 적합하고, 가볍고 가공성이 좋으며 친화감이 있고 미려하나, 연소하기 쉽고 부패하기 쉽다.
블록 구조	**블록 구조**는 속 빈 콘크리트 블록을 쌓아올려 뼈대를 구성한 구조로 빈 속에 철근을 배근하고 콘크리트를 부어넣으면 내구, 내화, 내진 구조를 경제적으로 구성할 수 있다.

36 형강 보, 래티스 보, 격자 보

형강 보	**형강 보**는 주로 I형강과 H형강을 사용하고, 단면의 크기가 부족한 경우에는 거싯 플레이트를 사용하기도 하고, L형강이나 ㄷ형강은 개구부의 인방이나 도리와 같이 중요하지 않은 부재에 사용하는 보이다.
래티스 보	**래티스 보**는 상하 플랜지에 ㄱ자 형강을 대고 플랜지에 웨브재를 45°, 60°로 접합한 보를 말한다.
격자 보	**격자 보**는 상하 플랜지에 ㄱ자 형강을 대고 플랜지에 웨브재를 직각(90°)으로 접합한 보를 말하며, 철골 철근 콘크리트 구조물에 주로 쓰이고, 콘크리트로 피복되지 아니하고 단독으로 사용되는 경우는 거의 없다.

37 **철계단**은 경쾌한 구조로서 공장, 창고 등에 널리 사용되고, 피난 계단에 적합하며, **진동에 매우 불리**하다. 특히, 구조가 간단하여 형태가 자유롭다.

38 **Suspension Cable에 의한 지붕 구조**는 케이블의 인장력(축방향으로 늘어나는 힘)에 의한 저항력을 이용한 케이블 구조이다.

39 **공기 막 구조**는 단막 구조와 이중막 구조로 분류한다. 단막은 막 내부의 기압을 조절하여 낙하산에서와 같이 형태를 유지하는 형식이며, 이중막 구조는 풍선과 같이 막 안에 공기를 불어 넣어 구조물을 형성하는 구조이다. **막 구조(골조 막, 현수 막, 공기 막 및 하이브리드 막 구조 등)**는 자연 친화성, 구조미, 공사 기간, 그리고 채광 등에서 여러 가지 장점이 있어 최근에 많이 사용되고 있다.

40 **트러스의 부재는 현재는 트러스의 상하에 배치**되어 그 하나는 인장력을, 다른 하나는 압축력을 받는 부재의 총칭으로 상현재(상부에 있는 현재)와 하현재(하부에 있는 현재)로 구분한다. 복재(상현재와 하현재의 내에 있어 그를 연결하는 부재), 수직재, 경사재 등이 있다.

41 **건축 구조 재료에 요구되는 성질**은 재질이 균일하고, **강도가 큰 것**이어야 하며, **내화, 내구성이 크고, 가공이 용이한 것**이어야 한다. 또한, 가볍고, 큰 재료를 용이하게 얻을 수 있는 것이어야 한다. **외관이 미려하여야 하는 재료**는 마무리 재료(지붕·벽·천정·바닥·마무리·창호·수장 등)**에 요구되는 성질**이다.

42 강성, 강도, 전성
- **강성**은 구조물이나 부재에 외력이 작용할 때 변형이나 파괴되지 않으려는 성질이다.
- **강도**는 물체에 하중이 작용할 때 하중에 저항하는 정도이다.
- **전성**은 어떤 재료를 망치로 치거나 롤러로 누르면 얇게 펴지는 성질이다.

43 **도관 세포**는 주로 활엽수에 있는 세포로서 섬유보다 크고, 굵은 세포가 섬유와 같은 방향으로 들어 있는 세포로 수액을 운반하는 역할을 하는 세포이다. **헤미 셀룰로오스**는 식물 세포벽에서 섬유소의 미세섬유 사이의 기질겔을 구성하는 펙틴질 이외의 다당류의 총칭이며, **탄닌**은 다가(多價) 페놀을 포함하며 유혁성(多革性)을 갖는 복잡한 조성의 식물 성분이다.

44 **목재의 부패 조건 중 균의 발육 가능한 최저 습도는 85%, 최적 습도는 90% 이상**이고, **20% 이하에서는 균이 사멸**되므로 **섬유 포화점인 30% 이하에서는 부패 방지가 불가능**하다.

45 **섬유판**은 조각낸 목재 톱밥, 대팻밥, 볏집, 보릿짚, 펄프 찌꺼기, 종이 등의 식물성 재료를 원료로 하여 펄프로 만든 다음, 접착제, 방부제 등을 첨가하여 재판한 것으로서 **천연 목재보다 강도가 크고**, 변형이 적으며, 원료 얻기가 쉽다.

46 석재의 압축 강도
- 석재의 압축 강도를 보면, 화강암은 1,450~2,000kg/cm², 사문암은 970kg/cm², 사암은 360kg/cm², 대리석은 1,000~1,800kg/cm² 정도이다.
- **압축 강도가 큰 것부터 나열하면 화강암 → 대리석 → 사문암 → 사암**의 순이다.

47 ②는 질석, ③은 석회암, ④는 **트래버틴에 대한 설명**이다.

48 **다공질 벽돌**은 원료인 점토에 톱밥 등의 유기질 가루를 혼합하여 성형 소성한 것으로 비중은 1.5 정도로서 보통 벽돌의 2.0보다 작고, 톱질과 못박기가 가능하며, 단열과 방음성이 있으나 강도는 약하므로 **구조용으로 부적당**하다.

49 **시멘트의 분말도**(시멘트 입자의 굵고 가늚을 나타내는 것)**가 높으면** 수화 작용이 빨라지고, 조기 강도가 높아지며, **응결할 때 초기 균열 발생이 증가**한다. 또한, 풍화 작용이 일어나기 쉽다.

50 **고로 시멘트**는 건조에 의한 수축은 일반 포틀랜드 시멘트보다 크나, 수화할 때 발열이 적다(초기 강도가 낮고, 장기 강도가 높다). 댐공사, 매스 콘크리트 공사에 적합하고, 비중(2.85 이상)이 작으며, 바닷물(화학 저항성)에 대한 저항이 크다. 특히, 내열성이 크고, 수밀성이 양호하며, 콘크리트 블리딩이 적어진다.

51 **모래(잔 골재)란 5mm체를 85% 이상 통과**하는 것을 말하므로 20kg×0.85＝17kg 이상이다.

52 혼화제인 **AE제**(콘크리트 내부에 미세한 독립된 기포를 발생시켜 콘크리트의 작업성 및 동결 융해 저항 성능을 향상시키기 위해 사용되는 화학 혼화제)**는 화학 작용에 대한 저항성을 증대**시킨다. 하지만 **콘크리트의 압축 강도를 저하**시키며, **철근의 부착 강도를 감소**시킨다.

53 콘크리트의 **전단 강도는 압축 강도의 1/4~1/7 정도**이다. **콘크리트의 강도라 함은 일반적으로 압축 강도를** 의미하며, **시멘트의 강도는 콘크리트의 강도에 영향을 끼친다.**

54 강의 열처리 방법 중 **담금질**(높은 온도로 가열된 강을 물 또는 기름 속에서 급히 냉각하는 것)은 강도, 경도 및 전기 저항을 증가시키고, **신장률을 감소**시킨다.

55 목재의 이음 철물의 종류
목재의 이음 철물의 종류에는 안장쇠(큰 보에 걸쳐 작은 보를 받게 하는 철물), 꺾쇠(강봉 토막의 양 끝을 뾰족하게 하고 ㄷ자형으로 구부려 2부재(목재)를 이어 연결 또는 엇갈리게 고정시킬 때 사용하는 철물) 및 띠쇠(띠 모양으로 된 이음 철물) 등이 있다. **인서트**는 콘크리트 슬래브에 묻어 천장 달림재를 고정시키는 철물이다.

56 보통 판유리, 복층 유리, 무늬 유리
- **보통 판유리**는 투명한 판유리로서 표면은 용융 상태 그대로의 평활한 면을 가진 유리이다.
- **복층 유리(페어 글라스, 이중 유리)**는 2장 또는 3장의 판유리를 일정한 간격으로 띄어 금속테로 기밀하게 테두리를 한 다음, 유리 사이의 내부를 진공으로 하거나 특수 기체를 넣은 유리이다.
- **무늬 유리**는 용융 유리를 밑면에 무늬가 새겨진 주형에 넣거나, 무늬가 새겨진 롤러 사이를 통과시켜 만든 유리이다.

57 염화비닐 수지, 폴리스티렌 수지 및 아크릴 수지는 열가소성 수지에 속하고, **요소 수지는 열경화성 수지**에 속한다.

58 **수지성 페인트**는 안료와 인공 수지류 및 휘발성 용제를 주원료로 한 것으로 건조 시간이 빠르고, 도막이 단단하며, 내산성, **내알칼리성이 있어 콘크리트나 플라스터 면에 바를 수 있다.** 또한, 도막은 인화할 염려가 없어서 페인트나 바니시보다 방화성이 있으며, 투명한 합성수지를 사용하면 더욱 선명한 색을 낼 수 있다.

59 **돌로마이트 플라스터**는 돌로마이트 석회, 모래, 여물, 때로는 시멘트를 혼합하여 만든 미장 재료이고, **석고 플라스터**는 소석고 또는 경석고를 주원료로 하는 미장 재료이며, **시멘트 모르타르**는 시멘트, 모래 및 물로 혼합하여 만든 미장 재료이다.

60 **아스팔트의 품질을 판별**하는 품목에는 **연화점, 침입도**(아스팔트의 견고성 정도를 침의 관입에 대한 저항으로 평가), 침입도 지수, **신도, 감온비**(아스팔트의 온도에 따라 변하는 견고성의 정도), 증발량, 인화점, 취화점, 흘러내린 길이, **가열 안정성**, 사 염화탄소 가용분 등이 있다.

01	③	02	④	03	③	04	②	05	③	06	②	07	③	08	④	09	①	10	③
11	③	12	④	13	④	14	①	15	④	16	③	17	③	18	③	19	④	20	④
21	①	22	①	23	④	24	④	25	②	26	③	27	①	28	②	29	②	30	②
31	①	32	④	33	③	34	④	35	①	36	④	37	②	38	①	39	②	40	②
41	②	42	③	43	②	44	③	45	②	46	④	47	③	48	①	49	④	50	①
51	②	52	③	53	④	54	①	55	④	56	③	57	①	58	③	59	③	60	②

01 건축물의 계획 설계 시 **내부적 요구 조건**에는 **이용상 요구**, 계획의 목적, 분위기, 실의 개수와 규모 등에 대한 사용자·의뢰인 또는 경영자의 요구 사항, 공간 사용자의 행위·성격·개성에 대한 사항, 필수적인 설치·시설물 및 부속 기물 등에 대한 사항, 의뢰인의 공사 예상 등의 경제적 사항 등이 있으며, **외부적 요구 조건**에는 입지적 조건, 건축적 조건 및 설비적 조건 등이 있다.

02 **주요 구조부**란 **내력벽, 기둥**, 바닥, 보, **지붕틀** 및 주계단을 말한다. 다만, 사이 기둥, 최하층 바닥, 작은 보, 차양, **옥외 계단**, 그 밖에 이와 유사한 것으로 건축물의 구조상 중요하지 아니한 부분은 **제외한다.**

03 **다이닝 키친**(DK, Dining Kitchen)은 **부엌의 일부에 간단히 식탁을 꾸민 것** 또는 **부엌의 일부분에 식사실을 두는 형태**로, 부엌과 식사실을 유기적으로 연결시켜 노동력을 절감하기 위한 형태이다. 즉 공사비의 절약, 주부의 동선 단축과 노동력의 절감, 공간 활용도가 높고, 실면적의 절약 및 소규모 주택에 적합하다.

04 먼셀의 표색계는 색을 나타내기 위해서 **색상, 명도/채도**의 순으로 나타내며, 빨강의 순색은 색상 : R, **명도 : 4**, 채도 : 14로 나타낸다.

05 **동측, 서측, 북측**
- **동측**은 아침에는 햇빛이 깊숙이 들어오기 때문에, 겨울의 아침은 따뜻하나, 햇빛이 들지 않는 오후에는 춥다.
- **서측**은 오후에 햇빛이 집안 깊숙이 들어오므로 여름에는 매우 덥다.
- **북측**은 햇빛이 종일 들지 않는다. 겨울에는 북풍을 받아 춥고, 광선은 종일 균일하다.

06 **막 구조**는 **힘의 흐름이 불명확**하므로 **구조 해석이 난해**하다.

07 주택의 평면 계획에서 인접의 원칙에 적합한 경우는 식당과 주방, 거실과 현관, 주방과 다용도실 등이 있고, **식당과 화장실**은 **일정한 거리를 두는 것이 바람직**하다.

08 다이닝 키친은 부엌의 일부에 식탁을 꾸민 것으로 **소규모 주택에 적합**하고 **동선(주부의 노동력 절감)이 단축**되며, **면적의 활용도(공사비와 실면적의 절약)가 높은 특성**이 있다.

09 **스킵 플로어형**은 주거 단위의 단면을 단층형과 복층형에서 동일 층으로 하지 않고 반 층씩 어긋나게 하는 형식으로, **구조 및 설비 계획이 용이하지 못한 단점**이 있다.

10 **한식 주택은 공간의 융통성이 높고** 조합평면으로 은폐적이며 실의 조합으로 이루어진다.

11 로 탱크식, 하이 탱크식, 세정 밸브식

로 탱크식	**로 탱크식**(저수조식 또는 로 시스템식)은 낮은 곳에 세정 탱크를 설치하여 급수관을 통하여 물을 채운 다음, 이 물을 세정관을 통하여 변기에 분사함으로써 세정하는 방법이다.
하이 탱크식	**하이 탱크식**(고수조식 또는 하이 시스템식)은 변기의 세정용수를 담아두는 탱크의 위치를 벽 상부나 변기와 가까운 곳에 설치하는 방식으로 소음이 크나, **대변기의 연속 사용이 가능**하며, 사무실, 백화점 등 **사용 빈도가 많거나 일시적으로 많은 사람들이 연속하여 사용하는 경우 등에 적용**되는 방식이다.
세정 밸브식	**세정 밸브식**은 급수관에 직접 연결하여 핸들을 누르면 급수관으로부터 일정량의 물이 방출되어 변기를 세정하는 방식이다. **압력 탱크 방식은 급수 방식의 일종이다.**

12 온수 난방은 증기 난방에 비해 예열 시간이 길고, 방열 면적과 배관의 관경이 크며, 한랭 시 난방을 정지하였을 때 **동결의 우려가 크다.**

13 쌓기의 종류

영국식 쌓기	서로 다른 아래·위 켜(입면상으로 한 켜는 마구리쌓기, 다음 한 켜는 길이쌓기로 번갈아)로 쌓고, 통줄눈이 생기지 않으며, 내력벽을 만들 때에 많이 이용되는 벽돌 쌓기법이다. 특히, **모서리 부분에 반절, 이오토막 벽돌을 사용**하며, **가장 튼튼한 쌓기법으로 통줄눈이 생기지 않게 하려면 반절을 사용**하여야 한다.
네덜란드(화란)식 쌓기	한 면의 모서리 또는 끝에 칠오토막을 써서 길이쌓기의 켜를 한 다음에 마구리쌓기를 하여 마무리하고, 다른 면은 영국식 쌓기로 하는 방식으로 영국식 쌓기 못지 않게 튼튼하다.
플레밍(불식)식 쌓기	면상으로 **매 켜에서 길이쌓기와 마구리쌓기가 번갈아 나오도록 되어 있는 방식**이다.
미국식 쌓기	**뒷면은 영국식 쌓기로 하고, 표면은 치장 벽돌을 써서 5켜 또는 6켜는 길이쌓기로 하며, 다음 1켜는 마구리쌓기로 하여 뒷벽돌에 물려서 쌓는 방식**이다.

14 **피뢰 설비**는 낙뢰의 우려가 있는 건축물, **높이가 20m 이상의 건축물과 공작물에 설치**하고, 일반 건축물의 돌침 및 수평 도체의 보호각은 60° 이하, 위험물 관계 건축물의 경우에는 45° 이하로 한다.

15 **콘크리트의 강도에 영향을 주는 요인**에는 **물·시멘트의 비**, **재료의 품질**(시멘트, 골재, 혼화재료 및 물 등), **시공방법**, 보양 및 재령, **시험방법** 등이 있다.

16 건축 도면의 복사도를 보관, 정리 또는 취급상 접을 때에는 **A4를 기준**으로 하여 접는다.

17 그림의 형태가 치수에 비례하지 않을 경우에 표시하는 방법으로 **NS(No Scale)를** 사용한다.

18 설계 도면의 종류

계획 설계도		구상도, 조직도, 동선도, 면적도표 등
		기본 설계도, 계획도, 스케치도
실시 설계도	일반도	배치도, 평면도, 입면도, 단면도, 전개도, 창호도, 현치도, 투시도 등
	구조도	기초 평면도, 바닥틀 평면도, 지붕틀 평면도, 골조도, 기초, 기중, 보, 바닥판, 알람표, 배근도, 각부 상세 등
	설비도	전기, 위생, 냉·난방, 환기, 승강기, 소화 설비도 등
시공도		시공 상세도, 시공 계획도, 시방서 등

19 **창호도**란 건축물에 사용되는 **창호의 형태**, **창호의 개폐 방법**, **재료 및 치수**, 마감, 창호 철물, 유리 등을 나타낸 도면이다.

20 1.5B의 벽 두께를 그림으로 표시 또는 벽체의 두께
= 90+[{(n−0.5)/0.5}×100]에서 n=1.5이다.

위의 그림에서 190+10+90=290mm이다.

21 **건식 구조, 습식 구조**
- **건식 구조**는 뼈대를 만들어 규격화한 각종 기성재를 짜맞추는 방법으로 물을 거의 사용하지 않으며, 나무 구조와 철골 구조 등이 있다.
- **습식 구조**는 물을 사용하는 공정을 가진 구조로서 벽돌, 돌, 블록, 철근 콘크리트 구조 등이 있다.

22 **온통 기초(매트 기초, 매트 슬래브 기초)**는 건축물의 전체 바닥에 철근 콘크리트 기초판을 설치한 기초 또는 **건물의 하부(바닥 슬래브) 전체** 또는 **지하실 전체를 하나의 기초판으로 구성한 기초**로서 모든 하중이 기초판을 통하여 지반에 전달된다. 지반이 지나친 지내력 부담을 받지 않아 하중에 비하여 지내력이 작은 연약 지반에 사용한다.

23 **목재의 장점**은 감촉이 좋고, 비중에 비하여 강도가 크며, **열전도율과 열팽창률이 작다.** 또한, 종류가 많고 각각 외관이 다르며 우아하며, 산성약품 및 염분에 강하다. 목재의 단점은 착화점이 낮아 내화성이 작고, 흡수성이 크며, 쉽게 변형이 일어난다. 또한, 습기가 많은 곳에서는 부식하기 쉽고, 충해나 풍화에 의하여 내구성이 떨어진다.

24 **샛기둥**(본기둥과 본기둥 사이에 벽체의 바탕으로 배치한 기둥)은 **가새의 휨 방지**나 **졸대 등 벽재의 뼈대로 배치**하고, 상부의 하중은 대부분 본기둥과 통재 기둥이 받는다.

25 **토대, 서까래, 층도리**
- **토대**는 목조에서 기초 위에 가로 놓아 기둥을 고정하는 최하부의 수평 부재이다.
- **서까래**는 처마도리, 중도리 및 마룻대 위에서 지붕 물매의 방향으로 걸쳐대고 산자나 지붕널을 받는 경사 부재이다.
- **층도리**는 상층의 마룻바닥을 받는 부재이다.

26 지붕 물매의 종류 중 **평물매**는 45° 미만(10cm 미만)이고, **되물매는 45°(10cm 물매)**이며, 된물매는 45° 초과(10cm 초과)이다.

27 세로 줄눈의 아래·위가 통한 줄눈을 통줄눈이라고 한다. 이는 하중의 집중현상이 일어나 균열이 발생하고 지반의 습기가 차기 쉬우나, 외관상 보기가 좋았으므로 큰 강도를 필요로 하지 않는 구조나 플레밍식 쌓기에 사용된다. 그러나 **내력벽일 경우에는 응력의 분산을 위하여 막힌 줄눈을 사용한다.**

28 벽돌 구조에 있어서 **내력벽의 두께**는 **건축물의 층수, 내력벽의 길이** 및 **높이**에 의해서 결정된다.

29
- 보강 블록조에서 수평 응력에 강하게 하려면 내력벽의 양을 증가시켜야 되는데, 내력벽은 그 길이 방향으로 외력에 견디므로 벽 두께를 두껍게 하는 것보다 벽의 길이를 길게 하여 내력벽의 양을 증가시키는 것이 좋다.
- 벽량 = $\dfrac{\text{내력벽의 전체 길이(cm)}}{\text{그 층의 바닥 면적(m}^2)}$

30 **화면, 소점, 기선**
- **화면**(P.P) : 물체와 시점 사이에 기면과 수직한 평면
- **소점**(V.P) : 투시도에서 직선을 무한한 먼 거리로 연장하였을 때 그 무한거리 위의 점과 시점을 연결하는 교점
- **기선**(G.L) : 기면과 화면과의 교차선

31 **기초 거푸집**은 단단한 지반일 때에는 기초를 소요 크기에 맞춰 파고 직접 콘크리트를 부어넣을 수도 있다. **무른 진흙, 모래와 같은 불안정한 지반일 때에는 모서리에 말뚝을 박고 기초 거푸집을 고정**한다.

32 철근 콘크리트 슬래브 배근에 있어서 단변 방향에는 주근을 배근하고, 장변 방향에는 부근(배력근, 온도 철근 등)을 배근한다. 즉, **장변 방향보다 단변 방향에 많이 배근**한다.

33 기둥의 배근에서 **주근(축방향 철근)의 최소 개수**는 사각형이나 원형 띠철근으로 둘러싸인 경우 **4개 이상**, 나선 철근으로 둘러싸인 경우 **6개 이상**으로 하여야 한다.

34 철근 콘크리트 구조의 **경사보식의 계단**은 계단의 너비가 큰 경우에 사용하는 방식으로 좌우벽이나 측벽에 지지되며, 4변이 지지된 계단이다. 특히, 철근 배근에 있어서 **단변 방향에는 주근을, 장변 방향에는 배력근(부근)을 배근**한다.

35 **강(철골)구조**는 구조체의 자중에 비하여 강도가 강하고, 현장 시공의 공사 기간을 단축할 수 있으며, 재료의 품질을 확보할 수 있고, 모양이 경쾌한 구조물인 장점이 있으나 **열에 약하고**, 고온에서는 강도가 저하되므로 **내화에 특별한 주의가 필요**하다.

36 **판 보(플레이트 거더)**는 커버 플레이트, 플랜지, 스티프너 및 **웨브 플레이트 등으로 구성**된다. **메탈 터치**란 철골 구조 기둥의 이음부에 있어서 인장 응력의 발생이 없고, 접합부의 단면을 절삭 가공기(페이싱 머신, 로터리 플레이너 등)를 사용하여 밀착시키는 경우에는 압축력과 휨 모멘트의 1/4이 접촉면에 직접 전달되는 것으로 설계할 수 있는 방식이다.

37 **접이 창호**는 몇 개의 문짝을 서로 경첩으로 연결 또는 문 윗틀에 설치한 레일에 특수한 도르래(달바퀴)가 달린 철물로 달아 접어서 열고, 펴서 닫는 식의 창호이다. **붙박이 창호**는 틀에 바로 유리를 고정시킨 창 또는 열리지 않게 고정된 창 또는 창의 일부로서 주로 광선을 받기 위하여 설치한 창(채광창)으로, 환기가 불가능한 창호이다. **자재 창호**는 안팎으로 열고 닫혀지게 된 여닫이문의 일종인 창호이다.

38 **방한 구조**는 추위를 막기 위한 구조이고, **방충 구조**는 해충에 의한 피해를 막기 위한 구조이며, **방청 구조**는 부식을 방지하기 위한 구조이다.

39 **막 구조의 종류**에는 골조 막 구조(막의 무게를 골조가 부담), **현수 막 구조(막의 무게를 케이블로 당겨 지지)**, 공기 막 구조(공기압으로 막의 형태를 유지) 및 하이브리드 막 구조(골조 막, 현수 막 및 공기 막 구조를 복합적으로 채용) 등이 있다. 상암동 및 제주도 월드컵 경기장 등이 막 구조에 속한다.

40 트러스 구조에서 인장력과 압축력을 받는 부재 중 **부재의 응력에 따라 단면을 달리**하여야 하나, 거의 동일한 단면의 부재를 사용한다.

41 **색채와 촉감이 좋은 것**이어야 하는 것은 **마무리 재료**(지붕 재료, 벽·천장 재료, 바닥 마무리 재료, 창호 및 수장 재료 등)**에 요구되는 성질**이다.

42 **취성, 인성, 강성**
- **취성**은 적은 변형이 생기더라도 파괴되는 성질로 유리가 대표적인 취성 재료이다.
- **인성**은 재료가 외력을 받아 파괴될 때까지의 에너지 흡수 능력이 큰 성질을 말하며 큰 외력을 받아도 변형을 나타내면서도 파괴되지 않는 성질이다.
- **강성**은 구조물이나 부재에 외력이 작용할 때 변형이나 파괴되지 않으려는 성질로, 탄성 계수와 밀접한 관계가 있다.

43 **옹이, 심재, 변재**
- **옹이**는 가지가 줄기의 조직에 말려 들어간 것으로 목재의 흠 중 하나이지만 그 중에서도 산옹이는 강도에는 영향을 끼치지 않는다.
- **심재**는 수심 사이에 둘러져 있는 생활 기능이 줄어든 세포의 집합으로 수액과 수분이 적고, 재질은 변재보다 단단하며, 변형이 적고 내구성이 있어 이용상의 가치가 높다.
- **변재**는 심재의 외측과 수피 내측 사이에 있는 생활 세포의 집합으로 수액의 통로이고, 양분의 저장소이다.

44 **목재의 강도를 큰 것부터 작은 것의 순으로 나열**하면 **인장 강도 → 휨 강도 → 압축 강도 → 전단 강도**의 순이고, 섬유 방향의 평행 방향의 강도가 섬유 방향의 직각 방향의 강도보다 크다.

45 섬유판 중 신축의 방향성이 큰 것은 **연질 섬유판(soft fiber board)**에 대한 설명이고, **경질 섬유판**은 **hard fiber board**, hard board라고도 한다.

46 석재를 용도에 따라 분류하면 구조용(하중을 받는 곳에 쓰이는 것으로서 기초돌과 장석), 마감용(**외장용**으로는 **화강암, 안산암, 점판암** 등, **내장용**으로는 **대리석**, 사문암, 응회암 등) 및 골재(모르타르, 콘크리트에 혼합한 것으로서 자갈, 모래, 황화

석, 석면 등) 등이 있다. **대리석은 내장용으로 사용**한다.

47 **코킹, 테라코타, 트래버틴**
- **코킹**은 콘크리트, 목재 및 철재 창호틀 주위나 이음새, 균열부 등의 틈을 메워 수밀하게 하는 재료이다.
- **테라코타**는 석재 조각물 대신에 사용되는 장식용 점토 소성 제품으로 속을 비게 하여 가볍게 만들어 버팀벽, 주두, 패러핏 및 돌림띠 등에 사용하는 재료이다.
- **트래버틴**은 대리석의 한 종류로서 다공질이며, 석질이 균일하지 못하여 암갈색의 무늬를 띠고, 석판으로 만들어 물갈기를 하면 평활하고 광택이 나는 부분과 골이 진 부분이 있어 특수 실내 장식재로 사용한다.

48 다공질 벽돌은 원료인 점토에 톱밥, 분탄 등의 유기질 가루(30~50%)를 혼합하여 성형 소성한 것으로, **단열과 방음성 및 흡음성이 있으나** 강도는 약하므로 **구조용으로 부적당**하다.

49 **시멘트의 분말도가 높은 경우** 수화 작용이 촉진되므로 응결이 빠르고, 조기 강도가 높아진다. 또한 시공 시 작업성이 좋고, **재료 분리 현상이 적으며**, 수밀성이 증대되나, 초기 균열과 풍화 작용이 쉽게 일어나게 된다.

50 **플라이 애시**(화력 발전소와 같이 미분탄을 연소할 때 석탄재가 고온에 녹은 후 냉각되어 구상이 된 미립분의 혼화재) **시멘트**는 수화열이 적고, 조기 강도는 낮으나, 장기 강도는 커지며, **수밀성이 크고 콘크리트의 워커빌리티가 좋다.**

51 콘크리트용 골재의 강도는 시멘트풀이 경화하였을 때 시멘트풀의 최대 강도 이상이어야 한다. 따라서 석회석, 사암 등과 같은 연질의 수성암은 골재로는 부적당하다. 또한, **형태는 거칠고, 구형에 가까운 것이 좋으며**, 평편하거나 세장한 것은 좋지 않다.

52 **AE제**는 시공 연도가 좋아지고, 수화 열량이 낮아지며, 재료 분리 현상을 방지한다. 또한 **사용수량이 적으므로 블리딩이 감소**하고, 수밀성이 증가되며, 동해에 대한 저항이 커진다. 하지만 강도가 감소하고, 흡수율이 커져서 수축량이 증가한다.

53 **시멘트 제품의 양생 방법** 중 가장 이상적인 방법은 **적당한 온도와 습도를 주어 수중 양생을 하는 것으로,** 이 경우에 강도가 가장 크다.

54 **황동**은 **구리와 아연의 합금(Cu+Zn)**이고, **백동**은 구리와 니켈의 합금(Cu+Ni)이다. **청동**은 구리와 주석의 합금(Cu+Sn)이고, **스퍼터링 타깃**은 구리와 망간의 합금(Cu+Mn)이다.

55 **고력 볼트, 리벳**은 철골의 접합에 사용하는 철물이고, **스크루 앵커**는 삽입된 연질 금속 플러그에 나사못을 끼운 것으로 인발력이 50~115kg인 철물이다. **조이너**는 텍스, 보드, 금속판 및 합성수지판 등의 줄눈에 대는 것으로 마감재이다.

56 **연마 판유리, 망입 판유리, 복층 유리**
- **연마 판유리**는 판유리를 규사 등으로 연마한 다음, 산화 제2철 등으로 닦아낸 유리이다.
- **망입 판유리**는 용융 유리 사이에 금속(철, 놋쇠, 아연, 구리 등)을 넣어 롤러로 압연하여 만든 유리이다.
- **복층 유리(페어 글라스, 이중 유리)**는 2장 또는 3장의 판유리를 일정한 간격으로 띄어 금속테로 기밀하게 테두리를 한 다음, 유리 사이의 내부를 진공으로 하거나 특수 기체를 넣은 유리이다.

57 **멜라민 수지는 열경화성 수지**이고, 염화비닐 수지, 메타크릴 수지 및 폴리에틸렌 수지는 열가소성 수지에 속한다.

58 **합성수지 에멀션 도료**는 건조 시간이 빠르고, 도막이 단단하며, 내산, 내알칼리성이 있어 콘크리트나 플라스터 면에 바를 수 있다. 또한, 도막은 인화할 염려가 없어서 페인트나 바니시보다는 **방화(내화)성이 있고**, 극히 선명한 색채를 낼 수 있다.

59 **회반죽은 기경성**으로 충분한 물이 있더라도 **공기 중의 이산화탄소와 결합하여야만 경화**하고, 수중에서는 굳어지지 않는 것을 말한다.

60 아스팔트의 품질을 판별하는 품목에는 **연화점, 침입도**(아스팔트의 견고성 정도를 침의 관입에 대한 저항으로 평가), 침입도 지수, **신도, 감온비**(아스팔트의 온도에 따라 변하는 견고성의 정도), 증발량, 인화점, 취화점, 흘러내린 길이, **가열 안정성**, 사염화탄소 가용분 등이 있다.

01	④	02	②	03	①	04	①	05	③	06	③	07	②	08	④	09	②	10	④
11	④	12	④	13	③	14	①	15	④	16	③	17	②	18	①	19	②	20	②
21	①	22	②	23	①	24	②	25	①	26	②	27	③	28	④	29	③	30	②
31	①	32	②	33	③	34	③	35	①	36	④	37	③	38	②	39	④	40	④
41	②	42	②	43	④	44	④	45	④	46	②	47	③	48	④	49	④	50	②
51	②	52	④	53	②	54	③	55	①	56	②	57	④	58	③	59	②	60	②

01 건축물을 만드는 과정 중 가장 먼저 고려하여야 하는 것은 **대지 조건 파악**과 **주위 환경의 분석** 등이다.

02 건축법에 따른 **고층 건축물**은 층수가 30층 이상이거나, 높이가 120m 이상인 건축물이다.

03 **부엌의 설비배열형식**

일렬형(일자형)	동선과 배치가 간단하지만 설비 기구가 많은 경우에는 작업동선이 길어진다. 소규모 주택에 적합한 형식으로 작업대 전체 길이가 2,700mm 이상을 넘지 않도록 한다.
ㄱ(ㄴ, L)자형	두 벽면을 이용하여 작업대를 배치한 형태로 한쪽 면에 싱크대를, 다른 면에는 가스레인지를 설치하면 능률적이다. 작업대를 설치하지 않은 남은 공간을 식사나 세탁 등의 용도로 사용할 수 있다.
ㄷ자형	동선이 가장 짧으며 면적이 넓은 부엌에 적합하다.

04 같은 색상의 청색 중에서 **채도가 높은 색**(무채색의 포함량이 가장 적은 색)을 **순색**, 명도가 높은 색을 명청색, 명도가 낮은 색을 암청색, 회색이 섞인 채도가 낮은 색을 탁색이라고 하며, 색입체의 내측 색이다.

05 **일조의 직접적인 효과**에는 적외선의 **열 효과**, 가시광선의 **광 효과**, 자외선(화학선)의 **생리적 효과**가 있다. 특히 자외선은 즉 생물에 대한 생육 작용, 살균 작용 및 사진 화학 반응을 하는데, 인간의 건강과 깊은 관계가 있는 건강선인 자외선을 도르노선(2,900~3,200Å의 범위의 자외선)이라고 한다.

06 **한·양식 주택의 비교**

분류＼형식	한식	양식
평면	• 조합 평면(은폐적, 실의 조합) • 분산식(병렬식) • 공간의 융통성이 높다. • 홀(hall)로 연결	• 기능적인 분화 평면(개방적, 실의 분화) • 집중 배열식 • 공간의 융통성이 낮다. • 복도로 연결
구조	• 바닥이 높고, 개구부가 크다. • 가구식(목조)	• 바닥이 낮고, 개구부가 작다. • 조적식(벽돌, 블록조)
관습	• 다목적용 좌식 생활(거실, 객실, 서재, 식사) • 장점 : 경제적이다. • 단점 : (취침 시)비위생적이고 분화성이 없으며 근대적이지 못하다.	• 용도별 입식 생활(가구와 침대의 관계) • 장점 : (취침 시)위생적이고 분화성이 있으며 근대적이다. 활동이 편리하다. • 단점 : 융통성이 없고 비경제적이다.

형식 분류	한식	양식
용도	• **다목적 용도** • 각 실의 프라이버시(privacy) 보장이 어려움	• **단일(용도별) 용도** • 각 실의 프라이버시(privacy) 보장
가구	• **가구는 부수적인 내용물**	• **가구는 주요한 내용물**
설비	• 바닥의 복사 난방	• 대류식 난방

07 **부엌의 위치**는 가사 노동권 가운데 주부가 가장 오랜 시간을 보내는 곳이므로 항상 쾌적하고 일광에 의한 건조 소독을 할 수 있는 남쪽 또는 동쪽이 가장 이상적이다. 거실이나 아동실의 배치관계로 대개 동북의 모퉁이에 위치하는 경우가 많은데 **서쪽은 절대로 피해야 한다.**

08 **리빙 키친, 다이닝 키친, 다이닝 포치**
  • **리빙 키친은** 거실, 식사실, 부엌의 기능을 한 곳에 집합시킨 형태로 공간을 효율적으로 사용할 수 있어 소주택, 아파트에 많이 사용하는 형식이다.
  • **다이닝 키친은** 부엌의 일부에 식탁을 꾸민 형태이다.
  • **다이닝 포치는** 테라스나 포치에 식사실을 꾸민 형태이다.

09 공동 주택 주동의 외관 형식에는 **탑상형**은 대지의 조망을 해치지 않고, 건물의 그림자도 적어서 변화를 줄 수 있으나, 단위 주거의 실내 환경 조건이 불균등하게 되는 형식이다. 이에 비해 **판상형**은 같은 형식의 단위 주거를 수평, 수직으로 배치하므로 단위 주거가 균등한 조건을 가지며, 평면 계획이 용이하고, 건물의 시공이 쉽다.

10 지붕재료에 요구되는 성질은 **재료가 가볍고**, 방수·방습·내화·내수성이 큰 것이어야 하고, 열전도율이 작고, 외관이 좋은 것이어야 한다.

11 **세락식**은 변기의 가장자리에서 사출되는 세정수의 일부는 변기의 벽을 세척하고, 일부의 물이 트랩의 바닥면에 일시적으로 떨어져 오물을 배기관으로 밀어 넣는 방식이고, **로 탱크식**은 변기의 세정용수를 담아두는 탱크의 위치를 벽 하부나 변기와 가까운 곳에 설치하는 방식이며, **하이 탱크식**은 높은 곳에 설치한 세정 탱크에 설치한 급수관을 통하여 물을 채운 다음 이 물을 세정관을 통하여 변기에 분사하는 방식이다.

12 **응축수 환수 방식에는 중력 환수식**(중력에 의한 응축수 환수), **기계 환수식**(응축수 펌프를 이용) 및 **진공 환수식**(진공 펌프를 이용)이 있다.

13 **주택에서의 소요실**

공동(사회적)공간	개인공간	그 밖의 공간			
		가사 노동	보건 위생	수납	교통
거실, 식당, 응접실	부부침실, 노인방, 어린이방, 서재	부엌, 세탁실, 가사실, 다용도실	세면실, 욕실, 변소	창고, 반침	문간, 홀, 복도, 계단

14 **케이지 방식**은 건축물의 주위를 적당한 간격의 망상 도체로 감싸는 방식이고, **수평도체 방식**은 건축을 상부에 수평 도체를 가설하여 뇌격 전류를 흡인하는 방식이다. **가공지선**은 애자나 전선에 직격뇌가 맞는 것을 대신 맞아 선로를 보호하는 방식이다.

15 **조적식 구조인 담의 구조**는 다음의 기준에 의한다.

> ① 높이는 3m 이하로 할 것
> ② **담의 두께는 190mm 이상으로 할 것.** 다만, 높이가 2m 이하인 담에 있어서는 90mm 이상으로 할 수 있다.

③ 담의 길이 2m 이내마다 담의 벽면으로부터 그 부분의 담의 두께 이상 튀어나온 버팀벽을 설치하거나, 담의 길이 4m 이내마다 담의 벽면으로부터 그 부분의 담의 두께의 1.5배 이상 튀어나온 버팀벽을 설치할 것. 다만, 각 부분의 담의 두께가 제 ②의 규정에 의한 담의 두께의 1.5배 이상인 경우에는 그러하지 아니하다.

16 **평면도**는 **북쪽을 위로 하여 작도**함을 원칙으로 한다.

17 **축척**이란 **실제의 길이에 비례하여 도면에 표기하는 길이**로서 축척 $=\dfrac{\text{도면상의 길이}}{\text{실제의 길이}}$ 이므로 도면상의 길이＝실제의 길이× 축척에서 16m＝1,600cm를 1/200로 축소하면 1,600×1/200＝8cm이다.

18 **계획 설계도**는 설계 도면의 종류에서 **가장 먼저 이루어지는 도면**으로 구상도, 조직도, 동선도, 면적 도표 등이 있고, 이를 바탕으로 실시 설계도(일반도, 구조도 및 설비도)가 이루어지며 그 후에 시공도가 작성된다. **배치도, 평면도 및 전개도**는 **실시 설계도의 일반도**에 속한다.

19 창호의 재질별 기호 중 **SS는 스테인리스 스틸**이고, **강철은 S로 표기**한다.

20 1.0B＝190mm, 공간 70mm, 0.5B＝90mm이므로, **벽두께는 190＋70＋90＝350**이다. ∴ 350×1/2＝175mm이다.

21 **습식 구조**(물을 많이 사용하는 공정이 포함된 구조)에는 **조적식 구조**(벽돌, 블록, 돌구조)와 **일체식 구조**(철근 콘크리트조, 철골 철근 콘크리트조) 등이 있고, **건식 구조에는 목구조와 철골 구조** 등이 있다.

22 **복합 기초, 독립 기초, 온통 기초**

복합 기초	**복합 기초**는 독립 기초의 단점을 보완하기 위한 기초로서 두 개 이상의 기둥을 한 개의 기초에 연속하여 지지하도록 한 기초이다.
독립 기초	**독립 기초**는 1개의 기초가 1개의 기둥을 지지하는 기초로서 기둥마다 구덩이 파기를 한 후에 그 곳에 기초를 만드는 것으로서 경제적이나, 침하가 고르지 못하고 횡력에 약하므로 이음보, 연결보 및 지중보가 필요하다.
온통 기초	**온통 기초**는 건축물의 전체 바닥에 철근 콘크리트 기초판을 설치한 기초 또는 **건물의 하부(바닥 슬래브) 전체** 또는 **지하실 전체를 하나의 기초판으로 구성한 기초**로서 모든 하중이 기초판을 통하여 지반에 전달되고, 지반이 지나친 지내력 부담을 받지 않아 하중에 비하여 지내력이 작은 연약 지반에 사용한다.

23 **토대**는 기초 위에 가로놓아 상부로부터 오는 하중을 기초에 전달하고 기둥 밑 부분을 고정하는 역할을 하는 부재이다. ②는 **동바리**, ③은 **샛기둥**, ④는 **평기둥에 대한 설명**이다.

24 목구조에 있어서 **통재 기둥**은 2층 이상의 건축물의 모서리나 벽체가 교차되는 곳에 배치하고, **평기둥**은 한 층 높이의 길이로 된 기둥으로 건축물의 모서리나 벽체가 교차되는 곳 이외의 장소에 **2m 간격으로 배치**한다.

25 **층보**는 각 층의 마루(바닥)를 받는 보이고, **허리잡이**는 긴 수평 부재를 두 수직 부재의 중간 부분을 맞대어 고정시키는 부재이며, **처마도리**는 건물의 외벽에 지붕 머리를 연결하고, 지붕보를 받아 지붕의 하중을 기둥에 전달하는 가로 부재 또는 지붕틀의 평보 위에 깔도리와 같은 방향으로 걸쳐대는 도리이다.

26 **지붕의 물매＝용마루의 높이÷간사이의 $\dfrac{1}{2}$** 에서 용마루의 높이이므로 용마루의 높이＝지붕의 물매×간사이의 $\dfrac{1}{2}$이다.

그런데, 지붕의 물매＝$\dfrac{2}{10}$, 간사이＝15m이다.

$$\therefore \text{트러스의 높이} = \frac{1}{2} \times \text{간사이} \times \text{물매}$$

$$= \frac{1}{2} \times 15 \times \frac{2}{10} = 1.5\text{m}$$

27 조적식 구조의 벽체에는 **내력벽**(벽, 지붕, 바닥등의 수직 하중과 풍력, 지진 등의 수평 하중을 받는 중요 벽체)과 **비내력벽** (벽 자체의 하중만 받는 벽체) 등이 있다. 내력벽에는 전단벽, **비내력벽에는 커튼월, 칸막이벽, 장막벽** 등이 있다.

28 **조적조의 내력벽의 두께는 벽돌벽인 경우에는 벽 높이의 1/20 이상**, 블록벽인 경우에는 벽 높이의 1/16 이상, 돌과 벽돌, 돌과 블록을 병용하는 경우에는 규정에 의한 벽두께에 2/10를 가산한 두께로 하되, 해당 벽높이의 1/15 이상으로 하여야 한다.

29 **보강 블록조**의 평면상 내력벽의 길이는 55cm 이상(보통 60cm)으로 하거나 벽의 양쪽에 있는 개구부 높이의 평균값의 30% 이상으로 한다. **내력벽의 두께는 15cm(150mm) 이상**으로 하되, **그 내력벽의 구조 내력상 주요한 지점간의 수평 거리 의 1/50 이상**으로 하며, 내력벽의 위치는 위층의 내력벽은 아래층의 내력벽의 위에 배치하여야 한다.

30 **AE콘크리트, 프리팩트콘크리트, 프리스트레스트콘크리트**

AE콘크리트	콘크리트를 비빌 때 AE제를 넣어 인공적으로 미세한 기포가 생기게 하여 다공질로 만든 콘크리트이다.
프리팩트콘크리트	미리 거푸집 속에 적당한 입도배열을 가진 굵은 골재를 채워 넣은 후 모르타르를 펌프로 압입하여 굵은 골재의 공극을 충전시켜 만드는 콘크리트이다.
프리스트레스트콘크리트	특수 선재(고강도의 강재나 피아노선)를 사용하여 재축방향으로 콘크리트에 미리 압축력 을 준 콘크리트이다.

31 **강재 거푸집**은 콘크리트 즉, 알칼리성에 **오염의 가능성이 높지만, 목재 거푸집은 오염 가능성이 낮은 특성**이 있다.

32 단순보의 배근에 있어서 **인장측 부분에만 배근한 보를 단근보**라고 하고, **인장측과 압축측에 배근한 보를 복근보**라고 한다.

33 철근 콘크리트 기둥의 배치에 있어서, 평면상으로는 같은 간격으로, 단면상으로는 위 층의 기둥 바로 밑에 아래 층의 기둥 이 오도록 규칙적으로 배치하고, **기둥 하나가 지지하는 바닥 면적은 30m²를 기준**으로 한다. 그러므로 기둥과 기둥을 잇는 큰 보의 길이는 5~7m 정도로 하는데 간사이가 이보다 더 클때에는 철골조나 철골 철근 콘크리트조로 하는 것이 좋다.

34 **공간벽은 단열, 방음, 방습 및 보온에 효과**가 있고, **전단벽은 수평 하중에 주로 저항하는 벽**이며, **부축벽은 내력벽이 긴 경우 에 내력벽의 보강을 위하여 설치하는 벽**이다.

35 ②의 SS강은 일반 구조용 압연 강재이고, ③의 FR강은 600℃의 이하 범위에서 무내화 피복이 가능한 **내화강**이며, ④의 SN 강은 건축물의 **내진 성능을 확보하기 위한 건축 구조용 압연강**이다. TMCP강은 Thermo Mechanichal Control Process steel의 약자이다.

36 **판 보(플레이트 거더)는 커버 플레이트, 플랜지, 스티프너 및 웨브 플레이트 등으로 구성**되고, **래티스는 래티스 보나 기둥에 사용하는 것**으로 윗가지, 장대 또는 막대기를 교차시킴으로써 그물 모양을 이루는 금속이나 목재를 말한다.

37 **미서기 창호**(윗틀과 밑틀에 두 줄로 홈을 파서 문 한짝을 다른 한짝의 옆으로 밀어 붙이게 한 창호)**의 창호 철물에는 레일, 오목손잡이 및 꽃이쇠 등이 있고, 경첩은 여닫이 창호에 사용하는 창호 철물**이다.

38 **플랫 슬래브 구조, 벽식 구조, 셀 구조**
- **플랫 슬래브 구조**는 보가 없고 슬래브만으로 된 바닥을 기둥으로 받치는 철근 콘크리트 슬래브 구조이다.
- **벽식 구조**는 기둥이나 들보를 뼈대로 하여 만들어진 건축물에 비하여 기둥이나 들보 없이 벽과 슬래브로만 건물을 조립 하는 건축 구조를 말한다.
- **셀 구조**는 입체적으로 휘어진 면구조이며, 이상적인 경우에는 부재에 면내 응력과 전단 응력만이 생기고 휘어지지 않는 구조이다.

39 **막 구조의 종류**에는 골조 막 구조(막의 무게를 골조가 부담), 현수 막 구조(막의 무게를 케이블로 당겨 지지), 공기 막 구조(공기압으로 막의 형태를 유지) 및 하이브리드 막 구조(골조 막, 현수 막 및 공기 막 구조를 복합적으로 채용) 등이 있다. **상암동 및 제주도 월드컵 경기장 등**이 막 구조에 속한다. **금문교는 현수교, 장충체육관은 돔 구조, 시드니 오페라 하우스는 셸 구조**이다.

40 **와렌 트러스**는 수직재가 없는 트러스로서 사재의 방향이 교호로 우와 좌로 변하므로 사재는 교호로 압축재와 인장재의 작용이 변화하는 트러스이고, **실린더 셸**은 평면을 임의의 축을 중심으로 회전시켜 얻은 곡면 셸이며, **회전 셸**은 곡면을 임의의 축을 중심으로 회전시켜 얻은 구면 셸이다.

41 **지붕 재료에 요구되는 성질**은 재료가 가볍고, 방수·방습·내화·내수성이 큰 것이어야 하며, **열전도율이 작고, 외관이 좋은 것**이어야 한다. **부드러워 가공이 용이한 것**은 창호 및 수장 재료의 요구 조건이다.

42 **전성, 탄성, 연성**
   • **전성**은 어떤 재료를 망치로 치거나 롤러로 누르면 얇게 펴지는 성질을 말한다.
   • **탄성**은 재료에 외력이 작용하면 변형이 생기며, 이 외력을 제거하면 재료가 원래의 모양, 크기로 되돌아가는 성질이다.
   • **연성**은 어떤 재료에 인장력을 가하였을 때, 파괴되기 전에 큰 늘음 상태를 나타내는 성질을 말한다.

43 목재의 **심재**는 수심 사이에 둘러져 있는 생활 기능이 줄어든 세포의 집합으로 수액과 수분이 적고, 재질은 변재보다 단단하며, 변형이 적고 내구성이 있어 이용상의 가치가 높다. 또한, **색깔이 짙고, 비중이 크다.**

44 **목재의 특성** 중 단점은 착화점이 낮아 내화성이 작고 흡수성(함수율)이 커서 변형되기 쉬우며, 습기가 많은 곳에서는 부식되기 쉽다. 특히, 충해나 풍화에 의하여 내구성이 떨어지고, **재질과 강도가 방향에 따라서 균일하지 못하다.**

45 **파티클 보드**(목재 섬유와 소편을 방향성 없이 열압, 성형 및 제판한 것 또는 나무 조각에 합성수지계 접착제를 섞어서 고열, 고압으로 성형한 것)는 강도와 섬유 방향에 따른 방향성이 없고, 변형도 극히 적으며, 방부, 방화성을 높일 수 있고, **흡음성과 열차단성도 좋다.** 특히, 강도가 크므로 구조용으로도 적합하다.

46 **응회암**은 화산재, 화산 모래 등이 퇴적·응고거나 물에 의해 운반되어 암석 분쇄물과 혼합되어 침전된 것으로 대체로 다공질이고 강도와 내구성이 작아 구조재로 적합하지 않으나, 내화성이 있으며 외관이 좋고 조각하기 쉬우므로 **내화재, 장식재**로 많이 이용된다.

47 **석재를 구조재로 사용**하는 경우에는 **압축재로 사용**하고, 인장재의 사용은 피하며, **가공 시 가능한 한 둔각**으로 한다. 또한, **중량이 큰 것은 낮은 곳**에, 중량이 작은 것은 높은 곳에 사용한다.

48 **다공질 벽돌**은 절단(톱질)과 못박기의 가공성이 우수하며, 단열과 방음성 및 흡음성이 있으나 강도는 약하므로 **구조용으로 부적당**하다.

49 시멘트의 분말도는 시멘트 입자의 굵고 가늚을 나타내는 것으로 **분말도가 높은 경우** 발열량이 높아지므로 **수축 균열이 많이 생긴다.**

50 **실리카(포졸란) 시멘트**는 보통 포틀랜드 시멘트에 비해 **초기 강도가 약간 낮으나, 장기 강도는 약간 크다. 구조용 또는 미장 모르타르용으로 적합**하다. 특히, 화학적 저항성이 크다.

51 **콘크리트용 골재의 형태**는 거칠고, **구형에 가까운 것이 좋으며**, 평편하거나 세장한 것은 좋지 않다. 진흙이나 유기 불순물 등의 유해물이 포함되지 않아야 하고, 잔 것과 굵은 것이 적당히 혼합된 것이 좋다. 운모가 다량으로 함유된 골재는 콘크리트의 강도를 떨어뜨리고, 풍화되기도 쉽다.

52 **AE제를 사용**하면 **강도**(압축 강도, 인장 강도, 전단 강도, 부착 강도 및 휨 강도 등)**가 저하되는 결점**이 있다.

53 **콘크리트를 타설한 후** 수화 작용이 충분히 되도록 항상 **습윤 상태를 유지하도록** 보호하고, 경화될 때까지 충격 및 하중을 가하지 않도록 주의하여야 한다. **습기가 공급되면 재령이 길어지나, 강도가 증대**된다.

54 불림, 풀림, 담금질

불림	**불림**은 강을 800~1,000℃로 가열한 다음 공기 중에서 냉각시키는 것을 말한다. 가열된 강이 식으면 강철의 입자가 미세하게 되어 변형이 제거되고, 조직이 균일화된다.
풀림	**풀림**은 불림에서와 같이 높은 온도로 가열된 강을 노 속에서 천천히 냉각시키는 것으로 강의 결정이 미세화되는 동시에 연화되기도 한다.
담금질	**담금질**은 물 또는 기름 속에서 급히 식히는 것으로 강도, 경도가 증가하고, 저탄소강은 담금질이 어렵고, 담금질의 온도가 높아지고, 탄소 함유량이 클수록 담금질의 효과가 커지게 된다.

55 ㄱ**자쇠**는 띠쇠를 ㄱ자 모양으로 구부린 것으로 수평재와 수직재의 모서리 부분에 사용하는 금속 제품이고, **안장쇠**는 큰 보에 걸쳐 작은 보를 받게 하는 철물이다. **꺾쇠**는 강봉 토막의 양 끝을 뾰족하게 하고 ㄷ자형으로 구부려 2부재(목재)를 이어 연결 또는 엇갈리게 고정시킬 때 사용하는 철물이다.

56 **유리 블록**은 속이 빈 상자 모양의 유리 2개를 맞대어 저압 공기를 넣고 녹여 붙인 것으로 주로 칸막이벽을 쌓는 데 사용하는데, 쌓은 벽은 실내가 들여다 보이지 않게 하면서 채광할 수 있다. **자외선 흡수(차단) 유리**는 자외선 투과 유리와는 반대로 약 10%의 산화 제2철을 함유시키고 크롬, 망간 등의 금속산화물을 포함시킨 유리이다. 직물 등 염색 제품의 퇴색을 방지할 수 있는 유리이다.

57 페놀 수지, 요소 수지 및 멜라민 수지는 열경화성 수지에 속하고, **폴리스티렌 수지는 열가소성 수지**에 속한다.

58 **수지성 페인트**는 건조 시간이 빠르고, 도막이 단단하며, 투명한 합성수지를 사용하면 극히 선명한 색을 낼 수 있다. 또한, **내산성, 내알칼리성이 있어 콘크리트나 플라스터 면에 바를 수 있고**, 도막은 인화할 염려가 없어서 페인트와 바니시보다는 방화성이 있다.

59 **회반죽은 기경성**으로 충분한 물이 있더라도 **공기 중의 이산화탄소와 결합하여야만 경화**하고, 수중에서는 굳어지지 않는 것을 말한다.

60 **침입도**는 아스팔트의 견고성 정도를 침의 관입 저항으로 평가하는 방법으로 온도의 상승에 따라 증가된다. **신도**는 온도의 변화와 함께 변화하며, 아스팔트의 점착성, 가동성, 내마모성 등과 관계가 깊고, 아스팔트의 연성을 나타내는 수치이다. **비중**은 침입도가 작을수록, 황의 함유량이 많을수록 크다. 아스팔트의 비중은 1.0~1.1 정도이다.

10 실전모의고사 ● 정답 및 해설

01	④	02	③	03	②	04	②	05	①	06	③	07	③	08	④	09	②	10	③
11	①	12	④	13	③	14	②	15	②	16	④	17	①	18	①	19	④	20	②
21	①	22	④	23	④	24	③	25	④	26	③	27	②	28	①	29	②	30	④
31	④	32	①	33	④	34	③	35	②	36	④	37	①	38	①	39	④	40	①
41	③	42	③	43	②	44	③	45	②	46	④	47	③	48	③	49	④	50	④
51	④	52	④	53	③	54	②	55	④	56	④	57	④	58	②	59	④	60	④

01 건축공간의 구체적인 **계획 조건**은 **건축의 용도, 건축주의 요구**, 이용상의 요구, **규모 및 예산**, 건축 대지의 조건, 건설의 시기 및 공사 기간으로 대별할 수 있고, **구조 계획은 설계** 단계에서 이루어진다.

02 건축법상 **초고층 건축물**이라 함은 **층수가 50층 이상이거나 높이가 200m 이상인 건축물**이다.

03 집중형, 중복도형, 편복도형
- **집중형**은 건물 중앙 부분의 엘리베이터와 계단을 이용해서 각 단위 주거에 도달하는 형식으로 **일조와 환기 조건이 가장 불리한 형식**이다.
- **중복도형**은 엘리베이터나 계단에 의해 각 층에 올라와 중복도를 따라 각 단위 주거에 도달하는 형식이다.
- **편복도형**은 엘리베이터나 계단에 의해 각 층에 올라와 편복도를 따라 각 단위 주거에 도달하는 형식으로 **엘리베이터의 이용률이 홀형에 비해 매우 높다.**

04 명(명청)색은 명도가 높은 색이고, 순색은 채도가 높은 색(무채색의 포함량이 가장 적은 색)이며, 탁색은 회색이 섞인 채도가 낮은 색이다. 또한, 암(암청)색은 명도가 낮은 색이다.

05 태양광선은 **적외선(열선, 열적 효과가 크다)**, 가시광선(눈으로 느낄 수 있는 광 효과) 및 자외선(사진 화학 반응, 생물에 대한 생육 작용, 살균 작용을 하므로 일명 화학선이라고도 한다.

06 양식 주택의 실은 **단일(용도별) 용도**이고, 한식 주택의 실은 **혼합(다목적) 용도**이다.

07 **주택의 각 실의 위치를 결정**할 때 고려하여야 할 사항은 **일조, 동선 및 프라이버시** 등이다.

08 DK(Dining Kitchen)형은 부엌의 일부분에 식사실을 두는 형태이고, LD(Living Dining)형은 거실의 일부분에 식탁을 설치하는 형태이며, LDK(Living Dining Kitchen)형은 거실 내에 부엌과 식사실을 설치하는 형식으로 **실을 효율적으로 이용**할 수 있고, **소규모 주택에서 많이 사용되는 형식**이다.

09 집합 주택을 배치함에 있어서 **남북간의 인동 간격**은 동지 때 4시간의 일조를 기준으로 한다. 또한 **동서 및 남북간의 인동 간격**은 각 동 사이의 **일조·통풍·독립성(프라이버시)·연소·환기 및 채광 등으로 결정**하고, 최소 4m 이상으로 한다.

10 모스경도, 피로시험, 브리넬경도

모스경도	재료의 긁힘(마멸)에 대한 저항성을 나타내는 것으로서, 주로 유리 및 석재의 경도를 표시하는 데 사용한다.
피로시험	어떤 재료가 압축이나 비틀림, 굽힘, 충격 따위에 대해 부서지지 않고 견디는 정도를 알아보는 시험이다.
브리넬경도	금속 또는 목재에 적용되는 것으로서, 지름 10 mm의 강구를 시편표면에 500~3,000kg의 힘으로 압입하여 표면에 생긴 원형 흔적의 표면적을 구하여 압력을 표면적으로 나눈 값이다.

11 세출식은 변기의 용기 일부분에 물이 고여 있는 부분이 있어 오물을 저장하고 세정 시에는 물의 낙차에 의하여 오물을 트랩 방향으로 유출하는 방식이다.

12 증기 난방은 난방 부하의 변동에 따른 **방열량의 조절이 곤란**하다.

13 침실 계획에 있어서 소음 차단 방법에는 ①, ②, ④ 이외에 **침실의 위치 선정** 시 도로 등의 **소음원으로부터 격리**시키고, **다른 실과의 사이에 붙박이창을 설치**하면 효과적이다.

14 철근 콘크리트 구조의 **콘크리트는 알칼리성**이므로 강재를 부식시키지 않는 성질을 가지고 있으므로 **콘크리트에 쌓인 철근 콘크리트 구조는 철골 구조에 비해서 내식성이 매우 강하다.**

15 강의 탄소량이 증가함에 따라 물리적 성질의 비열, 전기 저항, 항장력과 화학적 성질의 내식성, **항복 강도(항복점)**, 인장 강도 및 **경도 등은 증가**하고, 물리적 성질의 비중, 열팽창 계수, 열전도율과 화학적 성질의 **연신율**, 충격치, 단면 수축률, **용접성 등은 감소**한다.

16 삼각 스케일의 축척에는 **1/100, 1/200, 1/300, 1/400, 1/500 및 1/600 축척의 눈금**이 있다.

17 ①은 주 기준선의 표시이고, ②는 **보조 기준선의 표시**이다.

18 구상도, 조직도, 면적 도표

구상도	**구상도**는 설계에 대한 최초의 발상으로 모눈종이나 스케치북에 프리핸드로 그리게 되는 가장 기초적인 도면이다.
조직도	**조직도**는 평면 계획의 기초 단계에서 각 실의 크기나 형태로 들어가기 전에 동식물의 각 기관이 상호 관계가 있는 것과 같이 용도나 내용의 관련성을 정리하여 조직화한 도면이다.
면적 도표	**면적 도표**는 면적표를 만들기 위한 예비 행위로서 전체 면적 중의 각 소요실의 비율이나 공통 부분의 비율을 산정한 도표이다.

19 목재는 **W로 표기**한다.

20 벽돌조에 있어서 각층의 대린벽으로 구획된 벽에서 **문골 너비의 합계는 그 벽길이의 1/2 이하**로 하고, 문골 바로 위에 있는 문골과의 수직 거리는 60cm 이상으로 하여야 하므로, 7×1/2＝7/2＝3.5m 이상이다.

21 나무 구조, 돌구조, 철근 콘크리트 구조, 철골 구조
- **나무 구조**는 내구성이 약하다.
- **돌구조**는 횡력과 진동에 약하다.
- **철근 콘크리트 구조**는 습식 구조이므로 공사 기간이 길다.
- **철골 구조**는 공사비가 비싸고, **내화적이지 못하다.**

22 줄(연속)기초, 복합 기초
- **줄(연속)기초**는 벽 또는 일련의 기둥으로부터의 응력을 일정한 폭, 길이 방향으로 연속된 띠모양으로 하여 지반 또는 지정에 전달하도록 하는 기초 형식으로 주로 조적 구조의 기초에 사용하는 기초이다.
- **복합 기초**는 지반이 연약하거나 협소할 때, 상부 구조가 밀집되어 있을 때, 편심 하중이 생길 때 사용하는 기초로서 2개 이상의 기둥에서 내려오는 하중을 하나의 기초판이 받도록 설계된 기초이다.

23 토대의 이음 방법에는 **턱걸이 메뚜기장 이음, 턱걸이 주먹장 이음** 등이 있으며, 보강 철물을 사용하는 경우에는 턱걸이 주먹장 이음 시 띠쇠를 대고 볼트 죔을 한다. 간단한 토대의 이음은 턱이음과 반턱 이음을 사용한다.

24 평기둥, 누주(다락 기둥), 통재 기둥
- **평기둥**은 상부에서 내려오는 하중을 받아 토대에 전달하는 수직재로서 밑층에서 위층까지 따로따로 되어 있는 기둥으로, 통재 기둥 사이에 배치한다.

- **누주(다락 기둥)**는 2층 기둥을 말하는 경우도 있고, 1층으로서 높은 마루를 놓는 기둥을 말한다.
- **통재 기둥**은 상부에서 내려오는 하중을 받아 토대에 전달하는 수직재로서 밑층에서 위층까지 한 개의 부재로 되어 있는 기둥으로 건축물의 모서리, 중간 요소(칸막이벽과 바깥벽이 만나는 부분)에 배치한다.

25 **왕대공(양식) 지붕틀의 부재**에는 **평보**, ㅅ자보, 왕대공, **빗대공**, 달대공, **중도리**, 지붕 가새, **버팀대** 및 대공 밑잡이 등이 있고, **지붕보와 대공은 절충식의 부재**이다.

26 지붕 물매의 종류 중 **평물매**는 45˚ 미만(10cm 미만)이고, **되물매는 45˚(10cm 물매)**이며, 된물매는 45˚ 초과(10cm 초과)이다.

27 **빗줄눈, 통줄눈, 오목 줄눈**
- **빗줄눈**은 아래쪽이 경사지어 들어간 줄눈이다.
- **통줄눈**은 세로 줄눈의 아래, 위가 통한 줄눈으로 하중의 집중 현상이 일어나 균열이 발생하고 지반에 습기가 차기 쉬우며 외관상 보기 좋은 줄눈이다.
- **오목 줄눈**은 단면의 형상이 곡면인 오목한 줄눈이다.

28 조적식 구조인 **경계벽(내력벽이 아닌 그 밖의 벽을 포함)의 두께는 9cm 이상**으로 하여야 하고, 조적식 구조인 경계벽의 바로 위층에 조적식 구조인 경계벽이나 주요 구조물을 설치하는 경우에는 당해 경계벽의 두께는 19cm 이상으로 하여야 한다. 다만, 테두리 보를 설치하는 경우에는 예외로 한다.

29 조적조 테두리 보의 역할은 벽체를 일체화하여 벽체의 강성을 증대시키고, 횡력에 대한 벽의 직접 피해를 완화시키며, 수직 균열을 방지하고, 수축 균열의 발생을 최소화한다. 또한, **개구부 상부의 하중을 좌우측 벽체로 전달하는 보는 인방보**이다.

30 **단면도 제도 시 필요한 사항은 기초, 지반, 바닥, 처마, 층 등의 높이**와 지붕의 물매, 처마의 내민 길이 등이고, 단면상세도는 건축물의 구조상 중요한 부분을 수직으로 자른 것으로 각부의 높이, 부재의 크기, 접합 및 마감 등을 상세하게 그린다.

31 **강재 거푸집**은 콘크리트, 즉 **알칼리성에 오염될 가능성이 높지만**, 목재 거푸집은 오염 가능성이 낮은 특성이 있다.

32 다음 그림에서 알 수 있듯이 **중앙 지점 부근에서 압축력을 받고 양 끝지점 부근에서 인장력을 받으므로 휨 모멘트도(B.M.D.)에 따라 배근**한다.

33 철근 콘크리트 기둥에 있어서 축방향 철근이 주근이고, 원형기둥에 있어서 주근 주위를 나선형으로 둘러 감은 철근을 **나선철근**, 장방형의 기둥에 있어서 주근 주위를 둘러 감은 철근을 **대근(띠철근)**이라고 한다.

34 **지하 외벽은 내력벽으로 하중을 부담**하고, **실내의 칸막이벽은 칸막이 역할**을 하며, **코어의 전단벽**은 벽면에 평행하게 작용하는 **수평력에 저항**하여 면내 휨과 전단력만이 주대상이 된다.

35 **강(철골) 구조는 열에 약하고**, 고온에서는 강도가 저하되므로 **내화에 특별한 주의가 필요**하다.

36 **판(플레이트)보의 구성 부재**에는 플랜지, **웨브 플레이트, 커버 플레이트** 및 **스티프너**(하중점, 중간 및 수평 스티프너 등) 등이 있다. **베이스 플레이트는 주각부의 구성 부재**로서 하중을 기초에 전달하는 부재이다.

37 **풍소란**(미서기문의 마중대는 서로 턱솔 또는 딴혀를 대어 방풍적으로 물려지게 하는 소란 또는 바람을 막기 위하여 창호의 마중대의 틀을 막아 여미게 하는 소란)은 **미서기문에 사용**한다.

38 **라멘 구조**는 구조 부재의 접합점 즉, **절점이 강절점으로 되어 있는 골조**로, 인장재, 압축재 및 휨재 모두가 결합된 형식으로 구조물이 전부 일체로 되어 외력에 저항하므로 지진이 많은 곳이나 교량, 고층 건축물의 구조에 사용한다. **라멘 구조의 종류**에는 **철근 콘크리트조, 철골 철근 콘크리트조** 등이 있다.

39 서귀포, 상암동 및 인천 월드컵 경기장의 지붕 구조는 막 구조이고, **수원 월드컵 경기장의 지붕 구조는 철근 콘크리트 구조**이다.

40 **콘크리트 채움 강관**(CFT : Concrete Filled Tube)은 원형 또는 사각형의 강관 기둥 내부에 고강도·고유동화 콘크리트를 충진하여 만든 기둥이다.

41 **벽 및 천장 재료**는 **열전도율이 작고, 시공이 용이**하며, **외관이 좋은 것**이어야 한다. 또한 **차음이 잘 되고, 내화, 내구성이 큰 것**이어야 한다. **시공이 용이한 것은 창호 및 수장 재료의 요구 조건**이다.

42 연성, 전성, 탄성
  • **연성**은 어떤 재료에 인장력을 가하였을 때, 파괴되기 전에 큰 늘음 상태를 나타내는 성질이다.
  • **전성**은 어떤 재료를 망치로 치거나 롤러로 누르면 얇게 펴지는 성질이다.
  • **탄성**은 물체가 외력을 받으면 변형과 응력이 생기는데, 변형이 적은 경우에는 외력을 없애면 변형이 생겼다가 없어지며, 본래의 모양으로 되돌아가서 응력이 없어지는 성질이다.

43 수목 중 **심재 부분**은 **수목의 가운데로 진하고, 세포가 고화된 부분**이며, **수분이 적고 강도가 크다.** 변재 부분은 수목의 가장자리에 연하고, 수분이 많고 강도가 작은 부분으로 **양분을 저장하는 부분**이다.

44 목재의 팽창과 수축은 목재의 비중과 깊은 관계가 있으며, **비중이 큰 목재는 팽창과 수축이 크고**, 비중이 작은 목재는 팽창과 수축이 작다.

45 **코르크 보드**는 코르크 참나무 수피, 떡갈나무의 외피를 부수어 금속 형틀에 넣고 압축하여 열기 또는 과열 증기로 가열하여 만든 판이다. **코펜하겐 리브**는 강당, 극장, 집회장 등에 음향 조절용으로 쓰거나, 일반 건축물의 벽 수장재로 이용되는 목재 제품이다. **플로어링 보드**는 마루널의 일종으로 표면 가공, 제혀 쪽매 및 기타 필요한 가공을 한 제품이다.

46 **테라코타**는 석재 조각물 대신에 사용되는 **장식용 공동의 대형 점토 제품**으로서 속을 비게 하여 가볍게 만들고, 건축물의 패러핏, 버팀벽, 주두, 난간벽, 창대, 돌림띠 등의 장식에 사용한다.

47 **응회암**은 화산재, 화산 모래 등이 퇴적·응고되거나, 물에 의해 운반되어 암석 분쇄물과 혼합되어 침전된 것으로 다공질이고 강도와 내구성이 작으나, **내화성이 있고** 외관이 **아름다우며 조각하기 쉽다.** 용도로는 내화재와 장식재로 사용된다.

48 내화 벽돌의 내화도와 용도

벽돌의 종류	내화도	용도
저급 내화 벽돌	SK 26(1,583℃)~SK 29(1,650℃)	굴뚝, 페치카의 안쌓기
보통 내화 벽돌	SK 30(1,670℃)~SK 33(1,730℃)	보통의 가마
고급 내화 벽돌	SK 34(1,750℃)~SK 42(2,000℃)	고열 가마

49 **시멘트의 응결**(시멘트에 적당한 양의 물을 부어 뒤섞은 시멘트풀이 천천히 점성이 늘어남에 따라 유동성이 점차 없어져서 굳어지는 상태로서 고체의 모양을 유지할 정도의 상태)은 가수량이 적을수록, 온도가 높을수록, **분말도가 높을수록**, 알루민산삼칼슘이 많을수록 **빨라진다.**

50 알루미나 시멘트는 보크사이트와 같은 Al_2O_3의 함유량이 많은 광석과 거의 같은 양의 석회석을 혼합하여 전기로에서 완전히 용융시켜 미분쇄한 것으로, 성질은 **초기 강도가 크고**(보통 포틀랜드 시멘트 재령 28일 강도를 재령 1일에 나타낸다.), 수화열이 높으며, 화학 작용에 대한 저항성이 크다. 또한 수축이 적고 내화성이 크므로 동기, 해수 및 긴급 공사에 사용한다.

51 콘크리트의 사용 골재 중 **흡수율이 높은 골재는 강도가 작으므로 사용하지 않는 것이 유리**하다.

52 AE 콘크리트는 콘크리트를 비빌 때 AE제를 넣어 인공적으로 미세한 기포가 생기게 하여 다공질로 만든 콘크리트를 말한다. **AE제를 사용하면 강도(압축 강도, 인장 강도, 전단 강도, 부착 강도 및 휨 강도 등)가 저하되는 결점**이 있다.

53 **블리딩**은 아직 굳지 않은 콘크리트나 모르타르의 윗면에 물이 떠오를 때 불순물을 갖고 상승하는 현상이다. **동결 융해 작용**은 동결되었던 물체가 융해될 때 생기는 현상이다. **알칼리 골재 반응**은 골재 중의 실리카질 광물이 시멘트 중의 알칼리 성분과 화학적으로 작용하여 콘크리트의 팽창으로 균열이 발생하는 현상이다.

54 **구리의 합금**

구분	황동(놋쇠)	청동	포금	두랄루민
합금	**구리+아연**	구리+주석	구리+주석+납+아연	알루미늄+구리+마그네슘+망간

55 **감잡이쇠, ㄱ자쇠, 안장쇠**
- **감잡이쇠**는 띠쇠를 ㄷ자형으로 구부려 만든 것으로, 평보에 대공을 달아맬 때, 평보와 왕대공의 맞춤에 사용한다.
- **ㄱ자쇠**는 띠쇠를 ㄱ자형으로 구부려 만든 것으로, 가로재와 세로재의 연결에 사용한다.
- **안장쇠**는 안장 모양으로 한 부재에 걸쳐대고, 다른 부재를 받게하는 철물로, 큰 보와 작은 보 또는 귓보와 귀잡이보를 접합 시 사용한다.

56 **강화(담금) 유리**는 유리를 500~600℃로 가열한 다음, 특수 장치를 이용하여 균등하게 급격히 냉각시킨 유리로서 열처리에 의하여 강도가 보통 유리의 3~5배이며, 특히 충격 강도는 7~8배나 된다. 또 파괴되면 열처리에 의한 내응력 때문에 모래처럼 잘게 부서지므로 유리의 파편에 의한 부상이 적지만, **열처리를 한 후에는 절단 등의 가공을 할 수 없는 단점이 있다.** 자동차의 창유리, 통유리문, 에스컬레이터의 옆판, 난간의 옆판 등에 이용된다.

57 열경화성 수지의 종류에는 **페놀(베이클라이트) 수지, 요소 수지, 멜라민 수지, 폴리에스테르 수지**(알키드 수지, 불포화 폴리에스테르 수지), **실리콘 수지, 에폭시 수지** 등이 있고, 열가소성 수지의 종류에는 **염화·초산비닐 수지, 폴리에틸렌 수지**, 폴리프로필렌 수지, 폴리스티렌 수지, ABS 수지, **아크릴산 수지**, 메타아크릴산 수지 등이 있다.

58 **래커**는 합성수지 도료로서 가장 오래된 제품으로 질화면(nitrocellulose)을 용제(아세톤, 부탄올, 지방상 에스테르 등)에 녹인 다음 수지 연화제, 시너 등을 가하여 저장 탱크 안에서 충분히 반응을 시킨 도료이다. **에나멜 페인트**는 유성 페인트와 오일 바니시의 중간 제품으로 안료에 오일 바니시를 반죽한 액상의 제품이다. **워시(에칭)프라이머**는 금속의 표면에 화학적으로 결합시키는 모양의 방청 초벌도료이다.

59 **회반죽은 기경성으로 충분한 물이 있더라도 공기 중의 이산화탄소와 결합하여야만 경화**하고, 수중에서는 굳어지지 않는 것을 말한다.

60 **아스팔트 싱글, 아스팔트 루핑, 아스팔트 타일**
- **아스팔트 싱글**은 모래붙임 루핑을 사각형, 육각형으로 잘라 만든 것으로 주택 등의 경사 지붕에 사용하는 아스팔트 제품이다.
- **아스팔트 루핑**은 아스팔트 펠트의 양면에 아스팔트 피복을 하고 밀착 방지를 위해 활석, 운모, 석회석, 규조토의 미분말을 뿌린 것으로 방수층의 주층으로 쓰이거나 지붕 바탕깔기로 쓰이는 것이다.
- **아스팔트 타일**은 아스팔트와 쿠마론 인덴 수지, 염화비닐 수지에 석면, 돌가루 등을 혼합한 다음, 높은 열과 압력으로 녹여 얇은 판으로 만든 것으로 탄성이 있고, 가공하기가 쉽다.

01	①	02	③	03	③	04	①	05	③	06	①	07	③	08	④	09	③	10	②
11	④	12	②	13	④	14	①	15	④	16	④	17	③	18	③	19	①	20	①
21	③	22	④	23	②	24	②	25	②	26	②	27	①	28	③	29	②	30	②
31	②	32	③	33	③	34	①	35	②	36	②	37	②	38	③	39	③	40	④
41	①	42	②	43	④	44	②	45	③	46	①	47	③	48	④	49	②	50	②
51	③	52	①	53	④	54	①	55	③	56	④	57	②	58	④	59	①	60	③

01 평면 계획, 형태 계획, 입면 계획
- **평면 계획**은 주어진 기능의 어떤 건물 내부에서 일어나는 활동의 종류, 실의 규모 및 그 상호 관계를 합리적으로 평면상에 배치하는 계획이다.
- **형태 계획**은 건축물의 주변 환경, 문화적, 사회적 조건 등과의 조화를 이룰 수 있도록 해야 하고, 완성된 건축물이 주위의 환경을 저해하는 일이 없도록 계획 과정에서 고려하는 계획이다.
- **입면 계획**은 평면을 입체화시키면 부피가 있는 건축 공간을 얻을 수 있으며, 이때 건축 공간의 외부를 아름답게 디자인하는 계획이다.

02 '리모델링'이란 건축물의 노후화를 억제하거나 기능 향상 등을 위하여 대수선하거나 일부 증축하는 행위를 말한다(건축법의 규정).

03 수평선의 느낌은 ①, ②, ④ 등이고, ③은 **수직선에 대한 느낌**이다.

04 **명시(가독)성**(표식 등 각종 시각 표시나 선전, 광고, 패키지 디자인에서는 문자의 읽기 쉬움이 중요하지만 그 문자 등의 읽기 쉬움에 주는 색의 영향)**은 명도차가 큰 무채색과 유채색의 조합이 가장 높은 명시(가독)성을 만들어 내고**, 그 다음이 채도차, 색상차의 순이다.

05 기본적인 **일조 조절 방법**은 창의 방향, 모양, 크기, 수 등을 고려하여 이루어지며, 그 밖에는 **차양, 발코니, 루버**(수평, 수직, 격자 및 가동 루버 등) 등을 이용하거나, 흡열 유리, 이중 유리, 유리 블록, 식수 등도 이용되고 있다.

06 주거 면적의 기준

(단위 : m²/인 이상)

구분	최소한 주택의 면적	코르노 (cologne) 기준	송바르 드 로브(사회학자)			국제주거회의 (최소)
			병리 기준	한계 기준	표준 기준	
면적	10	16	8	14	16	15

07 주택의 대지에 있어서 **대지가 작으면 일조, 통풍 및 독립성 등의 확보가 불리**하고, **평면 계획에 제약을 받는다.**

08 다이닝 키친, 리빙 다이닝 키친
- **다이닝 키친**은 **부엌의 일부에 식탁을 꾸민 것**으로 **부엌과의 연결이 유기적**이다. 소규모 주택에 적합하며 동선이 단축되고, 면적의 활용도가 높은 특성을 갖고 있다.
- **리빙 다이닝 키친**(Living Dining Kitchen, LDK형)은 거실, 식당, 부엌의 기능을 한 곳에서 수행할 수 있도록 설계한 것으로 소규모의 주택이나 아파트에 많이 이용한다.

09 공동 주택 중 **아파트는 공간의 다양화, 생활의 변화에 대응할 수 있는 융통성이 부족한 단점**이 있다. 대신에 **공간의 다양화나 생활의 변화에 대해 융통성 있게 대응**할 수 있는 장점을 가지고 있다.

10 **베란다, 필로티, 테라스**
- **베란다**는 상층의 면적이 작고, 하층의 면적이 넓은 경우의 하층의 여유 공간을 말한다.
- **필로티**는 1층은 기둥만의 개방된 공간(주차장 등)으로 구성하고, 2층 이상에는 주호를 설치하는 형식이다.
- **테라스**는 실내에서 외부로 출입할 수 있도록 지면과 만나는 부분으로 상부에 지붕을 설치하지 않은 공간이다.

11 **변전 설비, 배수 설비, 급수 설비**
- **변전 설비**는 건물의 부하 설비(조명, 전원 및 동력 등)에 전력을 공급하기 위하여 각 설비에 적합한 전압을 유지하는 설비이다.
- **배수 설비**는 건물이나 대지에서 생긴 오수, 빗물, 폐수 등을 외부에 배출하기 위한 설비이다.
- **급수 설비**는 건축물에서 사용하는 물(음료수, 세탁용, 대소변 배출용 등)을 공급하기 위한 설비이다.

12 **증기 난방**은 온수 난방에 비해 예열 시간이 짧고, 증기의 순환이 빠르다.

13 **목재의 함수율**

구분	전건재	기건재	섬유포화점
함수율	0%	10~15%(12~18%)	30%
비고	–	습기와 균형	섬유세포에만 수분 함유, 강도가 커지기 시작하는 함수율

14 **부엌의 가구 배치법**

배열형식	장점	단점
I자형 **(직선형)**	몸의 방향을 바꿀 필요가 없고 **좁은 면적 이용**이다. **효과적**이므로 **소규모 부엌에 주로 이용**되는 형식이다.	동선이 길어진다(작업의 흐름이 좌우로 되어 있다).
L(ㄱ, ㄴ)자형	배치에 여유가 있고 동선이 짧다.	각이 진 부분에 유의해야 한다.
U(ㄷ)자형	**작업면이 넓고 작업 효율이 가장 좋다. 인접한 세 벽면에 작업대를 붙여 배치한 형태로서 비교적 규모가 큰 공간에 적합**하다.	다른 공간과의 연결이 한 면에 국한되므로 위치결정이 힘들다.

15 **구내 교환 설비**(PBX : Private Branch Exchange)는 건물의 외부와 내부 및 내부 상호 간에 연락을 위한 설비이다. **구내 교환 설비의 구성은 구내 전화기, 전력 설비**, 보안 설비, 배전반, **단자함**, 국선, 내선, 보조 설비, 교환대, 시험 설비, 국선 전화기 등으로 이루어진다.

16 **선의 종류와 용도**

종류	실선		허선			
	전선	가는선	파선	일점쇄선		이점쇄선
용도	**단면선, 외형선, 파단선**	치수선, 치수 보조선, 인출선, 지시선, 해칭선	물체의 보이지 않는 부분	중심선 (중심축, 대칭축)	절단선, **경계선, 기준선**	물체가 있는 가상 부분 (가상선), 일점 쇄선과 구분
굵기 (mm)	**굵은선** **0.3~0.8**	가는선 (0.2 이하)	중간선 (전선 1/2)	가는선	중간선	중간선 (전선 1/2)

17 재료의 단면 표시 기호

재료의 명칭	석재	인조석	목재 구조재
재료의 단면 표시 기호			

18 **배치도**, **입면도** 및 **창호도는 실시 설계도 중 일반도**에 속하고, **동선도는 계획 설계도**에 속한다.

19 **기초 평면도 작도 시 순서**는 기초 평면도의 축척을 정한다. → 평면도에 따라 기초 부분의 중심선을 긋는다. → 기초의 모양과 크기를 그린다. → **각 부분의 치수를 기입**한다.

20 ①은 **민줄눈을 의미**하고, 평줄눈은 [　　] 이다.

21 **조립식 구조**는 공장 생산에 의한 **대량 생산이 가능하고 공사 기간을 단축**시킬 수 있으며, 기후의 영향을 받지 않는 구조로서 건축의 생산성 향상을 위한 방법으로 사용한다.

22 **온통 기초(매트 기초, 매트 슬래브 기초)**는 건축물의 전체 바닥에 철근 콘크리트 기초판을 설치한 기초 또는 **건물의 하부(바닥 슬래브) 전체** 또는 **지하실 전체를 하나의 기초판으로 구성한 기초**이다. 모든 하중이 기초판을 통하여 지반에 전달되고, 지반이 지나6친 지내력 부담을 받지 않아 하중에 비하여 지내력이 작은 연약 지반에 사용한다.

23 **샛기둥**(본기둥과 본기둥 사이에 벽체의 바탕으로 배치한 기둥)은 가새의 휨 방지나 졸대 등 벽재의 뼈대로 배치하며, 크기는 본기둥의 반쪽 또는 1/3쪽으로 간격은 40~60cm 정도 또는 **본기둥 간격의 1/4**로 한다.

$$\therefore \ 200 \times \frac{1}{4} = 50cm$$

24 아치, 트러스, 버트레스(버팀벽 또는 부축벽)
- **아치**는 개구부 상부의 하중을 지지하기 위하여 돌이나 벽돌을 곡선형으로 쌓아 올려 하부에 인장력이 생기지 않도록 한 구조이다.
- **트러스**는 2개 이상의 부재를(삼각형으로 조립해서) 마찰이 없는 활절로 연결하여 만든 뼈대 구조물 (보 또는 지붕 등)로서 부재에 생기는 응력이 모멘트와 전단력을 없게 하고 축방향력(압축 및 인장)만 생기도록 한 구조물이다.
- **버트레스(버팀벽 또는 부축벽)**는 벽에서 돌출하여 만든 보강용 벽이다.

25 처마도리, 깔도리, 평보

처마도리	**처마도리**는 변두리 벽 위에 건너대어 서까래를 받는 도리로서 건물의 외벽에서 기둥 머리를 연결하고 지붕보를 받아 지붕의 하중을 기둥에 전달하는 가로재이다.
깔도리	**깔도리**는 기둥의 맨 위에서 기둥 머리를 연결하고, 지붕틀을 받는 가로재로, 기둥 맨 위 처마의 부분에 수평으로 거는 것으로 기둥 머리를 고정하여 지붕틀을 받아 기둥에 전달하는 역할을 하는 가로재이다. 양식 지붕틀의 기둥 상부를 연결하여 지붕틀의 하중을 기둥에 전달하는 부재 또는 목조 벽체에서 기둥 맨 위 처마 부분에 수평으로 거는 가로재로서 기둥머리를 고정하는 부재이다.
평보	**평보**는 지붕틀의 최하부에 있어 주로 인장력을 받는 부재이다.

26 아스팔트 루핑, 기와, 석면 슬레이트
- **아스팔트 루핑**은 아스팔트 펠트의 양면에 아스팔트 콤파운드를 피복한 다음 그 위에 활석 또는 운석의 분말을 부착시킨 제품이다.
- **기와**는 지붕 외관의 미화, 방수 및 보온 등을 목적으로 쓰이는 판형의 지붕 잇기 재료이다.
- **석면 슬레이트**는 시멘트 및 석면을 주원료로 하여 가압 성형한 판으로서 주로 지붕에 사용하는 제품이다

27 벽돌 쌓기의 특성

구분	영국식	화란식	플레밍식	미국식
A켜	마구리 또는 길이		길이와 마구리	표면 치장벽돌 5켜 뒷면은 영식
B켜	길이 또는 마구리			
사용벽돌	반절, 이오토막	칠오토막	반토막	
통줄눈	안 생김		생김	생기지 않음
특성	가장 튼튼함	주로 사용함	외관상 아름다움	내력벽에 사용

28 표준형 벽돌의 크기는 190×90×57mm이므로, 1.0B 공간쌓기의 벽 두께는 90+80+190=360mm이다.

29 블록 구조의 테두리 보 설치 이유는 세로 철근을 정착하기 위해서, 횡력에 의해 발생하는 균열을 방지하며, 하중을 균등히 분포시키고, 집중 하중을 받는 블록을 보강하기 위함이다.

30 주철근의 배근이 보의 하단에만 배근되어 있으므로 보의 하단에만 인장력이 작용함을 알 수 있다. 그러므로 보의 하단에만 인장력이 작용하는 경우의 보는 단순보이다.

31 거푸집이 갖추어야 할 조건은 외력에 충분히 안전하게 할 것, 조립, 제거 시 파손, 손상되지 않게 하고, 운반과 가공이 쉬우며, 소요 자재가 절약되고, 반복 사용이 가능할 것 등이다.

32 연속보의 지지점 부근에서는 상부에서 인장력이 작용하기 때문에 상부에 철근을 배근하여야 한다.

33 기둥의 배근에서 주근(축방향 철근)의 최소 개수는 사각형이나 원형 띠철근으로 둘러싸인 경우 4개 이상, 나선 철근으로 둘러싸인 경우 6개 이상으로 하여야 한다.

34 축방향 하중을 받는 철근 콘크리트 벽체의 최소 두께는 수직 또는 수평 지지점 간의 거리 중 작은 값의 1/25 이상이거나 또는 100mm 이상이어야 하며, 지하실 외벽 및 기초 벽체의 두께는 200mm 이상으로 하여야 한다.

35 강(철골) 구조는 열에 약하고, 고온에서는 강도가 저하되므로 내화에 특별한 주의가 필요하다.

36 웨브, 스티프너, 거싯 플레이트
- 웨브는 H형강, 채널, 판보 등의 중앙 복부(플랜지 사이의 넓은 부분)이다.
- 스티프너는 철골 구조의 플레이트 보에서 웨브의 두께가 춤에 비해서 얇을 때, 웨브의 국부 좌굴을 방지하기 위해 사용되는 부재이다.
- 거싯 플레이트는 철골 구조의 절점에 있어 부재의 접합에 덧대는 연결 보강용 강판의 총칭이다.

37 지도리, 접문, 문선
- 지도리는 장부가 구멍에 들어 끼어 돌게된 철물이다.
- 접문은 몇 개의 문짝을 서로 경첩으로 연결 또는 문 윗틀에 설치한 레일에 특수한 도르래(달바퀴)가 달린 철물로 달아 접어서 열고, 펴서 닫는 식의 창호이다.
- 문선은 문틀에 댄 선으로 문꼴을 보기 좋게 만드는 동시에 주위 벽의 마무림을 잘하기 위하여 문틀에 가는 홈을 파 넣고 숨은 못치기로 한다.

38 라멘 구조는 기둥과 보에 절점이 강절점(고정 절점)으로 되어 있고, 휨응력이 발생하며, 내부 벽의 설치가 자유롭다. 예로는 철근 콘크리트 구조, 철골 철근 콘크리트 구조 등이 있다.

39 막 구조는 자체로서는 전혀 하중을 지지할 수 없는 막을 잡아당겨 인장력을 주면 막 자체에 강성이 생겨 구조체로서 힘을 받을 수 있는 구조물이다. 막 구조에서 막은 압축력을 견딜 수 없으므로 인장력에 견디도록 설계하여야 한다.

40 ①의 축방향력만으로 응력을 전달하기 위하여 절점은 항상 **자유로운 핀 접합으로만** 이루어져야 하고, ②의 **풍하중과 적설 하중을 고려**하여야 하며, ③의 기하학적인 곡면은 구조적 결함이 적어 주로 **곡면 형태로 제작**한다.

41 벽 및 천장 재료는 **열전도율이 작고, 시공이 용이**하며, **외관이 좋은 것**이어야 한다. 또한 **차음이 잘되고, 내화, 내구성이 큰 것**이어야 한다.

42 **취성**은 인성에 반대되는 용어로 유리와 같이 작은 변형으로도 파괴되는 성질이고, **변형도**는 단위 면적당 하중의 비이다. **인성**은 압연강, 껌과 같은 재료가 파괴에 이르기까지 고강도의 응력에 견디며, 동시에 큰 변형을 나타내게 되는 성질이다.

43 심재와 변재의 비교

구분	비중	신축성	내구성	강도	폭	품질
심재	**크다**	**작다**	**크다**	**크다**	노목일수록 크다	좋음
변재	**작다**	**크다**	**작다**	**작다**	어린 나무일수록 크다	나쁨

44 함수율이 100%에서 섬유 포화점인 30%까지는 **강도의 변화가 없이 일정**하나, **함수율이 30% 이하로 더욱 감소하면 강도는 급격히 증가**하며, 전건(절건) 상태에서는 섬유 포화점 강도의 약 3배로 증가한다. 또한, 함수율이 감소하면 목재의 무게가 감소하는데 기건 상태 이상이 되면 함수율이 증가하여 부패균의 번식이 증가하며 목재의 부패가 심해진다.

45 **파티클 보드**(목재 섬유와 소편을 방향성 없이 열압, 성형 및 제판한 것 또는 나무 조각에 합성수지계 접착제를 섞어서 고열, 고압으로 성형한 것)는 강도와 섬유 방향에 따른 방향성이 없고, 변형도 극히 적으며, 방부, 방화성을 높일 수 있고, **흡음성과 열차단성도 좋다.** 특히, 강도가 크므로 구조용으로도 적합하다.

46 각석, 견치석, 사괴석
- **각석**은 너비가 두께의 3배 미만으로 어느 정도의 길이를 가지고 있는 석재이다.
- **견치석**은 면이 대략 정사각형에 가까운 것으로 뒷길이, 즉, 네 면을 쪼개 내어 면에 직각으로 잰 길이는 면의 최소 변 길이의 1.5배 이상인 석재이다.
- **사괴석**은 면이 원칙적으로 정사각형에 가까운 것으로 뒷길이는 최소 변 길이의 1.2배 이상인 석재이다.

47 **화강암**은 **내화성이 부족**하고, **안산암**은 **물갈기를 하여도 광택이 나지 않는다.** **석회암**은 **내화성이 부족**하고, 주로 **석회나 시멘트의 원료로 사용**된다.

48 내화 벽돌은 내화 점토를 물반죽하여 쌓고, 내화 점토와 주성분은 산성 점토(규산 점토, 알루미나 등), 염기성 점토인 마그네사이트, 중성 점토인 크롬 철광 등이 있고, 기건성이므로 **내화 벽돌은 물축임을 하지 않는다.**

49 풍화, 블리딩, 중성화 현상
- **풍화**는 시멘트가 수분을 흡수하여 경미한 수화 작용을 하여 수산화칼슘과 공기 중의 이산화탄소가 작용하여 탄산칼슘이 생기게 하는 현상이다.
- **블리딩**은 아직 굳지 않은 모르타르나 콘크리트에 있어서 윗면에 물이 스며 나오는 현상으로 블리딩이 많으면 콘크리트가 다공질이 되고, 강도, 수밀성, 내구성 및 부착력이 감소한다.
- **중성화 현상**은 콘크리트는 원래 알칼리성이나 시일의 경과와 더불어 공기 중의 이산화탄소의 작용을 받아 수산화칼슘이 서서히 탄산칼슘으로 되어 알칼리성을 잃어가는 현상이다.

50 **알루미나 시멘트**는 보크사이트, 석회석을 원료로 하며, 성질은 **초기 강도가 크고**(보통 포틀랜드 시멘트 재령 28일 강도를 재령 1일에 나타낸다), 수화열이 높으며, 화학 작용에 대한 저항성이 크다. 또한 수축이 적고 내화성이 크므로 동기, 해수 및 긴급 공사에 사용한다.

51 **콘크리트용 골재**는 ①, ② 및 ④ 외에 **골재의 표면이 거칠고** 구형에 가까운 것이 좋으며, **편평하거나 세장한 것은 좋지 않다.** 또한, 염분, 유해물(진흙이나 유기불순물 등)을 포함하지 않아야 한다. 특히 운모가 다량 포함된 골재는 콘크리트의 강도를 떨어뜨리고, 풍화되기 쉽다.

52 **AE 콘크리트**는 시공 연도가 좋아지고, 수화 열량이 낮아지며, 재료 분리 현상을 방지한다. 또한 수량이 적으므로 수밀성이 증가되고, 동해에 대한 저항이 커지나, **강도(압축 강도, 인장 강도, 전단 강도, 부착 강도 및 휨 강도 등)가 감소**하고, 흡수율이 커져서 수축량이 증가한다.

53 **콘크리트의 크리프**(시간에 따라 증가되는 변형)**가 증가하는 요인**은 **물·시멘트 비**가 큰 콘크리트인 경우와 콘크리트가 건조한 상태로 노출된 상태의 경우이며, 작용하는 하중의 크기, **물·시멘트 비, 부재의 단면 치수** 등과 관계가 깊다. **인장 강도와 크리프는 무관**하다.

54 **황동**은 **구리와 아연의 합금**으로 단단하고 주조가 잘되며, **가공이 쉽고, 내식성이 크며**, 외관이 아름다워 **창호 철물, 계단의 논슬립, 창문의 레일 및 나사, 볼트, 너트 등에 사용**된다.

55 **메탈라스**는 얇은 강판에 마름모꼴의 구멍을 연속적으로 뚫어 그물처럼 만든 금속 제품이고, **논슬립**은 미끄럼을 방지하기 위하여 계단 코 부분에 사용하는 철물이며, **앵커 볼트**는 토대, 기둥, 보, 도리 또는 기계류 등을 기초나 돌, 콘크리트 구조체에 정착시킬 때 사용하는 본박이 철물이다.

56 2매의 판유리 사이에 비닐계 플라스틱의 인공수지막을 끼워 고온·고압으로 접착시킨 것은 **접합 유리**에 대한 내용이다.

57 **염화비닐 수지의 용도**는 필름, 시트, 판재, 파이프 등의 성형품을 만들 수 있고, 필름, 지붕재(평판, 골판, 물받이), 벽재(평판 타일, 리브판, 조이너), 수도관, 그밖의 스펀지, 시트, 레일, 블라인드, 도료, 접착제로 쓰이며, 시멘트와 석면 등을 가하여 수지 시멘트로 사용하기도 한다. **폴리에틸렌 수지의 용도**는 방수·방습 시트, 포장 필름, 전선 피복, 일용잡화 등에 쓰이고, 유화액은 도료나 접착제로 쓰인다. **아크릴 수지의 용도**는 도료로 널리 쓰이는데, 섬유 처리 또는 고무화재의 표면 박리 방지를 위하여 용액을 부착하여 시멘트 혼화 재료로서도 이용된다.

58 **유성 페인트**는 안료와 건조성 지방유를 주원료로 용제, 보조제 등을 섞어 제조하고, 내알칼리성이 약해 콘크리트나 모르타르 면에 사용이 불가능하다. **수성 페인트**는 소석고, 안료 및 접착제를 혼합한 것으로 내알칼리성이어서 콘크리트나 모르타르 면에 사용한다. **에나멜 페인트**는 유성 페인트와 오일 바니시의 중간 제품으로 안료에 오일 바니시를 반죽한 액상의 제품이다.

59 **회반죽**은 소석회, 풀, 여물, 모래(초벌과 재벌에만 사용하고, 정벌에는 사용하지 않는다.) 등을 혼합하여 바르는 미장 재료로서 **건조, 경화할 때의 수축률이 크기 때문에 삼여물로 균열을 분산, 미세화하는 미장 재료**이다.

60 **아스팔트 펠트**는 유기질의 섬유(목면, 마사, 폐지, 양털, 무명, 삼, 펠트 등)로 원지포를 만들어, 원지포에 스트레이트 아스팔트를 침투시켜 롤러로 압착하여 만든 것으로 기와 지붕의 밑에 깔거나, 방수 공사를 할 때 루핑과 같이 사용한다. **아스팔트 블록**은 모래, 깬 자갈, 광재와 가열한 아스팔트를 섞어서 정해진 틀에 채워 강압하여 만든 블록으로 공장, 창고, 철도의 플랫폼 등의 바닥에 사용한다. **아스팔트 타일**은 아스팔트와 쿠마론 인덴 수지, 염화비닐 수지에 석면, 돌가루 등을 혼합한 다음, 높은 열과 압력으로 녹여 얇은 판으로 만든 것으로 탄성이 있고, 가공하기가 쉽다.

01	③	02	②	03	③	04	①	05	④	06	③	07	①	08	①	09	③	10	③
11	③	12	③	13	③	14	②	15	②	16	④	17	①	18	④	19	③	20	①
21	③	22	②	23	③	24	③	25	③	26	①	27	①	28	①	29	②	30	④
31	①	32	④	33	③	34	③	35	④	36	③	37	④	38	③	39	②	40	②
41	③	42	③	43	③	44	①	45	③	46	②	47	②	48	②	49	④	50	③
51	①	52	①	53	①	54	④	55	④	56	③	57	①	58	①	59	③	60	②

01 법적 규제는 **사회적인 조건**에 속한다.

02 **대수선**이란 건축물의 기둥, 보, 내력벽, 주계단 등의 **구조나 외부 형태를 수선, 변경하거나 증설하는 것**으로 대통령령으로 정하는 것을 말한다.

03 **사선**은 단조로움을 없애 주고, 흥미를 유발하며, 활동적인 분위기를 만들어 주고, **곡선**은 실내 분위기를 활동적으로 하며, 경직된 분위기를 부드럽고, 우아하게 해 주는 선이며, **수평선**은 단조롭고, 편안하며, 평화롭고, 정지된 모습의 안정된 분위기를 유발한다.

04 **가시도**(시감도, 파장마다 느끼는 빛의 밝기 정도)가 높은 배경색과 주조색 중에서 **검정 배경 위에는 노랑**, 주황, 녹색, 파랑, 빨강, 보라의 순이다.

05 **실감(유효, 감각)온도**는 **온도, 습도, 기류의 3요소**를 일정한 범위 내에서 여러 가지로 조합했을 때 인체의 온열감에 감각적인 효과를 나타내는 온도이다. 이 조건의 지표는 온열감을 나타낼 뿐만 아니라, 한서에 의하여 일어나는 인체의 생리적인 효과를 어느 정도 명확하게 알 수 있게 한다.

06 **입면 설계의 수직적 크기를** 나타내는 계획은 평면 계획이 아니라 **입면 계획**이다.

07 **거실은 가족 공용의 공간 또는 가족 생활의 중심이 되는 공간**으로서 개인적인 생활 외에 거의 모든 것이 이루어진다. **거실의 기능은 가족의 단란, 대화, 휴식**, 사교, 접객, 오락, 독서, 식사, 어린이 놀이, 가사 작업 등으로 나눌 수 있다.

08 **식당의 색채는 명도가 높은 난색 계통**, 밝은색으로 청결함을 주는 재료를 사용하며, 소박하고 단순한 형태가 바람직하다.

09 **공동 주택**은 프라이버시 보호가 힘들고, **생활의 변화에 대해 대응이 불가능**하다.

10 ①, ②는 **통기관의 설치 목적**이다.

11 **개별식 급탕 방식**의 종류에는 **순간 온수기 방식, 저탕형 탕비기 방식, 기수 혼합식** 등이 있고, **중앙식 급탕 방식**의 종류에는 **직접 가열식**, 간접 가열식 등이 있다.

12 **증기 난방**은 난방 부하의 변동에 따른 **방열량의 조절이 어렵다.**

13 **목재의 함수율**
① 함수율이 작을수록 목재는 수축되고, 그 수축률은 방향에 따라 일정하지 않으나 전수축률은 무늿결 너비 방향이 가장 크고 섬유 방향(길이)이 가장 작으며, 곧은결 너비 방향은 중간이다.

② 함수율의 변화에 따라 목재의 강도도 변한다. 즉, 목재의 강도는 함수율과 반비례한다. 함수율이 100%에서 섬유 포화점인 30%까지는 강도의 변화가 작으나, 함수율이 30% 이하로 더욱 감소하면 강도는 급격히 증가하며, 기건 상태에서는 섬유 포화점 강도의 약 1.5배로 증가하고, 절건 상태(절건 상태)에서는 섬유 포화점 강도의 약 3배로 증가한다.

③ 함수율이 감소하면 목재의 무게가 감소하는데, 기건 상태 이상이 되면 함수율이 증가하여 부패균의 번식이 늘어나 목재의 부패가 심해진다.

14 계단실(홀)형은 계단 또는 엘리베이터홀로부터 직접 주거단위로 들어가는 형식으로 프라이버시가 양호하다. **독립성(privacy)**이 좋고 출입이 매우 편리하며, 통행부 면적이 작아서 건물의 이용도가 높다. 특히 편복도형에 비하여 밀도가 낮아진다.

15 **인터폰 설비**는 구내 또는 옥내 전용의 통화 연락을 목적으로 설치하는 것이고, **방송 설비**는 건물 내외에 스피커를 설치하여 연락, 안내, 통보 등을 행하는 설비이다. **안테나 설비**는 공동 시청 설비(라디오나 텔레비전)를 말하는 것으로 전기적 성능을 얻는 것도 중요하나, 건물의 미관을 해치지 않도록 하여야 한다.

16 ①은 **실선의 굵은선**, ②는 **일점쇄선의 가는선**, ③은 **이점쇄선을 사용**한다.

17 ②는 **목재 중 치장재** 또는 **벽돌**, ③은 **블록과 차단재(보온, 흡음, 방음 등)**, ④는 **콘크리트로서 철근을 배근**한 것이다.

18 **실시 설계도**의 종류에는 **일반도**로서 **배치도**, 평면도, 입면도, 단면도, 전개도, **창호도**, 현치도, 투시도 등이 있고, **구조도**로서 기초 평면도, 바닥틀 평면도, 지붕틀 평면도, **골조도**, 기초, 기둥, 보 바닥판, 일람표, 배근도, 각부 상세도 등이 있다.

19 기초의 제도 순서는 ① → ④ → ③ → ②의 순으로 **가장 늦는 것은 치수와 재료명 기입**이다.

20 SS41에서 첫 번째 S는 Steel 즉, **재질의 첫문자**이고, 두 번째 S는 형상, 용도, 강의 종류를 뜻하며, 숫자는 최저 인장 강도(kg/cm^2), 그리고 재료의 종류, 번호의 숫자를 표시하는 수가 많다.

21 **조립식 구조(프리 패브리케이션)**는 공장 생산에 의한 대량 생산이 가능하고, **공사 기간을 단축할 수 있으며**, 시공이 용이하고, 가격이 저렴하다. 특히, 기후의 영향을 받지 않으므로 연중 공사가 가능하다. 단점으로는 초기에 시설비가 많이 들고, 각 부재의 다원화가 힘들며, 강한 수평력(지진, 풍력 등)에 대하여 취약하므로 보강이 필요하다.

22 **잠함(케이슨) 기초**는 잠함(지상에서 구축한 철근 콘크리트제의 상자나 통 형태의 지하 구축물로서 그 밑 부분을 굴착하여 소정의 위치까지 침하시키는 것)을 이용한 기초 또는 견고한 지반이 깊이 있을 경우 지상에서 원형통, 사각형통의 밑 없는 상자를 만들고 그 속에서 토사를 파내어 상자를 내려 앉히고 저부에 콘크리트를 부어 넣은 기초이다. **독립 기초**는 한 개의 기초가 한 개의 기둥을 지지하는 기초이며, **복합 기초**는 두 개 이상의 기둥을 한 개의 기초가 지지하는 기초이다.

23 **가새**는 사각형으로 짠 뼈대에 대각선상으로 빗대는 경사재로서 수직·수평재의 각도 변형을 막기 위하여 설치하는 부재를 말하며, **수평력에 대한 안정성을 보강하기 위한 부재**로서 버팀대보다 강한 부재이다.

24 **열초**는 기둥을 세울 자리에 초석을 놓는 작업이고, **치목**은 나무를 깎고 다듬는 일 또는 통나무를 도끼나 자귀로 재목으로 만드는 일이며, **입주**는 목재의 마름질, 바심질이 끝난 다음 기둥 세우기, 보, 도리를 짜 맞추는 일이다.

25 **왕대공 지붕틀의 부재 응력**

부재	ㅅ자보	평보	왕대공, 달대공	빗대공
응력	**압축 응력, 중도리에 의한 휨 모멘트**	인장 응력, 천장 하중에 의한 휨 모멘트	인장 응력	압축 응력

26 **지붕골홈통**은 지붕면과 또 다른 지붕면이 만나는 지붕골 부분에 골에 맞추어 거멀접기나 납땜질한 홈통이다. **상자홈통**은 목재 또는 철재로 틀을 상자형으로 짜서 만든 홈통으로 건물의 처마, 지붕 또는 벽체에 볼트 등으로 튼튼히 설치하고 변형되지 않게 연결, 고정한 홈통이다. **안홈통**은 처마 위 난간벽의 안쪽에 댄 홈통이다.

27 영국식 쌓기는 서로 다른 아래·위켜(입면상 한 켜는 마구리쌓기, 다음 한 켜는 길이쌓기로 번갈아)로 쌓고, 벽돌 쌓기에 있어서 **가장 튼튼한 방법으로 내력벽에 사용**되며, **조적법 중에서 가장 널리 사용**되고 있다.

28 벽돌의 두께＝90+[{(n−0.5)/0.5}×100]
＝90+[{(2.5−0.5)/0.5}×100]＝490mm

29 보강블록 구조인 내력벽의 각 층의 벽 위에는 **춤이 벽 두께의 1.5배 이상인 철근 콘크리트 구조의 테두리보를 설치**하여야 한다. 다만, 최상층의 벽으로서 그 벽 위에 철근 콘크리트 구조의 옥상 바닥판이 있는 경우에는 그러하지 아니하다.

30 철골(강) 구조의 장단점

장점	강구조는 구조체의 자중에 비하여 강도가 강하고 현장시공의 공사기간을 단축할 수 있으며, 재료의 품질을 확보할 수 있고 모양이 경쾌한 구조물이다.
단점	열에 약하고 고온에서는 강도가 저하되므로 **내구·내화에 특별한 주의가 필요**하고 부식에 약하다. 조립구조여서 접합, 세장하므로 변형과 좌굴 등의 단점이 있다.

31 컬럼 밴드는 기둥 형틀에 콘크리트를 타설할 때 거푸집 널의 수직 부재를 지지하는 수평 부재의 역할을 하는 것이고, **캠버**는 PC재가 하중을 받았을 때 처짐을 막기 위하여 거푸집에 미리 그 반대 모양의 밑창판을 넣어 만드는 PC재의 치올림이며, **와이어 클리퍼**는 철근 공사용 기구로서 직경 13mm 이하의 철근 절단용에 사용하는 기구이다.

32 단순보에서 늑근은 전단력에 저항하기 위하여 배근하는 철근으로 단순보의 양단에서는 전단력이 최대이고, 중앙부에서는 최소이다. 즉 양단부로 갈수록 전단력이 커지고, 중앙부로 올수록 전단력이 작아지므로 **늑근의 배근은 양단부에서는 촘촘하게, 중앙부에서는 느슨하게 배근**한다.

33 기둥의 주근을 감싸고 있는 철근을 **대근(띠철근)**이라고 하고, 한 건물에서 기둥의 간격을 다르게 하는 것이 **불리하며**, 기둥의 주근은 단면상 **양쪽에 배치하는 것이 유리**하다.

34 축하중을 받는 **지하실의 외벽** 및 **기초 벽체의 두께는 최소 200mm 이상**으로 하여야 한다.

35 철골(강) 구조는 볼트, 리벳 및 용접 등으로 부재를 접합함으로써 **건식 공법에 의한 공사가 가능**하므로 **동절기 기후에 영향을 거의 받지 않는 구조**이다.

36 '휨 모멘트＝허용 휨 응력도×단면 계수'이므로 같은 재질의 재료에서 휨 모멘트를 증대시키기 위해서는 단면 계수를 증대시켜야 한다. 즉, 철골 구조에서 **커버 플레이트를 설치하여 단면 계수를 증대시키므로 휨내력의 부족을 보충**한다.

37 회전문은 주택보다는 대형 건물에 많이 사용하는 문으로서 개구부가 완전히 열리지 않아 실내를 냉·난방하였을 때 에너지 손실이 적은 장점이 있다. **미서기문**은 여닫는 데 여분의 공간을 필요로 하지 않으므로 공간이 좁을 때 사용하면 편리하나, 문짝이 세워지는 부분은 열리지 않는 문이다. **여닫이문**은 개구부가 모두 열릴 수 있고, 문을 여닫을 때 힘이 덜들기 때문에 노인방이나 환자방에 사용하는 것이 좋으나, 문의 개폐를 위한 여분의 공간이 필요하므로 개구부가 클수록 많은 공간이 필요하다.

38 벽식 구조란 벽체나 바닥판을 평면적인 구조체만으로 구성한 구조물, 즉 **보나 기둥 없이 판으로 된 바닥 슬래브와 벽으로 연결**되어 전체적으로 대단히 강한 구조물을 말한다. 벽식구조에서는 똑같은 판이라도 **수직으로 세워져서 힘이 면을 따라 전달되는 것을 벽이라 하고, 판을 수평으로 설치하여 면에 직각으로 힘을 받는 것을 슬래브**라고 한다.

39 절판 구조는 자중을 지지할 수 없는 얇은 판을 접으면 큰 강성을 발휘한다는 점을 이용한 구조로 데크 플레이트 등이 있다. **현수 구조**는 구조물의 주요 부분을 매달아서 인장력으로 저항하는 구조로 와이어 로프나 PS 와이어를 사용한다. **철골 철근 콘크리트 구조**는 철골의 주위에 철근을 배근하고, 그 위에 콘크리트를 타설함으로써 형성되는 구조이다.

40 **입체 구조**(외력에 대하여 3차원적으로 저항하는 구조로서 넓은 공간이 필요한 건축물의 지붕구조에 많이 이용되며, 힘의 흐름이 2차원보다 효율적이어서 경제적인 구조)**의 종류**에는 **절판 구조, 셀 구조, 돔 구조**, 입체 트러스 구조, 현수 구조 및 막 구조 등이 있다. **평면 구조**(힘의 전달이 평면적인 형태로 진행되는 구조)**의 종류**에는 골조 구조, **아치 구조** 및 벽식 구조 등이 있다.

41 **역학적 성능**에는 구조 재료(강도, 강성, 내피로성 등), 내화 재료(고온 강도, 고온 변형 등), **화학적 성능**에는 구조 및 마감 재료(녹, 부식, 중성화 등), 내화 재료(화학적 안정), **방화·내화 성능**에는 구조 재료(불연성, 내열성 등), 마감 및 차단 재료(비발연성, 비유독가스 등), 내화 재료(불연성 등) 등이 있다.

42 **비중**이란 **어떤 물체의 중량과 그것과 동일한 체적의 4℃, 1기압에 있어서의 순수한 물의 중량의 비**를 말하고, 밀도는 단위 체적당의 질량을 말한다.

즉, 비중 $= \dfrac{\text{물체의 밀도}}{\text{4℃ 물의 밀도}} = \dfrac{\text{물체의 무게}}{\text{물체와 같은 부피의 4℃ 물의 무게}}$ 이다.

그런데, 물의 밀도는 1g/cm³이고, 어느 물체의 밀도는 1kg/m³=1,000g/1,000,000cm³=1g/1,000cm³이므로

비중 $= \dfrac{\text{1g/1,000cm}^3}{\text{1g/cm}^3} = 0.001$이다.

43 **목재의 흠**에는 **옹이**(수목이 성장하는 도중에 줄기에서 가지가 생기게 되면 나뭇가지와 줄기가 붙은 곳에 줄기 세포와 가지 세포가 교차되어 생기는 목재의 흠), **껍질박이**(수목이 성장하는 도중에 나무 껍질이 상한 상태로 있다가 아물 때 그 일부가 목질부 속으로 말려 들어간 목재의 흠), **혹**(섬유가 집중되어 볼록하게 된 부분으로 뒤틀리기 쉬우며 가공하기 어려운 목재의 흠), **갈래, 상처, 썩정이** 등이 있다. **연륜(나이테)**은 춘재와 추재의 한 쌍의 너비를 합한 것으로 **목재의 흠과는 무관**하다.

44 목재는 중량에 비해 **강도와 탄성이 크다.**

45 **파티클 보드**의 특성은 ①, ② 및 ④ 외에 **방충, 방부성이 크고**, 강도에 방향성이 거의 없으며, 가공성이 대단히 우수한 목재의 가공품이다.

46 **석목**은 암석이 가장 쪼개지기 쉬운 면으로, 절리보다 불분명하나 절리와 비슷한 조직이고, **층리**는 수성암, 변성암 등에서 볼 수 있는 평행 상태의 절리(자연적으로 금이 간 상태)이다.

47 점토의 물리적 성질은 **입자의 크기가 작을수록 가소성이 좋고**, 클수록 가소성이 나빠진다.

48 **이형 벽돌**은 특수 구조부(창, 출입구, 천장 등)에 사용하는 벽돌이다. **다공질 벽돌**은 원료인 점토에 톱밥 등의 유기질 가루를 혼합하여 성형 소성한 것으로 비중은 1.5 정도로서 보통 벽돌의 2.0보다 작고, 톱질과 못박기가 가능하며, 단열과 방음성이 있으나 강도는 약하므로 **구조용으로 부적당**하다. **포도 벽돌**은 도로 포장용, 건물 옥상 포장용 및 공장 바닥용에 사용하므로 마멸이나 충격에 강하고, 내화력이 강한 것이 요구된다.

49 **시멘트의 응결 시간**은 가수한 후 **1시간 후에 시작하여 10시간 후에 종결**하나 시작 시간은 작업을 할 수 있도록 여유를 가지기 위하여 1시간 이상이 되는 것이 좋으며, 종결은 10시간 이내가 됨이 좋다.

50 **알루미나 시멘트**는 보크사이트, 석회석을 원료로 하며, 성질은 **초기 강도가 크고**(보통 포틀랜드 시멘트 재령 28일 강도를 재령 1일에 나타낸다), 수화열이 높으며, 화학 작용에 대한 저항성이 크다. 또한 수축이 적고 내화성이 크므로, 동기, 해수 및 **긴급 공사에 사용**한다.

51 **실적률**은 골재가 이루고 있는 부피 중에서 골재가 차지하고 있는 부분을 말한다. 잔 골재 및 굵은 골재의 실적률은 60~70% 정도이다. **흡수율**은 물체가 물을 내부에 빨아들이는 물의 양과 물체의 실체와의 비율이며, **단위 용적 중량**은 계량하는 그릇의 모양, 크기, 채우는 방법, 함수량 등에 따라서 같은 부피라도 실제로는 단위 용적 중량의 차이가 매우 심하다. 특히 잔 골재일수록 심하다.

52 콘크리트의 혼화제 중 **경화 촉진제**는 경화를 촉진시키기 위하여 열을 발생시키므로 발열량이 높아지는 혼화제이다.

53 **풍화**는 시멘트가 수분을 흡수하여 경미한 수화 작용을 하여 수산화칼슘과 공기 중의 이산화탄소가 작용하여 탄산칼슘이 생기게 하는 작용이다. **응결**은 시멘트에 물을 가하여 잘 비벼서 방치해 둘 때, 초기에는 형태가 변화될 수 있으나, 시간이 경과됨에 따라 형태가 변하지 않게 되는 상태이다. **경화**는 응결 이후 시간이 더욱 경과하면서 시멘트 반죽물이 점점 단단해 지는 과정이다.

54 **황동(놋쇠)**은 구리에 아연을 10~45% 정도 가하여 만든 합금으로, 색깔은 주로 아연의 양에 따라 좌우되고, 구리보다 단 단하며, 주조가 잘된다. 또한, 가공하기 쉽고, 내식성이 크며, 외관이 아름다워 창호 철물로 사용한다. **두랄루민**은 알루미늄, 구리(4%), 마그네슘(0.5%) 및 망간(0.5%)의 합금으로 알루미늄의 대표적인 합금이고, 알루미늄 자체가 공기 중에서 표면에 산화막을 형성시켜 내부를 보호한다. **주철**은 단조, 압연 등의 기계적인 가공도 가능하지만, 녹인 주물을 틀에 부어 넣어 복 잡한 모양의 제품을 만들 수 있는 것이 특징이다.

55 **듀벨**은 목재의 접합에 사용하는 철물이고, **늑근 또는 스터럽**은 철근 콘크리트 보에서 전단력에 저항하는 철근이다.

56 **복층 유리(페어 글라스, 이중 유리)**는 2장 또는 3장의 판유리를 일정한 간격으로 띄어 금속테로 기밀하게 테두리를 한 다 음, 유리 사이의 내부를 진공으로 하거나 특수 기체를 넣은 유리로서 방음·차음 및 단열의 효과가 크고, **결로 방지용으로도 우수**하다.

57 **요소 수지**는 수지 자체가 무색이어서 **착색이 자유롭고 약산, 약알칼리에는 견디며,** 유류(벤졸, 알코올 등)에는 거의 침해받 지 않는다. 전기적인 성질은 페놀 수지보다 약간 떨어지고, 내수성이 약하며, 마감재, 가구재로 사용된다.

58 **연단 도료**는 상온에서는 금속 표면에 투수성이 적은 피막을 형성하여 도포하면 수분이 금속면에 도달할 수 없게 하는 도료 로서 방청제 역할을 한다. **래커**는 합성수지 도료로서 가장 오래된 제품으로 질화면(nitrocellulose)을 용제(아세톤, 부탄올, 지방상 에스테르 등)에 녹인 다음 수지 연화제, 시너 등을 가하여 저장 탱크 안에서 충분히 반응을 시킨 것이다. **크레오소트** 는 목재의 방부제이다.

59 **돌로마이트 플라스터**는 소석회보다 점성이 커서 풀이 필요 없고, 변색, 냄새, 곰팡이가 없으며, 돌로마이트, 석회, 모래, 여 물, 때로는 시멘트를 혼합하여 만든 바름 재료로서 마감 표면의 경도가 회반죽보다 크다. 그러나 건조, 경화 시에 수축률이 가장 커서 균열이 집중적으로 크게 생기므로 여물을 사용한다.

60 **스트레이트 아스팔트**는 아스팔트 성분을 되도록 분해, 변화하지 않도록 만든 것으로 아스팔트 펠트나 루핑의 바탕재로 사 용한다. **아스팔트 싱글**은 아스팔트 루핑을 사각형, 육각형 등으로 잘라 주택 등의 경사지붕에 사용하는 것이다. **블론 아스 팔트**는 증류탑에 뜨거운 공기를 불어 넣어 만든 것으로 점성과 침투성은 작으나, 열에 대한 안정성과 내후성이 크므로 지붕 방수에 사용한다.

01	③	02	①	03	④	04	②	05	①	06	③	07	③	08	②	09	④	10	④
11	①	12	③	13	②	14	④	15	②	16	④	17	②	18	②	19	②	20	①
21	①	22	②	23	②	24	③	25	①	26	①	27	①	28	③	29	④	30	③
31	②	32	②	33	②	34	①	35	④	36	④	37	④	38	④	39	②	40	④
41	①	42	②	43	③	44	②	45	④	46	②	47	④	48	②	49	④	50	④
51	④	52	①	53	③	54	②	55	③	56	④	57	②	58	③	59	③	60	③

01 **현상의 조사, 관찰**은 대규모의 건축물이나 복잡한 공공 건축물 등에 대한 **기능 분석 중 가장 선행되어야 하는 것**이다.

02 건축법에 규정된 **지하층**이란 건축물의 바닥이 지표면 아래에 있는 층으로서 **바닥에서 지표면까지의 평균 높이가 해당 층 높이의 1/2 이상**인 것을 의미한다.

03 **사선**은 동적이고, 불안정하나, 건축에서 강한 표정을 주며, **곡선** 중 자유 곡선은 자유분방하고, 감정이 풍부한 표정, 기하 곡선(포물선 : 스피드감, 쌍곡선 : 단순함, 와선 : 동적이고, 발전적임)이며, **수평선**은 평화롭고, 조용하며, 안정감, 침착함, 영원, 확대 및 무한의 느낌이다.

04 **동시 대비**는 서로 인접한 두 개의 색을 동시에 볼 때 생기는 대비이고, **한란 대비**는 색이 차고 따뜻함에 변화가 오는 현상이며, **유사 대비**는 색상환에서 가까운 위치에 있는 색상끼리의 조합이다. 색상에 공통성이 있으면서도 적당한 변화가 느껴지는 조합이기에 보기에 조화롭다. 동일색상 배색처럼 역시 선택한 색상에 따라 이미지가 달라지는데, 유사색상에 유사색조 배색을 하면 부드럽고 편안한 분위기가 연출된다.

05 **작용 온도**는 인체로부터 대류+복사 방열량과 같은 방열량이 되는 기온과 주벽 온도가 동일한 가상실의 온도이고, **등가 온도**는 기온, 평균 복사 온도 및 풍속을 조합한 지표이며, **불쾌지수**[(건구온도＋습구온도)×0.72＋40.6]는 여름철에 그 날의 무더움을 나타내는 지표이다.

06 건축 계획 과정 중 **평면 계획 시 각 공간에서의 생활 행위를 분석한 후 공간의 규모와 치수를 결정**하여야 한다.

07 **거실**은 현관, 식당, 화장실, 부엌의 위치와 **가까울수록 좋고**, 주부 활동의 장소와 될 수 있는 한 가깝게하며, 가족의 단란을 위해 평면 계획상 **통로나 홀로 사용되지 않도록 하는 것**이 좋다.

08 세면기의 높이는 700~750mm 정도로 낮게 해야 팔꿈치에서 물이 흘러내리지 않는다.

09 **주택 단지의 구성**은 **인보구**(15~40호, 100~200명, 0.5~2.5ha) → **근린분구**(400~500호, 2,000~2,500명, 15~25ha) → **근린주구**(1,600~2,000호, 8,000~10,000명, 100ha)이다.

10 **단일덕트방식**은 **오래전부터 사용되던 공조방식**으로 중앙에서 에어핸들링유닛이나 패키지형 공조기 등을 써서 실내 또는 환기덕트 내 자동온도조절기 또는 자동습도조절기에 의하여 **각 실의 조건에 알맞게 조절된 냉풍 또는 온풍을 하나의 덕트와 취출구를 통하여 각 실에 공조하는 방식**이다.

11 중앙식 급탕법 중 **간접 가열식**은 ②, ③ 및 ④ 외에 **열효율이 직접 가열식에 비해 매우 낮은 단점**이 있다.

12 **증기 난방**은 온수 난방에 비해 난방의 쾌감도가 낮고, 난방 부하의 변동에 따른 방열량의 조절이 곤란하다.

13 목재의 강도는 섬유 방향에 대하여 직각 방향의 강도를 1이라 하면, 섬유 방향의 강도의 비는 압축 강도가 5∼10, 인장 강도가 10∼30, 휨 강도가 7∼15 정도이고, **섬유 방향에 평행하게 가한 힘에 대하여 가장 강하고 직각 방향에 대하여 가장 약하다. 또한, 목재의 강도는 심재 부분이 변재 부분보다 강하다.**

14 **아파트의 평면형식에 의한 분류**

평면 형식	프라이버시	채광	통풍	거주성	엘리베이터의 효율	비고
계단실형	좋음	좋음	좋음	좋음	나쁨(비경 제적)	저층(5층 이하)에 적당
중복도형	나쁨	나쁨	나쁨	나쁨	좋음	**독신자 아파트**에 적당
편복도형	중간	좋음	좋음	중간	중간	고층에 적당
집중형	중간	나쁨	나쁨	나쁨	중간	고층 정도에 적당

15 **서비스 시간은 대기 행렬 시간에서 엘리베이터의 서비스에 소요되는 시간**이다.

16 치수선, 치수 보조선 및 단면선은 실선을 사용하고, **경계선은 허선의 중간선을 사용**한다.

17 **목조벽의 표시 기호**

	축척 정도별 구분 표시 사항	축척 1/100 또는 1/200일 때	축척 1/20 또는 1/50일 때
목조벽	양쪽 심벽		반쪽기둥
	안심벽 밖평벽		붕재기둥
	안팎 평벽		

18 **배근도, 설비도, 구조도**
- **배근도**는 기초 바닥에서 옥상 슬래브 상단까지 기초, 기초보, 바닥, 기둥, 보 등의 배근 상태를 표시한 도면이다.
- **설비도**는 전기, 위생, 냉·난방, 환기, 승강기, 소화 설비 등을 표시한 도면이다.
- **구조도**는 기초 평면도, 바닥틀 평면도, 지붕틀 평면도, 골조도, 블록 나누기도 및 배근도 등이다.

19 **기초 제도 시 가장 먼저 해야 할 것은 제도지에 테두리선을 긋고, 표제란을 만드는 일**이다.

20 '**SS490**'의 표기에서 첫 번째 문자는 **강재의 steel(재질)**이고, 두 번째 문자는 제품의 형상이라든가 용도, 강종을 뜻하며, 숫자는 최소 인장 강도 그리고 재료의 종류, 번호의 숫자를 표시한다.

21 **습식 구조, 조적식 구조, 일체식 구조**
- **습식 구조**는 물을 많이 사용하는 공정이 포함된 구조 방식으로, 조적식과 일체식이 속한다.
- **조적식 구조**는 비교적 작은 재료 하나 하나의 재료(벽돌, 돌, 블록 등)를 접합재(시멘트, 석회 등)를 사용하여 쌓아 올린 구조이다.
- **일체식 구조**는 철근 콘크리트조와 철골 철근 콘크리트조와 같이 기둥, 보의 구조재 부분을 일체로 만든 구조이다.

22 **주춧돌 기초**는 호박돌 기초의 호박돌 대신에 네모진 돌을 깎아 다듬고, 땅을 약 90cm 깊이로 파고, 잡석 다짐 또는 콘크리트 다짐 위에 기초를 설치한다. **말뚝 기초**는 말뚝에 의해서 구조물을 지지하는 기초이다. **직접 기초**는 상부 구조로부터의 하중을 말뚝 등을 사용하지 않고, 기초판으로 직접 지반에 전달하는 기초이다.

23 **목구조의 가새**는 사각형으로 짠 뼈대에 대각선상으로 빗대는 경사재로서 수직·수평재의 각도 변형을 막기 위하여 설치하는 부재로서 **수평력에 대한 안정성을 보강하기 위한 부재**이고, 버팀대보다 강한 부재이다.

24 **반턱 맞춤, 메뚜기장 맞춤, 통 맞춤**
- **반턱 맞춤**은 두 부재를 서로 그 높이의 반만큼 따내고 맞추는 것이다.
- **메뚜기장 맞춤**은 메뚜기장부를 사용하는 맞춤이다.
- **통 맞춤**은 나무의 한 끝이 다른 큰 나무의 옆에 판 구멍에 통설치로 들어가 끼일 수 있게 한 맞춤법이다.

25 **왕대공 지붕틀 부재의 응력**은 수직 및 수평 부재(왕대공, 달대공 및 평보)는 **인장력**을 받고, 경사 부재(ㅅ자보, 빗대공)는 압축력을 받는다. 특히, ㅅ자보는 압축력과 중도리에 의한 휨 모멘트, 평보는 인장력과 천장 하중에 의한 휨 모멘트를 받는다.

26 **처마돌림, 당골막이널, 박공널**
- **처마돌림**은 처마 끝부분에서 서까래의 끝을 감추기 위해 대는 가로판이다.
- **당골막이널**은 지붕 마루턱까지 암키와와 수키와를 덮고, 수키와 사이에 수키와와 반토막으로 막아대고, 위에 암키와(적새)를 쌓은 것이다.
- **박공널**은 박공벽 쪽의 처마 끝에 대는 ㅅ자 모양의 널이다.

27 **미국식 쌓기, 네달란드(화란)식 쌓기, 플레밍식 쌓기**

미국식 쌓기	**미국식 쌓기**는 표면에는 치장 벽돌로 5켜 정도는 길이쌓기로, 뒷면은 영국식 쌓기로 하고, 다음 한 켜는 마구리쌓기하여 뒷벽돌에 물려서 쌓는 방법이다.
네덜란드(화란)식 쌓기	**네덜란드(화란)식 쌓기**는 한 면의 모서리 또는 끝에 칠오토막을 써서 길이쌓기의 켜를 한 다음에 마구리쌓기를 하여 마무리한 방식이다.
플레밍식 쌓기	**플레밍식 쌓기**는 입면상으로 매 켜에서 길이쌓기와 마구리쌓기가 번갈아 나오도록 되어 있는 방식이다.

28 **조적식 구조**긴 벽에 홈파기(벽돌벽에 배선·배관을 위하여 벽체에 홈을 팔 때)를 하는 경우, 그 층의 높이의 3/4 이상 연속되는 홈을 세로로 설치하는 경우에는 그 홈의 깊이는 벽두께의 1/3 이하로 하고, **가로홈을 설치하는 경우에는 벽의 두께의 1/3 이하로** 하되, **그 길이를 3m 이하**로 하여야 한다.

29 **테두리보**란 조적조의 벽체를 보강하여 지붕, 처마, 층도리 부분에 둘러댄 철근 콘크리트 구조의 보로서 조적조의 맨 위에는 철근 콘크리트의 테두리보를 설치하여야 한다. **테두리보의 너비**는 그 밑에 있는 **내력벽의 두께와 동일하거나 다소 크게** 한다.

30 **철근 콘크리트 구조**는 철근은 인장력과 압축력에 강하고, 콘크리트는 압축력에 강하므로 **인장력에 비해 압축력에 대한 저항 능력이 뛰어난 구조**이다.

31 콘크리트 타설 시 **슬럼프 값이 클(높을)수록**, 부배합일수록, 콘크리트 붓기 속도가 빠를수록, 온도가 낮을수록 거푸집에 작용하는 **측압은 크다.**

32 **헌치**란 보, 슬래브의 단부의 단면을 중앙부의 단면보다 크게 한 부분으로 폭과 높이를 크게 하여 그 부분의 **휨 모멘트나 전단력을 견디게 하기 위하여 단부의 단면을 증가한 부분**이다.헌치의 폭은 안목 길이의 1/10~1/12 정도이며, 헌치의 춤은 헌치 폭의 1/3 정도이다.

33 기둥 철근 배근 시 **철근의 이음 위치는 기둥의 유효 높이의 2/3 이하**에 두고, 각 철근의 이음 위치는 가능한 한 분산시킨다.

34 철근 콘크리트의 벽체 중 내진벽(내력벽)은 기둥과 보로 둘러싸인 벽으로 수평 하중(지진력, 바람 등)에 대해서 안전하도록 설계하고, 내력벽의 두께는 15cm 이상으로 한다. 내력벽의 두께가 25cm 이상인 경우에는 복근으로 배근하여야 한다. 또한, 사용 철근은 ø9 또는 D10 이상을 사용하여야 한다.

35 **강(철골)구조**는 구조체의 자중에 비하여 강도가 강하고, 현장 시공의 공사 기간을 단축할 수 있으며, 재료의 품질을 확보할 수 있고, 모양이 경쾌한 구조물인 장점이 있으나 **열에 약하고, 고온에서는 강도가 저하되므로 내화에 특별한 주의가 필요**하다.

36 데크 플레이트, 턴 버클, 베니션 블라인드
- **데크 플레이트**는 얇은 강판에 골모양을 내어 만든 재료로서 지붕이기, 벽 패널 및 콘크리트 바닥과 거푸집 대용으로 사용하고,
- **턴 버클**은 줄(인장재)을 팽팽히 당겨 조이는 나사 있는 탕개쇠로서 거푸집 공사에 사용한다.
- **베니션 블라인드**는 실내의 직사광선을 차단, 통풍의 목적으로 사용하는 일종의 커튼이다.

37 **미닫이문**은 문짝을 상하 문틀로 홈파 끼우고, 옆벽에 문짝을 몰아붙이거나 이중벽 중간에 몰아넣는 형태의 문이고, **플러시 문**은 울거미를 짜고 중간에 살을 25cm 이내 간격으로 배치하여 양면에 합판을 교착하여 만든 문이다. **양판문**은 울거미(윗막이, 밑막이, 중간 막이, 선대, 중간 선대 등)를 짜고 그 사이에 판자 또는 합판을 끼워 만든 문이다.

38 막 구조, 셸 구조, 현수 구조

막 구조	**막 구조**는 자체로서는 전혀 하중을 지지할 수 없는 막을 잡아당겨 인장력을 주면 막 자체에 강성이 생겨 구조체로서 힘을 받을 수 있는 구조물을 말한다.
셸 구조	**셸 구조**는 곡률을 가진 얇은 판으로써 주변을 충분히 지지시키면, 면에 분포되는 하중을 인장과 압축과 같은 면내력으로 전달시키는 역학적 특성을 이용하여 만든 구조로, 가볍고 강성이 우수한 구조물이다.
현수 구조	**현수 구조**는 구조물의 주요 부분을 매달아서 축방향력 중 인장력만으로 저항하는 구조물이다.

39 절판 구조, 현수 구조, 다이아그리드 구조
- **절판 구조**는 철근 콘크리트 구조에 있어서 얇은 판을 꺾어서 만든 형태의 역학적 이론을 근거로 한 구조이다.
- **현수 구조**(suspension structure)는 구조물의 주요 부분을 매달아서 인장력으로 저항하는 구조물로서, 건물의 1층에 기둥 없는 공간 또는 상부에서 기둥 없는 공간을 만들기 위하여, 상부에서 기둥으로 전달되는 하중을 케이블 형태의 부재가 지지하고 있다.
- **다이아그리드 구조**는 대각 가새를 이용한 구조이다.

40 셸 구조, 돔 구조, 현수 구조
- **셸 구조**는 곡률을 가진 얇은 판으로써 주변을 충분히 지지시키면, 면에 분포되는 하중을 면내력(인장과 압축)으로 전달시키는 역학적 특성을 갖고 있는 구조이다.
- **돔 구조**는 주요 골조가 트러스로 구성되어 있고, 돔의 상부에 여러 부재가 만날 때 접합부가 조밀해지는 것을 방지하기 위해 압축링(돔 상부의 트러스 모형)을 설치한다.
- **현수 구조**는 와이어 로프 또는 PS와이어 등을 사용하여 주로 인장재가 힘을 받도록 설계된 구조이다.

41 건축 재료의 제조 분야별 분류에서 **천연(자연) 재료**에는 **석재(골재)**, **목재**, 점토, **흙** 등이 있고, **인공(공업) 재료**에는 콘크리트 및 그 제품, **금속 재료(철재)**, 요업 재료(테라코타), 석유 화학 제품(아스팔트), 유리 재료, 합성수지(고분자) 등이 있다.

42 열용량, 열전도율, 연화점
- **열용량**은 물체에 열을 저장할 수 있는 용량이다.
- **열전도율**은 보통 두께 1m의 물체 두 표면에 단위 온도차를 줄 때 단위 시간에 전해지는 열량이다.
- **연화점**은 아스팔트나 유리와 같이 고체에서 액체로 변하는 경계점이 불분명한 것이다.

43 기건 비중, 절건 비중, 겉보기 비중
- **기건 비중**은 목재의 기건 상태의 비중이다.
- **절건 비중**은 목재의 절건 상태의 비중이다.
- **겉보기 비중**은 골재의 건조 중량을 표면 건조 내부 포수 상태의 골재 용적으로 나눈 비중이다.

44 **비중이 큰 목재일수록 신축이 크고**, 비중이 작은 목재일수록 신축이 작다.

45 **파티클 보드**의 특성은 ①, ② 및 ③ 외에 방충, 방부성이 크고, **강도에 방향성이 거의 없으며, 변형도 극히 적다.** 특히, 가공성이 대단히 우수한 목재의 가공품이다.

46 **조암 광물**은 암석을 구성하고 있는 광물로 그 성분의 비율이나 결합 상태에 따라서 여러 가지의 색조와 성질을 가지고 있다. **절리**는 화성암의 특유한 것으로 암석 중에 있는 갈라진 틈이며, **석목**은 절리 이외에 작게 쪼개어지기 쉬운 면이다.

47 점토의 비중은 2.5~2.6 정도이고, **양질의 점토일수록 가소성이 좋으며**, 미립 점토의 인장 강도는 0.3~1MPa(3~10kg/cm²)이다.

48 **스크래치 타일, 모자이크 타일, 논슬립 타일**
- **스크래치 타일**은 표면에 홈이 나란히 파인 타일이다.
- **모자이크 타일**은 4cm 이하의 소형으로 된 타일이다.
- **논슬립 타일**은 클링커 타일로 계단 코에 붙여 미끄럼을 방지하는 타일이다.

49 시멘트의 응결(시멘트에 적당한 양의 물을 부어 뒤섞은 시멘트풀이 천천히 점성이 늘어남에 따라 유동성이 점차 없어져서 차차 굳어지는 상태로서 고체의 모양을 유지할 정도의 상태)은 가수량이 적을수록, 온도가 높을수록, 분말도가 높을수록, **알루민산삼칼슘이 많을수록 빨라진다.**

50 **알루미나 시멘트**는 보크사이트와 석회석을 원료로 하며, 성질은 초기 강도가 크고(보통 포틀랜드 시멘트 재령 28일 강도를 재령 1일에 나타낸다) 수화열이 높으며, 화학 작용에 대한 저항성이 크다. 또한, 수축이 적고 내화성이 크므로, 동기, 해수 및 긴급 공사에 사용한다.

51 **콘크리트용 골재의 강도**는 시멘트풀이 경화하였을 때 **시멘트풀의 최대 강도 이상**이어야 한다. 따라서 석회석, 사암 등과 같은 연질의 수성암은 골재로는 부적당하다. 또한, **형태는 거칠고, 구형에 가까운 것이 좋으며**, 평편하거나 세장한 것은 좋지 않다.

52 **염화칼슘**은 **철근을 부식**시키고, 방동 효과와 경화를 촉진한다. 하지만 과도하게 사용하는 경우에는, 콘크리트의 내구성을 저하시킨다.

53 **블리딩, 레이턴스**
- **블리딩**이란 콘크리트 타설 후 비중이 무거운 시멘트와 골재 등이 침하되면서 물이 분리·상승하여 미세한 부유 물질과 함께 콘크리트 표면으로 떠오르는 현상이다.
- **레이턴스**는 블리딩에 의해 떠오른 미세한 물질이 얇은 막을 형성하는 것이다.

54 **청동(구리와 주석의 합금)**은 황동(구리와 아연의 합금)**보다 내식성이 크고, 주조하기 쉬우며**, 표면은 특유의 아름다운 청록색으로 되어 있어 장식 철물, 공예 재료로 사용한다.

55 **코너 비드, 메탈 실링, 메탈 라스**
- **코너 비드**는 벽, 기둥 등의 모서리를 보호하기 위하여 미장 바름질을 할 때 붙이는 보호용 철물이다.
- **메탈 실링**은 금속제를 사용하여 지붕 밑, 바닥 밑을 가리어 치장하여 꾸민 천장(반자)이다.
- **메탈 라스**는 금속제 라스의 총칭으로 얇은 강판에 많은 절목을 넣어 이를 옆으로 늘려서 만든 것으로 천장 및 벽의 미장 바탕에 사용한다.

56 **복층 유리(페어 글라스, 이중 유리)**는 2장 또는 3장의 판유리를 일정한 간격으로 띄어 금속테로 기밀하게 테두리를 한 다음, 유리 사이의 내부를 진공으로 하거나 특수 기체를 넣은 유리로서 **방음·차음 및 단열의 효과가 크고, 결로 방지용으로도 우수**하다.

57 **불포화 폴리에스테르 수지의 중요한 성형품**으로는 유리 섬유로 보강한 섬유 강화 플라스틱(FRP : Fiberglass Reinforced Plastic)으로 비항장력이 강과 비슷하고, −90℃에서도 내성이 크며, 내약품성은 일반적으로 산류 및 탄화수소계의 용제에는 강하나, 산과 알칼리에는 침해를 받는다.

58 **래커 에나멜, 녹막이 페인트**
- **래커 에나멜**은 유성 페인트에 비하여 도막은 얇으나, 견고하고, 기계적 성질이 우수하며, 닦으면 광택이 나는 도료이다.
- **녹막이 페인트**는 철재의 표면에 녹이 스는 것을 막고, 철재와의 부식성을 높이기 위하여 사용하는 도료이다.

59 **돌로마이트 플라스터(마그네시아 석회)는 소석회보다 점성이 커서 풀이 필요 없으며**, 변색, 냄새, 곰팡이가 없고, 돌로마이트 석회, 모래, 여물, 때로는 시멘트를 혼합하여 만든 바름 재료로서 마감 표면의 경도가 회반죽보다 크다. 그러나 건조, 경화시에 수축률이 가장 커서 균열이 집중적으로 크게 생기므로 여물을 사용한다.

60 **아스팔트 펠트, 아스팔트 루핑, 아스팔트 싱글**
- **아스팔트 펠트**는 유기질의 섬유(양털, 무명, 삼, 펠트 등)로 원지포를 만들어, 이것에 스트레이트 아스팔트를 침투시켜 롤러로 압착하여 만든 것으로 흑색 시트상이며, 방수와 방습성이 좋고, 가벼우며, 기와 지붕의 밑에 깔거나, 방수공사를 할 때 루핑과 같이 사용한다.
- **아스팔트 루핑**은 아스팔트 펠트의 양면에 아스팔트 피복을 하고 밀착 방지를 위해 활석, 운모, 석회석, 규조토의 미분말을 뿌린 것으로 방수층의 주층으로 쓰이거나 지붕 바탕깔기로 쓰이는 것이다.
- **아스팔트 싱글**은 아스팔트 펠트의 양면에 아스팔트 콤파운드를 피복하고 활석, 운모, 석회석, 규조토 등을 뿌려 붙인 제품이다.

01	①	02	④	03	③	04	④	05	②	06	③	07	①	08	②	09	①	10	②
11	③	12	③	13	②	14	④	15	④	16	③	17	②	18	②	19	②	20	④
21	①	22	④	23	①	24	④	25	②	26	④	27	①	28	③	29	②	30	③
31	④	32	②	33	②	34	③	35	④	36	②	37	②	38	①	39	④	40	①
41	④	42	④	43	②	44	①	45	④	46	③	47	①	48	④	49	①	50	②
51	②	52	③	53	①	54	①	55	①	56	③	57	②	58	④	59	①	60	①

01 자료의 분석과 선택에서 비롯되어 **설계자의 머릿속에서 이루어진 공간의 구상을 종이 위에 형상화하여 그린 다음 시각적으로 확인하는 것**을 에스키스라고 하며, 에스키스를 발전시킨 것이 스케치이다.

02 **건축법의 적용을 받지 않는 건축물**은 문화재 보호법에 의한 지정·가지정 문화재, 철도 또는 궤도의 선로 부지 안에 운전 보안 시설, 철도 선로의 상하를 횡단하는 보행 시설, 플랫폼, 당해 철도 또는 궤도 사업용 급수, 급탄 및 급유 시설 등과 고속도로 통행료 징수 시설 등이다.

03 **수직선**은 **고결함, 존엄성, 엄숙함,** 희망감, **상승감** 및 긴장감을 준다. 특히, 고딕 건물의 고결하고 종교적인 표정은 수직선이 가지는 표정에서 온 것이다.

04 **명도가 높은 것은 가까이 있는 것처럼** 보이고, **명도가 낮은 것은 멀리 있는 것처럼** 보인다.

05 **열 환경의 4요소**(온열 요소 즉, 인체의 온열 감각에 가장 크게 영향을 끼치는 요소)에는 공기의 **온도, 습도, 기류** 및 **주위 벽의 열복사** 등이 있고, 그 중 가장 중요한 요소는 공기 중의 온도이다.

06 건축물의 평면 계획 시 고려하여야 할 사항으로 **가장 중요한 것은 각 실의 기능 만족 및 실의 배치**이다.

07 **코너(ㄱ자)형, 직선(일자)형, 자유형**
- **코너(ㄱ자)형**은 시선이 부딪히지 않아 심리적인 부담이 작고, 공간의 활용성이 높은 형식이며,
- **직선(일자)형**은 시선의 교차가 없어 자연스러운 분위기를 연출하나, 단란함이 약해진다.
- **자유형**은 어떤 유형에도 구애 받지 않고, 자유롭게 배치된 형태로 개성적인 실내 연출이 가능하다.

08 **식사실의 크기나 형태**는 **가족의 수, 식사실 가구의 종류 및 크기,** 통행의 여유 치수 등에 의해 결정된다. 4~5인 경우에는 3×5m 정도가 적당하다.

09 주택 단지의 구성은 **인보구**(15~40호, 100~200명, 0.5~2.5ha) → **근린분구**(400~500호, 2,000~2,500명, 15~25ha) → **근린주구**(1,600~2,000호, 8,000~10,000명, 100ha)이다. 즉, **인보구** → 근린분구 → 근린주구의 순이다.

10 **환기 방식**

방식	명칭	급기	배기	환기량	실내의 압력차
기계 환기	제1종 환기(병용식)	송풍기	배풍기	일정	임의(정, 부압)
	제2종 환기(압입식)	송풍기	개구부	일정	정압
	제3종 환기(흡출식)	개구부	배풍기	일정	부압

※ **자연 환기 방식**에는 **풍력 환기**(통풍으로 풍압 작용으로 환기)와 **중력 환기**(실내·외의 온도차에 의한 환기) 등이 있다.

11 **플랜지**는 부재의 주위에 차양과 같이 돌출한 부분으로 관이나 축의 말단에 접속, 보강하기 위하여 만든 부품이다. **통기관의 설치 목적**은 트랩의 봉수 파괴를 방지하고, **배수관의 배수를 원활히** 하며, 배수관의 환기를 촉진하는 것 등이다.

12 **복사 난방**(panel heating)은 건축 **구조체**(천장, 바닥, 벽 등)에 동판, 강판, 폴리에틸렌관 등으로 **코일(coil)을 배관하여 가열면을 형성**하고, 여기에 온수 또는 증기를 통하여 가열면의 온도를 높여서 복사열에 의한 난방을 하는 방식이다. **방열기가 필요치 않으며, 바닥면의 이용도가 높다.**

13 **합판의 특성**은 ①, ③ 및 ④항 이외에 베니어는 얇아서 건조가 빠르고 뒤틀림이 없으므로 팽창과 수축을 방지할 수 있고, 아름다운 무늬가 되도록 얇게 벗긴 단판을 합판의 양쪽 표면에 사용하면 값싸게 무늬가 좋은 판을 얻을 수 있다. **방향에 따른 강도의 차가 작다.**

14 **필로티형**의 1층은 기둥만의 개방된 공간(주차장 등)으로 구성하고, 2층 이상에는 주호를 설치하는 형식이다.

15 **교류 엘리베이터와 직류 엘리베이터의 비교**

구분	교류 엘리베이터	직류 엘리베이터
기동 토크	기동 토크가 작다.	임의의 기동 토크를 얻는다.
속도 조정	**속도의 선택과 제어 불가**, 부하에 의한 속도 변동이 있다.	**속도의 선택과 제어 가능**, 부하에 의한 속도 변동이 없다.
승강 기분	직류에 비해 나쁘다	가감속이 가능하므로 양호하다.
착상 오차	수mm의 오차 발생, 직류에 비해 크다.	1mm 이내의 오차 발생, 작다.
효율(%)	40~60%	60~80%
가격	저가	교류에 비해 고가(1.5~2.0배)
속도(m/분)	30, 45, 60	90, 105, 120, 150, 180, 210, 240

16 파선은 보이지 않는 부분을 표시하는 데 사용하고, 점선은 파선과 구별할 필요가 있을 때 사용하며, **이점쇄선의 가는선**은 **가상선**(물체가 있는 것으로 가상되는 부분)**에 사용**한다.

17 **평면 표시 기호**

명칭	여닫이창	이중창	망사창
평면 기호			

※ **셔터 달린창**의 표시는 **창문 앞에 일점 쇄선으로 표기**하고, 망사창의 표시는 창문 앞에 점선(파선)으로 표기한다.

18 **전개도**는 건축물의 각 실내의 입면도 또는 **건물 내부의 입면을 정면에서 바라보고 그리는 내부 입면도**를 그린 다음 **벽면의 형상, 치수, 마감 등**을 나타낸 도면이다.

19 **철근 콘크리트 줄기초 그리기 순서**는 ① **기초 크기에 알맞게 축척을 정한다.** → ② 테두리선을 그리고, 도면 위치를 정한다. → ③ 지반선과 기초벽의 중심선을 일점쇄선으로 그린다. → ④ 지정과 기초판 각 부분의 두께와 너비를 그린다. → ⑤ 단면선과 입면선을 구분하여 그린다. → ⑥ 재료의 단면 표시를 한다. → ⑦ 치수선과 치수 보조선, 인출선을 가는선으로 긋는다. → ⑧ **치수와 재료명을 기입**한다. → ⑨ 표제란을 작성하고 표시 사항의 누락 여부를 확인한다.

20 강재 표시 방법 중 '**2L−125×125×6**'의 의미는 **2개의 L형강**으로 **높이 125mm×너비 125mm×두께 6mm의 의미**이다.

21 **돌구조**는 **횡력과 지진에 약**하고, **철근 콘크리트 구조는 공사 기간이 길**며, **철골 구조는 공사비가 비싸고, 내화성이 부족**하다.

22 한 건축물의 기초를 여러 종류 사용하는 경우 **부동 침하**의 원인이 될 수 있으므로 이를 방지하기 위하여 **기초의 종류를 한 종류로 통일**하여야 한다.

23 가새는 사각형으로 짠 뼈대에 대각선상으로 빗대는 경사 부재로 수직, 수평재의 각도 변형을 막기 위하여 설치한다. **가새의 경사는 45°에 가까울수록 유리**하고, **압축 응력과 인장 응력이 번갈아 발생**한다.

24 **목구조 접합부**에 사용되는 철물로는 모서리 기초와 토대는 앵커 볼트를, **평기둥과 토대는 꺾쇠**를 사용한다.

25 **왕대공 지붕틀** 부재의 응력은 수직 및 수평 부재(왕대공, 달대공 및 평보)는 인장력을 받고, **경사 부재(ㅅ자보, 빗대공)는 압축력**을 받는다. 특히, ㅅ자보는 압축력과 중도리에 의한 휨 모멘트, 평보는 인장력과 천장 하중에 의한 휨 모멘트를 받는다.

26 **지붕의 물매**
- **기와**의 물매 : 4/10~5/10
- **소형 슬레이트**의 물매 : 5/10
- **금속판**의 물매 : 3/10
- **금속판 기와가락**의 물매 : 2.5/10

27 **프랑스식(불식)쌓기**는 입면상으로 매 켜에서 길이쌓기와 마구리쌓기가 번갈아 나오도록 되어 있는 방식이다. ②는 **영국식 쌓기**, ③은 **미국식 쌓기**, ④는 **네덜란드(화란)식 쌓기**법에 대한 설명이다.

28 **벽돌 독립기둥**은 벽체와 일체가 되지 않게 영식과 프랑스식으로 쌓은 내력 독립기둥을 말하며, **기둥의 높이는 단면 최소 치수의 10배를 넘지 않아야** 한다.

29 **테두리보**란 조적조의 벽체를 보강하여 지붕, 처마, 층도리 부분에 둘러댄 철근 콘크리트 구조의 보로서 조적조의 맨 위에는 철근 콘크리트의 테두리보를 설치하여야 한다. **테두리보의 너비**는 그 밑에 있는 **내력벽의 두께와 동일하거나 다소 크게** 한다.

30 **철근 콘크리트 구조의 단점**은 **작업 방법**, **기후**, 기온 및 양생 조건 등이 **강도에 큰 영향을 끼치므로** 구조물 전체의 균일한 시공이 곤란하고, 시공이 복잡하며, 균열의 발생이 많다.

31 **철근 콘크리트보의 배근**에서 **주근은 D13 또는 φ12mm 이상의 철근**을 쓰고, 배근 단수는 특별한 경우를 제외하고는 2단 이하로 배치한다.

32 **연속보**는 2 이상의 스팬에 일체로 연결된 보이며, **지지점의 상부에서 인장력**을 받기 때문에 **상부에 주근을 배치**하여야 한다.

33 철근 콘크리트의 압축 부재에 있어서 **단면의 최소 치수는 200mm 이상**이고, 단면적은 600cm²(60,000mm²) 이상이며, 나선 철근의 압축 부재 단면의 심부 직경은 200mm 이상이다.

34 철근 콘크리트 내진벽은 수평력에 대하여 가장 유효하게 작용하고, 그 부담력이 고르게 되도록 **내진벽의 평면상 교점이 2개 이상이면 안정**되지만, **교점이 없거나 하나인 경우에는 불안정**하게 된다. 또한, 내진벽은 상·하층 모두 같은 위치에 오도록 배치한다.

35 **철골 구조의 분류**

재료상 분류	보통 형강 구조, **경량 철골 구조**, **강관 구조**, 케이블 구조
구조 형식상 분류	**라멘 구조**, 가새 골조 구조, 튜브 구조, **트러스 구조**, 평면 구조(골조 구조, **아치 구조**, 벽식 구조 등) 및 **입체 구조**(절판 구조, 셸 구조와 돔 구조, 입체 트러스 구조, **현수 구조**, 막 구조 등) 등

36 **스티프너**는 철골 구조의 플레이트 보에서 웨브의 두께가 춤에 비해서 얇을 때, **웨브의 국부 좌굴을 방지**하기 위해 사용되는 것이다.

37 접문, 띠장문, 도듬문

- **접문**은 몇 개의 문짝을 서로 정첩으로 연결하거나 문 위틀에 레일과 도르래를 달아 접어서 열고 닫는 형식의 문이다.
- **띠장문**은 널문의 일종으로 띠장에다 널을 세로로 엇비슷하게 대고 못치기 한 문이다.
- **도듬문**은 울거미를 테두리로 내보이게 하고, 중간살을 가로 세로 성기게 짜며, 종이로 두껍게 바른 문이다.

38 **벽식 구조**는 보나 기둥 없이 판으로 된 바닥 슬래브와 벽으로 연결되어 전체적으로 대단히 강한 구조물로, 벽체나 바닥판을 평면적인 구조체만으로 구성한 구조물이다. **횡력에 대한 보강법**으로 **벽 상부에 테두리 보나 부축벽을 설치하거나 벽량 증가** 등의 방법을 사용한다.

39 벽식 구조, 현수 구조, 라멘 구조

벽식 구조	**벽식 구조**는 기둥이나 들보를 뼈대로 하여 만들어진 건축물에 비하여 기둥이나 들보가 없이 벽과 마루로서 건물을 조립하는 건축 구조이다.
현수 구조	**현수 구조**는 구조물의 주요 부분을 매달아서 인장력으로 저항하는 구조물이다. 건물의 1층에 기둥이 없는 공간을 만들거나, 상부에서 기둥이 없는 공간을 만들기 위하여 상부에서 기둥으로 전달되는 하중을 케이블 형태의 부재가 지지하고 있다. 이 하중은 상부에 있는 거대한 트러스에 의하여 지지되고, 이 트러스는 케이블의 지지점에서 안으로 모아지려는 압축력에 저항하고 있다. 최종적으로 각 층에 작용하는 수직력은 양단부에 있는 코어에 의하여 지반으로 전달된다.
라멘 구조	**라멘 구조**는 구조 부재의 절점, 즉 결합부가 강절점으로 되어 있는 골조로서 인장재, 압축재 및 휨재가 모두 결합된 형식으로 된 구조이다.

40 셸 구조, 돔 구조, 입체 트러스

셸 구조	**셸 구조**는 곡률을 가진 얇은 판으로써 주변을 충분히 지지시키면, 면에 분포되는 하중을 인장과 압축과 같은 면내력으로 전달시키는 역학적 특성을 갖고 있는 구조로서 시드니 오페라 하우스가 대표적이다.
돔 구조	**돔 구조**는 트러스를 곡면으로 구성하여 돔을 형성하는 래티스 돔이 있으나, 셸 구조와는 차이가 있다. 즉, 셸 구조는 면으로 구성되나, 돔 구조는 직선 부재로 구성된다.
입체 트러스	**입체 트러스**는 모든 방향으로 이동이 구속되어 있어서 평면 트러스보다 큰 하중을 지지할 수 있는 구조이다.

41 건축 재료의 제조 분야별 분류에서 **인공(공업) 재료**에는 **콘크리트 및 그 제품, 금속 재료(철재)**, 요업 재료, 석유 화학 제품, **유리 재료, 합성수지(고분자)** 등이 있다.

42 금속의 용융점을 알아보면, **수은은 −38.87℃ 이상, 경강은 1,530℃ 이상, 스테인리스강은 1,420℃ 이상, 텅스텐은 3,370℃ 이상**이다.

43 목재의 함수율

구분	전건재	기건재	섬유 포화점
함수율	0%	10~15%(12~18%)	30%
비고	−	습기와 균형	섬유 세포에만 수분 함유, 강도가 커지기 시작하는 함수율

44 목재의 강도는 함수율과 반비례한다. 함수율이 100%에서 **섬유 포화점인 30%까지는 강도의 변화가 없이 일정하나**, **함수율이 30% 이하로 더욱 감소하면 강도는 급격히 증가**하며, 전건 상태(절건 상태)에서는 섬유 포화점 강도의 약 3배로 증가한다.

45 **집성 목재**는 두께 15~50mm의 단판을 제재하여 섬유 방향을 거의 평행이 되게 여러 장 겹쳐서 접착한 것이고, ④의 톱밥, 대패밥, 나무 부스러기 등을 이용한 제품은 **섬유판**이다.

46 **석재의 가공 순서**는 혹두기(쇠메, 망치) – **정다듬**(정) – **도드락다듬**(도드락망치) – **잔다듬**(양날 망치) – **물갈기**(와이어 톱, 다이아몬드 톱, 글라인더 톱, 원반 톱, 플레이너, 글라인더)의 순이다.

47 점토의 성질은 **불순물이 많을수록 강도가 낮아진다.**

48 **타일의 구분**

호칭명	소지의 질	비고
내장 타일	**자기질, 석기질, 도기질**	• 도기질 타일은 흡수율이 커서 동해를 받을 수 있으므로 내장용에만 이용된다. • 클링커 타일은 비교적 두꺼운 바닥 타일로서, 시유 또는 무유의 석기질 타일이다.
외장타일	자기질, 석기질	
바닥타일	자기질, 석기질	
모자이크 타일	자기질	

49 **시멘트의 응결**은 가수량이 적을수록, 온도가 높을수록, **분말도가 높을수록**, 알루민산삼칼슘이 많을수록 **빨라진다.**

50 **실리카**(포졸란) **시멘트**의 특성은 화학 저항성, 수밀성 및 **장기 강도가 크지만**, **조기 강도는 낮으며**, 건조 수축이 크다. 특히, 초기 양생이 매우 중요하다.

51 **콘크리트용 골재**는 ①, ③ 및 ④ 외에 **골재의 표면이 거칠고** 구형에 가까운 것이 좋으며, **편평하거나 세장한 것은 좋지 않다.** 또한, 염분, 유해물(진흙이나 유기불순물 등)을 포함하지 않아야 한다. 특히 운모가 다량 포함된 골재는 콘크리트의 강도를 떨어뜨리고, 풍화되기 쉽다.

52 **경화 촉진제**는 시멘트 경화 작용을 촉진시키기 위하여 쓰이는 혼화제로, 응결 시간이 촉진되고, 방동에 대한 효과가 있으므로, 동기 공사, 수중 공사에 이용된다. 염화칼슘(시멘트 중량의 1~2%)이 주로 사용되며, 사용 시 유의 사항은 **사용량이 많으면 흡습성이 커지고 철물을 부식**시키고, 건조 수축이 증대되며, 콘크리트의 시공 연도가 빨리 감소되므로 시공을 빨리 해야 한다.

53 **크리프 현상**이란 구조물에서 **하중을 지속적으로 작용시켜 놓을 경우, 하중의 증가가 없어도 시간과 더불어 변형이 증대되는 현상**이다.

54 **구리**는 원광석(휘동광, 황동광 등)을 용광로나 전로에서 거친 구리물(조동)로 만들고, 이것을 전기 분해하여 구리로 정련하여 얻는다. 특성은 전·연성, **열과 전기 전도율이 크고, 산·알칼리에 약하다**(암모니아 가스에 침식되므로 화장실 등에 사용하기 곤란). **건조한 공기 중에서는 산화하지 않는다.**

55 **메탈 라스, 코너 비드, 와이어 라스**
• **메탈 라스**는 금속제 라스의 총칭으로 얇은 강판에 많은 절목을 넣어 이를 옆으로 늘여서 만든 것으로 천장 및 벽의 미장 바탕에 사용한다.
• **코너 비드**는 벽, 기둥 등의 모서리를 보호하기 위하여 미장 바름질을 할 때 붙이는 보호용 철물이다.
• **와이어 라스**는 철근을 엮어서 그물 모양으로 만든 것으로 미장 바탕용 철망으로 사용한다.

56 **강화 판유리, 무늬 유리, 망입 유리**
• **강화 판유리**는 자동차의 창유리, 통유리문, 에스컬레이터의 옆판, 계단 난간의 옆판 등에 사용한다.
• **무늬 유리**는 투시 방지 및 장식 효과에 사용한다.
• **망입 유리**는 도난 및 화재 방지, 비상통로의 감시창 및 진동이 심한 장소에 사용한다.

57 **불포화 폴리에스테르 수지**는 다가 알코올(글리세린)과 다염기산(무수프탈산)의 축합에 의하여 얻어지는 에스테르의 총칭으로 변성하는 유지, 수지의 종류 및 양에 따라서 그 성질의 범위는 넓으나, 일반적으로 내후성, 밀착성, 가용성이 우수하고, 내수성과 내알칼리성은 약하다. 또한, 중요한 성형품으로는 **유리 섬유로 보강한 섬유 강화 플라스틱(FRP : Fiberglass Reinforced Plastic)**이 있다.

58 **래커**는 심한 속건성이어서 바르기 어려우므로 스프레이(분무기)를 사용하고, 바를 때에는 **래커와 희석제인 시너를 1 : 1(용량비)로 섞어서 사용**한다.

59 **돌로마이트 플라스터**는 **소석회보다 점성이 커서 풀이 필요 없고**, 변색, 냄새, 곰팡이가 없고, 돌로마이트 석회, 모래, 여물, 때로는 시멘트를 혼합하여 만든 바름 재료로서 마감 표면의 경도가 회반죽보다 크다. 그러나 건조, 경화 시에 수축률이 가장 커서 균열이 집중적으로 크게 생기므로 여물을 사용한다.

60 **타르, 아스팔트 펠트, 아스팔트 루핑**

타르	**타르**는 유기물(석유 원유, 석탄, 나무 등)의 건류 또는 증류에 의해 생기는 흑갈색에 비교적 휘발성인 유상 물질을 총칭하는 물질이다.
아스팔트 펠트	**아스팔트 펠트**는 유기질의 섬유(양털, 무명, 삼, 펠트 등)로 원지포를 만들어, 이것에 스트레이트 아스팔트를 침투시켜 롤러로 압착하여 만든 것으로 흑색 시트상이며, 방수와 방습성이 좋고, 가벼우며, 기와지붕의 밑에 깔거나, 방수 공사를 할 때 루핑과 같이 사용한다.
아스팔트 루핑	**아스팔트 루핑**은 아스팔트 펠트의 양면에 아스팔트 콤파운드를 피복한 다음, 그 위에 활석 또는 운석 분말을 부착시킨 것으로, 온도의 상승에 따라 유연성이 증대되고, 방수·방습성이 펠트보다 우수하며, 표층의 아스팔트 콤파운드 때문에 내후성이 크다.

01	②	02	①	03	④	04	④	05	②	06	①	07	③	08	②	09	①	10	②
11	③	12	③	13	③	14	④	15	②	16	③	17	④	18	④	19	①	20	②
21	④	22	④	23	④	24	③	25	③	26	④	27	②	28	③	29	④	30	①
31	②	32	④	33	①	34	④	35	④	36	④	37	③	38	④	39	③	40	③
41	②	42	④	43	③	44	④	45	④	46	④	47	④	48	③	49	④	50	②
51	①	52	④	53	②	54	③	55	①	56	④	57	④	58	④	59	④	60	④

01 건축의 척도 조정이 되지 않더라도 설계의 자유도를 높이는 것이 매우 중요하다.

02 대수선은 **내력벽의 벽면적 30m² 이상**, 기둥, 보 및 지붕틀을 3개 이상을 해체하여 수선 또는 변경하는 것이다.

03 **수직선**은 고결함, **존엄성**, 엄숙함, 희망감, **상승감** 및 긴장감을 준다. 특히, 고딕 건물의 고결하고 종교적인 표정은 수직선이 가지는 표정에서 온 것이다.

04 **병원의 수술실**은 의사와 간호사, 기타 관계자들의 눈의 피로를 풀어주어야 하므로 **피의 색깔인 붉은색과 보색 관계인 녹색을 사용**한다.

05 **열의 이동 방법에는 전도, 대류 및 복사 등이 있고**, 회절(파동은 진행 중에 장애물이 있으면 직진하지 않고 그 뒤쪽으로 돌아가는 현상)은 음에서 나타나는 현상이다.

06 주거 공간의 구성은 **인체 동작 공간(주거 공간을 구성하는 가장 기본적인 공간)** → 단위 공간 → 실내 공간 → 주거 공간 → 주거 집합 공간의 순으로 구성된다.

07 **거실의 위치**는 각 실과 배치상 균형을 고려하여야 하나, 그 성격상 주택 내 중심의 위치에 있어야 하며, **가급적 현관에서 가까운 곳에 위치하되, 현관이 거실과 직접 면하는 것은 피해야 한다.**

08 **거실의 위치**는 남향이 가장 적당하고, 햇빛과 통풍이 잘 되는 곳이어야 한다. **거실이 통로가 되는 평면 배치는 사교 · 오락에 장애가 되므로 통로에 의해 실이 분할되지 않도록 유의하여야 한다.** 또한, 거실은 다른 방과 접속되면 유리하고, 침실과는 항상 대칭되게 한다. 거실의 크기는 1인당 4~6m²가 적합하다.

09 주택 단지의 구성은 **인보구(15~40호**, 100~200명, 0.5~2.5ha) → **근린분구**(400~500호, 2,000~2,500명, 15~25ha) → 근린주구(1,600~2,000호, 8,000~10,000명, 100ha)이다.

10 엘리베이터, 컨베이어 벨트, 이동보도
- **엘리베이터**는 전용 승강로 내를 동력으로 상하 승강하는 케이지(cage)를 중심으로 구성된 운송시스템이며, 운송대상은 주로 사람과 물품이다.
- **컨베이어 벨트**는 임의의 장소에 연속적으로 화물을 수송할 수 있고, 수신인이 항상 대기하지 않아도 되는 장점이 있다.
- **이동보도**는 승객을 목적지까지 조속히 수송하고 교통혼잡을 해소하는 것으로, 수평에 대하여 경사 10~15°의 범위 내에서 승객을 수평으로 이동시키는 장치이다.

11 **트랩**(배수관 속의 악취, 유독 가스 및 벌레 등이 실내로 침투하는 것을 방지하기 위하여 배수 계통의 일부에 봉수가 고이게 하는 기구)**의 종류**에는 S트랩, P트랩, U트랩, **벨 트랩 및 드럼 트랩** 등이 있다. **버킷 트랩은 증기 난방에 사용하는 트랩**으로 버킷에 들어 있는 응축수가 일정량이 되면 부력을 상실한 버킷이 떨어져 밸브를 열고, 증기압으로 배수하는 구조의 트랩이다.

12 복사 난방(panel heating)은 건축 구조체(천장, 바닥, 벽 등)에 동관, 강관, 폴리에틸렌관 등으로 코일(coil)을 배관하여 가열면을 형성하고, 여기에 온수 또는 증기를 통하여 가열면의 온도를 높여서 복사열에 의한 난방을 하는 방식이다. **방열기가 필요하지 않고, 바닥면의 이용도가 높다.**

13 KS F 3126(치장 목질마루판)의 품질기준

> ⊙ 소판의 합판인 경우에는 접착 성능, 함수향(건량)
> ⓒ 비접착식 시공품인 경우에는 휨강도, 습윤 시 휨강도, 평면 인장강도
> ⓒ 소판이 섬유판, 파티클보드, OSB 및 이들을 이용한 복합계인 경우에는 흡수 두께 팽창률, 치수 변화율,
> ⓒ KS M 3803의 표2에 규정된 일반용 1.2 화장판의 품질 규격에 준하는 경우에는 내마모성
> ⓒ HPM, LPM의 경우 시험에서 제외되는 경우에는 도막 밀착력
> ⓒ **일반적인 경우**에는 **내산성, 내알칼리성,** 내시너성, 습열성, 내변 퇴색성, 내한성, 내열성, 내오염성, 내충격성, 내긁힘성, **폼알데하이드 방출량** 등

14 S트랩, 벨 트랩, P트랩
- S트랩 : 세면기, 대변기 등에 사용하는 것으로, 사이펀작용에 의해 봉수가 파괴되는 때가 많다.
- 벨 트랩(bell trap) : 욕실 바닥의 물을 배수할 때 사용한다.
- P트랩 : 위생기구에 가장 많이 쓰이는 형식으로, 벽체 내의 배수 입관에 접속한다. S트랩보다 봉수가 안전하다.

15 **엘리베이터의 운행 조건**은 운행, 정지의 반복 빈도가 **높은 변동 부하**를 가진다.

16 **굵은 실선**은 단면선, 외형선, 파단선에 사용하고, **가는 실선**은 치수선, 치수 보조선, 인출선, 지시선 및 해칭선에 사용하며, **파선**은 숨은선(물체의 보이지 않는 부분)에 사용한다.

17 평면 표시 기호

명칭	오르내리창	셔터창	망사창
평면 기호	▭═══	┄┄┄┄	┄┄┄┄

18 **설계도서**는 건축물의 건축 등에 관한 **공사용 도면**과 **구조 계산서** 및 **시방서**, 기타 국토교통부령이 정하는 공사에 필요한 서류(건축 설비 계산 관계 서류, 토질 및 지질 관계 서류, 기타 공사에 필요한 서류 등)를 말한다.

19 **기초 평면도**에는 바닥 재료, 동바리 마루 구조 및 각 실의 바닥 구조 등이 표시되나, **반자 높이는 단면도에 표시**된다.

20 철근의 배근에 사용되는 용어는 이형 철근은 D, 원형 철근은 ø, 간격은 @와 함께 숫자(mm)로 표시한다. 즉 '**직경 13mm의 이형철근**은 D13으로, 간격 200mm는 @200으로 표시'하므로, '**D13 @200**'으로 표기한다.

21 각종 구조 중 **벽돌 구조**는 **조적식 구조로서 횡력에 약하므로, 내진적이지 못하고, 고층 건축물에는 부적합**하다.

22 **기초 구조를 결정함에 있어서 고려하여야 할 사항**은 상부 건축물의 구조와 규모, 지반의 상황 및 시공성, 공사비 및 공사 기간 등이 있고, **건물의 설계 기간이나 기초 구조와는 무관**하다.

23 가새는 수평력에 견디게 하고, 수직·수평재의 각도변형을 방지하여 안정된 구조로 하기 위한 목적으로 쓰이는 경사재로서 버팀대보다 강하며, **가새의 경사는 45°에 가까울수록 유리하다.**

24 감잡이쇠, 띠쇠, 듀벨

감잡이쇠	**감잡이쇠**는 ㄷ자형으로 구부려 만든 띠쇠로서 두 부재를 감아 연결하는 목재의 이음, 맞춤을 보강하는 철물로 평보를 대공에 달아맬 때, 평보와 ㅅ자보의 밑에, 기둥과 들보를 걸쳐대고 못을 박을 때, 대문 장부에 감아 박을 때 사용한다.

띠쇠	**띠쇠**는 띠 모양으로 만든 이음 철물로 좁고 긴 철판을 적당한 길이로 잘라 양쪽에 볼트, 가시못 구멍을 뚫은 철물로서 두 부재의 이음새, 맞춤새에 대어 두 부재가 벌어지지 않도록 보강하는 철물이다.
듀벨	**듀벨**은 볼트와 함께 사용하는데, 듀벨은 전단력에, 볼트는 인장력에 작용시켜 접합재 상호간의 변위를 막는 강한 이음에 사용하며, 목재와 목재 사이에 끼워서 전단에 대한 저항 작용을 목적으로 하는 철물이다.

25 **띠쇠, 안장쇠, 듀벨**

띠쇠	**띠쇠**는 띠 모양으로 만든 이음 철물로 좁고 긴 철판을 적당한 길이로 잘라 양쪽에 볼트, 가시못 구멍을 뚫은 철물로서 두 부재의 이음새, 맞춤새에 대어 두 부재가 벌어지지 않도록 보강하는 철물이다.
안장쇠	**안장쇠**는 안장 모양으로 한 부재에 걸쳐대고 다른 부재를 받게 하는 이음, 맞춤의 보강 철물로 큰 보와 작은 보, 귓보와 귀잡이보의 맞춤에 사용한다.
듀벨	**듀벨**은 볼트와 함께 사용하는데, 듀벨은 전단력에, 볼트는 인장력에 작용시켜 접합재 상호간의 변위를 막는 강한 이음에 사용하며, 목재와 목재 사이에 끼워서 전단에 대한 저항 작용을 목적으로 하는 철물이다.

26 기와의 물매는 4/10~5/10이므로, **평기와 물매의 최소 한도는 4/10** 또는 21°48 정도이다.

27 **플레밍식(불식) 쌓기, 미국식 쌓기, 반장 쌓기**
  • **플레밍식(불식) 쌓기**는 입면상으로 매 켜에서 길이쌓기와 마구리쌓기가 번갈아 나오도록 되어 있는 방식이다.
  • **미국식 쌓기**는 표면에는 치장 벽돌로 5켜 정도는 길이쌓기로, 뒷면은 영국식 쌓기로 하고, 다음 한 켜는 마구리쌓기하여 뒷벽돌에 물려서 쌓는 방법이다.
  • **반장 쌓기**는 0.5B 쌓기 방법이다.

28 조적조 구조인 **내력벽의 길이**(대린벽의 경우에는 그 접합된 부분의 각 중심을 이은 선의 길이)**는 10m를 넘을 수 없다.** 벽의 길이가 10m를 초과하는 경우에는 중간에 붙임벽, 붙임 기둥 또는 부축벽을 설치하여야 한다.

29 블록 구조의 **기초보의 두께는 벽체의 두께 정도로** 하거나, 또는 **벽체의 두께보다 3cm 정도 더 두껍게 한다.** 춤은 처마 높이의 1/12 이상 또는 45cm 이상, 2~3층은 60cm 이상으로 한다.

30 철근 콘크리트 구조에서 역학적으로 **인장력에 주로 저항하는 부분은 철근**이고, 압축력에 저항하는 부분은 콘크리트이다.

31 철근 콘크리트보에 있어서 **주근은 인장력과 휨응력에** 견디어야 하므로 **주근의 이음 위치는 인장력과 휨응력이 가장 작게 작용하는 곳**에서 이음을 하는 것이 가장 유리하다.

32 **헌치**란 보, 슬래브의 단부의 단면을 중앙부의 단면보다 크게 한 부분으로 폭과 높이를 크게 하여 그 부분의 **휨 모멘트나 전단력을 견디게 하기 위하여 단부의 단면을 증가한 부분**이다. 헌치의 폭은 안목 길이의 1/10~1/12 정도이며, 헌치의 춤은 헌치 폭의 1/3 정도이다.

33 **슬래브 배근 시 주근, 배력근 모두 D10(ϕ9) 이상의 철근을 사용**하거나 6mm 이상의 용접 철망을 사용하고, 철근의 간격은 주근의 경우, 20cm 이하, 직경 9mm 미만의 용접 철망을 사용하는 경우에는 15cm 이하로 한다. 또한, 배력근(부근)의 경우에는 30cm 이하, 슬래브 두께의 3배 이하, 직경 9mm 미만의 용접철망을 사용하는 경우에는 20cm 이하로 한다.

34 **철근 콘크리트 내진벽**은 수평력에 대하여 가장 유효하게 작용하고, 그 부담력이 고르게 되도록 내진벽은 상·하층 모두 같은 위치에 오도록 배치하며, **하부층에 많이 배치**하는 것이 바람직하다.

35 철골 구조의 구조 형식상 분류에는 **라멘 구조**, 가새 골조 구조, 튜브 구조, **트러스 구조**, 평면 구조(골조 구조, **아치 구조**, 벽식 구조 등) 및 **입체 구조**(절판 구조, 셸 구조와 돔 구조, 입체 트러스 구조, **현수 구조**, 막 구조 등) 등이 있고, **경량 철골 구조는 재료상 분류**에 속한다.

36 **스티프너**는 플랜지에 직접 집중 하중을 받는 곳에서 하중은 플랜지에서 웨브에 전달되어, 웨브 플레이트 좌굴에 저항할 뿐 아니라, 플랜지의 보강을 위하여 **플랜지 기역 형강과 같은 두께의 필러**를 대고 스티프너를 기역자 형강의 안면에 밀착시킨다.

37 **플러시문**(울거미를 짜고 중간살을 25cm 이내의 간격으로 배치한 다음 양면에 합판을 접착하여 표면에 살대와 짜임을 나타내지 않는 문)은 현대 건축에 있어서 내·외부의 창호로 많이 쓰인다. 뒤틀림 등의 변형이 적고 경쾌한 감을 주는 장점이 있어 충분히 건조한 목재를 사용하여야 한다. 또한, **차양이 되고 통풍에 유리한 문은 비늘살문, 망사문 또는 발문** 등이 있다.

38 PC(Precast Concrete), RC(Reinforced Concrete) 및 조적 공사(Masonry) 등은 벽식구조로 가능하나, **Membrane(멤브레인)은 방수 공사**에 속한다.

39 **막 구조, 케이블 돔 구조, 스페이스 프레임 구조**
  • **막 구조**는 전혀 하중을 지지할 수 없는 막을 잡아당겨 인장력을 주면 막 자체에 강성이 생겨 구조체로서 힘을 받을 수 있는 구조이다.
  • **케이블 돔 구조**는 케이블을 이용한 돔 구조이다.
  • **스페이스 프레임 구조**는 2차원의 트러스를 평면 또는 곡면의 2방향으로 확장시킨 구조이다.

40 **돔 구조, 셸 구조, PC 구조**
  • **돔 구조**는 셸 구조는 면으로 구성되나, 돔은 직선 부재로 구성되는 구조이다.
  • **셸 구조**는 곡률을 가진 얇은 판으로서 주변을 충분히 지지시키면 면에 분포되는 하중을 인장과 압축과 같은 면 내력으로 전달시키는 특성을 가지고 있는 구조로서 구조체가 가볍고 넓은 공간이 필요할 때 사용한다.
  • **PC 구조**는 프리캐스트 구조로서 공장에서 고정 시설을 가지고 소요 부재(기둥, 보, 바닥판 등)를 철재 거푸집에 의해 제작하고 고온다습한 증기 보양실에서 단기 보양하여 기성 제품화한 부재를 사용한 구조이다.

41 **인공(공업) 재료**에는 콘크리트 및 그 제품, **금속 재료(철재)**, 요업 재료, 석유 화학 제품, **유리 재료**, **합성수지(고분자)** 등이 있다.

42 • 철 : 42kcal/m·h·℃   • 콘크리트 : 0.4~0.5kcal/m·h·℃
   • 소나무 : 0.116kcal/m·h·℃   • 코르크 : 0.036kcal/m·h·℃
   따라서 열전도율이 큰 것부터 작은 것의 순으로 나열하면 **철 → 콘크리트 → 소나무 → 코르크의 순**이다.

43 **목재의 비중**은 동일한 수종이라도 나이테의 밀도, 생육지, 수령 또는 심재와 변재에 따라서 다소 다르나, 공극을 전혀 포함하지 않는 비중, 즉 **진비중**은 목재 세포막의 실질 중량에 상당하여 수종, 수령 등에도 불구하고 거의 일정하여 그 비중은 **1.54 정도**이다.

44 단위에 유의하여야 한다.
   즉, $1Pa = 1N/m^2$, $1MPa = 1N/mm^2$
   (응력도)$= P$(작용 하중)$/A$(단면적)이다.
   그런데, $P = 400kN = 400,000N$, $A = 100 \times 100 = 10,000mm^2$이다.
   $$\therefore \text{응력도}(\sigma) = \frac{P}{A} = \frac{400,000}{10,000} = 40N/mm^2 = 40MPa$$

45 **합판**은 3장 이상의 얇은 판을 1장마다 **섬유 방향이 다른 각도(90°)로 교차**되도록 하고, 홀수장(3, 5, 7, 9장)을 겹쳐 만든 것이다. **집성 목재**는 단판을 제재하여 섬유 방향을 거의 평행이 되게 여러 장 겹쳐서 접착한 것이며, **플로어링 보드**는 표면 가공, 제혀 쪽매 및 기타 필요한 가공을 하고, 마루 귀틀 위에 단독으로 시공하여도 마루널로서 필요한 강도를 가지는 바닥재이다.

46 **석재의 내구성이 감소**하는 이유는 ①, ② 및 ③ 외에 채석이나 가공 과정 중에 석재에 준 충격 및 균열 등의 영향이 크다. 또한, **공기 속이나 빗물 속의 탄산, 아황산 등의 작용에 의해서 내구성이 감소**한다.

47 **점토의 인장 강도 시험**은 점토의 분말을 물로 개어 시멘트 시험체와 같이 만들고, 110℃로 완전 건조시켜 시험하며, 일반적으로 인장 강도는 3~10kg/cm²(0.3~1MPa)이고, **압축 강도는 인장 강도의 약 5배 정도**이다.

48 타일의 흡수율은 자기질 3%, 석기질 5%, **도기질 18%** 및 클링커 타일 8% 이하로 규정하고 있다.

49 **시멘트의 응결과 경화**에 영향을 주는 요인에는 시멘트의 화학 성분, 혼합 물질, **온도**, **습도**, 풍화의 정도 및 **분말도** 등이고, **가수량이 적을수록**, **온도가 높을수록**, **분말도가 높을수록**, 알루민산3칼슘이 많을수록 빨라진다.

50 우리나라의 경우 **시멘트 1포는 보통 40kg**이다.

51 입도는 골재에서 대소 크기가 고르게 섞여있는 정도이고, **흡수율**은 물체가 물을 내부에 빨아들이는 물의 양과 물체의 실체와의 비율이며, **단위 용적 중량**은 계량하는 그릇의 모양, 크기, 채우는 방법, 함수량 등에 따라서 같은 부피라도 실제로는 단위용적 중량의 차이가 매우 심하다. 특히 잔 골재일수록 더욱 심하다.

52 **AE제, 감수제, 방수제**
- **AE제**는 독립된 작은 기포(지름 0.025~0.05mm)를 콘크리트 속에 균일하게 분포시키기 위하여 사용하는 것으로 동결융해 작용에 대하여 내구성을 가지기 위하여 사용한다.
- **감수제**는 일정한 작업성을 가진 콘크리트를 만드는 데 필요한 물의 양, 즉 단위 수량을 감소시키는 효과를 가진 혼화재료(시멘트량을 감소)로, 경제성 성취 및 고강도 콘크리트 제조 시에 이용된다.
- **방수제**는 모르타르나 콘크리트를 방수적으로 하기 위하여 사용하는 혼화제이다.

53 **경량 콘크리트**는 콘크리트의 무게를 감소시킬 목적으로 경량 골재를 사용한 콘크리트로서, 기건 비중이 2.0 이하이다. 동일한 물·시멘트 비에서는 **경량 콘크리트는 보통 콘크리트 보다 일반적으로 강도가 약하다.**

54 **구리**는 원광석(휘동광, 황동광 등)을 용광로나 전로에서 거친 구리물(조동)로 만들고, 이것을 전기 분해하여 구리로 정련하여 얻는다. **건조한 공기에서는 산화하지 않지만**, 습기를 받으면 이산화탄소의 작용으로 인하여 부식하여 녹청색을 띠나, 내부까지는 부식하지 않는다. 용도로는 지붕이기, 홈통, 철사, 못, 철망 등의 제조에 사용된다.

55 **펀칭 메탈**은 금속판에 여러 가지 무늬의 구멍을 펀칭한 것으로, 환기구나 라디에이터 커버 등에 쓰이는 철판 가공품 또는 두께 1.2mm 이하의 박강판을 여러 가지 무늬 모양으로 구멍을 뚫어 환기 구멍, 방열기 덮게 등에 쓰이는 것이다.

56 **복층 유리(페어 글라스, 이중 유리)**는 2장 또는 3장의 판유리를 일정한 간격으로 띄어 금속테로 기밀하게 테두리를 한 다음, 유리 사이의 내부를 진공으로 하거나 특수 기체를 넣은 유리로서 **방음·차음 및 단열의 효과가 크고, 결로 방지용으로도 우수**하다.

57 **불포화 폴리에스테르 수지**는 열경화성 수지로서 유리 섬유로 보강한 **섬유 강화 플라스틱**(Fiberglass Reinforced Plastic) 등이 있다.

58 **방청 도료로 사용되는 안료**에는 연단(광명단), 산화철, 규산염, **크롬산아연** 등이 있다. **티탄백은 백색 안료**이다.

59 **돌로마이트 플라스터**는 소석회보다 점성이 커서 풀이 필요 없고, 변색, 냄새, 곰팡이가 없고, 돌로마이트 석회, 모래, 여물, 때로는 시멘트를 혼합하여 만든 바름 재료로서 마감 표면의 경도가 회반죽보다 크다. 그러나 **건조, 경화 시에 수축률이 가장 커서 균열이 집중적으로 크게 생기므로 여물을 사용**한다.

60 **아스팔트**는 방수성 및 화학적 안정성이 크므로 **방수 재료**, 화학 공장의 내약품 재료, 그 밖에 **녹막이 도료**, **도로 포장 재료** 등에 사용되고 있다.

01	④	02	②	03	④	04	④	05	②	06	②	07	③	08	④	09	②	10	①
11	④	12	②	13	④	14	①	15	④	16	③	17	③	18	④	19	③	20	④
21	③	22	③	23	③	24	③	25	①	26	①	27	②	28	①	29	④	30	③
31	③	32	①	33	④	34	①	35	④	36	②	37	②	38	③	39	②	40	④
41	②	42	④	43	④	44	②	45	②	46	①	47	①	48	②	49	②	50	②
51	①	52	④	53	②	54	①	55	③	56	①	57	①	58	①	59	③	60	②

01 치수조정의 단점으로는 똑같은 형태의 반복으로 인해 무미건조함을 느끼고, **사용자의 개성에 맞는 다양한 공간의 구성이 어렵다.**

02 건폐율, 용적률
- 건폐율은 대지 면적에 대한 건축 면적의 비로 건폐율 = $\dfrac{\text{건축 면적}}{\text{대지 면적}}$ 이다.

- 용적률은 대지 면적에 대한 연면적의 비로 용적률 = $\dfrac{\text{연면적}}{\text{대지 면적}}$ 이다.

03 **사선**은 동적이고, 불안정하나, 건축에서 강한 표정을 준다.

04 **거실 천장의 조명은 고명도의 색을 사용**하여 밝게 하고, 바닥은 저명도의 색을 사용하여 안정감을 주도록 한다.

05 열의 이동 방법
- **전도**는 열이 물질을 따라 고온부에서 저온부로 전달되는 현상으로, 원인은 구성원자의 운동에너지이다.
- **대류**는 액체나 기체가 열을 받으면 열팽창에 의하여 밀도가 작아져서 상하의 순환운동에 의해서 열에너지를 이동시켜 주는 현상이다.
- **관류**는 고체 벽의 양측 유체의 온도가 다를 때 고온의 유체에서 저온의 유체로 열이 이동하는 현상이다.

06 **단위 공간**(U)=사람+가구+**여유(인체 동작 구간)**, 실내 공간(R)=단위 공간(U)+여유(생활 양식과 전통 등), 주거 공간 (H)=실내 공간(R)+여유(생활양식과 전통, 지위의 상징 등), 주거 집합 공간=주거 공간+여유(환경, 공공시설 등) 등이다.

07 **거실**은 전체 평면의 중앙에 배치하나, **각 실의 통로로 사용**되는 경우 **사교, 오락에 장애가 되므로 통로로 사용되는 것은 피하도록 한다.**

08 **아파트의 성립 요인** 중 **사회적인 요인**에는 도시 인구의 증가, 도시 생활자의 이동성, 세대 인원의 감소 및 수세대의 주거 등이 있고, **계획적·경제적인 요인**에는 단독 주거로는 해결할 수 없는 **넓은 옥외공간** 및 **좋은 환경 조성 가능**하고, 대지비, 건축비 및 유지비를 절약 등이 있다.

09 **주택 단지의 구성**은 **인보구(15~40호**, 100~200명, 0.5~2.5ha) → **근린분구(400~500호, 2,000~2,500명, 15~25ha)** → **근린주구**(1,600~2,000호, 8,000~10,000명, 100ha)이다.

10 **교류 엘리베이터**는 직류 엘리베이터에 비하여 **기동 토크가 작다.**

11 드럼 트랩, U트랩, P트랩
- **드럼 트랩**은 부엌용 개수기류에 사용되는 경우가 많고, 관 트랩에 비하여 봉수 파괴가 적다.

- U트랩은 가로 배관에 사용되고, 유속을 저해하는 단점이 있으며, 공공 하수관에 사용된다.
- P트랩은 위생 기구에 가장 많이 사용되는 형식으로 벽체 내의 배수 입관에 접속하며 S트랩보다 봉수가 안전하다.

12 복사 난방은 방열기 설치를 위한 공간이 필요 없고, 복사식 난방으로 대류가 적으므로 먼지의 상승이 적지만, 열용량이 크기 때문에 방열량의 조절이 용이하지 못하다. 실내의 온도 분포가 균등하고, 쾌감도가 높은 장점이 있다.

13 건축화 조명 방식(조명이 건축물의 일부가 되고, 건물의 일부가 광원의 역할을 하는 조명 방식)의 종류에는 천장 매설형, 코너 조명, 코니스 조명, 다운 라이트, 광창 조명, 광천장 조명, 광량 조명, 코브 라이트, 밸런스 조명, 벽면 조명, 코퍼 라이트 및 루버 조명 등이 있다. 전반 확산 조명 방식은 직접광이 40~60% 범위에서 작업면을 비추는 조명 방식이다.

14 화성암에는 심성암(화강암, 섬록암, 반려암 등)과 화산암[안산암(휘석, 각섬, 운모, 석영), 현무암, 부석 등]이 있다. 응회암은 퇴적암으로 쇄설성 퇴적암에 속한다.

15 엘리베이터는 전용 승강로 내를 동력으로 상하 승강하는 케이지를 중심으로 구성된 운송 시스템으로 운송 대상은 주로 사람과 화물이다. HA 시스템은 가정 자동화로서, 각 가정에서 사용하고 있는 여러 가전 제품의 기능을 보다 크게 하고, 효율적으로 하기 위하여 각 기기를 상호 결합하며, 컴퓨터나 외부의 정보와도 접속하여 종합적으로 제어하려는 시스템이다. 이동 보도는 수평에 대하여 경사 10~15°의 범위 내에서 승객을 수평으로 이동하는 장치이다.

16 굵은 실선은 단면선, 외형선, 파단선에 사용하고, 가는 실선은 치수선, 치수 보조선, 인출선, 지시선 및 해칭선에 사용하며, 이점쇄선은 가상(상상)선(물체가 있는 것으로 가상되는 부분)으로 사용한다.

17 ③은 붙박이창을 의미하고, 외미닫이창은 ⌐⌐ 이다.

18 공사 예산서 작성 시 필요한 사항은 공사에 소요되는 재료명, 재료의 수량 및 각종 재료의 단가 등이다.

19 기초의 제도 순서는 ① → ④ → ② → ③의 순으로 가장 늦는 것은 표제란을 작성하고, 표시 사항의 누락 여부를 확인하는 것이다.

20 'D13 @200'이란 뜻은 D는 이형 철근, 13은 공칭 직경, @는 간격, 200은 200mm를 의미하므로 이형 철근 중 '공칭 직경이 13mm인 철근을 200mm 간격으로 배근'하라는 뜻이다.

21 ①은 슬래브 부재의 크기와 무게에 관계없이 P.C 생산이 가능하고, ②는 접합의 강성을 높이기 위하여 접합부는 현장에서 접합하며, ④는 장비를 사용하므로 공사 기간이 단축된다.

22 기초에 사용된 콘크리트의 두께가 두꺼울수록 펀칭 전단력(뚫림 전단력)의 저항성이 우수하다.

23 목조 벽체의 가새의 단면을 크게 하면 할수록 오히려 기둥에 역하중인 모멘트를 작용시켜 좌굴을 일으킬 우려가 있다.

24 감잡이쇠(ㄷ자형으로 구부려 만든 띠쇠)는 평보와 왕대공, 토대와 기둥을 조이는 데 사용하는 보강 철물을 말한다. ①은 ㄱ자쇠, ②는 띠쇠, ④는 안장쇠를 사용한다.

25 왕대공 지붕틀에서 평보와 왕대공의 맞춤에는 감잡이쇠가 사용되고, 띠쇠는 왕대공과 ㅅ자보의 맞춤에, 꺾쇠는 평보와 서까래의 맞춤에 사용된다. 또한, 주걱 볼트는 기둥과 보의 긴결에 사용한다.

26 계단의 종류 중 모양(형상)에 따른 분류에는 곧은 계단, 꺾인 계단 및 돌음 계단 등이 있고, 사용하는 재료에 따른 분류에는 목조 계단(틀계단, 옆판 계단, 따낸 옆판 계단 등), 철근 콘크리트조 계단, 철골조 계단 및 석조 계단 등이 있다.

27 화란식(네덜란드식) 쌓기는 영국식 쌓기와 거의 비슷하나 모서리나 끝부분에는 칠오토막을 사용하여 길이쌓기의 켜 다음에 마구리쌓기를 한다.

28 조적식 구조인 건축물 중 2층 건축물에 있어서 2층의 내력벽의 높이는 4m를 넘을 수 없고, 내력벽의 길이는 10m를 넘을 수 없다. 내력벽으로 둘러싸인 부분의 바닥 면적은 80m²를 넘을 수 없다.

29 보강 블록조의 내력벽 구조에 있어서 벽 길이의 합계가 같을 때, **벽 길이를 크게 분할하는 것보다 짧은 벽이 많이 있는 것이 좋지 못하다.**

30 인장 응력은 철근이 부담하고, **압축 응력은 콘크리트가 부담**하는 특성을 가진 구조는 **철근 콘크리트 구조**이다.

31 보의 춤

종류	철근 콘크리트보, 철골 트러스보	철근 라멘보	철골 형강보
보의 춤	간 사이의 1/10~1/12	1/15~1/16	1/15~1/30

32 철근과 콘크리트의 **부착력에 영향을 주는 요인**은 철근의 배근 위치와 피복 두께, **콘크리트 압축 강도**, **철근의 표면적**, 철근의 주장, **철근의 표면 상태와 단면 모양** 등이다.

33 철근 콘크리트 바닥판의 두께는 **8cm(경량 콘크리트 10cm) 이상** 또는 다음 표에 의한 값 이상으로 하여야 한다.

지지 조건	주변이 고정된 경우의 두께	캔틸레버의 두께
$\lambda > 2$의 경우 한 방향으로 배근한 콘크리트 바닥 슬래브	$\dfrac{\ell}{28}$	$\dfrac{\ell}{10}$
$\lambda \leq 2$의 경우 두 방향으로 배근한 콘크리트 바닥 슬래브	$\dfrac{\ell_n}{36+9\beta}$	—

여기서, β : 슬래브의 단변에 대한 장변의 순경간비

ℓ_n : 2방향 슬래브 장변의 순경간

ℓ : 1방향 슬래브 단변의 보 중심간 거리

34 수평 하중의 종류에는 지진 하중, 풍하중, 토압 및 수압 등이 있고, 수직 하중에는 적설·적재 및 고정 하중 등이 있다. **활하중**은 구조물의 사용과 점용 등에 의해 발생하는 하중으로 교량 위를 지나는 차량, 사람, 열차 등에 의한 하중으로 수직 하중이다.

35 격자보, 래티스 보
- **격자보**는 상하 플랜지에 ㄱ자 형강을 대고 플랜지에 웨브재를 직각(90°)으로 접합한 보를 말하며, 콘크리트로 피복되지 아니하고 단독으로 사용되는 경우는 거의 없다.
- **래티스 보**는 상하 플랜지에 ㄱ자 형강을 대고 플랜지에 웨브재를 45°, 60°로 접합한 보를 말하며, 주로 지붕 트러스의 작은 보, 부지붕틀로 사용한다.

36 철골조에 있어서 플레이트 보의 **플랜지 플레이트는 4장 이하로 제한**하고 있다.

37 **목제 플러시 문은 뒤틀림 등의 변형이 작고,** 경쾌한 감을 주는데, 이러한 특징을 살리기 위해서는 충분히 건조된 목재를 사용하여야 한다.

38 **벽식 구조**는 기둥이나 보를 뼈대로 하여 만들어진 건축물에 비하여 **기둥이나 보가 없이 벽과 바닥만으로 건물을 조립하는 건축 구조**이다.

39 **셸 구조**는 곡면판의 역학적 잇점을 살려서 큰 간사이의 지붕을 만들 수 있는 구조, 곡면판이 지니는 역학적 특성을 응용한 구조로서 외력은 주로 판의 면내력으로 전달되기 때문에 경량이고, 내력이 큰 구조물을 구성할 수 있는 구조이다. 대표적인 구조물로 **시드니 오페라 하우스**가 있으며, 간사이가 넓은 건축물의 지붕을 구성하는 데 많이 쓰인다. 면에 곡률을 주어 경간을 확장하는 구조로서 곡면 구조 부재의 축선을 따라 발생하는 응력으로 외력에 저항하는 구조이다.

40 **절판 구조**는 자중도 지지할 수 없는 얇은 판을 접으면 큰 강성을 발휘한다는 점에서 착안된 구조로서 강성을 얻기 쉽고, 음향 성능이 우수하며, 두께를 얇게 할 수 있으나, 접는 구조이므로 **철근 배근이 매우 힘들다.** 대표적인 것으로는 데크 플레이트가 있다.

41 인공(공업) 재료에는 콘크리트 및 그 제품, **금속 재료(철재)**, 요업 재료, 석유 화학 제품, **유리 재료, 합성수지(고분자)** 등이 있다.

42 금속 재료와 같이 열에 의해서 고체에서 액체로 변하는 경계점이 뚜렷한 것을 **용융점**이라 하고, 아스팔트나 유리와 같이 경계점이 불분명한 것을 **연화점**이라고 한다.

43 **목재의 강도를 큰 것부터 작은 것의 순으로 나열**하면 **인장 강도 → 휨 강도 → 압축 강도 → 전단 강도**의 순이고, 섬유 방향의 평행 방향의 강도가 섬유 방향의 직각 방향의 강도보다 크다.

44 **전수축률**
- 전수축률 $= \dfrac{\text{생나무의 길이} - \text{전건 상태로 되었을 때의 길이}}{\text{생나무의 길이}} \times 100[\%]$이다.
- 무늬결 너비 방향은 6~10%, 곧은결 너비 방향은 무늬결 너비 방향의 1/2(2.5~4.5%), 길이(섬유) 방향은 곧은결 너비 방향의 1/20(0.1~0.3%)이다. 그런데, 위의 식에서 생나무의 길이는 4m이고, 전건 상태로 되었을 때의 길이는 3.92m이다.

∴ 전수축률 $= \dfrac{4 - 3.92}{4} \times 100\% = 2\%$

45 **플로링 보드, 파키트리 패널, 파키트리 블록**
- **플로링 보드**는 표면 가공, 제혀 쪽매 및 기타 필요한 가공을 하고, 마루 귀틀 위에 단독으로 시공하여도 마루널로서 필요한 강도를 가지는 바닥재이다.
- **파키트리 패널**은 파키트리 보드(두께 9~15mm, 너비 6cm, 길이는 너비의 정수배(3~5배)로 한 것으로서 양 측면을 제혀 쪽매로 가공한 것)를 4매씩 조합하여 접착제나 파정으로 붙인 제품이며,
- **파키트리 블록**은 **파키트리 보드**의 단판을 3~5장씩 접합하여 18cm, 30cm각으로 만들어 접합하여 방수 처리한 것으로, 사용할 때에는 철물과 모르타르를 사용하여 콘크리트 마루에 깐다.

46 **층리**는 수성암, 변성암 등에서 볼 수 있는 평행 상태의 절리(암석 중의 갈라진 틈) 또는 수성암 중 점판암과 같이 **퇴적층이 쌓여 지표면에 생긴 것으로 얇게 떼어 낼 수있는 것**이다.

47 점토 제품의 색상은 철 산화물 또는 석회 물질에 의해 나타나며, **철 산화물이 많으면 적색**이 되고, 석회 물질이 많으면 황색을 띠게 된다.

48 **타일의 구분**에서 내장 타일은 자기질, 석기질, 도기질(흡수율이 커서 동해를 받을 수 있으므로 내장용에만 이용)이고, 외장 타일과 바닥 타일은 자기질, 석기질이며, **모자이크 타일은 자기질**이다. 또한, 클링커 타일은 비교적 두꺼운 바닥 타일로서, 시유 또는 무유의 석기질 타일이다.

49 ①은 **시공 연도의 측정**, ③은 **재료 표면의 단단한 정도의 측정**, ④는 **시공 연도의 측정**에 사용된다.

50 시멘트의 분말도가 높으면 **수화 반응이 촉진**되어, **응결 및 조기 강도의 증진이 크며**, 응결할 때 초기 균열의 발생이 증가한다. 또한 풍화 작용이 일어나기 쉽다.

51 **실적률, 공극률, 단위 용적 중량**
- **실적률**은 골재가 이루고 있는 부피 중에서 골재가 차지하고 있는 부분을 말한다. 잔 골재 및 굵은 골재의 실적률은 60~70% 정도이다.
- **공극률**은 골재가 이루고 있는 부피 중에서 골재가 차지하고 있지 않은 부분을 말하며, 잔 골재 및 굵은 골재의 공극률은 30~40% 정도이다.
- **단위 용적 중량**은 계량하는 그릇의 모양, 크기, 채우는 방법, 함수량 등에 따라서 같은 부피라도 실제로는 단위 용적 중량의 차이가 매우 심하다. 특히 잔 골재일수록 심하다.

52 **기포제, 유동화제, AE제**
- **기포제**는 콘크리트의 수축을 방지하기 위해 극소량의 알루미늄 분말을 섞어 시멘트풀에 기포가 생기게 하는 혼화제이다.

- **유동화제**는 콘크리트의 물·시멘트 비를 줄이면서 콘크리트의 유동성을 커지게 하는 혼화제이다.
- **AE제**는 동결, 융해 작용에 대한 내구성을 증대시키기 위하여 사용하는 혼화제로서 독립된 작은 기포를 콘크리트 속에 균일하게 분포시키기 위하여 사용하는 혼화제이다.

53 **경량 골재 콘크리트, 무세 골재 콘크리트, 무근 콘크리트**
- **경량 골재 콘크리트**는 콘크리트의 무게를 감소시킬 목적으로 경량 골재를 사용한 콘크리트로서, 기건 비중이 2.0 이하인 콘크리트이다.
- **무세 골재 콘크리트**는 콘크리트 재료 중 세골재 즉, 모래가 포함되지 않거나 소량만 포함된 콘크리트이다.
- **무근 콘크리트**는 철근을 사용하지 않는 콘크리트이다.

54 **구리**는 **건조한 공기에서는 산화하지 않지만**, 습기를 받으면 이산화탄소의 작용으로 인하여 부식하여 녹청색을 띠나, 내부 까지는 부식하지 않는다. 전·연성이 크고, **열전도율이 크며, 산, 알칼리에 약하다.** 특히, **알칼리성에 대해 약하므로** 콘크리트 등에 접하는 곳에 **사용이 난이하다.**

55 ①의 **줄눈대**는 텍스, 보드, 금속판, 합성수지판 등의 줄눈에 대는 것이고, ①의 설명은 **논슬립**이다. ②의 **논슬립**은 계단의 디딤판 끝에 대어 오르내릴 때 미끄럼을 방지하는 철물이며, ②의 설명은 **코너 비드**이다. ④의 **듀벨**은 목재의 접합에 사용되는 보강 철물이고, ④의 설명은 **줄눈대**이다.

56 **복층 유리**(페어 글라스, 이중 유리)는 **방음·차음 및 단열의 효과가 크고, 결로 방지용으로도 우수**하다.

57 **합성수지의 사용 온도**

수지의 종류	페놀 수지	멜라민 수지	염화비닐 수지	실리콘 수지
안전사용 온도	60℃	120℃	-10~60℃	-80~250℃

58 **광명단**은 **철재의 표면에 녹이 스는 것을 방지**하고 **철재와의 부착성을 높이기 위한 방청 도료**로, 함연 방청 도료, 방청 산화철 도료, 규산염 도료, 크롬산아연 및 워시 프라이머 등이 있다.

59 **돌로마이트 플라스터**는 소석회보다 점성이 커서 풀이 필요 없고 변색, 냄새, 곰팡이가 없으며, 건조·경화 시에 수축률이 가장 커서 균열이 집중적으로 크게 생기므로 여물을 사용한다.

60 **방수 공사용 아스팔트, 폴리머 시멘트 페이스트 및 아크릴 고무계 방수재** 등은 **액체상의 재료**이고, **아스팔트 루핑**(펠트의 양면에 아스팔트 콤파운드를 피복한 후 그 위에 활석, 운모, 석회석, 규조토 등의 미분말을 부착시킨 것)은 **얇은 판상의 제품**이다.

01	④	02	④	03	④	04	②	05	③	06	②	07	④	08	①	09	④	10	③
11	③	12	④	13	④	14	③	15	④	16	①	17	②	18	④	19	④	20	①
21	④	22	③	23	①	24	①	25	①	26	④	27	①	28	①	29	④	30	②
31	②	32	③	33	④	34	④	35	②	36	②	37	③	38	②	39	②	40	②
41	③	42	④	43	①	44	②	45	②	46	②	47	②	48	③	49	②	50	④
51	④	52	①	53	①	54	①	55	③	56	①	57	①	58	①	59	②	60	②

01 **모듈의 장점**은 현장 작업이 단순해지므로 공사 기간이 단축되고, 대량 생산이 용이하므로 공사비가 감소되며, **설계 작업이 단순화**되고 **간편한 것**이다.

02 **건폐율, 용적률**
- 건폐율은 대지면적에 대한 건축면적의 비로 건폐율 = $\dfrac{건축\ 면적}{대지\ 면적}$ 이다.
- **용적률은 대지면적에 대한 연면적의 비**로 용적률이다.

03 **통일, 균형, 강조**
- **통일**은 건축물에서 공통되는 요소에 의해 전체를 일관되게 보이도록 하는 것이다.
- **균형**은 부분과 부분 및 부분과 전체 사이에 시각적인 힘의 평형이 이루어지면 쾌적한 느낌을 주는 조형 원리이다.
- **강조**는 리듬(반복, 교체, 점이 등)을 바탕에 두고 전혀 다른 형태, 질감, 무늬, 색채 등을 갑자기 등장시킴으로써 한 부분을 드러나게 하는 것이다.

04 **건축물의 색채 계획**에 있어서 건물의 배색은 먼저 **주변과의 조화를 고려**하여 상호간의 색이 품위를 유지하는 것이 다른 색과의 조화를 이룬다.

05 **열복사, 열대류, 열전도**
- **열복사**는 어떤 물체에서 발생한 열에너지가 전달 매개체 없이 직접 다른 물체에 도달하는 현상이다.
- **열대류**는 액체나 기체가 열을 받으면 열팽창에 의하여 밀도가 낮아져서 순환 운동을 통해 열에너지가 이동하는 현상이다.
- **열전도**는 열이 물질을 따라 고온부에서 저온부로 전달되는 현상으로 구성 원자의 운동에너지 이동이다.

06 **시간적으로 연속되는 생활 행위에 대한 평면 요소는 근접**시킨다. 즉, 한 방 속에 조합된다(취침 준비, 수면, 침구 정돈 등). 부엌과 식사실이 서로 근접해야 한다(조리, 상보기, 식사, 설거지 등).

07 **리빙 키친**은 거실, 식사실 및 부엌의 기능을 한 곳에 집합시킨 것으로 공간을 효율적으로 활용할 수 있어서 **소규모의 주택이나 아파트에 많이 사용**된다. 가족 구성원의 수가 많고 주택의 규모가 큰 경우에는 **리빙 키친은 부적당**하다.

08 **통로(평면) 형식**에 의한 분류에는 계단실형(홀형), 편복도형, 중복도형, 집중형 등이 있고, 단위 주거(입체) 형식에 의한 분류에는 단층형, 복층형, 트리플렉스형 등이 있으며, **판상형(같은 형식의 단위 주거를 수평, 수직으로 배치)은 공동 주택 주동 배치 형태의 일종**이다.

09 **인보구**는 어린이 놀이터, **근린분구**는 후생 시설(대중탕, 이발소, 진료소, 약국, 우체국 등), 보육 시설[유치원(보육원), 어린이 공원 등] 및 소비 시설(잡화점, 주점, 과자점, 미곡상 등), **근린주구는 초등학교를 중심으로 구성**한다.

10 소화설비의 종류

옥내 소화전 설비	소화전에 호스와 노즐을 접속하여 건물 각 층의 소정 위치에 설치하고, 급수 설비로부터 배관에 의하여 압력수를 노즐로 공급하며, 사람의 수동 동작으로 불을 추적해 가면서 소화하는 것이다.
연결 살수 설비	**소방대 전용 소화전인 송수구를 통하여 실내로 물을 공급하여 소화 활동을 하는 것으로, 지하층의 일반 화재 진압을 위한 설비**로서 스프링클러 설비와 비슷하며, 지하층에 해당하는 바닥 면적의 합계가 700m² 이상인 경우에 설치하도록 되어 있다.
스프링클러 설비	일정한 소화 설비 기준에 따라 방화 대상물의 상부 또는 천장면에 배수관을 설치하고, 그 끝에 폐쇄형 또는 개방형의 살수 기구(head)를 소정 간격으로 설치하여 급수원에 연결시켜 두었다가 화재가 발생하였을 때, 수동 또는 자동으로 물이 헤드로부터 분사되어 소화되는 고정식 종합 소화 설비이다. 일반적으로 스프링클러 헤드 하나가 소화할 수 있는 면적은 10m² 정도이다.

11 가옥 트랩으로서 옥내 배수 수평주관의 말단 등 **가옥 내 배수 기구에 부착하여 공공 하수관으로부터 해로운 가스가 집 안으로 침입하는 것을 방지**하는 데 사용되는 기구는 U트랩이다.

12 **복사 난방**은 천장고가 높은 공장이나 외기 침입이 있는 곳에서도 난방감을 얻을 수 있다. 즉, 개방되어 있어도 난방 효과가 있다.

13 건축화 조명 방식의 종류에는 천장 매설형, 밸런스 조명, 코너 조명, **코니스 조명**, 다운 라이트, 광창 조명, 광천장 조명, 광량 조명, **코브 라이트**, 벽면 조명, 코퍼 라이트 및 **루버 조명** 등이 있다. **펜던트 조명은 체인, 파이프 및 코드 등으로 늘어지는 조명**이다.

14 **액화 석유 가스(LP 가스)는 비중이 공기보다 무거우므로** 누설되는 경우에는 바닥에 깔리므로 매우 위험하다.

15 **에스컬레이터**는 계단식으로 된 컨베이어로서 30° 이하의 기울기를 갖는 발판을 부착시켜 레일로 지지한 구조체이며, 최대 속도는 **하향의 안전을 위하여 30m/min 이하**로 하여야 한다.

16 **일점쇄선의 가는선은 중심선에 사용**하고, **일점쇄선의 중간선은** 절단선, **기준(참고)선** 및 경계선으로 사용한다.

17 **파선의 교차점이 있는 쪽은 경첩을 배치**한다. 즉, ①과 ②는 문의 개폐 방향이 반대이다.

18 배치도에 표시할 내용에는 **축척, 대지의 모양**, 고저, 치수, **건축물의 위치, 방위, 대지 경계선까지의 거리**, 대지에 접한 도로의 위치와 너비, 출입구의 위치, 문, 담장, 주차장의 위치, **정화조의 위치, 조경 계획 등**이 있다. **각 실의 위치는 평면도에 표시**한다.

19 철근 콘크리트 **기초의 축척은 기초 크기에 알맞게 축척**을 정하고, 단면선과 입면선을 구분하여 그린다.

20 **이형 철근에 있어서 마디와 리브를 만드는 이유는 철근의 표면적을 크게 하여 콘크리트와의 접촉면을 증가시켜 철근과 콘크리트의 부착 응력을 크게 하기 위함**이다.

21 건축물의 구성은 **구조재**(기둥, 기초, 벽 및 바닥(슬래브))와 **비구조재**(천장, 수장재와 같은 마감 부분 등)로 구별된다.

22 **부동 침하의 원인은 연약층, 경사 지반**, 이질 지층, 낭떠러지, 증축, 지하수위 변경, 지하 구멍, 메운땅 흙막이, **일부 증축**, 이질 지정 및 일부 지정 등이다.

23 가새, 버팀대, 귀잡이보
- **가새**는 사각형으로 짠 뼈대에 대각선상으로 빗대는 경사재로서 수직·수평재의 각도 변형을 막기 위하여 설치하는 부재를 말하며, 수평력에 대한 안정성을 보강하기 위한 부재로서 버팀대보다 강한 부재이다.
- **버팀대**는 가로재(토대·보·도리 등)와 세로재(기둥 등)의 접합 부분에 변형을 적게 할 목적으로 하는 부재이다.
- **귀잡이보**(토대·보·도리 등의 가로재가 서로 수평으로 맞추어지는 곳을 안정한 세모 구조로 하기 위하여 설치하는 부재)는 수평력에 견디기 위해 설치하는 보이다.

24 **안장쇠, 띠쇠, 꺾쇠**
- **안장쇠**는 안장 모양으로 한 부재에 걸쳐대고 다른 부재를 받게 하는 이음, 맞춤의 보강 철물로 큰보와 작은보, 귓보와 귀잡이보의 맞춤에 사용한다.
- **띠쇠**는 좁고 긴 철판을 적당한 길이로 잘라 양쪽에 볼트, 가시못 구멍을 뚫은 철물로서 두 부재의 이음새, 맞춤새에 대어 두 부재가 벌어지지 않도록 하는 철물이다.
- **꺾쇠**는 강봉 토막의 양 끝을 뾰쪽하게 하고, ㄷ자형으로 구부려 2부재를 이을 때 사용하는 철물이다.

25 왕대공 지붕틀에 있어서 ㅅ자보의 밑은 평보 위에 안장 맞춤(가름장 맞춤) 또는 빗턱통 넣고 장부 맞춤으로 하여 볼트 죔으로 한다. **안장쇠**는 안장 모양으로 한 부재에 걸쳐대고 다른 부재를 받게 하는 이음, 맞춤의 보강 철물로 큰 보와 작은 보, 귓보와 귀잡이보의 맞춤에 사용한다.

26 계단의 종류 중 **모양(형상)에 따른 분류**에는 곧은 계단, 꺾인 계단 및 돌음 계단 등이 있고, **사용하는 재료에 따른 분류**에는 **목조 계단(틀계단, 옆판 계단, 따낸 옆판 계단 등)**, 철근 콘크리트조 계단, 철골조 계단 및 석조 계단 등이 있다.

27 **네덜란드(화란)식 쌓기, 플레밍식 쌓기, 영롱 쌓기**
- **네덜란드(화란)식 쌓기**는 한 면의 모서리 또는 끝에 칠오토막을 써서 길이쌓기의 켜를 한 다음에 마구리쌓기를 하여 마무리하고, 다른 면은 영국식 쌓기로 하는 방식이다.
- **플레밍식 쌓기**는 입면상으로 매 켜에서 길이쌓기와 마구리쌓기가 번갈아 나오도록 되어 있는 방식이다.
- **영롱 쌓기**는 벽돌 장식 쌓기의 하나로 벽돌담에 구멍(삼각형, 사각형, +자형, −자형 등)을 내어 쌓는 방법으로 담의 두께는 0.5B 두께로 쌓는다.

28 **커튼 월, 타이 바, 컬럼 밴드**
- **커튼 월**은 건축물의 외장재로서 벽을 미리 공장에서 제작한 다음 현장에서 판을 부착하여 외벽을 형성하는 시스템이다.
- **타이 바**는 아치에서 양쪽으로 벌어지려는 힘을 잡아주는 인장 부재이다.
- **컬럼 밴드**는 기둥 형틀에 콘크리트를 타설할 때 거푸집 널의 수직 부재를 지지하는 수평 부재의 역할을 하는 것이다.

29 **보강 블록조**의 내력벽은 보강을 위한 철근을 배근하기 위하여 **통줄눈(세로 줄눈의 위, 아래가 통한 줄눈) 쌓기**를 하여야 한다.

30 **철근 콘크리트 구조**는 작업 방법, 기후, 기온 및 양생 조건 등이 강도에 큰 영향을 끼치므로 구조물 전체의 균일한 시공이 곤란한 단점이 있다. 또한, **시공이 복잡하고, 균열의 발생이 많다.**

31 **주근의 간격**은 배근된 철근의 순간격과 표면의 최단 거리를 말하며, 2.5cm(25mm) 이상, 주근 직경의 1.5배 이상, 자갈 최대 직경의 1.25배 이상으로 한다.

32 u(철근 콘크리트의 부착응력)$=u_o$(철근의 허용 부착응력도)$\times \Sigma O$(철근의 주장)$\times L$(정착 길이)이므로, 철근 콘크리트 부재를 설계할 때 부착력을 증가시키기 위하여 **인장 철근의 주장을 증가**시키려면, 같은 단면적이면 직경이 큰 철근을 조금 사용하는 것보다 작은 철근을 여러 개 사용하는 것이 주장을 늘릴 수 있다.

33 **1방향 슬래브**는 단변 방향만 응력에 저항하므로 **단변 방향은 주근을 배근**하고, **장변 방향은 균열을 방지하기 위한 온도 철근을 배근**한다.

34 **수평 하중의 종류**에는 **지진 하중**과 풍하중, 토압 및 수압 등이 있고, **적설, 적재 및 고정 하중은 수직 하중**이다.

35 **철골 구조의 접합**에는 **핀접합**(교절(핀)로 부재를 연결하는 것이고, 연결된 곳에서 부재가 이동하지 못하는 접합법), **고력 볼트 접합**(볼트를 조이면 그 힘에 의하여 생기는 접합재 사이의 마찰력에 따라 응력을 전달하는 접합법) 및 **용접 접합**(설계와 재료 및 시공에 유의하면 가장 신뢰도가 높은 접합 방법) 등이 사용된다. **듀벨 접합**은 목재의 접합에서 **목재와 목재의 사이에 끼워 전단에 대한 저항 작용을 하는 보강 철물**로서 볼트와 함께 사용한다.

36 **조립보, 래티스 보, 트러스 보**
- **조립보**는 조립하여 구성한 보로서 철골조, 래티스보, 격자보 및 목조의 트러스보 등이 있다.

- **래티스 보**는 트러스보와 구분이 어려우나 상하 플랜지에 ㄱ형강을 쓰고, 웨브재로 대철을 45°, 60°의 일정한 각도로 접합한 조립보이다.
- **트러스 보**는 철골 구조에서 간 사이가 15m를 넘거나, 보의 춤이 1m 이상 되는 보를 판보로 하기에는 비경제적일 때 사용하는 것으로 접합판(gusset plate)을 대서 접합한 조립보이다.

37 **완자문**은 창호지문으로 울거미를 짜고, 살을 완자형 또는 살의 간격을 넓게, 좁게 짠 문이고, **아자문**은 창호지문을 울거미를 짜고, 살을 아자형으로 짠 문이다. **세살문**은 창호지문을 울거미을 짜고, 그 안에 가는 살을 가로, 세로로 댄 문이며, **비늘살문**은 울거미를 짜고 얇고 넓은 살을 3~5cm 간격, 45~60° 경사지게 빗댄 문이다.

38 **골조(라멘) 구조, 린텔 구조, 트러스 구조**
- **골조(라멘) 구조**는 강접된 기둥과 보가 함께 이동하고 함께 회전하므로 수직 하중에 대해서뿐만 아니라 수평 하중(바람, 지진 등)에 대해서도 큰 저항력을 갖는 구조이다.
- **린텔 구조**는 인방 구조이다.
- **트러스 구조**는 목재나 강재로 삼각형으로 뼈대를 만들고 각 부재의 연결 부분을 핀으로 조립하여 접합 부위가 회전할 수 있도록 한 구조로, 교량이나 건축물의 지붕 구조물에 주로 사용된다.

39 ①은 **경사 슬래브 구조**, ③은 **사장교, 접속교 및 고가교**, ④는 **막 구조**이다.

40 **인장링, 트러스 리브, 트러스**
- **인장링**은 돔의 하부에는 밖으로 퍼져 나가는 힘에 저항하기 위해 설치하는데, 이때 이 링은 인장력을 받게 된다.
- **트러스 리브**는 압축링과 인장링을 연결하는 트러스 형태의 리브이다.
- **트러스**는 직선 부재가 서로 한 점에서 만나고 그 형태가 삼각형인 구조물로서 부재는 압축과 인장의 축력만으로 지지하는 매우 효율적인 구조물이다.

41 건축 재료의 제조 분야별 분류에서 **천연(자연) 재료**에는 **석재(골재), 목재**, 점토, **흙** 등이 있고, **인공(공업) 재료**에는 콘크리트 및 그 제품, **금속 재료(철재), 요업 재료(테라코타), 석유 화학 제품(아스팔트), 유리 재료, 합성수지(고분자)** 등이 있다.

42 **건축물의 내구성에 영향을 주는 인자**로는 **바람, 지진, 화재** 등의 재해 요인과 건축 재료 자체에 의해 영향을 주는 요인인 목재의 충해, 금속의 부식 등이 있다.

43 **목재의 강도를 큰 것부터 작은 것의 순으로 나열**하면 **인장 강도 → 휨 강도 → 압축 강도 → 전단 강도**의 순이고, 섬유 방향의 평행 방향의 강도가 섬유 방향의 직각 방향의 강도보다 크다.

44 **목재의 전수축률**

$$= \frac{생나무의 \ 길이 - 전건 \ 상태로 \ 되었을 \ 때의 \ 길이}{생나무의 \ 길이} \times 100[\%] = \frac{5.0 - 4.5}{5.0} \times 100[\%] = 10\%$$

45 **플로어링 블록**은 플로링 보드의 길이를 그 너비의 정수배로 하여 3~5장씩 붙여서 길이와 너비를 같게 하여 4면을 제혀 쪽매로 만든 정사각형의 블록이다. **플로어링 보드**는 굳고 무늬가 아름다운 나무(참나무, 미송, 나왕, 떡갈나무, 밤나무, 아피톤 등)를 모자이크처럼 만든 것이다. **파키트리 패널**은 파키트리 보드(두께 9~15mm, 너비 6cm, 길이는 너비의 정수배(3~5배)로 한 것으로서 양 측면을 제혀 쪽매로 가공한 것)를 4매씩 조합하여 접착제나 파정으로 붙인 제품이다.

46 정다듬, 혹두기 및 도드락다듬은 석재의 가공 순서에 포함되나, **버너 마감은 석재 가공 순서 중 물갈기의 한 방법**이다.

47 **질석, 돌로마이트, 고로 슬래그**
- **질석**은 운모계와 사문암계 광석으로 800~1,000℃로 가열하면 부피가 5~6배로 팽창되며, 비중이 0.2~0.4인 다공질 경석으로 단열, 흡음, 보온 효과가 있다.
- **돌로마이트**는 마그네시아를 주성분으로 하는 석회이다.
- **고로 슬래그**는 고로에서 선철을 만들 때 나오는 광재를 물 속에서 급히 냉각시켜, 잘게 부분 수쇄 슬래그이다.

48 타일의 흡수율은 **자기질 3%, 석기질 5%, 도기질 18% 및 클링커 타일 8% 이하**로 규정하고 있다.

49 **시멘트의 시험 방법**

시험법	비중	분말도	응결과 경화	**안정성**	강도
종류	르 샤틀리에 비중병	블레인법, 표준체법	길모어 침, 비카트 침에 의한 방법	**오토 클레이브 팽창도 시험법**	슈미트 테스트 헤머

※ 안정성은 시멘트가 경화 중에 체적이 팽창하여 팽창균열이나 휨 등이 생기는 정도를 의미한다.

50 물·시멘트의 비$=\dfrac{물의 중량}{시멘트의 중량}\times100[\%]$ ∴ 시멘트의 중량$=\dfrac{물의 중량}{물·시멘트의 비}\times100=\dfrac{540}{60}\times100=900kg$

51 **공극률, 실적률, 입형**
- **공극률**은 입상 물질(흙, 시멘트, 골재 등) 전체의 용적에 대한 공극 용적의 백분율로서 공극률 $=(1-\dfrac{w(단위용적 중량)}{p(골재의 비중)})\times100[\%]$
- **실적률**은 입상 물질(흙, 시멘트, 골재 등) 전체의 용적에 대한 실적의 백분율로서 실적률 $=(1-\dfrac{w(단위용적 중량)}{p(골재의 비중)})\times100[\%]$
- **입형**은 입상 물질(흙, 시멘트, 골재 등) 등의 형상

52 **콘크리트**는 물과 시멘트와의 화학적 결합에 의하여 경화되고, 수분이 있는 한 장기간에 걸쳐 강도가 증진하므로 수질이 콘크리트의 강도나 내구력에 미치는 영향은 크다. 기름, **산(약산도 지장이 있다.)**, 알칼리(약알칼리는 해가 거의 없다.), 당분(시멘트 무게의 0.1~0.2%가 함유되어도 응결이 늦고, 그 이상이면 강도가 저하), 염분(철근 부식의 원인), 그 밖에 유기물이 포함된 물은 시멘트의 수화 작용에 영향을 끼쳐 강도가 떨어질 수 있다.

53 **흄관**은 원심력을 이용하여 콘크리트를 균일하게 산포하여 만든 철근 콘크리트 관이다. **두리졸**은 목모 시멘트판을 보다 향상시킨 제품으로 폐기 목재의 삭편을 화학 처리하여 비교적 두꺼운판 또는 공동 블록으로 제작하여 구조체(마루, 지붕, 천장, 벽 등)로 사용한다. **플렉시블 보드**는 유연성이 있는 판이다.

54 **구리**는 **건조한 공기에서는 산화하지 않지만**, 습기를 받으면 이산화탄소의 작용으로 인하여 부식하여 녹청색을 띠나, 내부까지는 부식하지 않는다. 전·연성이 크고, **열전도율이 크며, 산, 알칼리에 약하다.**

55 **조이너, 논슬립, 와이어 라스**
- **조이너**는 텍스, 보드, 금속판, 합성수지판 등의 줄눈에 대어 붙이는 것으로서 아연 도금 철판제, 알루미늄제, 황동제 및 플라스틱제가 있다.
- **논슬립**은 미끄럼을 방지하기 위하여 계단의 코 부분에 사용하며 놋쇠, 황동제 및 스테인리스 강재 등이 있다.
- **와이어 라스**는 미장 바름 바탕용으로 사용하고 농형, 귀갑형 및 원형 등이 있다.

56 **페어 글라스(복층 유리, 이중 유리)는 방음·차음 및 단열의 효과가 크고, 결로 방지용으로도 우수**하다.

57 **실리콘 수지는** 용도에 따라 **실리콘유**(윤활유, 펌프유, 절연유, **방수제** 등), 실리콘 고무(고온, 저온에서 탄성이 있으므로 개스킷, 패킹 등) 및 실리콘 수지(성형품, 접착제, 전기 절연 재료 등)등이 있고, 특히, 극도의 **혐수(발수)성**으로 물을 튀기는 성질이 있어 **방수 재료에 사용**된다.

58 **방청 도료**는 철재의 표면에 녹이 스는 것을 막고, 철재와의 부착성을 높이기 위해 사용하는 도료로, **연단 도료(광명단)**, 함연 방청 도료, 방청 산화철 도료, 규산염 도료, 크롬산아연, 워시 프라이머 등이 있다.

59 **석고 플라스터**는 점성이 큰 재료이므로 여물이나 풀을 사용하지 않고, 응결이 빠르며 화학적으로 경화하므로 내부까지 단단하고, 경화와 건조 시 치수 안전성이 우수하며, 결합수로 인하여 방화성도 크다. 특히, **균열 발생이 가장 작다.**

60 **건축 재료의 품질 시험법**

종류	벽돌	타일	기와	내화 벽돌
판별 요소	압축강도, 흡수율	뒤틀림, 치수의 불규칙도, 흡수율, 내균열성, 내마멸성, 내동해성, 내약품성, 꺾임 강도	휨 강도 흡수율	내화도

01	②	02	①	03	④	04	②	05	①	06	②	07	④	08	②	09	①	10	④
11	④	12	①	13	④	14	①	15	④	16	②	17	④	18	①	19	①	20	①
21	②	22	④	23	①	24	②	25	③	26	③	27	②	28	②	29	①	30	③
31	④	32	④	33	①	34	④	35	④	36	④	37	②	38	①	39	④	40	④
41	④	42	③	43	④	44	③	45	④	46	①	47	①	48	④	49	②	50	④
51	②	52	①	53	③	54	①	55	③	56	②	57	①	58	③	59	③	60	②

01 **모듈의 장점**은 **설계 작업이 단순화**되고 **간편화**되나, 단점으로는 똑같은 형태의 반복으로 인해 무미건조함을 느끼고, 건축물의 배색에 있어서 신중을 기할 필요가 있다.

02 **연면적은 용적률을 산정하는 지표**로서 하나의 건축물의 각 층의 바닥 면적의 합계를 의미하고, 지하층의 면적과 당해 건축물의 부속 용도로서 **지상층의 주차창으로 사용되는 면적은 용적률 산정에서 제외**한다.

03 ④는 **대비**에 대한 **설명**이다.

04 **실내의 색채 계획**에 있어서 배색의 기본은 벽, 천장 및 바닥의 색에 따라 달라지고, 사용되는 **색의 수를 적게** 하여야 한다.

05 열관류량(Q)의 산정 시 필요한 사항은 **공기층의 열저항**(열관류율의 역수), 열관류율[**열전도율, 벽체(구성 재료)의 두께,** 내·외표면의 열전달률, 공기층의 저항 등], 온도차, 벽면적 및 시간 등이 있다.

06 ①은 **사회(공동) 공간,** ③은 **가사 노동 공간,** ④는 **사회(공동) 공간**에 속한다.

07 **침실**은 수면을 위한 공간이며, 동시에 **개인의 사적 생활(프라이버시 유지)의 기본이 되는 공간**으로, 수면을 취할 때에는 다른 사람으로부터 방해가 되지 않는 곳이어야 하며, 정원 등의 공지에 면하는 것이 좋다.

08 **통로(평면)의 형식**에 의한 분류에는 **계단실형(홀형), 편복도형,** 중복도형, **집중형** 등이 있고, 단위 주거(입체)의 형식에 의한 분류에는 단층형, 복층형, 트리플렉스형 등이 있다. **탑상형**(대지의 조망을 해치지 않고, 건물의 그림자가 적으나, 실내 환경이 불균등한 형식)은 **공동 주택 주동 배치 형태의 일종**이다.

09 단지의 구성 중 **근린주구**는 시가지의 간선 도로로 둘러싸인 블록이고, 일상생활에 필요한 점포나 공공 시설을 갖추고 있으며, 도시 계획의 종합 계획과 연결시키며, 점포, 병원, **초등학교,** 운동장, 우체국, 소방서 등이 있다.

10 **제도용지의 크기 및 여백**

(단위 : mm)

제도지의 치수		A0	A1	A2	A3	A4	A5	A6
$a \times b$		841×1,189	594×841	420×594	297×420	210×297	148×210	105×148
c(최소)		10			5			
d (최소)	철하지 않을 때	10			5			
	철할 때	25						

여기서, c : 도면의 상, 하 및 우측의 여백

d : 도면의 좌측 여백

11 S트랩, P트랩, U트랩
- S트랩은 일반적으로 많이 사용하나, 봉수가 빠지는 경우가 많다.
- P트랩은 봉수가 S트랩보다 안전하고, 세면기에 많이 사용한다.
- **U트랩(가옥 트랩, 메인 트랩)은** 가로 배관에 사용하나, 유속을 저해하는 결점이 있다.

12 지역 난방은 각 건물의 보일러실이 불필요하므로 **설비 면적이 감소**되고, **각 건물의 유효 면적이 증대**된다.

13 건축화 조명 방식의 종류에는 천장 매설형, **밸런스 조명**, 코너 조명, **코니스 조명**, 다운 라이트, 광창 조명, 광천장 조명, 광량 조명, **코브 라이트**, 벽면 조명, 코퍼 라이트 및 **루버 조명** 등이 있다. **펜던트 조명**은 **체인, 파이프** 및 **코드 등으로 늘어지는 조명**이다.

14 액화 석유 가스(LPG)는 비중이 공기보다 무거우므로 누설되는 경우 바닥에 깔리므로 매우 위험하다.

15 에스컬레이터의 수송 능력

너비	1,200mm	900mm	800mm	600mm
수송 인원	8,000명/h	6,000명/h	5,000명/h	4,000명/h
비고	대인 2인	대인 1인, 어린이 1인이 병렬		대인 1인

16 해칭선은 가는 선을 45° 각도, 같은 간격으로 밀접하게 그은 선으로, **단면의 표시에 사용**한다.

17 건축물의 표현 방법에서 **면이나 입체를 한정시키는 방법은 여러 선에 의한 묘사 방법**이고, **공간상의 입체를 돋보이게 하기 위한 방법은 단선에 의한 묘사 방법**이다.

18 배치도에 표시할 내용에는 축척, 대지의 모양, 고저, 치수, **건축물의 위치, 방위, 대지 경계선까지의 거리**, 대지에 접한 도로의 위치와 너비, 출입구의 위치, 문, 담장, 주차장의 위치, **정화조의 위치, 조경 계획 등**이 있다. **실의 크기는 평면도**에, **외부 마감재는 입면도**에, **지붕 물매는 단면도에 표시**한다.

19 동바리 마루 구조의 배열은 **상부에서 하부로 나열**하면, **플로어링 널 → 내수 합판 → 장선 → 멍에 → 동바리의 순**이다.

20 철근 콘크리트의 주근은 D13(ϕ12) 이상의 것을 장방형의 기둥에서는 4개 이상, 원형기둥에서는 6개 이상을 사용하고, **기둥의 최소 단면의 치수는 20cm 이상**이고 **최소 단면적은 600cm²이상**이며, 기둥의 간격은 4~8m이다.

21 조립식 구조(프리 패브리케이션)는 건축의 생산성 향상을 위한 방법으로 사용하고, 비능률적인 현장 작업에 쓸 각종 부재들을 되도록이면 공장에서 미리 만들어 현장에 반입, 조립함으로써 **정밀도가 높은 점과 대량 생산의 효과**를 얻을 수 있다.

22 부동 침하의 원인은 연약층, 경사 지반, 이질 지층, 낭떠러지, 증축, 지하수위 변경, 지하 구멍, 메운땅 흙막이 **일부 증축**, 이질 지정 및 일부 지정 등이다.

23 꿸대, 가새, 버팀대
- **꿸대**는 기둥, 동자기둥 등을 꿰뚫어 찌른 보강 가로재이다.
- **가새**는 사각형으로 짠 뼈대에 대각선상으로 빗대는 경사재로서 수직·수평재의 각도 변형을 막기 위하여 설치하는 부재이다.
- **버팀대**는 가로재(토대·보·도리 등)와 세로재(기둥 등)의 접합 부분에 변형을 적게할 목적으로 하는 부재이다.

24 목구조에서 토대를 기둥 및 기초부와 연결하는 경우 연결재로는 띠쇠, 산지 및 감잡이쇠 등을 사용하고, **듀벨은 목재의 겹침 이음 부분에 사용하는 철물**이다.

25 왕대공 지붕틀에 있어서 ㅅ자보의 밑은 평보 위에 안장 맞춤(가름장 맞춤) 또는 빗턱통 넣고 장부 맞춤으로 하여 볼트 죔으로 하고, **안장쇠**는 안장 모양으로 한 부재에 걸쳐대고 다른 부재를 받게 하는 이음, 맞춤의 보강 철물로 큰 보와 작은 보, 귓보와 귀잡이보의 맞춤에 사용한다.

26 **틀계단**은 **옆판**에 **디딤판**을 통째로 넣고 2~4단 걸름으로 장부 꿰뚫어 넣고 쐐기치기로 한다. 뒤에는 경사진 대로 **챌판겸 계단 뒤 반자로 널판**을 댄다. 디딤판은 두께 25~35mm, 너비 150~250mm정도로 하고, 옆판은 두께 35~45mm로 한다.

27 **영국식 쌓기**는 이오토막과 반절의 벽돌을 사용하고, **프랑스식** 쌓기는 반토막을 사용하며, **미국식 쌓기**는 뒷면에는 영국식 쌓기와 동일한 벽돌을 사용한다.

28 조적조의 벽체 길이가 10m를 넘는 경우에는 **벽체를 보강하기 위하여 부축벽, 붙임벽 및 붙임 기둥 등을 설치**한다.

29 보강 블록조의 벽의 길이가 너무 길어지면, 휨과 변형 등에 대해서 약하므로, **벽의 최대 길이 10m 이하**로 한다. 벽의 길이가 10m를 초과하는 경우에는 중간에 붙임벽, 붙임기둥 또는 부축벽을 설치한다.

30 철근 콘크리트의 구조 원리에 있어서 **콘크리트와 철근의 선팽창 계수는 거의 동일**하므로 일체화(부착력이 강함)되는 특성이 있다.

31 **주근의 간격**은 배근된 철근의 순간격과 표면의 최단 거리를 말하며, 2.5cm 이상, 주근 직경의 1.5배 이상, 자갈 최대 직경은 1.25배 이상으로 한다.

32 철근과 콘크리트의 부착 강도는 피복 두께, 철근의 단면 모양과 표면 상태, 철근의 주장 및 압축 강도에 따라 변화하며, 콘크리트의 압축 강도와 부착 강도는 비례한다. 즉, **콘크리트의 압축 강도가 작으면 부착 강도도 작아진다.**

33 철근 콘크리트 슬래브의 종류에는 **1방향 슬래브(순 간사이의 장변과 단변의 비가 2를 초과하는 경우의 슬래브)** 즉, $\beta =$ 장변 방향의 순 간사이/단변 방향의 순 간사이 〉2와 2방향 슬래브(순 간사이의 장변과 단변의 비가 2 이하) 즉, $\beta =$ 장변 방향의 순 간사이/단변 방향의 순 간사이≦2인 슬래브가 있다.

34 지점의 종류

구분	힘의 종류		
힘의 방향	수직 방향의 반력	수평 방향의 반력	회전(모멘트)방향의 반력
이동 지점	저항함	저항 못함	
회전 지점	저항함		저항 못함
고정 지점	저항함		

35 철골 공사에 있어서 볼트의 구멍은 볼트의 지름보다 0.5mm 이내의 한도 내에서 크게 뚫을 수 있다. 즉, **볼트의 구멍 직경 ≤볼트의 직경+0.5mm**이다. 또한 볼트 접합에 있어서 피치나 게이지 등은 리벳과 동일하다.

36 허니컴 보, 래티스 보, 상자형 보
- **허니컴 보**는 I형강의 웨브를 톱니 모양으로 절단한 후 구멍이 생기도록 맞추고 용접하여 구멍을 각 층의 배관에 이용하도록 제작한 보이다.
- **래티스 보**는 트러스 보와 구분이 어려우나 상하 플랜지에 ㄱ형강을 쓰고, 웨브재로 대철을 45°, 60°의 일정한 각도로 접합한 조립보이다.
- **상자형 보**는 상자형 단면의 보로서 보의 상하부에 플랜지 철판을 대고, 웨브 철판을 플랜지 사이의 양쪽에 대어 ㄱ형강을 리벳 접합한 보이다.

37 미서기 창호, 미닫이 창호, 회전 창호
- **미서기 창호**는 미닫이 창호와 거의 같은 구조이며, 우리나라 전통 건축에서 많이 볼 수 있는 창호로 칸막이 기능을 가지

고 있는 창호이다.
- **미닫이 창호**는 문짝을 상하 문틀로 홈파 끼우고, 옆벽에 문짝을 몰아붙이거나 이중벽 중간에 몰아넣는 형태의 창호이다.
- **회전 창호**는 은행·호텔 등의 출입구에 통풍·기류를 방지하고 출입 인원을 조절할 목적으로 쓰이며 원통형을 기준으로 3~4개의 문으로 구성된 창호이다.

38 **아치 구조**는 개구부의 상부 하중을 지지하기 위하여 조적재를 곡선형으로 쌓아서 **압축력만이 작용되도록 한 구조**로서, 부재의 하부에 인장력이 생기지 않게 한 구조이다.

39 **셸 구조**는 휘어진 얇은 판을 이용한 구조로서 휨과 견고성이 셸을 구성하는 특색이나, 이러한 재료의 휨 면과 견고함의 두 성질 외에도 셸 구조가 성립하기 위한 제한 조건은 건축 기술상 셸은 건축할 수 있는 형태를 가져야 하고, 공장, 건축 현장에서 용이하게 만들어지는 것이어야 하며, 역학적인 면에서 재하 방법이 지지 능력과 어긋나지 않아야 한다. 재료를 주로 **텐트나 천막과 같은 천을 사용하는 구조**는 **막 구조에 대한 설명**이다.

40 **인장링, 압축링**
- **인장링**은 돔 구조의 하부에서 밖으로 퍼져나가는 힘에 저항하기 위하여 설치하는 것으로, 인장력을 받아 인장링이라 한다.
- **압축링**은 돔 구조의 상부에서 여러 부재가 만날 때, 접합부가 조밀해지는 것을 방지하기 위한 링으로, 압축력을 받아 압축링이라고 한다.

41 **건축 재료 분류**
1. 건축 재료 사용 목적에 의한 분류
- **구조 재료**는 건축물의 뼈대(기둥, 보, 벽체 등 내력부분을 구성하는 재료)를 구성하는 재료이다.
- **마감 재료**는 내력 부분 이외의 칸막이, 장식 등을 목적으로 하는 재료이다.
- **차단 재료**는 방수, 방습, 차음, 단열 등을 목적으로 하는 재료이다.
- **방화·내화 재료**는 화재의 연소 방지 및 내화성의 향상을 위한 재료 등이다.
2. 제조 분야별 분류 : 천연 재료(석재, 목재, 흙 등)와 **인공 재료**(금속·요업·합성수지 등)이다.

42 내화학 약품성은 화학적 침식, 풍화 등의 화학적 작용에 대해 저항하는 성질이고, 균류, 충류 등의 작용에 대해 저항하는 성질은 생물학적 작용으로, **내생물성**이다.

43 목재의 강도를 큰 것부터 작은 것의 순으로 나열하면 **인장 강도 → 휨 강도 → 압축 강도 → 전단 강도**의 순이고, 섬유 방향의 평행 방향의 강도가 섬유 방향의 직각 방향의 강도보다 크다.

44 **목재의 벌목**은 목재의 수액이 가장 적은 **가을, 겨울이 가장 적당**하다.

45 **플로어링 보드**는 굳고 무늬가 아름다운 나무(**참나무, 단풍나무**, 미송, 나왕, 떡갈나무, 밤나무, **너도밤나무**, 아피톤 등)를 모자이크처럼 만든 것이며, **파키트리 블록**은 **파키트리 보드**의 단판을 3~5장씩 접합하여 18cm, 30cm각으로 만들어 접합하여 방수 처리한 것으로, 사용할 때에는 철물과 모르타르를 사용하여 콘크리트 마루에 깐다.

46 **정다듬, 도드락다듬, 잔다듬**
- **정다듬**은 혹두기의 면을 정으로 곱게 쪼아, 표면에 미세하고 조밀한 흔적을 내어 평탄하고 거친 면으로 만드는 것이다.
- **도드락다듬**은 도드락망치로 거친 정다듬한 면을 더욱 평탄하게 다듬는 것이다.
- **잔다듬**은 양날 망치로 정다듬한 면을 평행 방향으로 정밀하게 쪼아 표면을 더욱 평탄하게 만드는 것이다.

47 **점토 제품의 흡수율**

종류	저급 점토(토기)	석암 점토(석기)	도토(도기)	자토(자기)
흡수율	20% 이상	3~10%	10%	0~1%

48 타일 중 **도기질 타일은 내장 타일로만 사용**이 가능하고, 외장용 타일은 자기질과 석기질이 사용된다.

49 시멘트의 강도에 영향을 끼치는 요인에는 시멘트의 성분, **분말도, 사용하는 물의 양, 풍화 정도**, 양생 조건 및 시험 방법 등이 있다. **콘크리트의 강도에 영향을 주는 요인 중 가장 큰 영향을 미치는 것은 물·시멘트 비**이고, 그 밖에 물, 시멘트, 골재의 품질, 비비기 방법, 부어넣기 방법 등의 시공 방법, 보양 및 재령과 시험 방법 등이 있다.

50 시멘트 창고의 설치에 있어서 **시멘트의 풍화 현상**(시멘트가 공기 중의 습기를 받아 천천히 수화 반응을 일으켜 작은 알갱이 모양으로 굳어졌다가 주변의 시멘트와 달라붙어 결국에는 큰 덩어리가 되는 현상)**을 방지하기 위하여 출입구 이외의 창호는 설치하지 않는 것이 바람직**하다.

51 **체가름 시험**은 모래와 자갈을 눈이 좁은 것부터 차례로 띄워서 겹쳐 놓은 체진동기로 충분히 거른 다음, 각 체에 걸린 모래, 자갈의 무게를 측정하여 전체의 양에 대한 비율을 계산하는 시험으로 **골재의 입도를 나타낸다.**

52 **콘크리트의 수질**은 기름, **산**(약산도 지장이 있다.), 알칼리(약알칼리는 해가 거의 없다.), 당분(시멘트 무게의 0.1~0.2%가 함유되어도 응결이 늦고, 그 이상이면 강도가 저하), 염분(철근 부식의 원인), 그 밖에 유기물이 포함된 물은 시멘트의 수화 작용에 영향을 끼쳐 강도가 떨어질 수 있다.

53 ALC(Autoclaved Lightweight Concrete)는 오토클레이브에 포화 증기로 양생한 경량기포 콘크리트로서 다공질이고 흡수성이 크다. 제품에는 블록류도 있으나, 주로 패널을 사용하여 지붕, 바닥, 벽재로 사용한다. **규회 벽돌**은 모래와 석회를 주원료로 하여(착색제 및 혼화제를 첨가하기도 함) 가압·성형 하고, 증기압에서 양생하여 만들어진 벽돌로서 ALC 제품이다. 또한, **흄관은 철근 콘크리트 관**이고, **두리졸은 목모 시멘트판의 상품명**이다.

54 황동, 백동, 청동, 스퍼터링 타깃
- **황동**은 **구리와 아연의 합금**(Cu+Zn)이다.
- **백동**은 구리와 니켈의 합금(Cu+Ni)이다.
- **청동**은 **구리와 주석의 합금**(Cu+Sn)이다.
- **스퍼터링 타깃**은 구리와 망간의 합금(Cu+Mn)이다.

55 와이어 메시, 코너 비드, 경첩(정첩)
- **와이어 메시**는 연강 철선을 전기 용접하여 정방향 또는 장방향으로 만든 것으로 콘크리트 다짐 바닥, 지면 콘크리트 포장 등에 사용한다.
- **코너 비드**는 바름 공사에서 기둥이나 벽의 모서리면에 미장을 쉽게 하고, 모서리를 보호할 목적으로 설치하는 철물이다.
- **경첩(정첩)**은 문틀에 여닫이 창호를 달 때, 한 쪽은 문틀에, 다른 한 쪽은 문짝에 고정하고 여닫는 지도리(축)가 되는 철물이다.

56 접합 유리, 반사 유리, 무늬 유리
- **접합 유리**는 투명 판유리 2장 사이에 아세테이트, 부틸셀룰로오스 등 합성수지막을 넣어 합성수지 접착제로 접착시킨 것으로 보통 판유리에 비해 투광성은 약간 떨어지나 차음성, 보온성이 좋은 편이다.
- **반사 유리**는 빛을 받아들이고, 투과시키는 유리의 기능을 효율적으로 보완하여 직사광선을 차단하고, 에너지를 절약하며, 안에서는 밖을 볼 수 있으나, 밖에서 안을 볼 수 없는 유리이다.
- **무늬 유리**는 용융 유리를 밑면에 무늬가 새겨진 주형에 넣거나, 무늬가 새겨진 롤러 사이를 통과시켜 만든 유리이다.

57 **실리콘 수지**는 **내열성·내한성이 우수**하고, -80~250℃까지의 광범위한 온도에서 안정하며, **전기 절연성**, 내화학성, **내후성** 및 내수성이 좋다. 용도는 실리콘유, 실리콘 고무, 실리콘 수지 등으로 사용된다.

58 **착색제**에서 **산화철과 연단은 적색**, 군청은 파랑, 크롬산 바륨은 노랑, 산화크롬은 초록, 이산화망간은 갈색 및 카본블랙은 검정이다.

59 **경(무수)석고 플라스터(킨즈 시멘트)**는 무수석고가 주재료이고, 경화된 것은 **강도와 표면 경도가 큰 재료**이다.

60 **시트 방수**는 합성고분자 루핑(합성고무 또는 합성수지를 주성분으로 하는 두께 0.8~2.0mm 정도의 루핑)을 접착제로 바탕에 붙여서 방수층을 형성하는 공법이고, **시멘트 모르타르 방수**는 모르타르 또는 콘크리트에 방수액을 혼합하여 방수하는 공법이다. **아스팔트 방수**는 아스팔트 제품을 사용한 방수 공법이다.

01	①	02	①	03	①	04	③	05	②	06	②	07	④	08	①	09	③	10	②
11	③	12	④	13	③	14	①	15	③	16	①	17	④	18	③	19	③	20	③
21	③	22	③	23	③	24	②	25	②	26	④	27	④	28	③	29	①	30	①
31	①	32	③	33	①	34	①	35	④	36	④	37	③	38	②	39	④	40	①
41	④	42	④	43	①	44	③	45	②	46	②	47	④	48	②	49	②	50	④
51	④	52	③	53	②	54	①	55	②	56	④	57	③	58	④	59	①	60	④

01 **차단적 구획**은 눈높이보다 높은 가장 일반적인 벽체로 자유로운 동작을 완전히 제한하는 정도(1,700~1,800mm) 이상의 높이로 시각적 프라이버시가 보장되는 구획으로 **차단적 구획의 요소**에는 **열주, 수납장, 커튼** 등이 있고, **조명과는 무관**하다.

02 **연면적, 대지 면적, 건축 면적**
- **연면적**은 하나의 건축물의 각 층의 바닥 면적의 합계이다.
- **대지 면적**은 건축법상 기준 폭이 확보된 도로와 인접 대지 경계선 사이의 면적이다.
- **건축 면적**은 건축물의 외벽(외벽이 없는 경우 외곽 부분의 기둥)의 중심선으로 둘러싸인 부분의 수평투영 면적이다.

03 부분과 부분, 부분과 전체 사이에 **인간의 주의력에 의해 감지되는 시각적인 힘의 평형이 잡히면 쾌적한 느낌을 주는 형식**은 **균형**을 의미하고, 균형의 종류에는 대칭, 비대칭, 비례, 주도와 종속 등이 있다.

04 매끄러운 질감(유리나 금속 등)은 빛을 많이 반사하므로 가볍고 환한 느낌을 주며, 본래의 색보다 **강조**되어 보이고, **면이 거칠면 거칠수록 많은 빛을 흡수하여 무겁고, 안정된 느낌**을 준다.

05 건축물의 에너지 절약을 위한 계획으로 **공동 주택은 인동 간격을 넓게 하여 저층부의 일사 수열량을 증대시킨다.**

06 ①은 **서재는 개인 공간**, ③과 ④는 **가사 노동 공간**에 속한다.

07 **침실**은 수면을 위한 공간이며, 동시에 **개인의 사적 생활(프라이버시 유지)의 기본이 되는 공간**으로, 수면을 취할 때에는 다른 사람으로부터 방해가 되지 않는 곳이어야 하며, **정원 등의 공지에 면하는 것이 좋다.**

08 **편복도형, 중복도형, 집중형**
- **편복도형**은 엘리베이터나 계단에 의해 각 층에 올라와 편복도를 따라 각 단위 주거에 도달하는 형식이다.
- **중복도형**은 엘리베이터나 계단에 의해 각 층에 올라와 중복도를 따라 각 단위 주거에 도달하는 형식이다.
- **집중형**은 건물 중앙 부분의 엘리베이터와 계단을 이용해서 각 단위 주거에 도달하는 형식이다.

09 주택 단지의 구성은 **인보구(15~40호, 100~200명, 0.5~2.5ha) → 근린분구(400~500호, 2,000~2,500명, 15~25ha) → 근린주구(1,600~2,000호, 8,000~10,000명, 100ha)이다.**

10 **한국산업규격의 분류**

부문	기본	기계	전기	금속	광산	건설	일용품	식료품	섬유	요업	화학	의료	항공우주
기호	A	B	C	D	E	F	G	H	K	L	M	P	W

11 오일 포집기, 헤어 포집기, 플라스터 포집기

- **오일 포집기**는 배수 중에 함유된 오일유(수면에 뜨게 하여 제거), 모래 찌꺼기(침전으로 제거), 가솔린(포집기의 상부에 있는 통기관을 통하여 방출) 등을 분리 배제하는 기구이다.
- **헤어 포집기**는 모발이 배수관에 유입되는 것을 방지하기 위하여 사용하는 포집기이다.
- **플라스터 포집기**는 병원의 치과 또는 외과의 기브스실에 설치하는 포집기로 금속재의 부스러기나 플라스터를 걸러낸다.

12 팬 코일 유닛 방식은 전수 방식이고, 유인 유닛 방식은 **공기·수방식**이며, 전공기 방식에는 단일 덕트, 이중 덕트 및 멀티존 유닛 방식 등이 있다.

13 **코브 조명**은 건축화 조명의 일종으로 광원을 눈가림판으로 가리고, 빛을 천정에 반사시켜 간접 조명하는 방식이고, ③은 **광천장 조명 방식**이다.

14 액화 석유 가스(LPG)는 **비중이 공기보다 무거우므로** 누설되는 경우에는 바닥에 깔리므로 매우 위험하다.

15 에스컬레이터(건물 내의 교통 수단의 하나로 30° 이하의 기울기를 가진 계단식 컨베이어)**의 구성 요소는 난간 데크, 스커트**(에스컬레이터의 난간에 이어져 밟은 판과 접하는 패널) 및 **내부 패널**(난간과 계단 사이의 옆판) 등으로 구성된다.

16 **지시선**은 어느 부분을 지적하여 설명하거나 표시할 때 사용하는 선으로 **직선 사용을 원칙**으로 한다.

17 각종 배경의 표현에 있어서 **주변 환경, 스케일 및 용도 등을 나타낼 때에는 꼭 필요할 때에만 적당하게 표현하고**, 표현은 **상황에 따라 섬세하게, 단순하게 표현**하도록 한다.

18 배치도에서 **대지 경계선을 표시할 때에는 일점쇄선의 중간선을 사용**하여야 한다.

19 **동바리 마루**는 장선, 멍에 및 **동바리 등을 짜 맞추어 만든 마루**로서, 1층 마루의 하나이고, **달대는 반자틀을 위에서 달아 매는 세로재**이다.

20 철근 콘크리트 기둥 철근 배근시 주근은 D13(ø 12) 이상의 것을 **장방형의 기둥에서는 4개 이상, 원형기둥에서는 6개 이상**을 사용한다.

21 수장, 기초, 창호

- **수장**은 건축물의 뼈대에 덧붙여 꾸미는 것으로 기와이기, 미장 등이 있다.
- **기초**는 상부 구조물의 하중을 지반에 전달하는 부재로서 건축물을 안정되게 지탱하는 최하부 구조체이다.
- **창호**는 채광과 통풍을 하는 창과 통행을 하는 문을 통틀어서 일컫는 말로서 창호가 있는 곳을 개구부라고 한다.

22 **부동 침하의 원인**은 연약층, 경사 지반, 이질 지층, 낭떠러지, 증축, 지하수위 변경, 지하 구멍, 메운땅 흙막이, **일부 증축**, 이질 지정 및 일부 지정 등이다. 또한, **부동 침하의 원인과 관계가 없는 경우는 지하실을 강성체, 기초의 크기를 크게, 건축물을 경량화하는 경우** 등이다.

23 **가새**는 **수평력(지진, 풍압력 등)에 견디게 하고** 수직·수평재의 각도 변형을 방지하여, 안정된 구조로 하기 위한 목적으로 쓰이는 경사재이다. **수평력에 견디게 하기 위한 방법**으로는 수직재와 수평재를 긴결 즉, **기초와 토대, 기둥과 횡가재를 철물 등으로 긴결**하여야 한다.

24 **앵커 볼트**는 토대, 기둥, 보, 도리 등을 기초나 돌, 콘크리트 구조체에 정착시킬 때 사용하고, **토대와 기둥의 맞춤에는 T자쇠를 사용**한다.

25 왕대공 지붕틀에 있어서 ㅅ자보의 밑은 평보 위에 안장 맞춤(가름장 맞춤) 또는 빗턱통 넣고 장부 맞춤으로 하여 볼트 죔으로 한다. **걸침턱 맞춤**은 큰 보에 작은 보 또는 멍에에 장선을 걸칠 때 사용하고, **사개 맞춤**은 기둥 머리를 도리나 장여에 박기 위하여 사용하며, **턱솔 맞춤**은 부재에 턱솔을 만들어 서로 물리게 하는 맞춤새이다.

26 **챌판**은 계단의 디딤판 밑에 새로 막아댄 널이고, **난간동자**는 계단의 옆 난간에 세워 댄 짧은(낮은) 기둥이며, **계단참**은 계단을 오르내릴 때 발걸음 쉼 또는 돌아 올라가는 곳의 조금 넓게 된 계단의 한 부분이다.

27 벽돌의 기타 쌓기법에는 **엇모 쌓기**는 **45°각도로 모서리가 면에 나오도록 쌓고**, 담이나 처마 부분에 사용하는 방식이며, **무늬 쌓기법**은 벽돌면에 무늬를 넣어 쌓는 방식이며, **공간벽 쌓기**는 벽돌 쌓기에서 바깥벽의 방습, 방열, 방한, 방서 등을 위하여 벽돌벽의 중간에 공간을 두어 쌓는 방식이다.

28 **개구부의 너비가 1.8m 이상**(2m 정도)되는 경우에는 개구부의 상부에는 **철근 콘크리트 구조의 윗인방을 설치**하여야 하고, 양쪽 벽에 물리는 부분의 길이는 20cm 이상으로 한다.

29 **보강 콘크리트 블록조**인 **내력벽의 두께**(마감 재료의 두께를 포함하지 아니한다.)**는 150mm 이상**으로 하되, 그 내력벽의 구조 내력상 주요한 지점간의 수평 거리의 1/50 이상으로 하여야 한다(건축물의 구조 기준 등에 관한 규칙).

30 콘크리트는 **알칼리성**이므로 철근의 부식을 막아 주어 내구성이 크다.

31 극한강도 설계법에 의한 구조 설계의 규정으로 벽체에서 휨 주철근의 간격은 벽체나 슬래브 두께의 3배 이하로 하여야 하고, 또한 400mm 이하로 하여야 하며, 콘크리트 장선 구조의 경우에는 이 규정을 적용하지 아니한다.

32 철근의 이음 길이와 **정착 길이**는 콘크리트의 강도, 철근의 굵기와 종류, 갈고리의 유무 등에 따라 달라진다. 물·시멘트 비는 콘크리트의 강도와 관계가 깊다.

33 **1방향 슬래브의 두께**는 다음 표에 따라야 하며, **최소 100mm 이상**으로 하여야 한다.

구분	최소 두께			
	단순 지지	1단 연속	양단 연속	캔틸레버
	큰 처짐에 의해 손상되기 쉬운 칸막이벽이나 기타 구조물을 지지 또는 부착하지 않은 부재			
두께	$\ell/20$	$\ell/24$	$\ell/28$	$\ell/10$

34 **강성, 인장력, 압축력**
- **강성**은 구조물이나 부재에 외력이 작용할 때 변형이나 파괴되지 않으려는 성질로, 외력을 받더라도 변형이 적은 것을 강성이 크다고 하며, 탄성계수와 밀접한 관계가 있다.
- **인장력**은 물체를 양쪽에서 잡아당기는 상태로서 축방향으로 늘어나도록 하는 힘이며,
- **압축력**은 인장력과 반대로 물체를 양쪽에서 누르는 상태로서 축방향으로 줄어들도록 하는 힘이다.

35 **리벳치기의 표준 피치**는 리벳 직경의 3~4배이고, **최소한 2.5배 이상**이어야 한다.

36 **트러스 보, 판 보, 래티스 보**
- **트러스 보**는 플레이트보의 웨브에 빗재 및 수직재를 사용하고, 거싯 플레이트로 플랜지 부분과 조립한 보이다.
- **판 보**는 웨브에 철판을 사용하고, 상·하부에 플랜지 철판을 용접하거나 ㄱ형강을 리벳으로 접합한 보이다.
- **래티스 보**는 상·하플랜지에 ㄱ형강을 대고, 플랜지에 웨브재를 45°, 60°로 접합한 보이다.

37 **도어 클로저**(문 위틀과 문짝에 설치하여 여닫이문을 자동으로 닫히게 하는 장치), **경첩**(정첩, 여닫이 창호를 달 때, 한쪽은 문틀에 다른 한쪽은 여닫는 지도리가 되는 철물) 및 **함자물쇠**(출입문의 울거미에 대는 자물쇠를 작은 상자에 장치한 것)는 **여닫이문에 사용**한다. **레일**(창문에 쓰이는 철물 또는 창호나 틀에 수평을 이루는 철물로 문을 수평으로 이동이 가능하게 함)은 **미닫이문, 미서기문에 사용**한다.

38 **아치**란 상부에 작용하는 하중을 아치의 축선을 따라 좌우로 나누어 줌으로써 밑으로 **압축력만을 전달**하게 하고, 개구부의 상부에는 휨 응력이 작용하지 않도록 한 것으로서 아치를 틀 때 벽돌의 줄눈이 아치의 축선에 직각이 되어 중심에 모이도록 쌓는다.

39 공기 막 구조, 셸 구조, 커튼월 구조

공기 막 구조	**공기 막 구조**는 전혀 하중을 지지할 수 없는 막을 잡아당겨 인장력을 주면, 막 자체가 강성이 생겨 구조체로 힘을 받을 수 있는 구조로 공기압으로 막의 형태를 유지하는 구조이다.
셸 구조	**셸 구조**는 곡률을 가진 얇은 판으로써 주변을 충분히 지지시키면, 면에 분포되는 하중을 인장, 압축과 같은 면 내력으로 전달시키는 구조이다.
커튼월 구조	**커튼월 구조**는 건축물의 외장재로 사용되는 벽을 미리 공장에서 제작한 다음 현장에서 판을 부착하여 외벽을 형성하는 시스템이다.

40 압축링, 래티스, 스페이스 트러스
- 압축링은 돔의 상부에서 접합부가 조밀해지는 것을 방지하기 위해 설치하는 부재이다.
- 래티스는 래티스 보나 기둥에 사용하는 것으로 윗가지, 장대 또는 막대기를 교차시킴으로써 그물 모양을 이루는 금속이나 목재이다.
- 스페이스 트러스는 트러스를 종횡으로 배치하여 입체적으로 구성한 트러스이다.

41 건축 재료의 화학 조성에 의한 분류

구분	무기 재료		유기 재료	
	비금속	금속	천연 재료	합성수지
종류	**석재, 흙,** 콘크리트, 도자기	철재, 구리, **알루미늄**	**목재,** 대나무, **아스팔트,** 섬유판	**플라스틱재,** 도장재, 실링재, 접착재

42 **차음률**은 음의 전파를 막는 능력으로 **비중이 클수록 크고**, 음의 진동수에 따라 달라지며, 단위는 dB(데시벨)을 사용한다. **음을 얼마나 흡수하느냐 하는 성질은 흡음률**로서 재료 표면의 요철이나 내부 공극의 상태에 따라 달라진다.

43 각종 목재의 허용 인장 응력도를 보면 **참나무는 95kg/cm²(9.5MPa)**, 낙엽송은 90kg/cm²(9.0MPa), 전나무는 70kg/cm²(7.0MPa), 소나무는 90kg/cm²(9.0MPa)이다.

44 **벌목의 시기는 수간 중의 수액이 적고**, 수액의 이동이 적을수록 좋으므로 **계절적으로 겨울이 가장 좋다.**

45 ①은 **파키트리 블록**, ③은 **탄화 코르크판**, ④는 **인조 목재**에 대한 설명이다.

46 현무암, 감람석, 대리석
- **현무암**은 입자가 잘거나 치밀한 암석이다.
- **감람석**은 크롬 철광으로 된 흑색의 치밀한 석재로서 이것이 변성된 사문석, 사회석은 건축용 장식재로 사용된다.
- **대리석**은 석회암이 오랜 세월 동안 땅 속에서 지열, 지압으로 인하여 변질되어 결정화된 것으로 주성분은 탄산칼슘이며, 열과 산에 약하다.

47 점토 제품의 흡수율을 보면, 토기(저급 점토)는 20% 이상, 석기(석암 점토)는 3~10% 정도, 도기(도토)는 10% 정도, **자기(자토)는 0~1% 정도**이다.

48 **백화 현상**은 콘크리트나 벽돌을 시공한 후 흰 가루가 돋아나는 현상이고, **소성 현상**은 외력을 가했다가 제거해도 원래의 상태로 돌아가지 못하는 현상이며, **동해 현상**은 동결에 의한 피해 현상이다.

49 **시멘트의 분말도가 높으면** 수화 작용이 촉진되므로 **응결이 빠르고, 조기 강도가 높아지며**, 시공 시 잘 비벼지고, 잘 채워지는 등의 작업성이 우수하다. 시공 후에는 물을 잘 통과시키지 않는 성질이 있는 반면에 콘크리트가 응결할 때 초기 균열이 일어나기 쉽고, 풍화 작용이 일어나기 쉽다.

50 경화 촉진제는 시멘트 경화 작용을 촉진시키기 위하여 쓰이는 혼화제로서 응결 시간이 촉진되고, 방동에 대한 효과가 있다. 동기 공사, 수중 공사에 이용된다. **경화 촉진제로는 염화칼슘**(시멘트 중량의 1~2%)이 주로 사용된다.

51 조립률(골재의 입도를 정수로 표시하는 방법)은 **체가름 시험 시**에 **10개의 체**(0.15mm, 0.3mm, 0.6mm, **1.2mm**, 2.5mm, **5mm**, 10mm, 20mm, 40mm, 80mm)에 남아 있는 누계 무게 백분율의 합계를 100으로 나눈 값이다.

52 물·시멘트 비
- 물·시멘트 비라 함은 **시멘트의 중량에 대한 물의 중량의 비**를 말한다.
- 물·시멘트 비 $= \dfrac{\text{물의 중량}}{\text{시멘트의 중량}}$

53 유동화 콘크리트, 매스 콘크리트, 진공 콘크리트
- **유동화 콘크리트**는 미리 반죽된 콘크리트에 유동화제를 첨가하고 교반하여 유동성을 증대시킨 콘크리트이다.
- **매스 콘크리트**는 부재 또는 구조물의 치수가 커서 시멘트의 수화열에 의한 온도 상승을 고려하여 시공하는 콘크리트이다.
- **진공 콘크리트**는 부어 넣은 콘크리트의 표면에 진공 매트를 덮고 과잉 수분을 제거함과 동시에 다져서 품질을 향상시킨 콘크리트이다.

54 알루미늄은 이질 금속 또는 산, 알칼리 및 염에 부식되므로 시멘트 모르타르, 회반죽 및 철강재에는 부식되나, 아스팔트에 는 부식되지 않는다.

55 함석판의 접합은 주로 거멀접기에 의하여 판을 꺾어 접는다. #26까지는 꺾어 접을 수 있으나 두꺼운 것일수록 일이 힘들다. 따라서, #26 이상 두꺼운 것은 겹치기 또는 맞대어 죔못으로 죄거나, 때에 따라서는 못을 박고 못머리를 납땜한다. **골함석 의 두께는 #28~#31의 함석을 사용**한다.

56 **복층 유리(이중 유리)**는 2장 또는 3장의 판유리를 일정한 간격으로 띄어 금속테로 기밀하게 테두리를 한 다음, 유리 사이의 내부를 진공으로 하거나 특수 기체를 넣은 것으로서 방음과 단열의 효과가 크고, 결로 방지용으로도 우수하다. ④는 접합 유리에 대한 사항이다.

57 페놀 수지, 멜라민 수지, 염화비닐 수지

페놀 수지	**페놀 수지**는 수지 자체가 취약하므로 성형품, 적층품의 경우에는 충전제를 첨가하고, 내열성이 양호한 편이나 200℃ 이상에서 그대로 두면 탄화, 분해되어 사용할 수 없게 된다.
멜라민 수지	**멜라민 수지**는 무색 투명하여 착색이 자유로우며, 빨리 굳고, 내수, 내약품성, 내용제성이 뛰어난 것 외에도 내열성도 우수하다. 기계적 강도, 전기적 성질 및 내노화성도 우수하다.
염화비닐 수지	**염화비닐 수지**는 전기 절연성, 내약품성이 양호하고,경질성이나 가소체의 혼합에 따라 유연한 고 무 제품을 제조한다. 용도는 성형품(필름, 시트, 플레이트, 파이프 등), 지붕재, 벽재, 블라인드, 도 료, 접착제 등으로 사용된다.

58 방화 도료, 에나멜 래커, 방청 도료
- **방화 도료**는 화재 시 불에 탈 수 있는 재료의 연소를 방지하는 도료이다.
- **에나멜 래커**는 불투명 도료로 유성 에나멜 페인트에 비하여 도막은 얇으나 견고하고 기계적 성질이 우수하며, 닦으면 광 택이 난다.
- **방청 도료**는 철재의 표면에 녹이 스는 것을 방지하고 부착성을 높이기 위하여 사용하는 도료이다.

59 **석고 플라스터**는 **점성이 큰 재료이므로 여물이나 풀을 사용하지 않고**, 화학적으로 경화하므로 내부까지 단단하며, 결합수 로 인하여 방화성도 크다. 약한 산성으로 목재의 부식을 방지하고, 유성 페인트를 즉시 칠할 수 있다.

60 **테라초**는 인조석의 일종으로 대리석의 쇄석을 사용하여 대리석 계통의 색조가 나도록 물갈기 한 석재 제품으로, **쇄석(대리 석), 백색 시멘트, 안료** 등을 **물로 혼합**하여 만든 제품이다. 주로 벽의 수장재로 사용한다.

01	④	02	②	03	②	04	②	05	①	06	②	07	③	08	③	09	④	10	②
11	②	12	③	13	②	14	④	15	①	16	④	17	①	18	①	19	③	20	②
21	②	22	③	23	③	24	②	25	②	26	①	27	①	28	③	29	②	30	②
31	③	32	①	33	①	34	③	35	③	36	④	37	④	38	①	39	④	40	①
41	③	42	②	43	②	44	③	45	②	46	④	47	②	48	④	49	②	50	④
51	③	52	②	53	④	54	③	55	④	56	①	57	③	58	③	59	①	60	①

01 **건축 공간**은 벽을 경계로 해서 안쪽 공간을 내부 공간(건축 고유의 공간이며, 기능과 구조 그리고 아름다움의 측면에서 무엇보다 중요하다.)이라 하며, 내부 공간을 둘러싼 공간을 **외부 공간(자연발생적인 것이 아니라 인간에 의해 의도적, 인공적으로 만들어진 외부의 환경)** 또는 옥외 공간이라고 한다. 외부 공간은 하나의 외부 공간만으로 그치는 것이 아니라 건축물이 많이 있을 때 건축물에 의해 둘러싸인 공간 전체를 말한다.

02 **연면적이 200m²를 초과하는 초등학교의 계단**인 경우 계단 및 계단 참의 너비는 150cm 이상, **단 높이는 16cm 이하**(단, 너비는 26cm 이상으로 할 것)

03 **균형**(시각적 무게의 평형 상태)의 원리에서 **기하학적 형태는 불규칙한 형태보다 시각적 중량감이 작고(가볍게 느껴지고)**, 사선이 수직선, 수평선보다 시각적 중량감이 크다.

04 **실선의 가는선**은 치수선, 치수 보조선, 지시선, 해칭선 및 인출선으로 사용하고, **파선**은 물체의 보이지 않는 부분에 사용하며, **실선의 전선**은 단면선, 외형선, 파단선으로 사용한다.

05 **건축물의 에너지 절약 계획**에 있어서 **외벽의 부위는 외단열로 시공**하여야 한다.

06 주택에서의 소요실

공동 공간	개인 공간	그 밖의 공간			
		가사 노동	생리 위생	수납	교통
거실, 식당, 응접실	부부침실, 노인방, 어린이방, **서재**	부엌, 세탁실, 가사실, 다용도실	세면실, 욕실, 변소	창고, 반침	문간, 홀, 복도, 계단

07 **노인 침실**의 구조는 바닥 차이가 없어야 하고, **위치는 1층이 좋으며**, 일조와 통풍이 양호하고 조용한 위치에 두는 것이 좋다. 특히, 뜰을 바라볼 수 있는 곳이 좋고, 정신적 안정과 보건에 편리하도록 계획한다.

08 공동 주택의 평면 형식에 의한 분류 중 **계단실(홀)형**은 복도를 통하지 아니하고 계단실, 엘리베이터 홀에서 직접 단위 주거에 도달하는 형식으로 **프라이버시가 양호**하고, **건물의 이용도가 높으며**, 좁은 대지에서 **집약형 주거 등이 가능**한 특성을 갖고 있다.

09 연립 주택 종류

타운 하우스	**타운 하우스**는 토지의 효율적 이용 및 건설비, 유지 관리비의 절약을 잘 고려한 연립 주택의 형태로서, 단독 주택의 장점을 최대로 활용하고 있다.

로우 하우스	**로우 하우스**는 경계벽을 공유한 2동 이상의 단위 주거 형태이다. 출입은 직접 주거에 출입하며, 저층 주거로 층수는 3층 이하이다.
중정형 주택	**중정형 주택**(courtyard house)은 단위 주거나 한 층을 점유하는 주거 형식으로, 중정을 향하여 ㅁ자형으로 둘러싸여 있는 주택이다.

10 인조석 안료의 종류

색깔	안료	색깔	안료
노랑	**황토**, 산화황토, 바륨, 크롬황	파랑	코발트청, 군청
빨강	주토, **산화철**, 산화 망간	초록	크롬 초록, 코발트 초록
갈색	엠버	**검정**	유연, 망간 검정, **카본 검정**

11 트랩의 봉수 파괴 원인에는 **자기 사이펀 작용**, 흡출 작용, **모세관 현상**, 증발 및 분출 작용 등이 있다. **수격 작용은 급수 설비에 있어서 배관 중의 물의 흐름을 급격히 막으면 순간적으로 이상한 충격압이 발생하는 현상**이다.

12 공기 조화 방식에서 **전공기 방식**에는 **단일 덕트 방식**, **이중 덕트 방식**, **멀티존 유닛 방식** 등이 있고, **공기·수방식**에는 덕트 병용 팬코일 유닛 방식, **각 층 유닛 방식**, 유인 유닛 방식 및 복사 냉난방 방식 등이 있다. **전수 방식**에는 **팬코일 유닛 방식** 등이 있다.

13 **실내 조명의 설계 순서는 소요 조도의 결정** → 전등 종류의 결정 → 조명 방식 및 조명 기구 → 광원의 수와 배치 → 광속의 계산 → 소요 전등의 크기 결정의 순이다.

14 **액화 석유 가스(LPG)**의 성분은 탄화수소물(에탄, 메탄, 부탄 등)이고, 독성가스(일산화탄소, 염소, 암모니아 등)를 전혀 함유하고 있지 않으므로, 생가스에 의한 중독의 위험이 없다.

15 에스컬레이터의 수송 능력은 엘리베이터 수송 능력의 **10~15배 정도로 크다.**(에스컬레이터의 수송 능력은 5,000~8,000명/h이고, 엘리베이터의 수송능력은 400~500명/h이다).

16 **일점쇄선**의 가는 선은 중심선으로 사용하고, **숨은선**(물체의 보이지 않는 부분의 모양을 표시)은 **파선의 중간선**을 사용한다.

17 음영을 나타내는 표현법은 실내 **투시도**(일점 광원)와 **외관 투시도**(평행 광원)에 주로 사용되는 표현법이다.

18 **평면도**는 건축물의 창틀 위(바닥에서 약 1.2~1.5m 내외)에서 수평으로 자른 투상도면이다.

19 입면도의 작도 순서는 ① **지반선을 긋는다** → ② 각 층의 높이를 가는선으로 긋는다. → ③ 바닥면에서 창문의 높이를 가는선으로 긋는다. → ④ **창호의 모양에 따라 창과 문의 형태를 작도**한다.

20 **철근 콘크리트의 슬래브의 두께는 8cm 이상으로** 다음 표에 의하여 산정한 값 이상으로 한다.

[콘크리트의 바닥판 두께]

지지 조건	주변의 고정된 경우	캔틸러버의 경우
변장비(λ)≦2의 경우 2방향으로 배근한 콘크리트 바닥 슬래브	$\dfrac{\ell_n}{36+9\beta}$	–
변장비(λ)＞2의 경우 1방향으로 배근한 콘크리트 바닥 슬래브	$\dfrac{\ell}{28}$	$\dfrac{\ell}{10}$

여기서, β : 슬래브의 단변에 대한 장변의 순경간비
ℓ_n : 2방향 슬래브의 장변 방향의 순경간
ℓ : 1방향 슬래브 단변의 보 중심간 거리

21 **방음 바닥구조**는 바닥 마감판과 바탕 사이에 완충재(암면 등)를 넣어 밑의 진동을 막아주는 구조이고, **방부 바닥구조**는 부식을 방지하는 구조이며, **방충 바닥구조**는 충해를 막는 바닥구조이다.

22 **연약 지반에 대한 대책**에는 **상부 구조와의 관계**에서 **건축물의 경량화, 평균 길이를 짧게 할 것, 강성을 높게 할 것, 이웃 건축물과 거리를 멀게 할 것** 및 건축물의 중량을 분배할 것 등이고, **기초 구조와의 관계**에서 굳은 층(경질층)에 지지시킬 것, 마찰 말뚝을 사용할 것 및 **지하실을 강성체로 설치**할 것 등이다.

23 **가새**는 수평력에 견디게 하고 수직·수평재의 각도 변형을 방지하여, 안정된 구조로 하기 위한 목적으로 쓰이는 경사재로서 **버팀대보다 강하며**, 경사는 45°로 한다.

24 **층도리가 통재 기둥에 한편 맞춤**이 될 때에는 **빗턱통 넣고, 내다지장부 맞춤·벌림 쐐기치기**로 하거나, 빗턱통 넣고 짧은 장부 맞춤·ㄱ자쇠를 쓰고, 가시못치기·볼트 조임으로 한다. 또한, 양편 맞춤일 때, 빗턱 내다지 반장부로 좌우에서 서로 상하로 끼우고, 산지치기 또는 빗턱 짧은 장부에 띠쇠를 대고, 가시못치기·볼트 조임으로 한다.

25 **쌍대공 지붕틀**은 쌍으로 서로 마주보는 대공을 세워 대고, 빗대공과 달대공으로 짜서 만든 양식 지붕틀로서 간사이가 큰 건축물인 경우와 지붕속(보꾹방)을 이용할 때, 또는 꺾임 지붕틀로 외관을 꾸밀 때 사용하는 것으로 지붕속 가운데가 사각형으로 되는 것이 특징이다.

26 **엄지기둥, 난간두겁, 달대**

엄지기둥	**엄지기둥**은 의장에 따라 조각 등을 하고, 밑 끝은 멍에 또는 계단받이 보에 긴장부 산지치기, 또는 옆 다 넣고 2개의 볼트 조임으로 한다.
난간두겁	**난간두겁**은 손스침이 좋고 먼지가 앉지 않는 모양으로 쇠시리를 하여 엄지기둥에 통넣어 장부 꽂고 산지치기, 아교칠 지옥 장부 꽂기 또는 단순히 통넣고 숨은 보강 철물을 대고 나사못 조임으로 한다.
달대	**달대**는 반자틀을 매달기 위하여 달아 매는 세로재이다.

27 **공간쌓기**는 벽돌 쌓기에서 바깥벽의 방습, 방열, 방한, 방서 등을 위하여 벽돌벽의 중간에 공간을 두어 쌓는 방식으로, **외부에서 보이는 벽은 길이쌓기를 사용**한다.

28 **아치**는 돌이나 벽돌 등을 쌓아 올려서 상부에서 오는 직압력을 개구부의 양측으로 전달되게 한 구조로서, **압축력만 작용하도록 하고, 부재의 하부에 인장력이 생기지 않게 한 구조**이다.

29 블록 구조에서 벽의 보강 철근의 배근에 있어서 부착력(철근의 주장에 비례)을 증대시키기 위하여 **철근은 가는 것을 많이 배근하는 것이 굵은 것을 조금 배근하는 것보다 유리**하다.

30 **철근 콘크리트 구조의 원리**에는 ①, ③, ④ 외에 **콘크리트는 압축력에 강하므로 압축력에 견디고**, 철근은 인장력과 휨에 강하므로 인장력과 휨에 견딘다.

31 **전단 철근의 간격 제한**
- 부재축에 직각으로 배치된 전단 철근의 간격은 철근 콘크리트 부재일 경우에 $d/2$ 이하, 프리스트레스트 콘크리트 부재일 경우는 0.75(부재 전체의 두께) 이하이어야 하고, 또 어느 경우든 **600mm 이하**이어야 한다.
- 경사 스터럽과 굽힘 철근은 부재의 중간 높이인 0.5에서 반력점 방향으로 주인장 철근까지 연장된 45°선과 한 번 이상 교차되도록 배치하여야 한다.

32 l_{ab}(기본 정착 길이)$=\dfrac{0.6d_b(\text{철근의 직경})f_y(\text{철근의 항복 강도})}{\lambda\sqrt{f_{ck}}(\text{설계 기준 강도})}$ 이므로 정착 길이는 철근의 직경, 철근의 항복 강도에 비례하여 길어지고, 설계 기준 강도의 제곱근에 반비례한다. 즉, **철근의 직경과 항복 강도가 클수록 정착 길이는 길어지고, 설계 기준 강도가 클수록 정착 길이는 짧아진다.** 정착 길이는 **항상 200mm 이상(압축 이형 철근)**으로 하여야 한다.

33 철근 콘크리트 슬래브 중 **2방향 슬래브(순 간사이의 장변과 단변의 비가 2 이하)**는 β = 장변 방향의 순 간사이/단변 방향의 순 간사이≤2인 슬래브이다.

34 **인장 응력**은 축방향력의 하나로서 물체의 내부에 생기는 응력 가운데 잡아당기는 작용을 하는 응력이고, **압축 응력**은 축방향력의 하나로서 부재의 끝에 작용하는 외력이 서로 미는 것처럼 가해질 때, 부재의 내부에 생기는 응력이며, **휨 모멘트**는 외력을 받아 부재가 구부러질 때, 작용하는 응력이다.

35 철골 구조에 있어서 **리벳으로 접합하는 판의 총두께는 리벳 직경의 5배 이하**로 하여야 한다.

36 **래티스 보**는 상·하 플랜지에 ㄱ형강을 쓰고, 웨브재로 대철(평철)을 45°, 60° 등의 일정한 각도로 접합한 형태로서 조립보의 일종이고, **격자보**는 웨브재를 플랜지에 90°로 댄 보이다.

37 **여닫이 창호**(여닫이 창과 문)는 창이 두 짝으로 된 쌍여닫이와 한 짝으로 된 외여닫이가 있으며, 개구부 전체가 열리기 때문에 환기에는 이로우나, 개구부가 열리는 공간 만큼의 여유 공간이 필요하므로 **실내 유효 면적이 감소하는 단점**이 있다.

38 **막만든 아치**는 보통 벽돌을 쐐기 모양으로 다듬어 쓰는 아치이고, **거친 아치**는 외관이 중요시되지 않는 아치로 보통 벽돌을 쓰고 줄눈을 쐐기모양으로 한 아치를 말한다. **층두리 아치**는 아치의 간사이가 넓은 경우 반장별로 층을 지어 이중으로 겹쳐 쌓은 아치이다.

39 **절판 구조**는 철근 콘크리트 구조에 있어서 얇은 판을 꺾어서 만든 형태의 역학적 이론을 근거로 한 구조이고, **공기 막 구조**는 막 구조(membrane structure) 중 공기압으로 막의 형태를 유지하는 구조이다. **셸 구조**는 곡률을 가진 얇은 판으로써 주변을 충분히 지지시키면, 면에 분포되는 하중을 인장, 압축과 같은 면 내력으로 전달시키는 구조이다.

40 **아웃 리거 시스템**은 횡하중을 부담하는 코어에 아웃 리거와 벨트 트러스를 설치하여 외곽 기둥과 연결하는 시스템이고, **튜브 시스템**은 건물의 외곽 기둥을 밀실하게 배치하고 일체화하여 초고층 건축물을 계획하는 구조 또는 초고층 구조의 건물에서 사용하는 구조 시스템의 하나로, 관과 같이 하중에 저항하는 수직 부재가 대부분 건물의 바깥쪽에 배치되어 있어 횡력에 효율적으로 저항하도록 계획된 구조이다. **가새 시스템**은 가새(사각형으로 짠 뼈대에 대각선상으로 넓은 보강재)를 사용한 구조이다.

41 건축 재료 중 무기 재료에는 비금속 재료(석재, 흙, 도자기, 콘크리트 등)와 금속 재료(철재, 구리, 알루미늄 등) 등이 있고, **유기 재료**에는 천연 재료(목재, 대나무, **아스팔트**, 섬유판 등)와 합성수지(플라스틱재, 도장재, 실링재, 접착제 등) 등이 있다.

42 **취성**은 어떤 재료에 외력을 가하였을 때, 작은 변형만 나타내도 곧 파괴되는 주철, 유리와 같은 재료의 성질을 말한다. **인성**은 어떤 재료에 큰 외력을 가하였을 때, 큰 변형을 나타내면서도 파괴되지 않고 견딜 수 있는 성질을 말한다.

43 목재의 강도는 함수율이 작을수록 커지므로 **함수율에 따른 강도가 큰 것부터 작은 것의 순**으로 나열하면, **전건재 → 기건재 → 생나무**의 순이다.

44 **목재의 건조의 목적**은 ①, ② 및 ④ 외에 **사용 후 변형**(수축 균열 및 뒤틀림 등)**을 방지**할 수 있고, **침투 효과**(도장 재료, 방부 재료 및 접착제 등)**가 크다**. 즉, 도장 및 약제 주입을 촉진시킨다.

45 합판류, 파티클 보드 및 섬유판은 목질계에 속하고, **강화 석고 보드는 석고 보드에 섬유를 강화시킨 제품**으로 시멘트 제품으로 **무기질계에 속한다.**

46 각 항의 내구 연한을 보면, 사암은 5~15년, 석회암은 20~40년, 대리석은 60~100년, **화강암은 75~200년**이다.

47 **점토 제품의 분류**

종류	토기	도기	석기	자기
소성	790~1,000℃	1,100~1,230℃	1,160~1,350℃	1,230~1,460℃
제품	**기와**, 벽돌, 토관	**타일, 테라코타 타일, 위생도기**	마루 타일, 클링커 타일	위생도기, 자기질 타일

48 콘크리트, 인조석, 테라초

- **콘크리트**는 시멘트, 모래, 자갈 및 물을 섞어서 놓은 것이다.
- **인조석**은 대리석, 화강암 등의 쇄석(종석)에, 백색 시멘트, **안료(황토, 주토 및 산화철 등)** 등을 혼합하여 반죽해 다진 다음 색조와 성질을 천연 석재와 비슷하게 만든 것이다.
- **테라초**는 대리석의 쇄석을 사용하여 **백색 포틀랜드 시멘트와 종석, 안료를 섞어서 반죽하여 만든 인조석** 중 대리석 계통의 색조가 나도록 표면을 물갈기한 것이다.

49 시멘트 종류

조강 포틀랜드 시멘트	**조강 포틀랜드 시멘트**는 한중 및 수중 콘크리트에 사용한다.
팽창 시멘트	**팽창 시멘트**는 콘크리트 구조물(수조 및 셸 구조 등)에 화학적 프리스트레스의 도입용에 사용한다.
알루미나 시멘트	**알루미나 시멘트**는 겨울철 공사, 해수 및 긴급 공사에 사용한다.

50 3개월 이상 저장한 시멘트 또는 습기를 받았다고 생각되는 시멘트는 사용 전에 반드시 시험하여야 한다. 따라서 **창고에서는 절대로 수화 작용이 일어나지 않도록 하여야 한다.**

51 골재 비중의 종류는 골재가 포함하고 있는 물에 따라 진비중, 표건 비중 및 절건 비중(일반적인 비중)으로 구분하는데, **골재의 비중 시험 시 사용되는 비중은 절건(전건) 비중**이다.

52 콘크리트 배합의 구비 조건은 소요 강도, 적당한 워커빌리티 및 균일성으로 시공 시 전후에 있어서 **재료 분리가 없어야 한다.**

53 콘크리트 종류

소일 콘크리트	**소일 콘크리트**는 현장의 흙에 시멘트와 물을 혼합하여 만든 콘크리트이다.
레디믹스트 콘크리트	**레디믹스트 콘크리트**는 콘크리트 제조 공장에서 주문자가 요구하는 품질의 콘크리트를 소정의 시간에 희망하는 수량을 특수한 운반 자동차를 사용하여 현장까지 배달 공급하는 굳지 않는 콘크리트이다.
쇄석 콘크리트	**쇄석 콘크리트**는 보통 강자갈 대신에 깬 자갈(쇄석)을 사용한 콘크리트이다.

54 **알루미늄**은 원광석인 보크사이트로부터 알루미나를 만들고, 이것을 다시 전기 분해하여 만든 은백색의 금속으로, 전기나 열전도율이 크고, 전성과 연성이 크다. 가공하기 쉽고, 가벼운 정도에 비하여 강도가 강한 반면 **산, 알칼리나 염에 약하므로** 이질 금속 또는 콘크리트 등에 접하는 경우에는 방식 처리를 하여야 한다.

55 **도어 클로저**(도어 체크, 여닫이문을 자동적으로 개폐할 수 있게 하는 철물로서 재료는 강철·청동 등의 주조물이며, 스프링이나 피스톤의 장치로서 개폐 속도를 조절하는 장치), **플로어 힌지**(금속제 스프링과 완충유와의 조합 작용으로 열린 문이 자동으로 닫히게 하는 것으로 바닥에 설치되는 창호 철물) 및 **실린더**(실린더 자물쇠) 등은 창호 철물에 속한다. **듀벨**은 볼트와 함께 사용하는데 듀벨은 전단력에, 볼트는 인장력에 작용시켜 접합재(목재와 목재) 상호 간의 변위를 막는 강한 이음을 얻는 데 사용하는 접합 철물이다.

56 **색유리**는 유리를 만들 때 **산화 금속류의 착색제를 넣은 착색된 유리**로서 유리 원료에 산화 금속류의 착색제를 넣어 각종 색체를 띠게 한 유리판으로서 이것을 벽면에 모자이크형으로 붙여서 성화나 선전화 등으로 만들기도 한다.

57 **폴리스티렌 수지**는 벤젠과 에틸렌으로 만들고, 무색 투명하며, 유기 용제에 침해되기 쉽다. 특히 취약하고, 내수, 내화학 약품성, 전기 절연성, 가공성 등이 우수하며, 사용 범위가 넓다. **용도로는 벽타일, 천장재, 블라인드, 도료 및 전기 용품** 등이 있고, 특히, **발포 제품은 저온 단열재로 널리 사용**된다.

58 **크레오소트**는 흑갈색 용액의 **목재 방부제**로서 방부력이 우수하고, 내습성도 있으며, 값이 싸므로 일반적으로 미관을 고려하지 않는 외부에 많이 쓰인다. 또한, 페인트는 그 위에 칠할 수 없고, 또 좋지 않은 냄새가 나므로 실내에서는 쓸 수 없으며, 침투성이 좋아서 목재에 깊숙이 주입할 수 있다.

59 **석고 플라스터**는 **점성이 큰 재료**이므로 **여물이나 풀을 사용하지 않고, 응결이 빠르며 경화와 건조 시 치수 안전성이 우수**하고, 결합수로 인하여 방화성도 크다. **약한 산성으로 목재의 부식을 방지**하고, 유성 페인트를 즉시 칠할 수 있다.

60 **테라초**는 인조석의 일종으로 대리석의 쇄석을 사용하여 대리석 계통의 색조가 나도록 물갈기 한 석재 제품으로, **쇄석(대리석), 백색 시멘트, 안료** 등을 **물로 혼합**하여 만든 제품이다. 주로 벽의 수장재로 사용한다.

01	③	02	③	03	①	04	④	05	④	06	②	07	①	08	④	09	①	10	③
11	④	12	③	13	③	14	④	15	③	16	④	17	③	18	①	19	④	20	③
21	④	22	③	23	①	24	①	25	①	26	③	27	④	28	①	29	②	30	④
31	①	32	③	33	③	34	④	35	④	36	①	37	③	38	②	39	④	40	②
41	③	42	③	43	①	44	②	45	④	46	①	47	③	48	①	49	①	50	①
51	③	52	②	53	②	54	②	55	④	56	①	57	④	58	③	59	②	60	④

01 **외부 공간**은 하나의 외부 공간만으로 그치는 것이 아니라 **건축물이 많이 있을 때 건축물에 의해 둘러싸인 공간 전체를 말한다.**

02 ①은 평면도, ②는 배치도, **③은 단면도**, ④는 입면도에 대한 설명이다.

03 **대비**는 서로 다른 부분의 조합에 의하여 이루어지는 것으로, 시각상으로는 힘의 강약에 의한 감정 효과라고 할 수 있으며, 그 표정은 극히 개성적이고 설득력이 있으므로 보는 이에게 보다 강한 인상을 준다.

04 바닥재료의 요구사항에는 탄력성이 있고 **마멸이나 미끄럼이 적으며**, 청소하기가 용이한 것이어야 한다. 또한 외관이 좋고 **내화·내구성이 큰 것**이어야 한다. 또한 **흡수율이 작은 타일의 강도가 크다.**

05 습도가 높은 공기를 냉각하면 공기 중의 수분이 더 이상은 수증기로 존재할 수 없는 한계를 **노점 온도**라 하며, 결로 현상은 공기가 **노점 온도** 이하의 차가운 벽면 등에 닿을 때 벽면에 물방울이 생기는 현상이다.

06 **공간의 레이아웃**은 평면 계획으로서 **동선 계획과 밀접한 관계**를 갖고 있다.

07 **침실의 위치**는 방위상 일조와 통풍이 좋은 **남쪽·동남쪽이 이상적**이나 다른 실과의 관계를 고려하여 하루에 한 번 정도 직사광선을 받을 수 있고 통풍이 좋은 위치면 무난하며, **북쪽은 피하는 것이 좋다.**

08 **홀(계단실)형**의 아파트는 복도를 통하지 않고 계단실, 엘리베이터 홀에서 직접 단위 주거에 도달하는 형식으로 **공용 통로** 부분의 면적을 작게 차지하므로 건축물의 이용도가 높다.

09 할로겐램프는 **휘도가 높아** 시야에 광원이 직접 **들어오지 않도록 계획**해야 한다.

10 **신행주대교, 서해대교, 올림픽대교**
 - **신행주대교**는 일부 사장교, 콘크리트교이다.
 - **서해대교**는 사장교, FCM교(장경간 콘크리트 상자교), PSM교(연속 콘크리트 상자교)이다.
 - **올림픽대교**는 사장교, 콘크리트교이다. 또한 현수 구조에는 사장교, 현수교 등이 있다.

11 **스위블 조인트**는 배관의 신축을 흡수하기 위하여 2개 이상의 엘보를 이음쇠로 나사 맞춤부의 나사 회전을 이용하는 이음이다. **팽창관**은 온수 보일러나 저탕조 등에 안전 장치로 사용되는 관이며, **넘침관**은 옥상(고가) 탱크, 팽창 탱크의 측벽 상부에 설치하여 수면 이상으로 물이 흘러넘치는 것을 방지하기 위한 관이다.

12 공기 조화 방식 중 **이중 덕트 방식**은 **전공기 방식으로 냉풍과 온풍의 2개의 풍도를 설치하여 말단 유닛으로 혼합하여 송풍** 하는 방식이므로 냉·온수관이나 전기 배선 등을 실내에 설치하지 않아도 되는 **특성**이 있다.

13 실내 조명의 **직접 조명 방식**은 조명률이 좋고, 그림자가 강하게 생기며, 눈부심이 일어나기 쉽다. 특히, 실내 전체적으로 볼 때, 밝고 어두움의 차이가 **매우 크다**. 실내의 조도 분포가 균일한 방식은 간접 조명 방식이다.

14 가스 계량기는 전기 개폐기로부터 최소 60cm 이상 떨어져 **설치**하여야 한다.

15 에스컬레이터는 엘리베이터의 수송 능력의 10~15배 정도로 수송 능력이 매우 큰 승강 설비이다.

16 건축 제도의 선긋기에 있어서 용도에 따른 선의 굵기는 축척과 도면의 크기에 따라 달리한다.

17 건축물의 표현에서 사람의 배경과 표현은 건축물의 크기(스케일감), 공간의 깊이와 높이 및 공간의 용도(관습적인 용도)를 나타내기 위함이다.

18 평면도는 건축물의 창틀 위(바닥에서 약 1.2~1.5m 내외)에서 수평으로 자른 수평 투상도로서 **실의 배치 및 크기, 벽두께, 벽 중심선, 개구부의 위치 및 크기, 창문(창의 형상)과 출입구 등**을 나타낸다. **층고는 단면도에 나타낸다.**

19 왕대공 지붕틀의 작도 순서는 ① → ③ → ② → ④의 순이다. 특히 **가장 나중에 그려야 할 내용은 지붕틀의 각 평면도를 그**린 다음 인출선 및 치수선을 긋고, 명칭 및 치수를 기입한다.

20 철근 콘크리트 바닥판의 배근 간격
   • 주근 : 20cm 이하, 직경 9mm 미만의 용접철망을 사용하는 경우에는 15cm 이하로 한다.
   • **부근(배력근) : 30cm 이하**, 바닥판 두께의 3배 이하, 직경 9mm 미만의 용접철망을 사용하는 경우에는 20cm 이하로 한다.

21 **흡음벽**은 실내의 소리를 되도록 재료에 흡수시켜 실내의 반사음을 적게 하기 위한 벽이고, **보온벽**은 단열하거나 온도를 유지(열손실을 적게)하기 위하여 열의 부도체로 둘러싼 벽이며, **방습벽**은 습기를 방지하기 위한 벽이다.

22 **흙막이 공사에서 일어나는 현상**에는 보일링(흙막이 벽 뒷면의 수위가 높아져 지하수가 흙막이 벽 하부를 통하여 상승하는 유수로 인하여 지하수가 모래와 같이 솟아오르는 현상), 히빙(흙막이 바깥에 있는 흙의 중량과 지표 재하중의 중량에 못견뎌 저면의 흙이 붕괴되고 흙막이 바깥의 흙이 안으로 밀려 볼록하게 되는 현상) 및 **파이핑**(흙막이 벽의 부실 공사로 인하여 흙막이 벽의 뚫린 구멍 또는 이음새를 통하여 물이 공사장 내부 바닥으로 파이프 작용을 하여 보일링 현상이 생기는 현상) 등이 있고, 언더 피닝은 기초를 새로이 보강하는 방법이다.

23 **반자돌림대**는 반자의 가장자리 벽과 천장과의 접속부에 둘러 댄 테이고, **문선**은 문의 양쪽에 세워 문짝을 끼워 달게 된 것 또는 벽 끝을 아물리고 장식으로 문틀의 주위에 둘러대는 테두리 부재이며, **반자대**는 반자널 또는 미장바름 바탕으로 천장에 수평으로 건너지르는 부재이다.

24 **빗 이음**은 경사지게 자르거나 켜서 맞댄 이음이고, **엇빗 이음**은 반자틀, 반자 살대 등에 사용하고, 재의 반을 서로 반대 경사로 빗 이음한 것 또는 두 갈래의 촉이 서로 반대 방향으로 경사지게 물리게 된 이음이다. **겹친 이음**은 두 부재를 단순히 겹쳐대고, 잇는 이음이다.

25 **띠쇠**는 I자형으로 된 철판에 가시못 또는 볼트 구멍을 뚫은 것이고, **감잡이쇠**는 평보에 대공을 달아맬 때 또는 평보와 ㅅ자보의 밑에 사용하며, **갈고리 볼트**는 머리 대신 한 끝을 갈고리로 만든 볼트로서 기초 볼트에 사용한다.

26 **계단멍에**는 목조 계단의 폭이 1.2m 이상일 때 디딤판의 처짐, 보행 진동 등을 막기 위하여 계단 뒷면에 보강하는 부재이고, **두겁대**는 평평하나 상부로부터 물의 침입을 막도록 곡면이거나 경사, 이중으로 경사지게 한 부재이며, **디딤판**은 계단을 이루는 각 단의 디딤면이다.

27 **공간 조적벽**에 있어서 연결 철물은 벽면적 0.4m² 이내마다 1개씩 사용하고, 켜가 달라질 때마다 엇갈리게 배치하며, 연결 철물은 6켜(45cm) 이내마다 넣고, **수평 간격은 90~100cm 이내**로 한다.

28 블록 쌓기에 있어서 **하루 쌓는 높이는 1.5m(7켜) 이내를 표준**으로 한다.

29 인방, 쌤돌, 돌림띠

인방	**인방**(기둥과 기둥에 가로 대어 창문틀의 상·하 벽을 받고, 하중은 기둥에 전달하며 창문틀을 끼워 댈 때 뼈대가 되는 것)돌은 창문 위에 가로로 길게 건너 대는 돌을 말한다.
쌤돌	**쌤돌**은 창문 옆에 대는 돌로서 돌구조와 벽돌 구조에 사용하며, 면접기나 쇠시리를 하고, 쌓기는 일반 벽체에 따라 촉과 긴결 철물로 긴결한다.
돌림띠	**돌림띠**는 벽, 천장, 처마 부분에 수평띠 모양으로 돌려 붙인 차양 또는 물끊기 등의 장식용 돌출부로서 허리 돌림띠(벽면에서 내밈이 작으므로 구조는 간단)와 처마 돌림띠(벽면에서 내밈이 크므로 돌구조의 경우 벽돌벽에 깊이 물리고 내밈 길이는 돌림 길이보다 작게 하든지 거멀쇠 등으로 뒤에 튼튼히 걸어야 한다)가 있다.

30 철근 콘크리트 구조는 내화성, 내구성, 내진성 및 내풍성이 강한 구조이다. 콘크리트와 철근의 부착력은 철근의 주장에 비례한다. 또한, 철근의 선팽창계수는 1.2×10^{-5}이고, 콘크리트의 선팽창계수는 $(1.0 \sim 1.3) \times 10^{-5}$이다. 즉, **철근의 선팽창 계수는 콘크리트의 선팽창 계수와 거의 동일**하다. 다만, 습식 구조이므로 공사 기간이 긴 점이 단점이다.

31 철근 콘크리트 보의 **늑근은 보의 전단력에 저항하기 위하여 배근하는 철근**으로, 보의 양단에는 전단력이 크므로 늑근의 간격을 좁게 배치하고, 중앙부에는 늑근의 간격을 넓게 배치하여야 한다.

32 철근의 정착 길이는 철근의 부착력을 확보하기 위한 것으로 콘크리트 강도(클수록 짧아짐)와 철근의 항복 강도(클수록 길어짐), **철근의 지름(클수록 길어짐)** 및 철근의 표면 상태에 따라 달라진다.

33 • 철근 콘크리트 슬래브 중 2방향 슬래브의 변장비 $\beta = \dfrac{\text{장변 방향의 순 간사이}}{\text{단변 방향의 순 간사이}} \leq 2$이다.

• 2방향 슬래브의 장변 방향의 순 간사이≤2×단변 방향의 순 간사이이다. 그런데 단변 방향의 순 간사이=3m이다. 그러므로 장변 방향의 순 간사이≤2×단변 방향의 순 간사이=2×3m=6m이다.

34 철근 콘크리트 신축 이음의 설치 위치는 ①, ② 및 ④ 이외에 건축물의 한끝에 달린 날개형의 건축물, **50~60m를 넘는 건축물, 두 고층 사이에 있는 긴 저층 건축물** 및 평면이 ㄴ, ㄷ, T자형의 교차 부분 등이다.

35 ①은 게이지 라인, ②는 피치, ③은 그립, ④는 **클리어런스**를 의미한다.

36 **형강보**는 주로 **I형강과 H형강을 사용**하고, 힘을 많이 받게 하기 위하여 플랜지의 상·하부에 커버 플레이트를 붙이기도 하며, 보의 춤은 스팬의 1/18~1/20 정도로 한다.

37 풍소란, 코너 비드, 마중대

풍소란	**풍소란**은 미서기문의 마중대는 서로 턱솔 또는 딴혀를 대어 방풍적으로 물려지게 하는 소란 또는 바람을 막기 위하여 창호의 마중대의 틀을 막아 여미게 하는 소란을 말한다.
코너 비드	**코너 비드**는 기둥 및 벽의 모서리 면에 미장하기 쉽고, 모서리를 보호할 목적으로 사용하는 철물로서 재질이 아연 도금 철제와 황동제로 되어 있다.
마중대	**마중대**는 미닫이, 미서기 등이 서로 맞닿는 선대를 말하고, 미서기 또는 오르내리창이 서로 여며지는 선대를 여밈대라고 한다.

38 본아치, 막만든 아치, 층두리 아치

• **본아치**는 아치 벽돌을 사다리꼴 모양으로 특별히 주문 제작하여 쓴 아치이다.

• **막만든 아치**는 보통 벽돌을 쐐기 모양으로 다듬어 사용한 아치이다.

• **층두리 아치**는 아치의 너비가 넓은 경우 반장별로 층을 지어 겹쳐 쌓은 아치이다.

39 절판 구조, 셀 구조, 트러스 구조

절판 구조	**절판 구조**는 자중도 지지할 수 없는 얇은 판을 접으면 큰 강성을 발휘할 수 있다는 점을 이용한 구조로서 대표적인 예는 데크 플레이트이다.
셀 구조	**셀 구조**는 곡면판이 지니는 역학적 특성을 응용한 구조로서 외력은 주로 판의 면내력으로 전달하기 때문에 경량이고 강성이 우수하여 내력이 큰 구조물을 구성할 수 있다.
트러스 구조	**트러스 구조**는 2개 이상의 부재를 삼각형으로 조립해서 마찰이 없는 활절로 연결하여 만든 뼈대의 구조물이다.

40 커튼 월의 부재에는 **노턴 테이프**(양면 테이프로서 복층유리를 멀리언에 고정시킬 때 사용), **수직 알루미늄 바**(멀리언 바) 및 **패스너**(커튼 월을 구조체에 긴결(고정)시키는 부품) 등이 있다. **간봉**은 유리와 유리사이 즉, **복층유리 사이**에 단열, 결로, 보온 등의 목적으로 덧대어 **끼워넣는 재료**이다.

41 건축 재료를 사용 목적에 의해 분류할 때 **구조 재료**는 건축물의 뼈대(기둥, 보, 벽체 등 내력 부분을 구성하는 재료)를 구성하는 재료로서 **목재, 석재, 콘크리트,** 철재 등이 활용된다. **유리는 치장재, 모르타르는 조적재의 접착제로 사용**하므로 **구조 재료로는 사용이 불가능**하다.

42 ①은 소성, ②는 탄성, ④는 전성에 대한 설명이다.

43 **목재의 강도는 함수율이 낮을수록 증가**한다. 나무 섬유 세포의 평행 방향에 대한 강도는 세포의 저항성이 폭방향보다 길이 방향이 크므로 나무 섬유 세포의 직각방향에 대한 강도보다 크다. 나무의 허용 강도는 최고 강도의 1/7~1/8 정도이다.

44 증기 건조법, 진공 건조법 및 고주파 건조법 등은 인공 건조법에 속하고, **침수 건조법은 자연 건조법의 일종**이다.

45 **플로어링 보드**는 굳고 무늬가 아름다운 나무(**참나무, 단풍나무,** 미송, 나왕, 떡갈나무, 밤나무, **너도밤나무,** 아피톤 등)를 모자이크처럼 만든 판재를 곱게 대패질하여 마감하고, 양 측면을 제혀 쪽매로 하여 접합에 편리하게 한 목재 제품이다. **마디카**는 모형 제작이나 조각 제품에 사용하는 목재로서 **내구성이 약하다.**

46 사암, 석회암, 응회암

사암	**사암**은 석영질의 모래가 압력을 받아 규산질, 산화철질, 탄산석회질, 점토질 등의 교착제에 의해 응고·경화된 것이다.
석회암	**석회암**은 화강암이나 동·식물의 잔해 중에 포함되어 있는 석회분이 물에 녹아 침전되어 퇴적·응고된 것으로 주성분은 탄산칼슘으로 회백색으로 장식용으로 사용한다.
응회암	**응회암**은 화산재, 화산 모래 등이 퇴적·응고되거나, 물에 녹아 침전되어 퇴적·응고한 것으로 내화재·장식재로 사용한다.

47 토기, 자기, 석기

토기	**토기**는 최저급 원료(전답토)로, 강도가 취약하고, 790~1,000℃ 정도로 소성하며, 불투명이고, 기와, 벽돌, 토관 등에 사용한다.
자기	**자기**는 양질의 도토 또는 장석분을 원료로 사용하며, 두드리면 금속음이 나고, 1,230~1,460℃ 정도로 소성하며, 투명이고, 자기질 타일 등의 제작에 사용한다.
석기	**석기**는 1,160~1,350℃ 정도로 소성하고, 불투명이며, 마루 타일, 클링커 타일 등에 사용한다.

48 **테라코타**는 석재 조각물 대신에 사용되는 **장식용 공동의 대형 점토 제품**으로서 속을 비게 하여 가볍게 만들고 버팀벽, 주두, 돌림띠 등의 **장식용 석재로 사용**한다.

49 중용열 포틀랜드 시멘트(석회석＋점토＋석고)는 **수화 작용을 할 때 발열량(수화열)이 적고, 경화를 느리게 한 시멘트**로, 방사선의 차단과 **내침식성, 내수성**, 내식성 및 내구성이 **크므로 댐 축조, 콘크리트 포장, 방사능 차폐용 콘크리트에 이용**된다.

50 시멘트는 입하 순서에 따라 사용한다. 즉, **개구부에서 먼 곳의 시멘트부터 사용**하여야 하므로 개구부를 2개소 설치하는 것이 바람직하다.

51 콘크리트 배합 설계에 사용하는 골재의 함수 상태는 **표면 건조 내부 포수 상태의 골재를 사용**한다.

52 콘크리트 배합의 구비 조건은 소요 강도, 적당한 워커빌리티 및 균일성으로 시공 시 전후에 있어서 **재료 분리가 없어야 한다.**

53 프리스트레스트 콘크리트는 부재의 단면을 작게 할 수 있으나, **진동이 발생**하기 쉽다.

54 알루미늄은 전기나 열전도율이 높고 전성과 연성이 크며, 가공하기 쉽고 가벼운 정도에 비하여 강도가 크며, 공기 중에서 표면에 산화막이 생기면 내부를 보호하는 역할을 하므로 내식성이 크다. 특히, **가공성(압연, 인발 등)이 우수**하다. 반면 산, 알칼리나 염에 약하므로 이질 금속 또는 콘크리트 등에 접하는 경우에는 방식 처리를 하여야 한다.

55 여닫이 창호에 사용되는 창호 철물에는 **도어 체크(도어 클로져), 플로어 힌지 및 자유 경첩** 등이 있다. **레일은 미서기 창호에 사용되는 철물**이다.

56 열선 흡수 유리, 열선 반사 유리, 자외선 투과 유리

열선 흡수 유리 (단열 유리)	**열선 흡수 유리(단열 유리)**는 철, 니켈, 크롬 등을 가하여 만든 유리로 흔히 엷은 청색을 띤다. 태양광선 중 열선을 흡수하므로 서향의 창, 차량의 창 등에 이용된다.
열선 반사 유리	**열선 반사 유리**는 플라스틱제의 그물에 알루미늄을 증착한 것을 중간에 넣고 합친 유리로서 옥외에서의 열선을 알루미늄이 반사하므로 태양의 열선차단용으로 사용하는 유리이다.
자외선 투과 유리	**자외선 투과 유리**는 산화 제2철의 함유율을 극히 줄인 유리로서 석영, 코렉스 및 비타 글라스 등의 종류가 있으며, 온실이나 병원의 일광욕실 등에 이용되고 있다.

57 비닐 타일(충전제인 석면, 석분, 점결제인 염화비닐 수지, 가소제, 안정제, 안료를 넣어 혼합하여 가열한 다음 유동 상태로 만들어 회전하고 있는 롤러 사이를 통과시켜 시트 모양으로 만든 것)은 약간의 탄력성, 내마멸성, 내약품성 등이 있어 바닥 재료로 많이 쓰이며, 값이 비교적 싸고, 착색이 자유로운 특성이 있다. 특히, 시공이 용이하고, **아스팔트 타일보다 가열 변형의 정도가 작다.**

58 퍼티는 유지 및 수지와 충전제(탄산칼슘, 연백, 티탄백 등)등을 혼합하여 만든 것으로서 **창유리를 끼우는 데와 도장 바탕을 고르는 데 사용**된다. 경화성 퍼티(사용한 다음 1～6주일 사이에 피막이 형성되고, 그 후 점차 굳어져 경화 후 균열이 생기기 쉽다.)와 비경화성 퍼티(오랫동안 유연성은 있으나, 흘러내리는 결점이 있고, 종류로는 백퍼티, 적퍼티, 불포화 폴리에스테르 퍼티 등) 등이 있다.

59 미장 재료에 여물(미장 재료에 혼입하여 보강, 균열 방지의 역할을 하는 섬유질의 재료)을 섞는 이유는 **균열을 방지 및 경감**하고, 미장 재료를 보강하기 위함이다.

60 테라코타는 석재 조각물 대신에 사용되는 **장식용 점토 소성 제품**으로 가볍게 하기 위하여 속을 비게 하며, **건물의 난간, 주두, 돌림띠, 외벽 등에 장식적으로 사용**한다.

01	③	02	④	03	①	04	③	05	④	06	②	07	④	08	③	09	②	10	②
11	①	12	③	13	③	14	④	15	③	16	②	17	④	18	③	19	①	20	②
21	④	22	①	23	①	24	①	25	①	26	①	27	①	28	①	29	①	30	①
31	③	32	②	33	③	34	②	35	③	36	④	37	③	38	④	39	③	40	①
41	③	42	③	43	④	44	③	45	②	46	④	47	④	48	①	49	③	50	④
51	②	52	④	53	④	54	③	55	②	56	①	57	④	58	④	59	②	60	③

01 **그물망식(격자형)**은 **동일한 형이나 공간의 연속**으로 이루어진 구조적 형식으로서 **형과 공간뿐만 아니라** 경우에 따라서는 **크기, 방위 및 위치가 동일**하다.

02 수장은 건축물 내부 및 외부의 외관을 아름답게 장식할 목적으로 구조물에 붙이는 모든 것으로 **내장**(내부 수장, **벽면, 바닥, 천장** 등 건축물의 내부에 주로 붙이는 것)과 **외장**(외부 수장, **지붕, 외벽** 등 건축물의 외부에 주로 붙이는 것)으로 구분한다.

03 고딕 건물의 고결하고 종교적인 표정은 **수직선**이 주는 감정 표현이고, 공간에 크기가 동일한 점은 **균형을 의미**하며, **사선**은 불안정하고 동적이다. 특히, 강한 표정을 준다.

04 **골재의 저장설비**에는 적당한 배수시설을 설치하고, 그 용량을 적절히 하여 **표면수가 균일한 골재를 사용**할 수 있도록 하여야 한다.

05 실내의 결로를 방지하기 위해서는 **실내 벽면에 방수재료(방습층)를 사용하는 것보다 단열재료(단열재)를 사용하는 것이 유리**하고, 저온(실외) 측에는 단열재, 고온(실내) 측에는 방습층을 설치한다.

06 주택의 동선 계획에 있어서 **가사 노동의 동선**은 가능한 한 **남쪽에 오도록 하고, 짧게 한다.**

07 **침실의 위치**는 방위상 일조와 통풍이 좋은 **남쪽·동남쪽이 이상적**이나 다른 실과의 관계를 고려하여 하루에 한 번 정도 직사광선을 받을 수 있고 통풍이 좋은 위치면 무난하며, **북쪽은 피하는 것이 좋다.**

08 **홀(계단실)형**은 단위 주거 수에 대한 엘리베이터의 수가 많으므로 비경제적이고, **집중형에 비해 대지의 이용도가 낮다.**

09 소방시설 중 **피난구조 설비**(화재가 발생할 경우 피난하기 위하여 사용하는 기구 또는 설비)**의 종류**에는 피난기구(**피난사다리, 구조대, 완강기** 등), 인명구조기구(방열복, 공기호흡기, 인공소생기 등), 유도등(피난유도선, 피난구·통로·객석 유도등, 유도 표지), 비상조명등 및 휴대용 비상조명등 등이 있고, **무선통신보조설비는 소화활동설비**에 속한다.

10 **건축 재료 분류**
　1. 건축 재료 사용 목적에 의한 분류
　•**구조 재료**는 건축물의 뼈대(기둥, 보, 벽체 등 내력부분을 구성하는 재료)를 구성하는 재료이다.
　•**마감 재료**는 내력 부분 이외의 칸막이, 장식 등을 목적으로 하는 재료이다.
　•**차단 재료**는 방수, 방습, 차음, 단열 등을 목적으로 하는 재료이다.
　•**방화·내화 재료**는 화재의 연소 방지 및 내화성의 향상을 위한 재료이다.
　2. 제조 분야별 분류 : 천연 재료(석재, 목재, 흙 등)와 **인공재료**(금속·요업·합성수지 등)이다.

11 도피 통기관, 루프 통기 방식, 습식 통기관
- **도피 통기관**은 배수 수평지관이 배수 수직관과 접속하기 전에 통기관을 취하는 방법으로서, 최하류에서 기구 배수관이 접속된 직후의 배수 수평지관에서 세운 통기관이다.
- **루프(환상, 회로) 통기 방식**은 2개 이상의 기구의 트랩을 1개의 통기관으로 통기하는 방식이다.
- **습식 통기관**은 배수 횡주관 최상류 기구의 바로 아래에서 연결한 통기관으로서, 환상 통기에 연결되어 통기와 배수의 역할을 겸하는 통기관을 말한다.

12 공기 조화 방식에서 **전공기 방식**에는 **단일 덕트 방식**, **이중 덕트 방식** 및 각 층 유닛 방식, **멀티존 유닛 방식** 등이 있다. 공기·수방식에는 덕트 병용 팬 코일 유닛 방식, 유인 유닛 방식 및 복사 냉난방 방식 등이 있으며, **전수 방식에는 팬 코일 유닛 방식** 등이 있다.

13 목재 몰드 공사, 금속 몰드 공사

목재 몰드 공사	**목재 몰드 공사**는 목재에 홈을 파서 절연 전선을 넣고 뚜껑을 덮어 실시하는 공사로 콘센트, 스위치류 등의 인하선에 이용된다.
금속 몰드 공사	**금속 몰드 공사**는 철재 홈통의 바닥에 전선을 넣고 뚜껑을 덮는 공사이다. **가요 전선관 공사**는 가요성이 있으므로 굴곡 장소가 많아서 금속관 공사가 어려운 경우와 엘리베이터의 배선이나 공장 등의 전동기에 이르는 짧은 배선에 사용된다.

14 스프링클러 설비, 연결 살수 설비, 옥내 소화전 설비

스프링클러 설비	**스프링클러 설비**는 일정한 소화 설비 기준에 따라 방화 대상물의 상부 또는 천장면에 배수관을 설치하고, 그 끝에 폐쇄형 또는 개방형의 살수 기구(head)를 소정 간격으로 설치하여 급수원에 연결시켜 두었다가 화재가 발생하였을 때, 수동 또는 자동으로 물이 헤드로부터 분사되어 소화되는 고정식 종합 소화 설비이다.
연결 살수 설비	**연결 살수 설비**는 소방대 전용 소화전인 송수구를 통하여 실내로 물을 공급하여 소화 활동을 하는 것으로, 지하층의 일반 화재 진압을 위한 설비이다.
옥내 소화전 설비	**옥내 소화전 설비**는 소화전에 호스와 노즐을 접속하여 건물 각 층의 소정 위치에 설치하고, 급수 설비로부터 배관에 의하여 압력수를 노즐로 공급하며, 사람의 수동 동작으로 불을 추적해 가면서 소화하는 것이다.

15 버킷 컨베이어, 체인 컨베이어, 에이프런 컨베이어
- **버킷 컨베이어**는 버킷으로 떠올려 운반하는 수직, 경사용이다.
- **체인 컨베이어**는 체인에 물건을 걸어서 운반하는 수평, 경사용이다.
- **에이프런 컨베이어**는 평탄한 판을 연속으로 운송하는 수평용이다.

16 건축 제도에서 **치수의 단위는 mm를** 원칙으로 하고, 이때, 단위 기호는 쓰지 않는다. 치수 단위가 mm가 아닌 때에는 단위 기호를 쓰거나, 그 밖의 방법으로 그 단위를 명시한다.

17 단선과 명암에 의한 묘사는 선으로 공간을 한정하고 명암으로 음영을 넣는 방법으로, 평면의 경우는 같은 명암의 농도로, 곡면의 경우에는 농도의 변화를 주어 묘사한다.

18 평면도, 배치도, 단면도
- **평면도**는 건축물의 창틀 위(바닥에서 1.2~1.5m)에서 수평으로 자른 투상도면이다.
- **배치도**는 대지 안의 건물이나 부대 시설의 배치를 나타내는 도면이다.
- **단면도**는 건축물을 수직으로 잘라 그 단면을 나타낸 도면이다.

19 도면 작도 시 **글자의 크기는 각 도면(축척과 도면의 크기)의 상황에 맞추어 알아 보기 쉬운 크기로** 한다.

20 철근 콘크리트 **보의 단부 부분**에 있어서 하부에 생기는 압축력은 콘크리트가 거의 저항하므로 철근을 적게 배근하고, 상부에 생기는 인장력은 거의 대부분 철근이 저항하므로 **상부에 철근을 많이 배근**하며, **중앙부**에서는 이와 반대로 상부에는 적게, **하부에는 많이 배근**한다.

21 **방화 구조**는 건물의 외부에서 인접 화재에 의한 연소 방지와 건물 내에서 불이 붙는 것을 방지할 목적의 구조이고, **내화 구조**는 화재에 대하여 완전히 견디어 낼 수 있도록 한 구조이다.

22 **수평 버팀대식 공법, 아치형 버팀대식 공법, 아일랜드 공법**

수평 버팀대식 공법	**수평 버팀대식 공법**은 널말뚝이나 어미 말뚝을 박고, 띠장을 댄 다음 버팀대를 수평으로 질러 토압을 지지하는 공법으로 가장 대표적인 흙막이 공법이고,
아치형 버팀대식 공법	**아치형 버팀대식 공법**은 수평 버팀대의 중앙 부분에 압축력을 받아 줄 수 있는 아치형을 이용하여 둥글게 함으로써 중앙 부분에 큰 공간을 구성하여 작업을 쉽게 하려는 방법이다.
아일랜드 공법	**아일랜드 공법**은 먼저 중앙부를 정해진 깊이까지 파고 차츰 주변부로 파나가는 공법으로 비교적 깊고 넓은 곳을 터파기할 때 적당하다.

23 **평벽식, 심벽식**
- **평벽식**은 목조 기둥의 바깥면에 벽을 쳐서 기둥이 보이지 않고 평평하게 된 벽을 말하며, 실내의 기밀성이 좋고 방한·방습·방음의 효과가 있다.
- **심벽식**은 기둥의 중앙에 벽을 쳐서 기둥이 벽의 바깥쪽으로 내보이게 된 것으로서 **한식 구조의 안벽에 많이 이용**된다.

24 **장부 맞춤, 통 맞춤, 주먹장 맞춤**
- **장부 맞춤**은 장부(한 부재의 끝 부분을 얇게 하여 다른 부재의 구멍에 끼우는 돌기)를 장부 구멍(장부가 끼이는 구멍)에 끼우는 맞춤이다.
- **통 맞춤**은 한 부재의 마구리 또는 옆면이 통째로 다른 부재의 홈 또는 턱을 딴 자리에 물리는 맞춤이다.
- **주먹장 맞춤**은 한 부재의 끝을 주먹 모양으로 그 밑둥보다 조금 넓게 만들어 다른 부재의 구멍에 끼우는 맞춤이다.

25 **절충식 지붕틀**은 처마도리에 지붕보를 걸고, 그 위에 **동자기둥**과 대공을 세워 **중도리와 마룻대**를 걸쳐 대고 서까래를 받게 한 지붕틀로서 작업이 단순하고 공사비가 적어 소규모 건축물에 적당하다.

26 계단의 물매는 건축물의 용도에 따라 달라지고, 경사도가 낮다고 편리한 것은 아니다. 즉, **건축물의 용도에 따라 경사도를 달리**한다.

27 공간 조적벽에 있어서 연결철물은 벽면적 0.4m² 이내마다 1개씩 사용하고, 켜가 달라질 때마다 엇갈리게 배치하며, **연결철물의 수직 간격은 6켜(40~45cm) 이내**마다 넣고, 수평 간격은 90~100cm 이내로 한다.

28 **조적식 구조**에서 각 층의 벽이 편재해 있을 때에는 편심 거리가 커져서 수평 하중에 의한 전단 작용과 휨 작용을 동시에 크게 받게 되어 벽체에 균열이 발생하므로 **각 층의 벽은 편심 하중이 작용되지 아니하도록 설계**하여야 한다.

29 창대돌은 창의 하부에 건너 댄 돌로 빗물을 처리하고 장식적으로 사용되는 것으로, 위면, 밑면에 물끊기·물돌림 등을 두어 빗물의 침입을 막고, 물흘림이 잘 되게 하는 1개의 부재, 즉 통재를 사용한다. 문지방돌은 출입문 밑에 문지방에 사용되는 돌이며, 쌤돌은 창문의 틀 옆에 세워대는 돌 또는 벽돌벽의 중간중간에 설치한 돌이다.

30 **철근 콘크리트 구조 형식**에는 **라멘 구조, 플랫 슬래브 구조**, 셀 구조 및 **벽식 구조** 등이 있고, **트러스 구조**(작은 직선 부재를 삼각형 형태로 배열하여 만든 구조)는 **철골 구조의 형식에 의한 분류**에 속한다.

31 • 철근의 가공 시 표준 갈고리는 **180°와 90° 표준 갈고리**로 분류하며 180° 표준 갈고리는 180° 구부린 반원 끝에서 $4d_b$ (철근의 공칭 지름) 이상, 또한 60mm 이상 더 연장하여야 하고, 90° 표준 갈고리는 90° 구부린 끝에서 $12d_b$ 이상 더 연장하여야 한다.

- 스터럽과 띠철근의 표준 갈고리는 90˚와 135˚ 표준 갈고리로 분류하며 90˚ 표준 갈고리의 경우, D16 이하의 철근은 구부린 끝에서 $6d_b$ 이상 더 연장하여야 하고, D19, D22와 D25의 철근은 구부린 끝에서 $12d_b$ 이상 더 연장하여야 한다. 또한, 135˚ 표준 갈고리는 D25 이하의 철근은 구부린 끝에서 $6d_b$ 이상 더 연장하여야 한다.

32 철근 콘크리트 기둥 철근의 이음 위치는 기둥 지점 간의 거리(보통 층높이)의 2/3 이하에 두고, 보통 **바닥판 위 1m 위치에 두는 것이 좋으며**, 한 자리에서 반이상을 잇지 아니한다.

33 바닥판의 배근에서 **주근은 슬래브의 단변 방향의 인장 철근**이고, 부근(배력근)은 슬래브의 장변 방향의 인장 철근으로 주근의 안쪽에 배근한 철근이다.

34 ① **래버터리힌지** : 스프링힌지의 일종으로서 공중화장실, 공중전화 출입문에 사용하며, 저절로 닫혀지지만 15cm 정도는 열려 있게 된다.
③ **피벗힌지** : 창호를 상하에서 축달림으로 받치는 것이다.
④ **도어클로저(도어체크)** : 문 위틀과 문짝에 설치하여 여닫이문이 자동적으로 닫히게 하는 장치로서 공기식, 스프링식, 전동식 및 유압식 등이 있으나 유압식을 주로 사용한다.

35 **리벳 접합**은 강판에 구멍을 뚫고 리벳을 넣어 양쪽에서 두들겨 접합하는 방식이고, **핀(힌지) 접합**은 수직, 수평 방향의 힘에 저항할 수 있으나, 회전력에는 저항할 수 없는 접합이다. **용접 접합**은 모재인 강재의 접합부를 고온으로 녹이고, 모재와 모재 사이에 용착 금속을 녹여 넣어 접합부를 일체로 만드는 접합이다.

36 기둥은 보와는 달리, 휨 작용의 방향이 일정하지 않아 I형 단면의 기둥은 웨브에 직각으로 작용하는 휨에 약하므로 상자 모양의 기둥이 역학적으로 튼튼하지만 기둥과의 접합이 복잡하며, 조립 순서와 시공 방법에 유의하여야 한다. 특히, **간사이가 크고, 옆면의 기둥 간격이 좁은 건축물(공장, 체육관 등)에서는 I형 기둥이 유리**하고, 기둥이 가로, 세로로 등 간격인 사무소 건축물에서는 상자 기둥이나 십자 기둥이 유리하다.

37 **도어 체크**(문과 여닫이 문틀에 장치하여 문을 열면 저절로 닫히는 장치)는 **여닫이문에 사용**하는 창호 철물이다.

38 **숨은 아치**는 개구부 인방 위에 설치된 간단한 아치로, 상부 하중을 지지하기 위한 아치 또는 보통 아치와 인방 사이에는 막혀 있는 블라인드 아치(개구부가 항구적인 벽체로 막혀 있는 아치)로 한다. 특히, **인방보를 사용**한다.

39
- **케이블을 이용한 구조 시스템**에는 **사장 구조, 현수 구조** 및 **막 구조** 등이 있다.
- **트러스 구조**는 컴퍼스의 두 다리처럼 부재끼리 핀으로 연결되어 서로 떨어지지 않는 반면에 자유롭게 회전할 수 있도록 연결된 구조 또는 작은 직선 부재를 삼각형의 형태로 배열하여 만든 구조이다.

40 **지붕의 물매용마루의 높이÷간사이의 $\frac{1}{2}$**에서 용마루의 높이를 구해야 하므로 용마루(지붕)의 높이=지붕의 물매×간사이의 $\frac{1}{2}$이다.

지붕의 물매=$\frac{4.5}{10}$, 간사이=8m

∴ 지붕의 높이=$\frac{1}{2}$×간사이×물매

$$=\frac{1}{2}×8×\frac{4.5}{10}=1.8m$$

41 **한국산업규격의 분류 기호**

부문	기본	기계	전기	금속	광산	토건	일용품	식료품	섬유	요업	화학	의료	항공
기호	A	B	C	D	E	F	G	H	K	L	M	P	W

42 **목재의 단점**은 내화성이 부족하고, **재질과 강도가 결 방향에 따라** 달라지며, **함수율에 따라 팽창과 수축이 크다.**

43 목재의 함수율에 따른 성질은 **섬유 포화점 이상의 상태**에서는 함수율과 무관하게 **강도, 건조 수축 등이 일정**하다. 즉, 변화가 없다.

44 방부제의 종류에는 유용성 방부제(**크레오소트, 콜타르**, 아스팔트, 펜타클로로페놀 및 **유성 페인트** 등)와 수용성 방부제(**황산구리 용액, 염화아연 용액**, 염화제2수은 용액 및 **플루오르화나트륨(불화소다)용액** 등) 등이 있다.

45 **코어 합판**은 심재를 넣거나 다른 판목재를 넣어서 만든 제품으로 더 강력하고 단단한 합판이고, **집성 목재**는 두께 15~50mm의 단판을 제재하여 섬유 방향을 거의 평행이 되게 여러 장 겹쳐서 접착한 목재이다. **코펜하겐 리브**는 표면은 자유 곡선으로 깎아 수직 평행선이 되게 리브를 만든 것으로 면적이 넓은 강당, 영화관, 극장 등의 안벽에 붙이면 음향 조절 효과와 장식 효과가 있다.

46 **석재의 내화도**

구분	안산암 응회암·사암	대리석·석회암	화강암
내화도	1,000℃	600~800℃	600℃

47 소성 온도가 낮은 것에서 높은 것으로 나열하면 토기(저급 점토, 790~1,000℃) → 도기(도토, 1,100~1,230℃) → 석기(석암 점토, 1,160~1,350℃) → **자기(자토, 1,230~1,460℃)**의 순이다.

48 **테라코타**는 석재 조각물 대신에 사용되는 **장식용 공동의 대형 점토 제품**으로서 속을 비게 하여 가볍게 만들고 버팀벽, 주두, 돌림띠 등의 **장식용 석재로 사용**한다. 특성은 일반 석재보다 가볍고, 압축 강도는 800~900kg/cm²로서 화강암의 1/2 정도이며, 화강암보다 내화력이 강하고 대리석보다 풍화에 강하므로 외장에 적당하다.

49 **중용열 포틀랜드 시멘트**(석회석+점토+석고)는 원료 중의 석회, 알루미나, 마그네시아의 양을 적게 하고, 실리카와 산화철을 다량으로 넣어서 **수화 작용을 할 때 발열량(수화열)이 적고, 경화를 느리게 한 시멘트**로, 조기 강도는 작으나 **장기 강도는 크며**, 체적의 변화가 적어서 **균열의 발생(수축률)이 적다.** 특히, 방사선의 차단과 **내침식성, 내수성**, 내식성 및 내구성이 **크므로 댐 축조, 콘크리트 포장, 방사능 차폐용 콘크리트에 이용**된다. ①, ②, ④는 조강 포틀랜드 시멘트에 대한 설명이다.

50 **속빈 시멘트 블록**은 빈 속에 철근을 배근하고, 콘크리트를 부어 넣어 보강한 이상적인 구조에 사용하는 **보강 블록조의 블록**이다.

51 **보통 골재의 품질(건축 공사 표준 시방서 기준)**

종류	절건 비중	흡수율 (%)	점토량 (%)	씻기 시험 시 손실되는 양(%)	유기 불순물	염분 (NaCl)
굵은 골재	2.5 이상	2.0 이하	0.25 이하	1.0 이하	–	–
잔 골재		3.0 이하	1.0 이하	2.0 이하	표준색 이하	**0.04% 이하**

52 **콘크리트 배합 방법**
1. 용적 배합

구분	절대 용적 배합	표준 계량 용적 배합	현장 계량 용적 배합
정의	재료의 공극이 없는 상태로 계산한 절대 용적으로 배합을 표시	다짐 상태(시멘트 1m³당 1,500kg)의 용적으로 배합을 표시	시멘트는 포대 수, 골재는 현장 계량 용적으로 배합을 표시
비고	1m³의 콘크리트 제조에 소요되는 각 재료량을 배합하는 방법		

2. 중량 배합

중량 배합은 1m³의 콘크리트 제조에 소요되는 각 재료량을 중량으로 배합을 표시하는 방법으로 절대 용적 배합에서 구한 절대 용적에 비중을 곱하는 정밀한 배합으로 **실험실 배합과 레미콘 생산 배합에 사용**한다.

53 프리팩트(프리플레이스트) 콘크리트, 수밀 콘크리트, AE 콘크리트
- **프리팩트(프리플레이스트) 콘크리트**는 거푸집에 미리 자갈을 넣은 다음에 골재 사이에 모르타르를 압입, 주입하는 콘크리트이다.
- **수밀 콘크리트**는 물의 침투나 지하 방수를 요할 때 사용하는 콘크리트로서 자체의 밀도가 높고 내구성, 방수성을 향상시킨 콘크리트이다.
- **AE 콘크리트**는 콘크리트 속에 AE제(공기 연행제)를 넣어 시공 연도를 좋게 한 콘크리트이다.

54 니켈, 아연, 크롬
- **니켈**은 전연성이 풍부하며, 아름다운 청백색 광택이 있고, 공기 중이나 수중에서도 산화하여 색이 변하는 경우가 거의 없으며, 내식성이 커서 건축 및 전기 장식물에 사용된다.
- **아연**은 산과 알칼리에 약하나 공기나 수중에서 내식성이 크고, 표면의 수산화물 피막은 보호 작용을 하며, 박판, 선 및 못 등에 사용된다.
- **크롬**은 탄성 한도와 인장 강도를 증가시키고 신장률을 크게 감소시키지 않으며, 경도와 내마모성, 충격값 및 피로 한도 등을 증대시킨다.

55 문제의 그림은 '**도어 클로저(도어 체크)**'로서 문 위틀과 문짝에 설치하여 문이 자동적으로 닫혀지게 하는 장치로서, 공기식, 스프링식, 전동식 및 유압식 등이 있으나, 유압식을 주로 사용한다. 스톱 장치에 퓨즈를 사용하여 화재 시 자동적으로 퓨즈가 끊어져 닫히게 하여 방화문으로 사용한다.

56 **열선 반사 유리**는 에너지 절약 효과를 목적으로 제작된 유리로서 가시광선의 반사율이 높은 유리이고, **자외선 투과 유리**는 유리의 성분 중 산화 제2철을 산화 제1철로 환원시켜 자외선이 투과되도록 한 유리이다. **자외선 차단 유리**는 10%의 산화 제2철을 함유시켜 자외선 투과를 막는 유리이다.

57 바닥 타일의 시공에 있어서 **외장 타일은 내장 타일보다 강도가 강하고, 흡수율이 낮아야** 한다.

58 미장 재료의 구분

구분		분류	고결재
수경성	**시멘트계**	시멘트 모르타르, 인조석, 테라초 현장 바름	포틀랜드 시멘트
	석고계 플라스터	혼합 석고, 보드용, 크림용 석고 플라스터, 킨스 시멘트(경석고 플라스틱)	헤미수화물, 황산칼슘
기경성	석회계 플라스터	**회반죽, 돌로마이트 플라스터**, 회사벽	돌로마이트, 소석회
	흙반죽, 섬유벽		**점토**, 합성수지풀
특수 재료	합성수지 플라스터, 마그네시아 시멘트		합성수지, 마그네시아

59 회반죽에 석고를 약간 혼합하면 경화 속도와 강도가 증대되고, 수축 균열을 방지할 수 있다. **결합재는 고결재의 결점(수축 균열, 점성, 보수성의 부족 등)을 보완할 수 있다. 시멘트 모르타르는 수경성의 미장 재료**이다.

60 광명단, 회반죽, 아교
- **광명단**은 철재의 부식을 방지하기 위한 바탕재의 도장재 즉, 녹막이 페인트이다.
- **회반죽**은 소석회, 풀, 여물 및 모래(초벌과 재벌에만 사용하고 정벌에는 사용하지 않는다.) 등을 혼합하여 바르는 미장 재료로, 건조, 경화할 때의 수축률이 커서 삼여물로 균열을 분산, 미세화한다.
- **아교**는 짐승의 가죽을 삶아 그 용액을 말린 반투명, 황갈색의 딱딱한 물질로서 합판, 목재 창호, 가구 등의 접착제로 사용한다.

01	①	02	②	03	③	04	②	05	②	06	②	07	②	08	①	09	②	10	①
11	③	12	③	13	②	14	③	15	①	16	③	17	③	18	④	19	②	20	③
21	①	22	②	23	④	24	②	25	④	26	②	27	②	28	④	29	③	30	④
31	④	32	③	33	③	34	④	35	③	36	②	37	④	38	③	39	①	40	④
41	④	42	③	43	③	44	④	45	①	46	②	47	④	48	②	49	④	50	②
51	③	52	②	53	④	54	②	55	③	56	③	57	④	58	③	59	④	60	①

01 **대수선**이란 건축물의 기둥, 보, **내력벽**, 주계단 등의 구조나 외부 형태를 수선·변경하거나 증설하는 것으로서 대통령령으로 정하는 것을 말한다.

02 건폐율은 대지면적에 대한 건축면적의 비로서, 즉 **건폐율** $= \dfrac{건축면적}{대지면적} \times 100[\%]$이고, 용적률은 대지면적에 대한 연면적의 비로서, 즉 용적률 $= \dfrac{건축면적}{대지면적} \times 100[\%]$이다.

03 건축주는 **6층 이상으로서 연면적이 2,000m² 이상인 건축물**(대통령령으로 정하는 건축물은 제외)을 건축하려면 **승강기를 설치**하여야 한다. 이 경우 승강기의 규모 및 구조는 국토교통부령으로 정한다.

04
- **보색대비** : 서로의 보색을 대비시켰을 때 생기는 여러 가지 효과를 말한다.
- **동시대비** : 두 가지 이상의 색들을 한꺼번에 볼 때 일어나는 것으로서 시선을 한 점에 동시적으로 고정시키려는 색채지각에 있어서 일어나는 현상이다.
- **한난대비** : 차고 따뜻한 색을 대비시킴으로써 원근의 효과를 얻는 것으로 풍경화에 있어서 고도의 기법이다.

05 질감(만져보거나 눈으로만 보아도 알 수 있는 촉각적, 시각적으로 지각되는 재질감)을 **선택**할 때 고려하여야 할 사항에는 **촉감, 스케일, 빛의 반사와 흡수 등이 있고, 색조는 무게감과 관계가 깊다.**

06 **제1종 환기법(병용식)은 송풍기와 배풍기를 사용한 환기법**이고, 제2종 환기법(압입식)은 송풍기와 개구부를 사용한 환기법이며, 제3종 환기법(흡출식)은 개구부와 배풍기를 사용한 환기법이다.

07 건축물의 에너지 절약을 위한 계획에서 **거실의 층고 및 반자높이**는 실의 용도와 기능에 지장을 주지 않는 범위 내에서 **가능한 낮게 한다.**

08 **한식 주택의 가구는 부수적인 내용물**이나, 양식 주택의 가구는 주요한 내용물이다.

09 공동공간에는 거실, 식당, 응접실 등이 있고, **다용도실**은 그 밖의 공간으로 **가사노동공간에 해당**된다.

10 **위치별로 본 식사실의 형태**

다이닝 알코브 (dining alcove, 리빙 다이닝)	거실의 일부에 식탁을 꾸미는 것인데, 보통 6~9m² 정도의 크기로 하고, 소형일 경우에는 의자테이블을 만들어 벽 쪽에 붙이고 접는 것으로 한다.
리빙 다이닝 키친 (LDK ; Living Dining Kitchen, 리빙 키친)	**거실, 식사실 및 부엌의 기능을 한 곳에 집합**시킨 것으로 공간을 효율적으로 활용할 수 있어서 **소규모의 주택**이나 **아파트에 많이 사용**된다. 가족구성원의 수가 많고 주택의 규모가 큰 경우에는 리빙 키친은 부적당하다.

다이닝 키친 (DK ; Dining Kitchen)	부엌의 일부에 간단히 식탁을 꾸민 것 또는 부엌의 일부분에 식사실을 두는 형태로, 부엌과 식사실을 유기적으로 연결시켜 노동력을 절감하기 위한 형태이다. 즉 공사비의 절약, 주부의 동선 단축과 노동력의 절감, 공간활용도가 높고, 실면적의 절약 및 소규모 주택에 적합하다.

11 부엌의 설비배열형식

일렬형(일자형)	동선과 배치가 간단하지만 설비기구가 많은 경우에는 작업동선이 길어진다. 소규모 주택에 적합한 형식으로 작업대 전체 길이가 2,700mm 이상을 넘지 않도록 한다.
ㄱ(ㄴ, L)자형	두 벽면을 이용하여 작업대를 배치한 형태로 한쪽 면에 싱크대를, 다른 면에는 가스레인지를 설치하면 능률적이다. 작업대를 설치하지 않은 남은 공간을 식사나 세탁 등의 용도로 사용할 수 있다.
병렬형	부엌의 가구가 마주 보도록 배치하는 형태이다.

12 세면기의 폭(너비)×깊이×높이는 800×(600~700)×750mm 정도로 높이를 낮게 해야 팔꿈치에서 물이 흘러내리지 않는다.

13 아파트의 평면형식 중 **집중형**은 각 세대별 조망이 다르고, 기후조건에 따라 기계적 환경조절이 필요한 형식이며, 대지의 이용률은 높으나 **통풍 및 채광에는 불리**하고, 프라이버시가 좋지 않으며 시끄럽다. 또한 단위면적당 가장 많은 주호를 집결시킬 수 있는 형식이다.

14 **식당과 화장실의 인접은 매우 불합리한 배치방법**이다.

15 트랩의 봉수파괴원인은 **자기사이펀작용, 유도(유인)사이펀(흡출)작용, 증발현상, 모세관현상, 분출(토출)작용** 등이다.

16 **복사난방**(천정, 바닥, 벽 등의 건축 구조체에 코일을 배관하여 가열 면을 형성하고 온수 또는 증기로 가열 면의 온도를 높여 복사열로 난방하는 방식)은 **코일이 매립되어 있으므로 유지 및 보수가 난해**하다.

17 자연환기는 개구부를 통해 급기와 배기가 이루어지고, 일정한 환기량을 유지할 수 있으며, 풍향, 풍속 및 실내·외의 온도차와 공기 밀도차에 의한 방법이다. 또한, 온도차에 의한 자연환기는 중력환기라고도 한다. ③은 **기계(강제)환기에 대한 설명**이다.

18 구내교환설비
- **구내교환설비**(PBX ; Private Branch Exchange)는 건물의 외부와 내부 및 내부 상호 간에 연락을 위한 설비이다.
- **방송설비**는 건물 내외에 스피커를 설치하여 연락, 안내, 통보 등을 행하는 설비로, 일반방송, 비상방송, 극장이나 홀 등의 연출용 방송으로 구분한다.
- **표시설비**는 상황이나 행위 등을 표현하여 다수가 알 수 있도록 하는 설비로서 램프, 카드 및 숫자에 의하며, 표시에는 출퇴근, 안내, 득점, 경보 등 여러 가지가 있다.

19 **엘리베이터의 대면배치 시** 대면거리는 **3.5~4.5m 정도**이다.

20 **스프링클러설비**는 일정한 소화설비 기준에 따라 방화 대상물의 상부 또는 천장면에 배수관을 설치하고, 그 끝에 폐쇄형 또는 개방형의 살수기구(head)를 소정 간격으로 설치하여 급수원에 연결시켜 두었다가 화재가 발생하였을 때, 수동 또는 자동으로 물이 헤드로부터 분사되어 소화되는 고정식 종합소화설비이다. 특히, **화재 감지와 동시에 화재 경보가 작동하며 초기 화재 진압에 용이**하다.

21 제도용지의 크기 및 여백

(단위 : mm)

제도지의 치수		A0	A1	**A2**	A3	A4	A5	A6
$a \times b$		841×1,189	594×841	**420×594**	297×420	210×297	148×210	105×148
c (최소)		10			5			
d (최소)	철하지 않을 때	10			5			
	철할 때	25						
	제도지 절단	전지	2절	4절	8절	16절	32절	64절

여기서, a : 도면의 가로길이, b : 도면의 세로길이
c : 테두리선과 도면의 우측, 상부 및 하부 외곽과의 거리
d : 테두리선과 도면의 좌측 외곽과의 거리

22 **한국산업규격**은 기본부문(A)부터 정보부문(X)까지 **21개 부문으로 구성**되며 크게 제품규격(제품의 향상·치수·품질 등을 규정한 것), 방법규격(시험·분석·검사 및 측정방법, 작업표준 등을 규정한 것) 및 전달규격(용어·기술·단위·수열 등을 규정한 것)의 3가지 면에서 분류할 수 있다.

23 일반적으로 **건축설계도면의 위방향을 북측**으로 한다.

24 **실선의 종류**에는 **가는 선, 전선**이 있고, **허선**에는 **파선, 일점쇄선, 이점쇄선** 등이 있다.

25 • **설비도** : 건축설비에 관한 도면으로 전기, 위생, 냉난방, 환기, 승강기, 소화설비도 등이 있다.
• **전개도** : 건축물의 각 실내의 입면도 또는 건물 내부의 입면을 정면에서 바라보고 그리는 내부 입면도이다.
• **구상도** : 설계에 대한 최초의 발상으로 모눈종이 또는 스케치북에 프리핸드로 그리는 가장 기초적인 도면이다.

26 **습식 구조, 건식 구조**

습식 구조	건축시공 시 현장에서 공정상 물을 사용하여 구조체를 완성하는 방식으로 **벽돌 구조, 블록 구조**, 돌구조, **철근 콘크리트 구조** 등이 이에 해당된다.
건식 구조	건축시공 시 물을 사용하지 않고 부재를 연결재(나무, 못, 리벳, 볼트 등)로 접합하여 구조체를 완성하는 방식으로 **목구조**, 철골구조 등이 해당된다.

27 **흙막이공사에서 일어나는 현상과 방지책**

구분	현상	방지책
보일링	사질지반에서 흙막이벽을 설치하고, 기초파기를 할 때에 흙막이벽 뒷면 수위가 높아져 지하수가 흙막이벽 밑을 통하여 상승하는 유수로 말미암아 모래입자가 부력을 받아 물이 끓듯이 지하수가 모래와 같이 솟아오르는 현상	• 널말뚝 저면의 타설 깊이를 깊게 한다. • 널말뚝을 불투수성 점토질 지층까지 깊이 때려 박는다. • 웰포인트공법에 의하여 지하수면을 낮추어 용출하는 물의 압력을 감소시킨다.
히빙	하부 지반이 연약할 때 흙파기 저면선에 대하여 흙막이 바깥에 있는 흙의 중량과 지표재하중의 중량에 못 견디어 저면의 흙이 붕괴되고, **흙막이 바깥에 있는 흙이 안으로 밀려 볼록하게 되는 현상** 또는 흙막이벽 양쪽 토압의 차이로 흙막이 뒷부분의 흙이 흙막이벽 밑을 돌아서 기초파기를 하는 공사장으로 미끄러져 들어오는 현상	• 설계계획을 변경 또는 표토를 제거하여 하중을 적게 한다. • 굴착면에 하중을 가하거나 지반을 개량한다. • 트렌치공법 또는 부분굴착을 하거나 케이슨이나 아일랜드 공법을 사용한다. • 가장 좋은 방법으로는 강성이 높고 강력한 흙막이벽의 밑을 양질의 지반 속까지 깊이 박는다.

구분	현상	방지책
파이핑	흙막이벽의 부실공사로 인하여 흙막이벽의 뚫린 구멍 또는 이음새를 통하여 물이 공사장 내부 바닥으로 파이프 작용을 하여 보일링현상이 생기는 현상	• 흙막이벽의 강성을 높이고 수밀성을 양호하게 한다.

28 평벽식, 심벽식

평벽식	목조기둥의 바깥면에 벽을 쳐서 기둥이 보이지 않고 평평한 벽을 말하며, 실내의 기밀성이 좋고 방한·방습·방음의 효과가 있다.
심벽식	**심벽식**은 기둥의 중앙에 벽을 쳐서 기둥이 벽의 바깥쪽으로 내보이게 된 것으로서 한식 구조에 많이 이용된다. 특히 **뀀대를 사용**한다.

29 절충식 지붕틀은 **지붕틀작업이 비교적 간단**하고, 간사이가 큰 경우에는 평보의 부재가 커져 경제적으로 불리한 구조이다.

30 빗대공은 압축부재이고, 경사는 45°에 가깝게 하는 것이 좋다.

31 **줄(연속)기초**는 구조상 복합기초보다 튼튼하고 지내력도가 적은 경우 기초의 면적을 크게 할 때 적당한 기초로서 일정한 폭, 길이방향으로 연속된 띠형태의 기초이다. 주로 **조적구조(벽돌, 블록, 돌구조)의 기초**에 사용된다.

32 1.5B＝1.0B＋줄눈＋0.5B＝190＋10＋90＝290mm

33 **부축벽**은 길고 높은 벽돌벽체를 보강하기 위하여 벽돌벽에 붙여 일체가 되게 영식 쌓기와 프랑스식 쌓기로 쌓은 벽으로 밑에서 위로 갈수록 단면의 크기가 작아진다.

34 철근콘크리트구조의 독립기초 설계 시 기초 상부의 주각을 연결하는 **지중보의 크기를 증대시키므로 수직압력만 작용**하고 모멘트의 작용을 방지할 수 있다.

35 **주근**은 철근콘크리트 구조의 보, 기둥, 슬래브 등에 있어 주요한 힘(인장력)을 받는 철근이며, **늑근**은 **보의 전단력에 저항하기 위하여 배근하는 철근**으로, 보의 양단에는 전단력이 크므로 늑근의 간격을 좁게 배치하고, 중앙부에는 늑근의 간격을 넓게 배치하여야 한다. **수축·온도철근**은 콘크리트의 수축 및 온도변화에 따른 균열을 방지하기 위한 철근이다.

36 거푸집의 조립 및 해체가 용이하고, **사용횟수는 강재 거푸집은 200회 정도, 목재거푸집은 4~5회 정도**로 한다.

37 단순보에서 **늑근(전단력에 저항하기 위한 철근)은 양단부에서는 전단력이 크므로 촘촘하게 배근**하고, **중앙부에는 전단력이 작으므로 느슨하게 배근**한다.

38 윙플레이트, 플레이트, 웨브
- **윙플레이트**는 기둥의 하중을 분산시켜서 베이스플레이트에 전달하는 부재이다.
- **플레이트**는 판, 강판, 평면판을 의미한다.
- **웨브**는 웨브[H형강, 챈널, 판보 등의 중앙 복부(플랜지 사이의 넓은 부분)]에 철판을 쓰고 상하부에 플랜지(I형강, ㄷ형강, 철근콘크리트 T형보 등의 상하의 날개처럼 생긴 부분)철판을 용접하거나 ㄱ형강을 리벳접합한 보이다.

39 라멘 구조, 벽식 구조, 플랫 슬래브 구조

라멘 구조	수직부재인 기둥과 수평부재인 보, 슬래브 등의 뼈대를 강접합하여 하중에 대하여 일체로 저항하도록 하는 구조이다.
벽식 구조	기둥이나 들보를 뼈대로 하여 만들어진 건축물에 대하여 기둥이나 들보가 없이 벽과 마루로서 건물을 조립하는 건축구조이다.
플랫 슬래브 구조	내부보를 없애고 바닥판을 두껍게 해서 보의 역할을 겸하도록 한 구조로서 하중을 직접 기둥에 전달하는 슬래브이다.

40 막 구조
- 막 구조는 구조체 자체의 무게가 적어 넓은 공간의 지붕 등에 쓰이는 것 또는 흔히 텐트나 천막 같이 자체로서는 전혀 하중을 지지할 수 없는 막을 잡아당겨 인장력을 주면 막 자체에 강성이 생겨 구조체로서 힘을 받을 수 있도록 한 구조로서 **상암동** 및 **제주도 월드컵 경기장**에 사용된 구조이다.
- 또한 막 구조의 종류에는 **현수 막 구조, 골조 막 구조, 공기 막 구조** 및 **하이브리드 막 구조** 등이 있다.

41 **바닥 재료에 요구되는 성질**에는 내구 성능, **기계적 성능**(차음 등 주로 인간의 생리에 영향을 주는 요인으로 거주성과 관계가 깊다), **감각적 성능**(피부에 닿았을 때의 느낌, 색채, 거칠기, 단단한 정도 등), 설계·시공 성능이 요구된다.

42 강성, 연성, 경도
- **강성**은 구조물이나 부재에 외력이 작용할 때 변형이나 파괴되지 않으려는 성질로 외력을 받더라도 변형이 작은 것을 강성이 큰 재료라고 한다. 강성은 탄성 계수와 밀접한 관계가 있다.
- **연성**은 어떤 재료에 인장력을 가하였을 때 파괴되기 전에 큰 늘음상태를 나타내는 성질을 말한다.
- **경도**는 재료의 단단한 정도로 굳기 또는 경도라고 하며, 긁히는 데 대한 저항도, 새김질에 대한 저항도, 탄력 정도, 마멸에 의한 저항도 등에 따라 표시방법이 다르다. 브리넬경도와 모스경도 등이 있다.

43 **내구성**은 재료가 장기간에 걸쳐 **외부로부터의 물리적, 화학적, 생물학적 작용에 저항하는 성질**로 영향을 주는 인자로는 물리적 작용(건습 및 동해의 반복, 마모 등), 화학적 작용(화학적 침식, 풍화 등), 생물학적 작용(충해, 균해 등) 등을 들 수 있다. 따라서 이와 같은 인자 등에 저항할 수 있도록 함으로써 필요에 따라 내후성, 내마모성, 내식성, 내화학약품성 및 내생물성이 있는 재료로 만들 수 있다.

44 **나무섬유세포**는 가늘고 길게된 것으로 목재 대부분의 용적을 차지하고 있으며, 목재의 줄기방향에 평행으로 놓여 목재의 줄기에 견고성을 준다. **수선세포**는 수심에서 사방으로 뻗어있고 물관세포와 같은 모양과 동일한 작용(수액을 수평으로 이동)을 하는 세포이다. **수지관**은 수지의 이동이나 저장하는 곳으로서 주로 침엽재에 많고, 활엽수에는 극히 드문 세포이다.

45 **절건(전건) 비중**은 목재의 절건 상태의 비중이고, **겉보기 비중**은 골재의 건조 중량을 표면 건조 내부 포수 상태의 골재 용적으로 나눈 비중이며, 진비중은 목재의 공극이 전혀 없는 상태의 비중이다.

46 목재의 강도가 **강한 것부터 약한 것의 순으로 나열**하면 **인장강도 → 휨강도 → 압축강도 → 전단강도의 순**이다.

47 촉진천연건조, 천연건조, 태양열건조

촉진천연건조	천연건조를 촉진시키기 위해 간단한 송풍 또는 가열장치를 적용하여 건조시키는 방법으로 송풍건조, 태양열건조 및 기타(진동건조, 원심건조 등) 등이 있다.
천연건조	천연건조장에서 목재를 쌓아 자연대기 조건에 노출시켜 건조시키는 방법이다.
태양열건조	촉진천연건조의 일종이다.

48 파티클보드의 **강도는 섬유 방향에 따른 방향성이 없고**, 변형(뒤틀림)도 극히 적지만 수분이나 고습도에 대해 약하기 때문에 별도의 방습 및 방수처리가 필요하다.

49 **암면**은 안산암, 사문암 등의 원료를 고열로 녹여 작은 구멍을 통하여 분출시킨 것을 고압공기로 불어 날려 만든 솜모양의 것으로, 흡음·단열·보온성 등이 우수한 불연재로 사용하는 **석재제품이다.**

50 **석재의 내화도**를 보면 대리석과 석회암은 600~800℃ 정도이고, 응회암, 안산암 및 사암은 1,000℃ 정도이며, **화강암은 600℃ 정도**이다.

51 **점토제품의 색상**은 **철산화물** 또는 **석회물질에 의해 나타나며**, 철산화물이 많으면 적색이 되고, 석회물질이 많으면 황색을 띠게 된다.

52 테라코타의 특성은 일반 석재보다 가볍고, 압축강도는 80~90MPa로 화강암의 1/2 정도이며, 화강암보다 내화력이 강하고 대리석보다 풍화에 강하므로 외장에 적당하다. 또한 **1개의 크기는 제조와 취급상 0.5m³ 또는 0.3m³ 이하로** 하는 것이 좋다.

53 **알루미나 시멘트**는 보크사이트, 석회석을 원료로 하며, 성질은 **초기 강도가 크고(보통 포틀랜드 시멘트 재령 28일 강도를 재령 1일에 나타낸다)**, 수화열이 높으며, 화학 작용에 대한 저항성이 크다. 또한 수축이 적고 내화성이 크므로 동기, 해수 및 긴급 공사에 사용한다.

54 골재의 함수 상태

55 콘크리트의 중량

구분	무근 콘크리트	**철근 콘크리트**	철골 철근 콘크리트
무게(t/m³)	2.3	**2.4**	2.5

56 레미콘의 품질시험항목에는 **슬럼프시험**, **공기량시험**, 염화물량시험, 공시체 제작, **압축강도시험** 등이 있다. 탁도는 음료수의 품질항목이다.

57 황동은 구리와 아연의 합금이고, **청동은 구리와 주석의 합금**이다.

58 코너 비드, 듀벨, 크레센트
- **코너 비드**는 벽, 기둥 등의 모서리를 보호하기 위하여 미장 바름질을 할 때 붙이는 보호용 철물이다.
- **듀벨**은 볼트와 함께 사용하는데, 듀벨은 전단력에, 볼트는 인장력에 작용시켜 접합재 상호 간의 변위를 막는 강한 이음에 사용하며, 목재와 목재 사이에 끼워서 전단에 대한 저항 작용을 목적으로 하는 철물이다.
- **크레센트**는 초생달 모양으로 된 것으로 오르내리창의 윗막이대 윗면에 대어 다른 창의 밑막이에 걸리게 하는 걸쇠로서 오르내리창에 사용한다.

59 열선흡수유리, 프리즘유리, 로이유리

열선흡수유리(단열유리)	철, 니켈, 크롬 등을 가하여 만든 유리로 흔히 엷은 청색을 띠고, 태양광선 중 열선(적외선)을 흡수하므로 서향의 창, 차량의 창 등의 단열에 이용된다.
프리즘유리	입사광선의 방향을 바꾸거나 확산 또는 집중시킬 목적으로 프리즘의 원리를 이용하여 만든 일종의 유리블록으로서 주로 지하실 창이나 옥상의 채광용으로 쓰인다.
로이유리	열적외선을 반사하는 은소재도막으로 코팅하여 방사율과 열관류율을 낮추고 가시광선의 투과율을 높인 유리로서 일반적으로 복층유리로 제조하여 사용한다.

60 돌로마이트 플라스터는 기경성의 재료로서 소석회보다 점성이 커서 풀이 필요 없고, 변색, 냄새, 곰팡이가 없으며, 돌로마이트 석회, 모래, 여물, 때로는 시멘트를 혼합하여 만든 바름 재료로서 마감 표면의 경도가 회반죽보다 크다. 그러나 **건조, 경화 시에 수축률이 가장 커서 균열이 집중적으로 크게 생기므로 여물을 사용**하는데, 요즘에는 무수축성의 석고 플라스터를 혼입하여 사용한다.

01	③	02	④	03	④	04	②	05	④	06	②	07	②	08	③	09	①	10	④
11	①	12	②	13	④	14	①	15	②	16	①	17	③	18	②	19	③	20	②
21	④	22	①	23	②	24	③	25	②	26	①	27	③	28	①	29	③	30	②
31	④	32	①	33	①	34	④	35	④	36	④	37	③	38	②	39	④	40	④
41	④	42	③	43	②	44	①	45	④	46	①	47	④	48	③	49	④	50	①
51	④	52	①	53	②	54	②	55	③	56	②	57	④	58	④	59	③	60	③

01 개축, 재축

개축	개축이란 기존 건축물의 전부 또는 일부[내력벽·기둥·보·지붕틀(한옥의 경우에는 지붕틀의 범위에서 서까래는 제외) 중 셋 이상이 포함되는 경우를 말한다]를 철거하고 그 대지에 종전과 같은 규모의 범위에서 건축물을 다시 축조하는 것을 말한다.
재축	재축이란 건축물이 천재지변이나 그 밖의 재해로 멸실된 경우 그 대지에 연면적합계는 종전 규모 이하로 하고, 동수, 층수 및 높이가 모두 종전 규모 이하이며, 동수, 층수 또는 높이의 어느 하나가 종전 규모를 초과하는 경우에는 해당 동수, 층수 및 높이가 건축법, 이 영 또는 건축조례(법령 등)에 모두 적합한 요건을 갖추어 다시 축조하는 것을 말한다.

02 건축허가신청어 필요한 기본설계도서에는 **건축계획서, 배치도,** 평면도, **입면도, 단면도,** 구조도, 구조계산서, 시방서, **실내마감도,** 소방설비도 등이나 표준설계도서에 의한 경우에는 건축계획서와 배치도에 한한다.

03 건축물의 외벽에 사용하는 마감재료를 증설 또는 해체하거나 **벽면적 30m² 이상 수선 또는 변경**하는 것을 **대수선**이라고 한다.

04 같은 색상의 순색 중에서 **채도가 높은 색**(무채색의 포함량이 가장 적은 색)을 **순색**, 명도가 높은 색을 명청색, 명도가 낮은 색을 암청색, 회색이 섞인 채도가 낮은 색을 탁색이라고 하며, 색입체의 내측 색이다.

05 자연적 형태, 인위적 형태, 이념적 형태

자연적 형태	자연적인 문양으로 인간의 의지와 관계없이 끊임없이 변화하는 형태이다.
인위적 형태	휴먼스케일과 일정한 관계를 갖는 인위적인 형태로 3차원적인 모양, 구조를 갖는 형으로 기하형태와 자유형태 등이 있다.
이념적 형타	인간의 지각, 즉 시각과 촉각 등으로는 직접 느낄 수 없고 개념적으로만 제시될 수 있는 형태로 기하학적으로 취급된 점, 선, 면 등이 이에 속한다.

06 중력환기는 대류작용에 의해서 일어나는 환기법이고, **제1종 환기법(병용식)은 송풍기와 배풍기를 사용한 환기법**이고, 제2종 환기법(압입식)은 송풍기와 개구부를 사용한 환기법이며, 제3종 환기법(흡출식)은 개구부와 배풍기를 사용한 환기법이다.

07 직접조명방식은 조명기구의 위치에 따라 **조도가 균일하지 못하므로** 실내 전체적으로 볼 때 밝고 어둠의 차이가 크다.

08 **양식 주택의 실은 단일용도**이고, **한식 주택의 실은 혼(다)용도**이다. 양식 주택의 평면은 복도로 연결된 기능적인 분화평면(개방적, 실의 분화)이고, 한식 주택은 홀로 연결된 조합평면(은폐적, 실의 조합)이다.

09 **개인공간**에는 침실(부부, 어린이, 노인 등), **서재** 등이 있고, 공동공간에는 거실, 식당, 응접실 등이 있으며, 그 밖의 공간에는 가사노동공간(부엌, 세탁실, 가사실, 다용도실 등), 보건위생공간(세면실, 욕실, 화장실), 수납공간(반침, 창고 등), 교통공간(문간, 홀, 복도, 계단 등) 등이 있다.

10 **거실배치 시 고려할 사항**은 **일조, 동선** 및 **주택의 규모** 등이 있다.

11 **다이닝 키친**(DK ; Dining Kitchen)은 **부엌의 일부에 간단히 식탁을 꾸민 것** 또는 부엌의 일부분에 식사실을 두는 형태로, 부엌과 식사실을 유기적으로 연결시켜 노동력을 절감하기 위한 형태이다. 즉 공사비의 절약, **주부의 동선 단축과 노동력의 절감**, 공간활용도가 높고, 실면적의 절약 및 소규모 주택에 적합하다.

12 **ㄱ(ㄴ, L)자형, ㄷ자형, 병렬형**

ㄱ(ㄴ, L)자형	**ㄱ(ㄴ, L)자형**은 두 벽면을 이용하여 작업대를 배치한 형태로 한쪽 면에 싱크대를, 다른 면에는 가스레인지를 설치하면 능률적이다. 작업대를 설치하지 않은 남은 공간을 식사나 세탁 등의 용도로 사용할 수 있다.
ㄷ자형	**ㄷ자형**은 동선이 가장 짧으며 면적이 넓은 부엌에 적합하다.
병렬형	**병렬형**은 부엌의 가구가 마주 보도록 배치하는 형태이다.

13 **계단실(홀)형**은 복도를 통하지 않고 계단실, 엘리베이터 홀에서 직접 단위 주거에 도달하는 형식이다. 양쪽에 창호를 설치할 수 있으므로 **채광과 통풍이 가장 유리하고, 프라이버시가 양호**하며, **통행부 면적이 작아서 건물의 이용도가 높고, 좁은 대지에서 집약형 주거 등이 가능**하나, **엘리베이터의 효율이 나쁘다.**

14 **트리플렉스형**은 듀플렉스형보다 프라이버시 확보율이 높고, 통로가 없는 층의 평면은 채광 및 통풍에 문제가 없으나 **피난이 매우 난이**하며, 통로면적도 유리하다.

15 **고가탱크방식**은 물을 지하탱크에 받아 양수펌프로 건물 옥상에 설치된 고가탱크로 양수하고, 높이차이로 인한 수압을 이용한 급수방식이다. 수압을 일정하게 유지할 수 있고 단수가 되어도 일정량의 급수를 계속할 수 있으며, 배관부품의 파손이 적어 대규모 급수에 적합한 설비이다. **수질이 오염되기 쉽고** 설비비가 비싸다는 단점이 있다.

16 **증기 난방의 장단점**

장점	• 증발 잠열을 이용하기 때문에 열의 운반 능력이 크다. • **예열 시간이 온수 난방에 비해 짧고**, 증기의 순환이 빠르다. • 방열 면적을 온수 난방보다 작게 할 수 있고, 설비비와 유지비가 싸다.
단점	• **난방의 쾌감도가 낮고, 난방 부하의 변동에 따라 방열량의 조절이 곤란**하다. • 소음이 많이 나고, 보일러의 취급 기술이 필요하다.

17 **단일 덕트 방식, 이중 덕트 방식, 팬 코일 유닛 방식**

단일 덕트 방식 (single duct system)	오래 전부터 사용되어 온 공조 방식으로 중앙에서 에어 핸들링 유닛(air handling unit)이나 패키지형 공조기(package air conditioner) 등을 써서, 실내와 환기 덕트 내 자동 온도 조절기(thermostat) 또는 자동 습도 조절기(humidistat)에 의해 각 실의 조건에 맞게 조절된 냉풍이나 온풍을 하나의 덕트와 취출구를 통하여 각 실에 보내서 공조하는 방식이다.
이중 덕트 방식 (double duct system)	냉풍, 온풍의 2개의 덕트를 만들어, 말단에 혼합 유닛(unit)에서 열부하에 알맞은 비율로 혼합하여 송풍함으로써 실온을 조절하는 전공식의 조절 방식이다.
팬 코일 유닛 방식 (fan-coil unit system)	**전동기 직결의 소형 송풍기, 냉·온수 코일 및 필터(filter) 등을 갖춘 실내형 소형 공조기(fan-coil unit)를 각 실에 설치하여 중앙 기계실로부터 냉수 또는 온수를 받아서 공기 조화를 하는 전수 방식**이다.

18 인터폰의 작동원리와 접속방식

구분	분류	정의
작동원리	프레스 토크	말할 때 통화버튼을 누르고, 들을 때 통화버튼을 떼고 통화하는 방식
	동시통화	전화통화와 동일한 방식
접속방식	모자식	한 대의 모기에 여러 대의 자기를 접속
	상호식	어느 기계에서나 임의로 통화가 가능한 형식
	복합식	모자식과 상호식의 복합방식으로 모기 상호 간 통화가 가능하고, 모기에 접속된 모자간에도 통화가 가능

19 승객의 층별 대기시간은 **평균운전간격 이하(10초 이내)**가 되게 한다.

20 가스관과 전기설비와의 이격거리

저압 옥내외 배선	전기 점멸기, 콘센트	전기개폐기, 전기계량기, 전기안전기, 고압 옥내 배선	저압 옥상 전선로 특별 고압 지하 옥내 배선	피뢰 설비
15cm 이상	**30cm 이상**	60cm 이상	1m 이상	1.5m 이상

21 **건축제도의 통칙**에는 배척(2/1, 5/1), 실척(1/1), 축척[1/2, 1/3, 1/4, 1/5, 1/10, 1/20, 1/25, 1/30, 1/40, 1/50, 1/100, 1/200, 1/250, (1/300), 1/500, 1/600, 1/1,000, 1/1,200, 1/2,000, 1/2,500, (1/3,000), 1/5,000, 1/6,000]의 **24종으로 규정**하고 있다.

22 도면의 표시기호

명칭	길이	높이	폭	면적	두께	직경	**반지름**	용적
표시 기호	L	H	W	A	TH	D	**R**	V

23 창호 표시 기호 중 **2는 2번**을 의미하고, **A는 알루미늄, W는 창문(Window)**을 의미한다.

24 **일점쇄선**은 **허선**으로 중심선(중심축, 대칭축), **절단선, 경계선, 기준선에 사용**되고, 물체의 보이지 않는 부분에는 파선이 사용된다.

25 투시도의 형식

투시도의 형식은 물체와 화면의 관계 및 소점의 수에 따라 세 가지로 분류할 수 있다.

1소점(평형) 투시도	화면에 그리려는 물체가 화면에 대하여 평행 또는 수직이 되게 놓여지는 경우로 소점이 1개가 된다. 실내 투시도 또는 기념 건축물과 같은 정적인 건물의 표현에 효과적이다. 또한, **1소점 투시도에는 실내 공간의 3면(전체는 1면, 일부는 2면)과 천장, 바닥의 일부**가 그려진다.
2소점 투시도	2개의 수평선이 화면과 각을 가지도록 물체를 돌려 놓은 경우로, **소점이 2개가 생기고 수직선은 투시도에서 그대로 수직으로 표현**되는 가장 널리 사용되는 방법이다.
3소점 투시도	물체가 돌려져 있고 화면에 대하여 기울어져 있는 경우로, 화면과 평행한 선이 없으므로 소점은 3개가 된다. 아주 높은 위치나 낮은 위치에서 물체의 모양을 표현할 때 쓰이나, 건축에서는 제도법이 복잡하여 자주 사용되지 않는다.

26 **조립식 구조, 습식 구조, 일체식 구조**

조립식 구조 (프리패브리케이션)	• **조립식 구조(프리패브리케이션)**는 공장 생산에 의한 대량 생산이 가능하고 공사기간을 단축할 수 있으며, 시공이 용이하고 가격이 저렴하다. • 기후의 영향을 받지 않으므로 연중 공사가 가능하다. 그러나 초기에 시설비가 많이 들고 각 부재의 다원화가 힘들며, 강한 수평력(지진, 풍력 등)에 대하여 취약하므로 보강이 필요한 것이 단점이다. 특히 각 부품의 일체화가 힘들다.
습식 구조	• **습식 구조**는 건축시공 시 현장에서 공정상 물을 사용하여 구조체를 완성하는 방식으로 **벽돌 구조, 블록 구조**, 돌구조, **철근 콘크리트 구조** 등이 이에 해당된다.
일체식 구조	• **일체식 구조**는 전 구조체(기둥, 벽, 보, 바닥 및 지붕 등)를 일체로 만든 구조로서 철근 콘크리트 구조, 철골 철근 콘크리트 구조 등이 있다.

27 **기초의 종류**

복합 기초	두 개 이상의 기둥을 한 개의 기초에 연속되어 지지하는 기초로서 단독 기초의 단점을 보완한 기초이다.
줄기초	**벽** 또는 **일련의 기둥으로부터의 응력을 띠모양으로 하여 지반 또는 지정에 전달하도록 하는 기초 형식**으로 주로 조적 구조의 기초에 사용하는 기초이다.
독립 기초	1개의 기초가 1개의 기둥을 지지하는 기초로서 기둥마다 구덩이 파기를 한 후에 그곳에 기초를 만드는 것으로, 경제적이나 침하가 고르지 못하고, 횡력에 위험하므로 이음보, 연결보 및 지중보가 필요하다.

28 **꺾쇠**는 평보와 서까래의 맞춤에 사용된다. **안장쇠**는 안장 모양으로 한 부재에 걸쳐대고 다른 부재를 받게 하는 이음, 맞춤의 보강철물로 큰 보와 작은 보, 귓보와 귀잡이보의 맞춤에 사용한다. **띠쇠**는 띠 모양으로 만든 이음철물로 좁고 긴 철판을 적당한 길이로 잘라 양쪽에 볼트, 가시못 구멍을 뚫은 철물로서 두 부재의 이음새, 맞춤새에 대어 두 부재가 벌어지지 않도록 보강하는 철물이다.

29 **절충식 지붕틀**

구성부재	구성방법	특성
지붕보 , 베게보 , 동자기둥, **대공**, 지붕펠대, **종보, 중도리**, 마루대, 서까래, 지붕널	지붕보에 동자기둥, 대공 등을 세워 서까래를 받치는 중도리를 걸쳐 댄 것으로 지붕보는 휨응력을 받는다.	• 간사이가 크면 휨작용이 커져서 단면이 큰 부재를 필요로 한다. • 강도가 크고 가격이 염가인 통나무로 만드는 것이 좋다. • 간사이가 커지면 양식 지붕틀로 하는 것이 강도도 있고 경제적이다.

※ **달대공은 왕대공 지붕틀의 부재**이다.

30 **왕대공 지붕틀의 부재응력**
수직, 수평부재는 인장력, **경사부재는 압축력**을 받고, ㅅ자보와 평보는 휨 모멘트가 작용한다.

부재	ㅅ자보	평보	왕대공, 달대공	빗대공
응력	**압축응력**, 중도리에 의한 휨모멘트	**인장응력**, 천장하중에 의한 휨모멘트	**인장응력**	압축응력

31 **외쪽지붕, 톱날지붕, 모임지붕**

외쪽지붕	지붕 전체가 한 쪽으로만 물매진 지붕으로 지붕 모양별 종류의 하나이다.
톱날지붕	외쪽 지붕(지붕 전체가 한쪽으로만 물매진 지붕)이 연속하여 톱날 모양으로 된 지붕으로 **주택에는 일반적으로 사용하지 않는 지붕**이다.

모임지붕	건축물의 모서리에서 오는 추녀마루가 용마루까지 경사지어 올라가 모이게 된 지붕 또는 추녀마루가 용마루에 모여 합친 지붕을 말한다.

32 **마름질벽돌의 크기**

  ㉠ 이오토막의 크기 : $90 \times (190 \times \dfrac{1}{4} = 47.5)$mm

  ㉡ 칠오토막의 크기 : $90 \times (190 \times \dfrac{3}{4} = 142.5)$mm

  ㉢ 반토막의 크기 : $90 \times (190 \times \dfrac{1}{2} = 95)$mm

  ㉣ 반절의 크기 : $(90 \times \dfrac{1}{2} = 45) \times 190$mm

  여기서 절단으로 인하여 소모되는 부분은 제외되어야 하며 ㉠, ㉡, ㉢, ㉣을 비교하면 ㉠(이오토막)이 가장 작다.

33 **층두리 아치, 막만든 아치, 숨은 아치**
  • **층두리 아치** : 아치가 넓을 때에는 반장별로 층을 지어 겹쳐 쌓은 아치이다.
  • **막만든 아치** : 보통 벽돌을 쐐기 모양으로 다듬어 쓰는 아치이다.
  • **숨은 아치** : 벽 개구부 인방 위에 설치된 간단한 아치로, 상부 하중을 지지하기 위한 아치 또는 보통 아치와 인방 사이에는 막혀 있는 블라인드 아치(개구부가 항구적인 벽체로 막혀 있는 아치)로 한다.

34 **부축벽**(버트레스, 버팀벽)은 **횡력을 받는 벽을 지지하기 위하여 설치**하며, 길고 높은 벽돌 벽체를 보강하기 위하여 벽돌벽에 붙여 일체가 되게 영국식 쌓기와 프랑스식 쌓기로 쌓은 벽으로, 밑에서 위로 갈수록 단면의 크기가 작아진다.

35 **띠철근(대근)**의 직경은 6mm 이상의 것을 사용하고, 그 간격은 주근 직경의 16배 이하, 띠철근 직경의 48배 이하, 기둥의 최소 치수 이하, 30cm 이하 중 의 최솟값으로 한다(단, 띠철근은 기둥 상·하단으로부터 기둥의 최대 너비에 해당하는 부분에서는 앞 에서 설명한 값의 1/2로 한다). 또한 대근의 역할은 전단력에 대한 보강, 주근의 위치를 고정 및 압축력에 의한 주근의 좌굴을 방지함과 동시에 인장력에 저항한다.

36 **2방향 슬래브 및 1방향 슬래브**

2방향 슬래브	$\lambda(\text{변장비}) = \dfrac{\ell_y(\text{장변방향의 순간사이})}{\ell_x(\text{단변방향의 순간사이})} \leq 2$
1방향 슬래브	$\lambda(\textbf{변장비}) = \dfrac{\ell_y(\textbf{장변방향의 순간사이})}{\ell_x(\textbf{단변방향의 순간사이})} > 2$

37 아래 그림에서 알 수 있듯이 중앙지점 부근에서 압축력을 받고, 양끝 지점 부근에서 인장력을 받으므로 휨모멘트도에 따라 배근한다.

38 **래티스보, 트러스보, 판보(플레이트보)**

래티스보	• 상하플랜지에 ㄱ자 형강을 대고 플랜지에 웨브재를 45°, 60°로 접합한 보로, 웨브 판의 두께는 6~12mm, 너비는 60~120mm 정도이고, 리벳은 직경 16~19mm를 2~3개로 플랜지에 접합한다. • 주로 지붕트러스의 작은 보, 부지붕틀로 사용한다.

트러스보	• 플레이트보의 웨브에 빗재 및 수직재를 사용하고 거싯플레이트로 플랜지 부분과 조립한 보로서, 플랜지 부분의 부재를 현재라고 한다. • 트러스보에 작용하는 휨모멘트는 현재가 부담하고, 전단력은 웨브재의 축방향으로 작용하므로 트러스보를 구성하는 부재는 모두 인장재나 압축재로 설계된다. • 특히 간사이가 15m를 넘거나 보의 춤이 1m 이상되는 보를 판보로 하기에는 비경제적일 때 사용하는 것으로 접합판(gusset plate)을 대서 접합한 조립보이다.
판보(플레이트보)	• 판보(플레이트보)는 ㄴ형강과 강판 또는 강판만을 조립하여 만드는 보 또는 웨브[H형강, 챈널, 판보 등의 중앙 복부(플랜지 사이의 넓은 부분)에 철판을 쓰고 상하부에 플랜지(I형강, ㄷ형강, 철근콘크리트 T형보 등의 상하의 날개처럼 생긴 부분)철판을 용접하거나 ㄱ형강을 리벳접합한 보이다.

39 • **트러스 구조** : 절점을 핀(pin)접합으로 취급한 삼각형형태의 부재를 조합한 구조형식으로 각 부재에는 원칙적으로 축방향력만 발생하고, 가느다란 부재로 큰 공간을 구성할 수 있다.
• **현수 구조** : 구조물의 주요 부분을 매달아서 인장력으로 저항하는 구조물이다.
• **절판 구조** : 자중도 지지할 수 없는 얇은 판을 접으면 큰 강성을 발휘한다는 점에서 쉽게 이해할 수 있는 구조이다. 예로 데크플레이트를 들 수 있다.

40 튜브 구조, 스페이스 프레임(스페이스 트러스) 구조, 트러스 구조
• 튜브 구조는 초고층 구조 시스템의 하나로 관과 같이 하중에 저항하는 수직 부재가 대부분 건물의 바깥쪽에 배치되어 있어 횡력에 효율적으로 저항하도록 계획된 구조 시스템이다.
• 스페이스 프레임(스페이스 트러스) 구조는 2차원의 트러스(축방향만으로 힘을 받는 직선재를 핀으로 결합하여 효율적으로 힘을 전달하는 구조 시스템)를 평면 또는 곡면의 2방향으로 확장시킨 구조 또는 트러스를 종횡으로 배치하여 입체적으로 구성한 구조를 말한다. 형강이나 강관을 사용하여 넓은 공간을 구성하는 데 이용되며, 넓은 대형 공간(체육관, 공연장) 등의 지붕 구조물로 많이 사용한다.
• 트러스 구조는 직선 부재가 서로 한 점에서 만나고 그 형태가 삼각형인 구조물로서 인장력과 압축력의 축력만을 지지하는 구조이다.

41 구조재료에 요구되는 성질은 재질이 균일하고 강도, 내화 및 내구성이 큰 것이어야 하며, 가볍고 큰 재료를 얻을 수 있고 가공이 용이한 것이어야 한다. ④는 바닥, 마무리재료의 요구조건이다.

42 전성, 탄성, 인성

전성	전성은 어떤 재료를 망치로 치거나 롤러로 누르면 얇게 펴지는 성질을 말한다.
탄성	탄성은 물체가 외력을 받으면 변형과 응력이 생긴다. 변형이 적은 경우에는 외력을 없애면 변형이 생겼다가 없어지고 본래의 모양으로 되돌아가서 응력이 없어지는 성질이다.
인성	인성은 재료가 외력을 받아 파괴될 때까지의 에너지 흡수 능력이 큰 성질로서 큰 외력을 받아 변형을 나타내면서도 파괴되지 않고 견딜 수 있는 성질이다.

43 응력, 항복점, 취성
• 응력은 단위면적당 작용된 하중의 값, 즉 응력 = $\dfrac{하중}{단면적}$ 이다.
• 항복점은 응력은 별로 증가하지 않았으나 변형이 급격히 증가하는 점이다.
• 취성은 작은 변형이 생기더라도 파괴되는 성질 또는 인성에 반대되는 용어로 작은 변형으로도 파괴되는 성질로 유리가 대표적인 취성재료이다.

44 유기재료, 무기재료
• 유기재료의 종류에는 천연재료(목재, 대나무, 아스팔트, 섬유판), 합성수지(플라스틱재, 도장재, 실링재, 접착제 등)등이 있다.
• 무기재료에는 비금속(석재, 흙, 콘크리트, 도자기 등), 금속(철재, 구리, 알루미늄 등) 등이 있다.

45 **구조용재의 함수율**은 기건재로 **10~15% 정도**이다.

46 **목재의 공극률**(목재에서 공기가 차지하는 비율)

$V = (1 - \dfrac{w}{1.54}) \times 100[\%]$ 여기서, w : 절건 비중

47 **펜타클로로페놀, 콜타르, 아스팔트**
- **펜타클로로페놀**(Penta Chloro Phenol, PCP) : 목재의 방부제 중 PCP는 무색이고 방부력이 가장 우수하며, 그 위에 페인트를 칠할 수 있다. 또한 크레오소트에 비하여 가격이 비싸며, 석유 등의 용제로 녹여서 사용한다.
- **콜타르** : 가열하여 칠하면 방부성이 좋으나, 목재를 흑갈색으로 만들고 페인트칠도 불가능하므로 보이지 않는 곳이나 가설재 등에 이용한다.
- **아스팔트** : 열을 가해 녹여서 목재에 도포하면 방부성이 우수하나, 흑색으로 착색되어 페인트칠이 불가능하므로 보이지 않는 곳에서만 사용할 수 있다.

48 파티클보드는 목재섬유와 소편을 방향성 없이 열압, 성형, 제판한 것으로, 특성은 강도와 섬유방향에 따른 방향성이 없고 변형(뒤틀림)도 극히 적지만 방습 및 방수처리가 필요하다. 또한 합판에 비하여 휨강도가 떨어지나, 면내강성은 우수하고, 표면이 평활하고 경도가 크므로 균질한 판을 대량으로 얻을 수 있다. **③은 집성목재의 특성**이다.

49 **유리섬유**는 안전사용온도가 300℃, **최고온도가 500℃ 정도**로 보온제품, 흡음재로 사용하며, 내화성, 단열성, 흡음성, 내식성 및 내수성이 우수한 제품이다.

50 **석재의 절리와 석목**

절리	암석 중에서 갈라진 틈을 말하고, 암석은 절리(암장이 냉각할 때의 수축으로 인하여 자연적으로 생긴 것)에 따라 채석을 한다.
석목	**절리 이외에 작게 쪼개지기 쉬운 면**을 말하고, 즉 암석학적으로 광물의 집합상태를 말하는 것으로 **화강암의 경우에는 장석성분의 결을 따라 일정한 방향으로 갈라진 것**이 된다.

51 **대리석**은 석회암이 오랜 세월 동안 땅속에서 지열, 지압으로 인하여 변질되어 결정화된 것으로 주성분은 탄산칼슘이다. 성질은 치밀하고 견고하며 포함된 성분에 따라 경도, 색채, 무늬 등이 매우 다양하다. 특히 아름답고 갈면 광택이 나므로 장식용 석재 중에서는 가장 고급재로 사용되나 **열, 산 등에 매우 약하다.**

52 **점토 벽돌의 품질 기준**

구분	1종	2종
흡수율(%)	**10 이하**	15 이하
압축 강도(MPa, N/mm^2)	24.50 이하	14.70 이하

53 **고로 시멘트, 백색 포틀랜드 시멘트, 중용열 포틀랜드 시멘트**

고로 시멘트	• **고로 시멘트**는 건조에 의한 수축은 일반포틀랜드시멘트보다 크나, 수화할 때 발열이 적고(초기 강도가 낮고, 장기 강도가 높다), 화학적 팽창에 뒤이은 수축이 적어서 종합적으로 균열이 적다. • 댐공사, 매스 콘크리트 공사에 적합하고, 비중(2.85 이상)이 작으며, 바닷물에 대한 저항이 크다.
백색 포틀랜드 시멘트	• **백색 포틀랜드 시멘트**는 건축물의 표면(내·외면) 마감, 도장에 주로 사용하고 구조체에는 거의 사용하지 않는 시멘트이다.

중용열 포틀랜드 시멘트	• **중용열 포틀랜드 시멘트**(석회석＋점토＋석고)는 원료 중의 석회, 알루미나, 마그네시아의 양을 적게 하고, 실리카와 산화철을 다량으로 넣어서 수화 작용을 할 때 발열량(수화열)이 적고, 경화를 느리게 한 시멘트로, 조기 강도는 작으나 장기 강도는 크며, 체적의 변화가 적어서 균열의 발생(수축률)이 적다. • 특히, 방사선의 차단과 내침식성, 내수성, 내식성 및 내구성이 크므로 댐 축조, 콘크리트 포장, 방사능 차폐용 콘크리트에 이용된다.

54 • **체가름시험** : 모래와 자갈을 눈이 좁은 것부터 차례로 띄워서 겹쳐놓은 체진동기로 충분히 거른 다음, 각 체에 걸린 모래, 자갈의 무게를 측정하여 전체의 양에 대한 비율을 계산하는 시험으로 골재의 입도를 나타낸다.
  • **블리딩시험** : 콘크리트의 재료분리시험방법이다.
  • **블레인시험** : 시멘트의 분말도시험방법이다.

55 **콘크리트의 강도**는 **물·시멘트비에 의하여 결정**되며, 콘크리트의 강도에 영향을 끼치는 요인에는 **재료**(물, 시멘트, 골재)**의 품질**, **시공 방법**(비비기 방법, 부어넣기 방법), **보양** 및 **재령**과 **시험법** 등이 있다.

56 **좌굴 현상, 크리프(플로) 현상, 컬럼 쇼트닝**

좌굴 현상	**좌굴 현상**은 길고 가느다란 부재가 압축하중이 증가함에 따라 부재의 길이에 직각 방향으로 변형하여 내력이 급격히 감소하는 현상 또는 압축력을 받는 세장한 기둥 부재가 하중의 증가 시 내력이 급격히 떨어지게 되는 현상이다.
크리프(플로) 현상	**크리프(플로) 현상**은 콘크리트 구조물에서 하중을 지속적으로 작용시킨 경우, 하중의 증가가 없어도 시간과 더불어 변형이 증대되는 현상이다.
컬럼 쇼트닝	**컬럼 쇼트닝**은 철골조 초고층 건축물의 기둥의 축소 변위를 말하는 것으로 건축물의 축조시 내외부 기둥 구조가 다른 경우와 철골 재료의 재질 및 응력의 차이로 인한 신축량이 발생한다.

57 강재의 표시법 중 2L(L형강 2개)$-A \times B \times t_1 \times t_2$의 표시법은 2L : L형강 2개, A : 형강의 춤, B : 형강의 폭, t_1 : 웨브의 두께, t_2 : **플랜지의 두께(10mm)를 의미**한다.

58 • **논슬립** : 미끄럼을 방지하기 위하여 계단의 코 부분에 사용하며 놋쇠, 황동제 및 스테인리스강재 등이 있다.
  • **메탈 라스** : 금속제 라스의 총칭으로 얇은 강판에 마름모꼴의 구멍을 연속적으로 뚫어 그물처럼 만든 금속제품으로 천장 및 벽의 미장바탕에 사용한다.
  • **펀칭 메탈** : 두께 1.2mm 이하의 박강판을 여러 가지 무늬모양으로 구멍을 뚫어 환기구멍, 라디에이터커버 등에 사용한다.

59 **코너 비드, 메탈 실링, 메탈 라스**
  • **코너 비드**는 벽, 기둥 등의 모서리를 보호하기 위하여 미장 바름질을 할 때 붙이는 보호용 철물이고,
  • **메탈 실링**은 금속제를 사용하여 지붕 밑, 바닥 밑을 가리어 치장하여 꾸민 천장(반자)이다.
  • **메탈 라스**는 금속제 라스의 총칭으로 얇은 강판에 많은 절목을 넣어 이를 옆으로 늘려서 만든 것으로 천장 및 벽의 미장바탕에 사용한다.

60 **돌로마이트 플라스터**는 **기경성**이고, 소석회보다 점성이 커서 풀이 필요 없고, 변색, 냄새, 곰팡이가 없으며, 돌로마이트, 석회, 모래, 여물, 때로는 시멘트를 혼합하여 만든 바름 재료로서 마감 표면의 경도가 회반죽보다 크다. 그러나 건조, 경화 시에 수축률이 가장 커서 균열이 집중적으로 크게 생기므로 여물을 사용한다.

부록

이것만은 알고 시험장에 가자!
필수 핵심 용어집

필수 핵심 용어집

1 건축 계획 일반

01 건축 계획 과정

01. 건축 원리의 3대 요소 : 구조(**견실, 견고, 축조 및 논리**), 기능, 미(형태)

02. 건축물을 만드는 과정 : **기획 → 설계 → 시공**의 3단계로 형성

03. 기획 : **건축주 또는 이용자의 요구사항, 문제의 파악과 분석, 설계자가 발의하는 제안사항** 등

04. 설계 : **건축가를 중심으로 하여 진행되는 과정**, 즉 **시기적으로 가장 먼저 이루어지는 계획 설계도**

05. 건축 설계 시 가장 먼저 생각할 사항 : **대지 및 주위 환경의 분석**이다.

06. 시공 : **건축물의 생산 과정 중 가장 마지막 단계**

07. 건축물의 계획의 전기 : **내부적 요구 조건(이용상 요구)**, 외부적 요구 조건(**대지 및 사회적 조건**)

08. 대지의 조건 파악과 주위 환경의 분석으로 대지 조사의 내용 : 대지의 모양과 크기, 방위와 **지형, 지질, 지중에 매설된 시설물, 도시 계획 및 관계 법규**

09. 건축 대지의 조건 중 자연적 조건 : **대지의 면적 및 방위, 기후** 등이고, **법적 규제는 사회적인 조건**

10. 구조 계획 : **건축의 세부 계획 중 안전하고 내구적이며, 경제적인 구조체를 설계하기 위한 계획**

11. 에스키스 : **설계자의 머릿속에서 이루어진 공간의 구상을 종이 위에 형상화하여 그린 다음 시각적으로 확인하는 것**

12. 건축의 모듈화 : **건축의 척도 조정이 되지 않더라도 설계의 자유도를 높이는 것이 매우 중요하다.**

13. 모듈의 특성
① **공사 기간이 단축**
② **설계 작업이 단순화되고 간편**
③ **똑같은 형태의 반복으로 인한 무미건조함(사용자의 개성에 맞는 다양한 공간의 구성이 난이)**

14. 내부 공간 : **건축 고유의 공간이며, 기능과 구조 그리고 아름다움의 측면에서 무엇보다 중요하다.**

15. 외부(옥외) 공간
① **자연 발생적인 것이 아니라 인간에 의해 의도적·인공적으로 만들어진 외부의 환경**이다.
② **외부 공간은 하나의 외부 공간만으로 그치는 것이 아니라 건축물이 많이 있을 때 건축물에 의해 둘러싸인 공간 전체**를 말한다.

16. 상징적 구획 : **공간을 폐쇄적으로 완전 차단하지 않고 공간의 영역을 분할하는 상징적 분할**에 이용되는 것은 **바닥의 높이차**이다.

17. 차단적 구획의 요소 : **열주, 수납장, 커튼** 등이 있고, **조명과는 무관**하다.

18. 공간의 조직 형식 : **직선식**, **방사식**, **그물망식(격자형)**, **중앙 집중식** 등

19. 그물망식(격자형) : **동일한 형이나 공간의 연속으로 이루어진 구조적 형식**으로 **형과 공간**, **크기**, **위치**, **방위도 동일**

20. 공동 주택의 종류 : **아파트**, **연립 주택**, 다세대 주택, **기숙사** 등

21. 단독 주택의 종류 : **단독 주택**, **다중 주택**, **다가구 주택**, **공관** 등

22. 대지 : **「지적법」에 의하여 각 필지로 구획된 토지**

23. 건폐율 : 대지 면적에 대한 건축 면적의 비로, 즉 건폐율 $= \dfrac{건축\ 면적}{대지\ 면적}$ 이다.

24. 용적률 : 대지 면적에 대한 연면적의 비로, 즉 $\dfrac{연면적}{대지\ 면적}$ 이다.

25. 대수선 : **내력벽의 벽 면적 30m² 이상**

26. 건축 : 건축물을 **신축**, **증축**, **개축**, **재축**하거나 건축물을 **이전**하는 것

27. 재축 : **건축물이 천재지변이나 그 밖의 재해로 멸실된 경우 그 대지에 종전과 같은 규모의 범위에서 다시 축조**

28. 개축 : **기존 건축물의 전부 또는 일부를 철거하고 그 대지에 종전과 같은 규모의 범위에서 건축물을 다시 축조**

29. 층수
　① 그 **건축물의 높이 4m마다 하나의 층으로** 산정
　② 옥탑은 그 수평투영면적의 합계가 해당 건축물의 **건축면적의** $\dfrac{1}{8}$ (주택법에 따른 사업계획승인 대상인 공동 주택 중 세대별 전용면적이 85m² 이하인 경우에는 $\dfrac{1}{6}$) 이하인 경우에는 건축물의 층수에 산입하지 아니한다.

30. 주요 구조부 : 내력벽, 기둥, 바닥, 보, 지붕틀 및 주계단

31. 고층 건축물 : **층수가 30층 이상**이거나 **높이가 120m 이상**

32. 초고층 건축물 : **층수가 50층 이상**이거나 **높이가 200m 이상**

33. 지하층 : 건축물 바닥이 지표면 아래에 있는 층으로서, **바닥에서 지표면까지의 평균 높이가 해당 층 높이의 1/2 이상인 층**

34. 바닥 면적 : 하나의 건축물의 각 층의 외벽 또는 외곽 기둥의 중심선으로 둘러싸인 수평 투영 면적

35. 건축주 : **건축법상 건축물의 건축·대수선·용도변경, 건축설비의 설치 또는 공작물의 축조에 관한 공사를 발주하거나 현장관리인을 두어 스스로 그 공사를 하는 자**

02 조형 계획

01. 직선

수직선	**존엄성**, **엄숙함**, **상승감** 등
수평선	**영원**, **확대**, **무한**, **평화** 및 **고요** 등
사선	**동적이고 불안정한 느낌**을 주나 **건축에 강한 표정**

02. 곡선

    ① **자유 곡선** : 자유분방하고 감정이 풍부한 표정

    ② **기하 곡선** : 포물선(스피드), 쌍곡선(단순함), 와선(동적이고 발전적임) 등

03. 리듬 : **규칙적인 요소들의 반복으로 디자인에 시각적인 질서를 부여하는 통제된 운동 감각을 의미**

04. 대비 : 디자인의 기본 원리 중 **성질이나 질량이 전혀 다른 둘 이상의 것이 동일한 공간에 배열될 때 서로의 특질을 한층 돋보이게 하는 현상**

05. 통일 : **건축물에서 공통되는 요소에 의해 전체를 일관되게 보이도록 하는 것**

06. 조화

    ① **부분과 부분 및 부분과 전체 사이에 안정된 관련성**

    ② **전체적인 조립 방법이 모순 없이 질서를 잡는 것**

    ③ **유사 조화**(동질 부분의 조화)와 **대비 조화**(이질 부분의 조화)

07. 균형 : **인간의 주의력에 의해 감지되는 시각적 무게의 평형상태**

08. 균형의 종류 : 대칭, 비대칭, 비례, 주도와 종속 등

09. 균형(시각적 무게의 평형 상태)의 원리 : **기하학적 형태는 불규칙한 형태보다 시각적 중량감이 작고**(가볍게 느껴지고), 사선이 수직선, 수평선보다 시각적 중량감이 크다.

10. 황금비 : **어떤 길이를 둘로 나누어 작은 부분과 큰 부분의 비와 큰 부분과 전체의 비가 1 : 1.618의 비가 되도록 하는 분할**

11. 게슈탈트의 4법칙 중 연속성 : **공동 운명의 법칙, 유사한 배열로 구성된 형들이 방향성을 지니고 연속되어 보이는 하나의 그룹으로 지각되는 법칙**

12. 건물의 색채 계획

    ① **건물의 배색**은 먼저 **주변과의 조화**를 고려한다.

    ② **병원의 수술실**은 **피의 색깔인 붉은색과 보색 관계인 녹색**을 사용한다.

    ③ **거실 천장의 조명**은 **고명도의 색**을 사용하여 밝게 한다.

    ④ **실내의 색채 계획에서 사용되는 색의 수를 적게** 한다.

13. 색의 3요소 : 색상, 명도, 채도 등

14. 명도

    ① **같은 계통의 색상이라도 색이 밝고 어두운 정도의 차가 있는데, 색의 밝기를 나타내는 성질과 밝음의 감각을 척도화한 것**

    ② **무게감에 가장 많은 영향을 미치는 요소**

15. 색광의 3원색 및 색상의 3원색

    ① 색광의 3원색 : **빨강, 파랑 및 녹색** 등

    ② 색상의 3원색 : 빨강, 노랑 및 파랑

16. 명시(가독)성 등

    ① **명시(가독)성**은 **명도차**가 큰 것이 높고, 그 다음이 채도차, 색상차의 순이다.

    ② **가시도가 높은 배경색**과 **주조색** 중에서 검정 배경 위에는 **노랑**, 주황, 녹색, 파랑, 빨강, 보라의 순이다.

17. 먼셀 표색계
① 물체 표면의 색지각을 색상, 명도, 채도와 같은 색의 3속성에 따라 3차원 공간의 한 점에 대응시켜 세 방향으로 배열
② 배열하는 방법은 지각적으로 고른 감도가 되도록 측도를 정한 것
③ 색상, 명도/채도로 표시
④ 1/14에서 빨강의 순색은 색상 ; R, 명도 ; 1, 채도 ; 14

18. 보색 : 색상환에서 마주 보는 색이 보색으로 보라의 보색은 연두

19. 순색 : 채도가 높은 색

20. 연변 대비 : 어떤 두 색이 맞붙어 있을 경우, 그 경계의 언저리가 경계로부터 멀리 떨어져 있는 부분보다 색의 3속성별로 색상 대비, 명도 대비, 채도 대비의 현상이 더욱 강하게 일어나는 현상이다.

21. 질감 : 매끄러운 질감(유리나 금속 등)은 빛을 많이 반사하므로 가볍고 환한 느낌

03 건축 환경 계획

01. 열 환경의 4요소 : 공기의 온도, 습도, 기류 및 주위 벽(벽체, 천장, 바닥 등)의 열복사

02. 실감(유효, 감각) 온도 : 온도, 습도, 기류

03. 건물의 일조 조절
① 일조 조절 방법은 창의 방향, 모양, 크기, 수 등
② 차양, 발코니, 루버(수평, 수직, 격자 및 가동 루버 등) 등
③ 흡열 유리, 이중 유리, 유리 블록, 식수 등

04. 집합 주택을 배치 시 남북 간의 인동 간격 : 동지 때 4시간의 일조를 기준

05. 일교차 : 하루 동안의 기온차(최고 기온과 최저 기온의 차)를 의미

06. 남측의 일조 효과 : 우리나라의 기후 환경상 가장 유리한 건축물 방위

07. 북측의 일조 효과 : 햇빛이 종일 들지 않는다. 겨울에는 북풍을 받아 춥고, 광선은 종일 균일하다.

08. 일조의 직접적인 효과
① 적외선은 열(일사) 효과
② 가시광선은 광 효과
③ 자외선(화학선)은 생리적 효과(생육·살균·사진 화학 반응)
④ 도르노선(2,900~3,200Å의 범위의 자외선) : 인간의 건강과 깊은 관계가 있는 건강선

09. 열의 이동 중 복사 : 어떤 물체에 발생하는 열에너지가 전달 매개체 없이 직접 다른 물체에 도달하는 현상

10. 열의 이동 중 열관류 : 벽과 같은 고체를 통하여 고체 양쪽의 유체에서 유체로 열이 전해지는 현상

11. 열관류량(Q)의 산정 요소 : 공기층의 열저항(열관류율의 역수), 열관류율[열전도율, 벽체(구성 재료)의 두께, 내·외표면의 열전단률, 공기층의 저항 등], 온도차, 벽면적 및 시간 등

12. 건축물의 에너지 절약 계획

　　① 공동 주택은 인동 간격을 넓게, 저층부의 일사 수열량을 증대

　　② 외벽의 부위는 외단열로 시공

　　③ 열관류 저항값이 클수록 단열 효과가 크다.

13. 결로 현상 : 노점 온도의 공기가 노점 온도 이하의 차가운 벽면 등에 닿아 물방울이 생기는 현상

14. 결로의 원인 : 수증기량의 증가, 상대 습도의 증가 및 습기 제거 시설의 미비 등

15. 결로의 방지 대책

　　① 실내 벽면에 방수재료(방습층)를 사용하는 것보다 단열재료(단열재)를 사용하는 것이 유리하다.

　　② 저온(실외) 측에는 단열재, 고온(실내) 측에는 방습층을 설치한다.

　　③ 낮은 온도로 난방 기간을 길게 하는 것이 효과적이다.

　　④ 열관류 저항값이 클수록 단열 효과가 크다.

16. 잔향 시간

　　① 음 에너지의 밀도가 60dB 감소하는 데 소요되는 시간이다.

　　② 실용적에 비례, 실의 흡음력에 반비례, 실의 형태와는 무관하다.

　　③ 잔향 시간이 길면 음량이 많아지고, 없으면 음이 명료하여 음을 듣기 쉽다.

04 주거 건축 계획

01. 한·양식 주택의 비교

　　① 한식 : 혼(다)용도, 가구는 부수적임

　　② 양식 : 단일용도, 가구는 주요한 내용물

02. 숑바르 드 로브(사회학자) 주거 면적의 기준 : 병리 기준은 8m²/인 이상

03. 평·입면 계획

　　① 입면 설계의 수직적 크기를 나타내는 계획

　　② 평면 계획 시 각 공간에서의 생활 행위를 분석한 후 공간의 규모와 치수를 결정

　　③ 평면 계획 시 고려하여야 할 사항 : 각 실의 기능 만족 및 실의 배치

04. 주거 공간의 구성 : 인체 동작 공간(주거 공간을 구성하는 가장 기본적인 공간) – 단위 공간[사람 + 가구 + 여유(인체 동작 공간)] – 실내 공간 – 주거 공간 – 주거 집합 공간으로 구성

05. 평면 요소의 배열

　　① 시간적으로 연속되는 생활 행위에 대한 평면 요소는 근접

　　② 조건에 상반되는 평면 요소는 서로 격리

06. 주택의 소요실

　　① 공동 공간(거실, 식당, 응접실)

　　② 개인 공간(부부침실, 노인방, 어린이방, 서재)

07. 동선

　　① 동선의 3요소 : 속도(길이), 빈도, 하중

② 서로 다른 종류의 동선은 될 수 있는 대로 서로 교차하지 않도록 한다.

③ 가사 노동의 동선(주부의 동선)은 가능한 한 남쪽에 오도록 하고, 짧게 한다.

④ 공간의 레이아웃은 동선 계획과 밀접한 관계를 갖고 있다.

⑤ 교통량이 많은 동선 또는 사용 빈도가 높은 공간(화장실, 현관, 계단 등)은 가능한 한 짧게 처리한다.

08. 주택의 현관 결정 요소 등

① 주택의 평면, 대지의 모양 및 도로와의 관계 등

② 현관의 바닥에서 거실 홀의 단높이는 90~210 mm 정도

③ 현관의 벽체는 고명도, 고채도의 색채를 사용

④ 현관의 바닥은 저명도, 저채도의 색채로 계획

09. 주택의 거실 정의

① 가족 공용의 공간

② 가족생활의 중심이 되는 공간

10. 거실의 기능 : 가족의 단란, 대화, 휴식, 사교, 접객, 오락, 독서, 식사, 어린이 놀이, 가사 작업 등

11. 거실의 위치 등

① 현관, 식당, 화장실, 부엌의 위치와 가까울수록 좋다.

② 현관이 거실과 직접 면하는 것은 피해야 한다.

③ 통로나 홀로써 사용되지 않도록 하는 것이 좋다.

12. 거실의 가구 배치법 중 대면형

① 서로 시선이 마주쳐 다소 딱딱하고 어색한 분위기를 만들 우려가 있다.

② 가구 자체가 차지하는 면적이 커지므로 실내가 협소해 보인다.

13. 주택의 침실

① 개인의 사적 생활(프라이버시 유지)의 기본이 되는 공간이다.

② 정원 등의 공지에 면하는 것이 좋다.

③ 출입문을 한 개로 하는 것이 가구 배치와 독립성 확보에서 유리하다.

14. 침실의 위치 : 남쪽·남동쪽이 이상적, 북쪽은 피하는 것이 좋다.

15. 부부 침실

① 부부 생활의 장소가 되기 때문에 독립성을 확보

② 사적인 생활공간으로서 조용한 곳

16. 노인 침실 : 아래층(1층)이 좋다.

17. 부엌의 설비 배열 : 준비대 → 개수대 → 조리대 → 가열대 → 배선대 → 식당의 순

18. 부엌의 설비 배열 형식 중 일렬형

① 동선과 배치가 간단

② 설비 기구가 많은 경우에는 작업 동선이 길어짐

③ 소규모 주택에 적합한 형식

19. 부엌의 설비 배열 형식 중 병렬형
① 양쪽 벽면에 작업대가 마주보도록 배치한 것
② 부엌의 폭이 길이에 비해 넓은 부엌의 형태
③ 작업 동선은 줄일 수 있지만 몸을 앞뒤로 바꾸는 데 불편
④ 여유 공간에 식탁을 배치하여 식당 겸 부엌으로 사용

20. 부엌의 설비 배열 형식 중 ㄷ자형 : 동선의 길이를 가장 짧게 할 수 있다.

21. 부엌의 작업 삼각형 : 냉장고, 싱크대 및 조리대 등

22. 주택의 주방과 식당 계획
① 주부의 동선(작업 동선)을 가능한 한 감소
② 부엌 작업대의 높이는 80~85cm가 적당

23. 부엌의 위치 : 서쪽은 반드시 피해야 한다.

24. 식사실의 크기나 형태의 결정 요소 : 가족의 수, 식사실 가구의 종류 및 크기, 통행의 여유 치수 등

25. 식당의 색채 : 명도가 높은 난색 계통 사용

26. 다이닝 알코브(리빙 다이닝)형 : 거실의 일부에 식탁을 꾸미는 것

27. 리빙 키친
① 거실, 식사실 및 부엌의 기능을 한 곳에 집합시킨 것
② 공간을 효율적으로 활용
③ 소규모의 주택이나 아파트에 많이 사용
④ 가족 구성원의 수가 많고 주택의 규모가 큰 경우에는 리빙 키친은 부적당

28. 다이닝 키친
① 부엌의 일부분에 식사실을 두는 형태
② 부엌과 식사실을 유기적으로 연결시켜 노동력을 절감
③ 공사비의 절약
④ 주부의 동선 단축과 노동력의 절감
⑤ 공간 활용도가 높음
⑥ 실면적의 절약 및 소규모 주택에 적합

29. 키친 네트
① 작업대 길이가 2m 정도인 소형 주방가구가 배치된 간이 부엌의 형식
② 사무실이나 독신자 아파트에 주로 설치

30. 주택의 평면 계획
① 각 실의 관계가 깊은 것은 인접
② 상반되는 성질의 것은 격리
③ 물을 사용하는 공간은 가능한한 한 곳에 집중 배치
④ 식당과 화장실은 일정한 거리를 두는 것이 바람직함

31. 주택의 각 실의 위치를 결정 요소 : 일조, 동선 및 프라이버시 등

32. 주택의 대지가 작은 경우
① 일조, 통풍 및 독립성 등의 확보가 불리하다.
② 평면 계획에 제약을 받는다.

33. 세면기의 높이 : 70~75cm(700~750mm)정도로 낮게 설치

34. 거실 천장의 조명 : 고명도의 색을 사용

35. 아파트의 성립 요인 중 사회적인 요인 : 도시인구의 증가, 도시 생활자의 이동성, 세대인원의 감소 및 수세대의 주거

36. 계획적·경제적인 요인 : 넓은 옥외공간 및 좋은 환경 조성 가능

37. 통로의 형식에 의한 분류 : 계단실형(홀형), 편복도형, 중복도형, 집중형 등

38. 계단실(홀)형
① 복도를 통하지 않고 계단실, 엘리베이터 홀에서 직접 단위 주거에 도달하는 형식
② 채광과 통풍에 가장 유리
③ 프라이버시가 양호
④ 건물의 이용도가 높음
⑤ 좁은 대지에서 집약형 주거 등이 가능
⑥ 엘리베이터의 효율이 나쁨

39. 편복도형 : 엘리베이터의 이용률이 홀형에 비해 매우 높다.

40. 집중형 : 일조와 환기 조건이 가장 불리

41. 단층(Flat)형 : 한 층만으로 구성

42. 복층(메조네트)형
① 1개의 단위 주거가 2개층에 걸쳐 있는 형식이다.
② 단위 주거의 평면 계획에 변화를 줄 수 있다.
③ 엘리베이터의 정지층이 감소하여 경제적이다.
④ 구조·설비 등이 복잡해지고 설계가 어렵다.

43. 스킵 플로어형
① 단층형과 복층형에서 동일 층으로 하지 않고 반 층씩 엇나게 하는 형식
② 복도 면적이 감소

44. 주동의 외관 형식 중 탑상형
① 대지의 조망을 해치지 않음
② 건물의 그림자도 적어서 변화를 줄 수 있는 형태
③ 단위 주거의 실내 환경 조건이 불균등

45. 공동 주택을 배치
① 남북 간의 인동 간격은 동지 때 4시간의 일조를 기준한다.
② 동서 및 남북 간의 인동 간격은 각 동 사이의 일조·통풍·독립성(프라이버시)·연소·환기 및 채광 등으로 결정하고, 최소 4m 이상으로 한다.

③ 갓복도(편복도)식의 2세대 이상이 공동으로 사용하는 복도이다.

④ 복도의 유효 폭은 120cm 이상이다.

46. 아파트의 단점

① 공간의 다양화 불가

② 생활의 변화에 대응할 수 있는 융통성이 부족

47. 인보구 : 20~40호

48. 근린분구 : 400~500호

49. 근린주구 : 1,600~2,000호, 초등학교

50. 테라스 하우스

① 경사지를 적절하게 이용

② 상부층으로 갈수록 약간씩 뒤로 후퇴

③ 각 호마다 전용의 정원을 갖는 주택 형식

2 건축 설비

01 급배수 위생설비

01. 수질관련용어

① SS : Suspended Solid ; 부유 물질

② DO : Dissolved Oxygen ; 용존 산소

③ COD : Chemical Oxygen Demand ; 화학적 산소 요구량

④ BOD : Biological Oxygen Demand ; 생물 화학적 산소 요구량

02. 수도 직결 방식

① 오염 가능성이 적으므로 가장 위생적인 급수 방식

② 주택이나 소규모 건축물에 이용

03. 고가(옥상) 탱크 방식

① 높이차에 의한 수압을 이용하는 급수 방식   ② 급수 압력이 일정

③ 단수 시에도 일정량의 급수가 가능   ④ 대규모의 급수 수요에 쉽게 대응

04. 압력 탱크 방식

① 단수 시에 일정량의 급수가 가능

② 급수압이 일정치 않음

05. 공기실(에어 챔버) : 수격 작용을 방지

06. 원심식 펌프 : 건축 설비에 주로 사용되는 펌프

07. 급탕 설비 : 열원을 이용한 물의 가열 장치를 설치하여 온수를 공급하는 설비

08. 개별식 급탕 방식의 종류 : 순간 온수기 방식, 저탕형 탕비기 방식, 기수 혼합식

09. 중앙식 급탕 방식의 종류 : 직접 가열식, 간접 가열식 등

10. 세정 밸브식
① 급수관에 직접 연결하여 핸들을 누르면 일정량의 물이 방출 변기를 세정
② 대변기의 연속 사용이 가능
③ 사용빈도가 많거나 일시적으로 많은 사람들이 사용하는 경우 등에 적용

11. 트랩의 역할 : 배수관 속의 악취, 유독 가스 및 벌레 등이 실내로 침투하는 것을 방지

12. 드럼 트랩
① 가옥 트랩으로서 옥내 배수 수평 주관의 말단 등 가옥 내 배수 기구에 부착하여 공공 하수관으로부터 해로운 가스가 집 안으로 침입하는 것을 방지한다.
② 부엌용 개수기류에 사용한다.
③ 관 트랩에 비하여 봉수의 파괴가 적다.

13. 벨 트랩 : 욕실 바닥의 물을 배수할 때 사용한다.

14. 그리스 포집기 : 레스토랑의 주방 등에서 배출되는 배수 중의 유지분을 포집하는 데 사용한다.

15. 트랩의 봉수 파괴 원인 : 자기 사이펀 작용, 흡출 작용, 모세관 현상, 증발, 분출 작용 등

16. 파괴 원인이 될 수 없는 원인 : 간접 배수, 온도차에 의한 변화 및 환기 작용 등

17. 통기관의 역할
① 트랩의 봉수 파괴를 방지 　　　　② 배수의 흐름을 원활
③ 배수관 내의 환기를 도모

18. 개별 통기관
① 가장 이상적인 통기방식 　　　　② 각 가구의 트랩마다 통기관을 설치
③ 트랩마다 통기되기 때문에 가장 안정도가 높음 　　④ 자기 사이펀 작용을 방지

02 냉·난방 및 공기조화설비

01. 지역난방의 특징
① 보일러실이 불필요 　　　　② 설비 면적이 감소
③ 건축물의 유효 면적이 증대

02. 온수난방의 장점
① 현열을 이용한 난방이다. 　　　　② 증기난방에 비해 쾌감도가 높다.

03. 온수난방의 단점
① 증기난방에 비해 방열 면적과 배관이 크고 설비비가 많이 든다.
② 열용량이 작기 때문에 온수 순환 시간과 예열 시간이 길다.

04. 증기난방의 장점 : 예열 시간이 온수난방에 비해 짧다.

05. 증기난방의 단점
① 난방의 쾌감도가 낮다. 　　　　② 난방 부하의 변동에 따라 방열량의 조절이 곤란하다.

06. 응축수의 환수 방식에 따른 분류 : 중력 환수식, 기계 환수식 및 진공 환수식 등

07. 복사 난방의 장점
① 방열기가 필요하지 않다.　　　　　② 바닥면의 이용도가 높다.
③ 방이 개방 상태에서도 난방 효과가 있다.　　④ 대류가 적어 바닥면의 먼지가 상승하지 않는다.

08. 복사 난방의 단점
① 열용량이 크다.
② 외기 온도의 급변에 대해서 곧 발열량을 조절할 수 없다.

09. 전공기식 : 단일 덕트, 이중 덕트, 각 층 유닛방식 및 멀티존 유닛 방식 등

10. 단일 덕트 방식
① 전공기 방식이다.
② 냉풍과 온풍을 혼합하는 혼합 상자가 필요 없다.
③ 소음과 진동이 적다.
④ 각 실이나 존의 부하 변동에 즉시 대응할 수 없다.

11. 이중 덕트 방식 : 냉·온수관이나 전기 배선 등을 실내에 설치하지 않는다.

12. 팬 코일 유닛 방식
① 전동기 직결의 소형 송풍기, 냉·온수 코일 및 필터 등을 갖춘 실내형 소형 공조기를 각 실에 설치하여 중앙 기계실로부터 냉수 또는 온수를 받아서 공기 조화를 하는 전수 방식
② 호텔의 객실, 아파트, 주택 및 사무실에 적용
③ 극장 같은 큰 공간에는 부적당

13. 실내 환기의 척도 : 이산화탄소의 농도를 기준

14. 환기 방식
① 제1종 환기(병용식) : 송풍기, 배풍기, 임의 압
② 제2종 환기(압입식) : 송풍기, 배기구, 정압
③ 제3종 환기(흡출식) : 개구부, 배풍기, 부압

03 전기 설비

01. 전압의 구분
① 직류의 저압 : 1.5kV(1,500V) 이하
② 교류의 저압 : 1kV(1,000V) 이하

02. 조명 설계의 순서
소요 조도의 결정 → 전등 종류의 결정 → 조명 방식 및 조명 기구 → 광원의 수와 배치 → 광속의 계산 → 소요 전등 크기의 결정 순

03. 건축화 조명 방식 : 코니스 조명, 광천장 조명, 코브 라이트 및 루버 조명 등

04. 합성 수지관 공사 : 열적 영향이나 기계적 외상을 받기 쉬운 곳이 아니면 금속 배관과 같이 광범위하게 사용 가능관 자체가 절연체이므로 감전의 우려가 없다.

05. 옴의 법칙 : 회로의 저항에 흐르는 전류의 크기는 인가된 전압에 정비례, 저항에 반비례

06. 간선

① 주동력선에서 분기되어 나오는 것

② 주택에서는 각 실의 콘센트에 전원을 공급하는 전선

07. 간선의 배선 방식 : 평행식, 나뭇가지식 및 평행식과 나뭇가지식의 병용식(루프식) 등

08. 옥내 배선도의 표시 사항 : 전등의 위치, 콘센트의 위치 및 종류, 배선의 방향(상향 및 하향 등) 등

09. 차단기 : 부하 전류를 개폐함과 동시에 단락 및 지락 사고 발생 시 각종 계전기와의 조합으로 신속히 전로를 차단하여 기기 및 전선을 보호하는 장치

10. 할로겐 램프 : 연색성은 좋다.

11. 메탈 할라이드 램프 : 연색성이 좋아 옥외 조명에 적합하다.

12. 수·변전실의 위치

① 사용 부하의 중심에서 가깝다.

② 수전 및 배전의 거리가 짧은(가까운) 곳이다.

13. 접지 : 대지에 이상 전류를 방류 또는 계통 구성을 위해 의도적이거나 우연하게 전기 회로를 대지 또는 대지를 대신하는 전도체에 연결하는 전기적인 접속

14. 전력 퓨즈 : 과전류가 통과하면 가열되어 끊어지는 용융 회로 개방형의 가용성 부분이 있는 과전류 보호 장치 릴레이는 필요 없다.

15. 피뢰 설비 : 건축물의 높이가 20m 이상인 건축물에는 반드시 설치한다.

16. 돌침 방식

① 금속체를 피보호물에서 돌출시켜 수뢰부로 하는 것

② 투영 면적이 비교적 작은 건축물에 적합한 피뢰 설비 방식

04 가스 및 소화 설비

01. 액화 석유가스(프로판가스)

① 비중이 공기보다 무겁다.

② 누설되는 경우 바닥에 깔리므로 매우 위험하다.

02. 액화 천연가스

① 공기보다 가볍다.

② 공기 중에 흡수되기 때문에 안정성이 높다.

03. 전기설비와 가스관과의 이격거리

① 전기점멸기, 전기콘센트 : 30cm 이상

② 전기개폐기, 계량기, 안전기 : 60cm 이상

04. 옥외 소화전

① 건물 또는 옥외 화재를 소화하기 위하여 옥외에 설치하는 고정식 소화 설비

② 대규모의 화재 또는 이웃 건물로 연소할 우려가 있을 때 소화하기 위해 설치하는 소화설비

05. 드렌처(drencher) 설비 : 건축물의 외벽, 창, 지붕 등에 설치하여 인접 건물에 화재가 발생하였을 때 수막을 형성함으로써 화재의 연소를 방지하는 설비

06. 연결 살수 설비
① 소방대 전용 소화전인 송수구를 통하여 실내로 물을 공급하여 소화 활동 설비
② 지하층의 일반 화재 진압을 위한 설비

07. 소화 설비의 종류 : 옥내 소화전 설비, 스프링클러 설비, 물분무등 소화 설비 등

08. 소화 활동 설비의 종류 : 제연 설비, 연결 송수관 설비, 연결 살수 설비, 비상 콘센트 설비, 무선 통신 보조 설비 등

09. 자동 화재 탐지 설비의 감지기
① 열감지기 : 차동식, 보상식 및 정온식 등
② 연기 감지기 : 광전식, 이온화식 등

05 정보 및 승강 설비

01. 구내 교환 설비 : 건물의 외부와 내부 및 내부 상호 간에 연락을 하기 위한 설비

02. 구내 교환 설비의 구성 : 구내 전화기, 전력 설비, 보안 설비, 배전반, 단자함, 국선, 내선, 보조 설비, 국선 전화기 등

03. 표시 설비 : 램프(lamp)나 카드(card), 숫자에 의하여 상황이나 행위를 표현하여 다수가 알도록 하는 설비

04. 엘리베이터의 운전 조건 : 운행, 정지의 반복 빈도가 높은 변동 부하

05. 일주 시간
① 엘리베이터가 출발 기준층에서 승객을 싣고 출발하여 각 층에 서비스한 후 출발 기준층으로 되돌아와 다음 서비스를 위해 대기하는 데까지 총시간
② 승강 및 하강 시간의 합계

06. 교류 및 직류 엘리베이터의 비교
① 교류 엘리베이터는 속도의 선택과 제어 불가
② 직류 엘리베이터는 속도의 선택과 제어 가능

07. 에스컬레이터
① 계단식으로 된 컨베이어
② 30° 이하의 기울기를 가지는 트러스에 발판을 부착시켜 레일로 지지한 구조체
③ 최대 속도는 30m/min 이하
④ 설치 시에는 가능한 한 주행 거리를 짧게 함
⑤ 구성 요소는 난간 데크, 스커트 및 내부 패널 등

08. 에스컬레이터의 수송 능력
① 엘리베이터 수송 능력의 10~15배 정도
② 너비 1,200mm의 수송 능력은 8,000명/h(대인 2인) 정도

09. 롤러 컨베이어
① 수평용으로 사용   ② 기물을 굴려 운반

제2교시　건축 제도

① 건축 제도

01 제도 규약

01. 한국산업규격의 분류 기호 : 토건은 F이다.

02. T자
① 수평선을 그리거나 삼각자와 함께 사용하여 수직선, 사선을 그릴 때 사용
② T자의 머리를 제도판의 가장자리에 밀착
③ 수평선은 왼쪽에서 오른쪽

03. 선의 작도법 : 수직선은 밑(아래)에서 위로 한다.

04. 삼각 스케일의 축척 : 1/100, 1/200, 1/300, 1/400, 1/500 및 1/600 축척의 눈금

05. 제도 용지 A0
① 크기는 세로×가로＝841mm×1,189mm
② 면적은 약 1m^2 정도
③ 길이의 비는 1 : $\sqrt{2}$ 정도

06. 제도 용지 A4 : 도면의 보관, 정리 또는 취급상 접을 필요가 있는 경우

07. 자유곡선자 : 불규칙한 곡선을 그릴 때 사용

08. 선의 종류와 용도
① 실선의 전선 : 단면선, 외형선, 파단선
② 실선의 가는선 : 치수선, 치수 보조선, 인출선, 지시선, 해칭선
③ 허선의 파선 : 물체의 보이지 않는 부분
④ 허선의 일점쇄선 : 중심선(중심축, 대칭축), 절단선, 경계선, 기준선
⑤ 허선의 이점쇄선 : 물체가 있는 가상 부분(가상선), 일점 쇄선과 구분

09. 해칭선
① 가는 선을 같은 간격으로 밀접하게 그은 선
② 단면의 표시에 사용

10. 지시선 : 직선 사용을 원칙으로 한다.

11. 선긋기의 유의 사항 : 축척과 도면의 크기에 따라서 선의 굵기를 다르게 한다.

12. 치수 기입 시 주의 사항
① 도면의 아래로부터 위로 한다.
② 왼쪽에서 오른쪽으로 읽을 수 있도록 치수선 위의 가운데(중앙)에 기입한다.
③ 특별히 명시하지 않는 한 마무리 치수로 표시한다.
④ 치수의 단위는 mm를 기준이다.
⑤ 치수선의 양 끝 표시 방법인 화살 또는 점은 같은 도면에서 혼용하지 않는 것이 좋다.

⑥ 치수선과 치수선의 간격은 8~10mm 정도이다.

⑦ 치수보조선은 치수선에 직각이 되도록 긋되, 2~3mm 정도 떨어져 긋기 시작한다.

13. 도면의 글자와 숫자

① 세로쓰기도 무방, 숫자는 아라비아 숫자를 원칙

② 글자체는 고딕체

③ 글자의 크기는 높이로 표시, 11종류

④ 네 자리 이상의 숫자는 세 자리마다 자릿점을 찍든지, 간격을 두어 표시

14. 척도의 종류 : 건축 제도 통칙에서 사용하는 척도의 종류에는 24종

15. 척도에 의한 길이 산정법

$$축척 = \frac{도면상의 길이}{실제의 길이}$$ 이므로 도면상의 길이 = 실제 길이 × 축척이다.

16. 재료 표시 기호

단열재	망(사)	모르타르	목재(구조용)	목재(치장용)
			보조 구조재	

벽돌	블록	석재	인조석	안팎 평벽

17. 창호 표시 기호

망사창	(외)미닫이창	붙박이창	셔터달린창

오르내리창	외여닫이창	쌍여닫이창	회전창

02 건축물의 묘사와 표현

01. 2개의 직사각형의 경우 : 직사각형의 윤곽선의 굵기를 굵게 하면 다른 직사각형보다 돋보이고, 한쪽은 후퇴

02. 주변 환경, 스케일 및 용도 등을 나타낼 때

① 꼭 필요할 때에만 적당하게 표현한다.

② 상황에 따라 섬세하게, 단순하게 표현한다.

③ 건물보다 앞에 표현될 배경은 사실적, 멀리 있는 것은 단순하게 그린다.

03. 건축물의 표현에서 사람의 배경과 표현 : **건축물의 크기(스케일감), 공간의 깊이와 높이 및 공간의 용도(관습적인 용도)를 나타내기 위함**

04. 연필
① **밝은 상태에서 어두운 상태까지 폭넓게 명암을 나타낼 수 있다.**
② **다양한 질감 표현이 가능**하다. ③ **지울 수 있는 장점**이 있다.
④ **번지거나 더러워지는 단점**이 있다. ⑤ **H의 수가 클수록 단단**하고 흐리다.

05. 잉크
① **여러 가지 색상을 표현**한다.
② **색층이 일정하고 도면이 깨끗하고 선명하며 농도를 정확히 나타낼 수 있다.**

06. 유성 마커펜 : **트레이싱지에 컬러(color)를 표현하기에 가장 적합**하다.

07. 모눈종이 묘사 : **묘사하고자 하는 내용 위에 사각형의 격자를 그리고, 한 번에 하나의 사각형을 다른 종이에 같은 형태로 옮겨 그리며, 사각형이 원본보다 크거나 작다면 완성된 그림은 사각형의 크기에 따라 규격이 정해진다.**

08. 여러 선에 의한 묘사
① **선의 간격에 변화를 주어 면과 입체에 한정시키는 방법**이다.
② **평면은 같은 간격으로 선의 간격을 달리하여 곡면을 나타내고 묘사**한다.
③ **선의 방향은 면이나 입체에 대하여 수직, 수평의 방위에 맞춘다.**

09. 단선과 명암에 의한 묘사
① **선으로 공간을 한정**
② **명암으로 음영을 넣는 방법**
③ **평면의 경우는 같은 명암의 농도**
④ **곡면의 경우에는 농도의 변화를 주어 묘사**

10. 음영의 표현 방법
① **건축물의 입체적인 표현을 강조**
② **물체의 위치, 보는 사람의 위치, 빛의 방향**에 의해 달리 표현
③ **실내 투시도(일점 광원)와 외관 투시도(평행 광원)에 주로 사용**
④ **건물의 그림자는 건물 표면의 그늘보다 어둡게 표현**

11. 사람을 8등분 : **다리는 4.0 정도**이다.

12. 투시도의 원리
① **물체의 크기는 화면에 가까이 있는 것보다 멀리 있는 것이 작아 보임**
② **화면보다 앞에 있는 물건은 확대**

13. 투시도의 용어
① **기면(G.P) : 사람이 서 있는 면**
② **화면(P.P) : 물체와 시점 사이에 기면과 수직(직립)한 평면**
③ **기선(G.L) : 기면과 화면의 교차선**
④ **정점(S.P) : 사람이 서 있는 곳**

⑤ 시점(E.P) : 보는 사람의 눈의 위치

⑥ 시선축(A.V) : 시점에서 화면에 수직하게 통하는 투사선

14. 1소점 투시도 : 실내 투시도 또는 기념 건축물과 같은 정적인 건물의 표현

15. 3소점 투시도(조감도) : 건축에서는 제도법이 복잡하여 자주 사용되지 않음

16. 등각 투상도 : 등각도에서는 인접 두 축 사이의 각이 120°

17. 정투상법
① 정투상법의 종류에는 제1각법(눈 – 물체 – 투상면)과 제3각법
② 건축 제도 통칙에서는 제3각법(눈 – 투상면 – 물체의 순)을 원칙

03 건축 설계 도면

01. 설계 도면의 종류
① 계획 설계도: 구상도, 조직도, 동선도, 면적 도표 등
② 실시 설계도: 일반도(배치도, 평면도, 입면도, 단면도, 전개도, 창호도, 현치도, 투시도 등)와 구조도(골조도) 등

02. 기본 설계도
① 건축 도면(투시도, 배치도, 평면도, 입면도, 단면도, 실내 마감표 등)
② 설비 계통도(위생, 난방, 전기 통신 등)
③ 설계 설명서와 공사비 계산서 등

03. 계획 설계도 : 시기적으로 가장 먼저 이루어지는 도면

04. 동선도 : 사람이나 차 또는 화물 등이 움직이는 흐름을 도식화 한 것

05. 배치도에 표시할 내용
① 대지의 모양, 고저, 방위, 대지에 접한 도로의 위치와 너비
② 각 실의 바닥 구조와 지붕 물매는 단면도
③ 각 실의 위치(배치)와 크기는 평면도
④ 외부 마감재는 입면도에 표기할 사항

06. 평면도
① 건축물을 각 층마다 창틀 위(바닥에서 높이 1~1.5m 정도)의 수평 투상도
② 벽두께, 벽 중심선, 창문(창의 형상)과 출입구 등을 표현

07. 입면도
① 건축물의 외관을 나타낸 직립 투상도
② 건물벽 직각 방향에서 건물의 겉모습을 그린 도면

08. 입면도에 표시하여야 할 사항 : 주요 구조부의 높이(건물의 전체 높이, 처마 높이 등), 창문의 형태, 벽 및 기타 마감 재료 등

09. 단면도에 표시하여야 할 사항 : 기초, 지반, 바닥, 처마, 층높이 등의 높이와 지붕의 물매, 처마의 내민 길이 등을 표시

10. 단면도의 강조 부분

① 평면도만으로 이해하기 힘든 부분

② 전체 구조의 이해를 필요로 하는 부분

③ 설계자의 강조 부분 등을 강조

11. 단면도를 그리는 순서

지반선의 위치를 결정 → 기둥의 중심선 → 기둥의 크기와 벽의 크기 → 창틀 및 문틀의 위치 → 지붕 → 천정 → 치수 기입의 순

12. 전개도

① 각 실 내부의 의장을 명시하기 위해 작성하는 도면이다.

② 실내의 입면을 그린 다음 벽면의 형상, 치수, 마감 등을 표시하고, 건물 내부의 입면을 정면에서 바라보고 그리는 내부 입면도이다.

③ 천장면 내지 벽면 등의 절단된 부분은 그 실내측의 마무리면만을 그리면 되지만 절단면에 출입구나 창 등이 있는 경우에는 그 단면을 그려야 한다.

13. 표제란

① 표제란은 반드시 설정

② 표제란의 위치는 일반적으로 도면의 우측 하단

14. 표제란에 기입하지 않아도 되는 사항 : 감리자의 성명, 시공 회사 명칭, 시공 책임자의 서명, 공사비 및 시공자 서명 등

04 각종 구조부 제도

01. 도면의 표시 기호 : 높이는 H, 폭(너비)는 W, 면적은 A로 표기

02. 창호 표시 기호 : P는 양판문, S_s는 스테인리스강을 의미

03. 각종 도면의 제도 순서 : 제도 용지 부착 → 도면의 배치 → 배치 후 흐린 선 잡기 → 상세히 그리기의 순

04. 기초 제도의 순서

① 최초는 테두리선, 도면 위치를 정함

② 최종은 치수와 재료명을 기입

05. 조적조 벽체의 제도 순서

제도 용지에 테두리선, 축척에 알맞게 구도 → 지반선과 벽체의 중심선 → 기초의 깊이와 벽체의 너비 → 단면선과 입면선을 구분 → 치수선과 인출선을 긋고, 치수와 명칭을 기입

06. 철근 콘크리트 줄기초 그리기 순서

① 최초는 기초 크기에 알맞게 축척

② 최종은 치수와 재료명을 기입

07. 왕대공 지붕틀의 작도 순서 : 최종은 지붕틀의 각 평면도를 그린 다음 인출선 및 치수선을 긋고, 명칭 및 치수를 기입

08. 입면도 그리는 순서 : 최초는 지반선

09. 벽돌조의 줄기초 : **밑창 콘크리트의 두께는 5~6 cm 정도**

10. 샛기둥의 간격 : **기둥 간격의 1/4(50cm) 정도**

11. 동바리 마루의 상부에서부터의 시공 재료의 순서 : **플로어링 널 → 내수 합판 → 장선 → 멍에 → 동바리의 순**

12. 장선 45×45@450의 의미 : **4.5cm 각 장선의 간격 45cm를 배치함을 의미**

13. 왕대공 지붕틀 부재 : **평보의 크기는 100×180mm**

14. 물매 표시법
　　① **지붕처럼 비교적 물매가 큰 경우에는 분모를 10으로 하는 분수로 표시(뎨 1/10, 3/10)**
　　② **지면의 물매나 바닥 배수의 물매 같이 작은 경우에는 분자를 1로 하는 분수로 표시(뎨 1/200)**

15. 물매의 산정식
　　① **트러스의 높이＝1/2 간사이×물매**　　　　② **지붕의 물매＝용마루의 높이÷(간사이의 1/2)**

16. 조적 구조 벽체의 제도 시 요구되는 사항 : **구성 재료의 치수, 종류 및 벽체의 두께 등**

17. 벽돌벽의 두께 : **1.5B＝1.0B＋모르타르(10mm)＋0.5B＝190＋10＋90＝290mm**

18. 시멘트 블록의 기본 치수 : **길이×높이×두께＝390mm×190mm×(100, 150, 190mm)**

19. D13 @200의 의미
　　① **D는 이형 철근, 13은 공칭 직경, @는 간격, 200은 200mm를 의미한다.**
　　② **이형 철근 중 공칭 직경이 13mm인 철근을 200mm 간격으로 배근하라는 뜻이다.**

20. 철근의 표시선 : **늑근이나 띠철근의 표시는 가는 실선으로, 가새근은 파선으로 표시**

21. 이형철근에 있어서 마디와 리브를 만드는 이유 : **철근의 표면적을 크게 하여 콘크리트와의 접촉면을 증가시켜 철근과 콘크리트의 부착응력을 크게 하기 위함**

22. 철근 콘크리트의 철근 배근 등
　　① **띠철근의 장방형, 원형기둥에서는 주근 4개 이상**
　　② **나선 철근의 기둥에서는 주근 6개 이상을 사용**
　　③ **기둥의 최소 단면의 치수는 20cm(200mm) 이상**
　　④ **최소 단면적은 600cm^2(60,000mm^2) 이상**

23. 철근 콘크리트 슬래브의 두께 : **철근 콘크리트의 슬래브의 두께는 8cm 이상**

24. **철근을 많이 배근하여야 하는 곳부터 나열 :** 단변 방향의 단부 → 단변 방향의 중앙부 → 장변 방향의 단부 → 장변 방향의 중앙부의 순

25. 철근 콘크리트 바닥판의 배근 간격 : **부근(배력근)은 30cm 이하**, 바닥판 두께의 3배 이하

26. SS41의 의미
　　① **첫 번째 S는 Steel**, 즉 재질의 첫 문자
　　② **두 번째 S는 제품의 형상, 용도, 강의 종류**
　　③ **숫자는 최저 인장 강도(kgf/cm^2)**

27. 아스팔트 8층 방수층의 형성 : **프라이머 → 컴파운드 → 펠트 → 컴파운드 → 루핑 → 컴파운드 → 루핑 → 컴파운드의 순**

층	제1층	제2층	제3층	제4층	제5층	제6층	제7층	제8층
재료	프라이머	컴파운드	펠트	컴파운드	루핑	컴파운드	루핑	컴파운드

제3교시　건축 구조

1 일반 구조

01 건축 구조의 일반사항

01. 구조 재료에 의한 분류 : 목구조, 돌구조, 철골(강)구조 등

02. 가구식 구조
① 가늘고 긴 재료(목재, 철재 등)를 조립하여 뼈대를 만드는 구조체인 기둥과 보를 부재의 접합에 의해서 축조하는 방법
② 뼈대를 삼각형으로 짜 맞추면 안정한 구조체를 만들 수 있는 구조 방법
③ 목구조, 철골 구조 등이 있다.

03. 조적식 구조 : 내구적·방화적이나 횡력이나 진동에 약하고 균열이 생기기 쉬운 구조이다.

04. 일체식 구조 : 철근 콘크리트 구조와 철골 철근 콘크리트 구조 등

05. 습식 구조 : 조적식 구조(벽돌, 블록, 돌구조), 일체식 구조(철근 콘크리트조, 철골 철근 콘크리트조) 등

06. 건식 구조 : 규격화된 기성제품을 가구식으로 짜맞추어 물을 거의 사용하지 않고 축조하는 구조

07. 조립식 구조 : 각 부품의 일체화가 힘들다.

08. 건축 구조의 장점과 단점
① 벽돌 구조는 횡력, 진동에 약함
② 철골 구조는 내화성이 부족함

09. 기초 : 건물의 최하부에 놓여져 건물의 무게를 안전하게 지반에 전달하는 구조부

10. 계단 : 높이가 다른 바닥의 상호 간에 단을 만들어 연결하는 구조체로서 세로 방향의 통로로 중요한 통로

11. 바닥 : 천장과 함께 공간을 구성하는 수평적 요소로서 생활을 지탱하는 역할

12. 방서 구조 : 열의 차단으로 더위를 막기 위해 축조된 구조

13. 내진 구조 : 지진에 의한 피해를 방지할 수 있는 구조

14. 내진벽 : 지진력에 대하여 저항시킬 목적으로 구성한 벽

15. 방층 구조 : 바닥 마감판과 바탕 사이에 암면 등의 완충재를 넣어 판의 진동을 감소시키는 구조

16. 방화벽 : 인접 건축물의 화재에 의해 연소되지 않도록 하는 구조

17. 자갈 지정 : 잡석 지정을 할 필요가 없는 비교적 양호한 지반에서 사용되는 지정 방식

18. 나무 말뚝 지정 : 나무 말뚝의 머리는 상수면 이하에 두어 산소를 차단함으로써 부패를 방지

19. 기초 말뚝 중심간 최소 거리
  ① 기성콘크리트 말뚝은 말뚝 직경의 2.5배 이상, 750mm 이상
  ② 현장타설콘크리트 말뚝은 말뚝 직경의 2.0배 이상, (직경＋1,000mm) 이상

20. 회전식 보링 : 속이 빈 강철재의 절단기를 회전하여 구멍을 뚫고 지층을 그대로 원통모양으로 채취하는 방식

21. 지반의 허용 지내력도
  ① 연암반은 $1,000 \sim 2,000 \text{KN/m}^2$ 이상
  ② 자갈은 300KN/m^2 이상
  ③ 모래 섞인 점토는 150KN/m^2 이상
  ④ 모래 또는 롬토는 100KN/m^2 이상

22. 기초판 형식에 따른 분류 : 독립 기초, 복합 기초, 연속 기초 및 온통 기초 등

23. 지정 형식에 의한 분류 : 직접 기초, 말뚝 기초, 피어 기초(우물통 기초, 잠함 기초 등) 등

24. 줄기초 : 벽 또는 일련의 기둥으로부터의 응력을 띠모양으로 하여 지반 또는 지정에 전달하도록 하는 기초

25. 온통 기초(매트 슬래브, 매트 기초)
  ① 건축물의 밑바닥 전부를 두꺼운 기초판으로 구성한 기초
  ② 하중에 비하여 지내력이 작을 때 설치하는 기초
  ③ 지반이 연약하거나 기둥에 작용하는 하중이 커서 기초판이 넓어야 할 때 사용하는 기초
  ④ 건물의 하부 전체 또는 지하실 전체를 하나의 기초판으로 구성한 기초

26. 잠함 기초(케이슨 기초) : 견고한 지반이 깊이 있을 경우 지상에서 원형통, 사각형통의 밑 없는 상자를 만들고 그 속에서 토사를 파내어 상자를 내리 앉히고 저부에 콘크리트를 부어 기초

27. 기초 구조를 결정 요소 : 상부 건축물의 구조와 규모, 지반의 상황 및 시공성, 공사비 및 공사 기간 등

28. 부동 침하 방지
  ① 기초의 종류를 한 종류로 통일
  ② 기초판의 콘크리트 두께가 두꺼울수록 펀칭 전단력(뚫림 전단력)의 저항성이 우수

29. 연약 지반에 대한 대책 중 상부 구조와의 관계 : 건축물의 경량화, 평균 길이를 짧게 할 것, 강성을 높게 할 것, 이웃 건축물과 거리를 멀게 할 것 및 건축물의 중량을 분배할 것

30. 부동 침하의 원인 : 연약층, 이질 지층, 일부 지정 등

31. 오픈 컷 공법 : 터파기 주위의 토사가 무너지지 않도록 알맞은 각도를 두어 굴삭하는 방식

32. 띠장 : 토압과 수압을 지탱하기 위해 널말뚝 벽면에 수평으로 대는 부재

33. 흙막이 공사에서 일어나는 현상 : 보일링, 히빙 및 파이핑 등

34. 언더 피닝 : 기존 구조물의 기초를 보강 또는 새로이 기초를 삽입하는 공사의 총칭

35. 옹벽
  ① 흙의 붕괴를 방지하기 위한 벽의 일종
  ② 수평 방향으로 작용하는 수압과 토압에 저항하도록 만들어진 벽

2 건축물의 각 구조

01 목구조

01. 목재의 장점 : **열전도율이 작다.**

02. 목재의 단점
① **함수율의 증감에 따라 팽창과 수축으로 인하여 변형이 생긴다.**
② **내화성이 부족하다.**
③ **큰 단면이나 긴 부재를 얻기 어렵다.**

03. 한식 구조 : **심벽식을 사용한다.**

04. 토대
① **연속(줄)기초 위에 수평으로 놓고** 앵커 볼트로 고정
② **기둥에서 내려오는 상부의 하중을 기초에 전달하는 역할**

05. 토대의 종류 : **바깥 토대, 귀잡이 토대, 칸막이 토대** 등

06. 가새
① **수평력에 대한 안정성을 보강하기 위한 부재**
② **버팀대보다 강한 부재**
③ **가새의 단면이 큰 경우 역하중을 작용시킬 우려가 있어 주의**
④ **가새의 경사는 45°에 가까운 것이 유리**

07. 귀잡이보 : **가로재가 서로 수평으로 맞추어지는 곳을 안정한 세모 구조로 하기 위하여 설치하는 부재**

08. 턱솔 비늘판벽 : **널의 위·아래·옆을 반턱으로 하여 기둥 및 샛기둥에 가로쪽매**

09. 징두리 판벽 : **실 내부의 벽 하부에서 높이 1~1.5m 정도의 높이로 설치하여 벽의 밑부분을 보호하고 장식을 겸하여 널을 댄 벽**

10. 걸레받이의 크기 : **두께 24mm, 너비 240mm** 정도

11. 벽체의 구성 부재 : 수직 부재(**기둥과 샛기둥**), 수평 부재(토대, 보, 층도리, 깔도리, 처마도리 등)와 **빗방향의 부재**(버팀대, **가새**, 귀잡이 등) 등

12. 동바리마루 구조
① **장선, 멍에, 동바리** 등을 짜 맞추어 만든 마루
② **동바리는 동바리돌 위에 수직재로 설치**한다.

13. 납작마루 : 콘크리트 슬래브 위에 바로 **멍에**를 걸거나 **장선**을 대어 마루틀을 짜고 **마루널**을 깐 마루

14. **홑(장선)마루**
① **2.5m 이하**　　　　　　　　　　　② **층도리와 칸막이 도리＋장선＋마루널**

15. 보마루
① **2.5m 이상 6.4m 이하**　　　　　② **보＋장선＋마루널**

16. 짠마루
① **6.4m 이상**　　　　　　　　　　② **큰 보＋작은 보＋장선＋마루널**

17. 제혀 쪽매 : 널 옆이 서로 물려지게 하고 마루의 진동에 의하여 못이 솟아오르는 일이 없는 이상적인 쪽매

18. 층도리 한편 맞춤(모서리 기둥)의 경우 : 빗턱통 넣고 내다지장부 맞춤, 벌림 쐐기치기

19. 처마도리 : 건물의 외벽에서 지붕머리를 연결하고 지붕보를 받아 지붕의 하중을 기둥에 전달하는 가로재

20. 깔도리
   ① 기둥 상부를 연결하여 지붕틀의 하중을 기둥에 전달하는 부재
   ② 크기는 기둥 단면과 같게 하는 부재
   ③ 기둥 맨 위 처마의 부분에 수평으로 거는 것으로 기둥머리를 고정하여 지붕틀을 받아 기둥에 전달하는 역할

21. 본기둥 : 건축물의 모서리나 벽체가 교차되는 곳에 하고, 이 이외의 장소에는 1.8~2m 간격으로 배치

22. 스팬 : 부재 등(기둥, 큰 보, 작은 보, 바닥판 및 조이스트 등) 지점과 지점 간의 수평 거리이다.

23. 통재 기둥 : 밑층에서 위층까지 한 개의 부재로 되어 있는 기둥

24. 평기둥
   ① 밑층에서 위층까지 따로따로 되어 있는 기둥
   ② 통재 기둥 사이에 2m 간격으로 배치

25. 샛기둥
   ① 본기둥과 본기둥 사이에 벽체의 바탕으로 배치한 기둥
   ② 가새의 휨 방지나 졸대 등 벽체의 바탕으로 배치
   ③ 본기둥 간격의 1/4 정도(약 50cm)

26. 한식 기둥 중 활주 : 추녀 뿌리를 받치는 기둥

27. 상량 : 집을 지을 때 종도리(최종 마루대)를 올리는 일

28. 이음과 맞춤 시 유의 사항
   ① 될 수 있는 대로 응력이 적은 곳에서 접합
   ② 접합되는 부재의 접촉면 및 따낸 면은 잘 다듬어서 틈이 생기지 않을 것

29. 목재 접합의 종류 : 이음, 맞춤 및 쪽매 등

30. 엇걸이 이음
   ① 산지(dowel) 등을 박아 매우 튼튼한 이음
   ② 휨을 받는 가로재의 내이음으로 많이 사용되는 이음

31. 엇걸이 산지 이음
   ① 옆에서 산지치기
   ② 중간은 빗물리게 한 이음
   ③ 토대, 처마도리, 중도리 등에 주로 쓰이는 이음

32. 맞춤 : 두 부재가 직각 또는 경사로 물려 짜이는 것 또는 그 자리

33. 연귀 맞춤 : 목재의 마구리를 감추면서 창문 등의 마무리에 이용되는 맞춤

34. 산지 : 목재의 이음 및 맞춤에서 서로 빠지는 것을 방지하기 위한 일종의 나무못

35. 보강 철물

① 감잡이쇠 : 평보와 왕대공

② 띠쇠 : 토대와 기둥, 기둥과 층도리

③ 앵커 볼트 : 기초와 토대

④ 주걱 볼트 : 깔도리와 처마도리, 지붕보와 처마도리의 연결

⑤ 안장쇠 : 큰 보를 따내지 않고 작은 보를 걸쳐 받게 하는 철물

36. 반자틀의 구성 : 반자돌림대, 반자틀, 반자틀받이(약 90 cm 간격), 달대 및 달대받이 등

37. 구성 반자 : 응접실, 다방 등의 반자를 장식 겸 음향 효과가 있게 층단으로 또는 주위 벽에서 띄어 구성, 전기 조명 장치도 간접 조명으로 반자에 은폐하는 방식을 사용

38. 제물 반자 : 바닥판 밑을 제물 또는 직접 바르는 반자

39. 중도리 : 서까래를 받쳐 주는 부재

40. 왕대공 지붕틀의 구성 부재 : ㅅ자보, 평보, 빗대공, 달대공, 버팀대, 중도리 등

41. 왕대공 지붕틀의 부재 응력

① 수직, 수평 부재는 인장력

② 경사 부재는 압축력

③ ㅅ자보와 평보는 휨모멘트

42. 안장 맞춤 : 평보와 ㅅ자보의 맞춤

43. 절충식 지붕틀

① 지붕보를 약 1.8~2m 간격으로 배치

② 동자 기둥(대공)을 약 90 cm간격으로 세운 다음 중도리를 그 위에 배치

③ 규모가 크고, 동자기둥과 대공이 상당히 높은 경우에 종보를 설치

44. 지붕 꿸대 : 절충식 지붕틀에서 동자기둥을 서로 연결하기 위하여 수평 또는 빗 방향으로 대는 부재

45. 지붕 물매의 결정 요소 : 지붕의 크기와 형상, 지붕 재료의 성질, 강우량의 다소 등

46. 지붕의 물매

① 평기와 : 4/10

② 금속판, 기와가락, 골판 이음 : 2.5/10

47. 지붕 물매의 표시 방법

① 지면의 물매나 바닥의 배수 물매 등 물매가 작은 경우에는 분자를 1로 한 분수로 표기

② 지붕의 물매처럼 비교적 물매가 큰 경우에는 분모를 10으로 한 분수로 표기

48. 지붕 형태의 결정 요소 : 건축물의 크기와 종류 및 용도, 외관, 재료, 지역적 특성 및 기후 등

49. 합각지붕

① 모임지붕 일부에 박공지붕을 같이 한 것

② 화려하고 격식이 높으며 대규모 건물에 적합한 한식 지붕 구조

50. 톱날지붕 : 주택에는 일반적으로 사용하지 않는 지붕이다.

51. 금속판이기 : 못이나 볼트를 박는 경우에는 볼록한 부분에 박는다.

52. 선홈통 : 지붕의 빗물을 지상으로 유도하기 위해 설치하는 홈통

53. 장식통 : 처마홈통 낙수구 또는 깔대기홈통을 받아 선홈통에 연결하는 홈통

54. 우미량 : 모임 지붕, 합각 지붕 등의 측면에서 동자주를 세우기 위하여 처마도리와 지붕보에 걸쳐 댄 보

55. 계단의 종류
  ① 모양(형상)에 따라 곧은 계단, 꺾은 계단 및 돌음 계단 등
  ② 사용하는 재료에 따라 목조 계단(틀계단, 옆판 계단, 따낸 옆판 계단 등), 철근 콘크리트조 계단, 철골조 계단 및 석조 계단 등

56. 틀계단
  ① 옆판에 디딤판을 통째로 넣는다.
  ② 챌판 겸 계단 뒤 반자로 널판을 댄다.

57. 계단멍에 : 계단의 폭이 1.2m 이상이 되면 디딤판의 처짐, 보행 진동 등을 막기 위하여 계단의 경사에 따라 중앙에 걸쳐 대는 보강재

58. 엄지기둥 : 목조 계단에서 양 끝에 세우는 굵은 난간 동자

59. 난간두겁(손스침) : 계단 난간의 웃머리에 가로대는 가로재

60. 계단실의 크기를 결정하는 요인 : 층높이, 계단참의 유무 및 계단의 너비 등

61. 계단의 물매 : 건축물의 용도에 따라 달리한다.

02 조적조

01. 줄기초 : 조적 구조의 기초

02. 조적식 구조의 내력벽 : 최하층 벽두께에 2/10를 가산한 두께

03. 콘크리트 기초판의 두께
  ① 그 너비의 1/3 정도(보통 20~30cm)
  ② 기초벽의 두께는 250mm 이상

04. 벽돌조 줄기초
  ① 벽체에서 2단씩 B/4 정도를 벌려서 쌓는다.
  ② 벽돌로 쌓은 맨 밑의 너비는 벽체 두께의 2배이다.

05. 조적식 구조 벽체의 종류 : 내력벽(전단벽)과 비내력벽(커튼 월, 칸막이벽, 장막벽) 등

06. 영국식 쌓기
  ① 서로 다른 아래·위 켜로 쌓음   ② 통줄눈이 생기지 않음
  ③ 통줄눈이 생기지 않게 하려면 반절을 사용   ④ 내력벽을 만들 때에 많이 이용됨
  ⑤ 모서리 부분에 반절, 이오토막 벽돌을 사용   ⑥ 가장 튼튼한 쌓기법

07. 네덜란드(화란)식 쌓기
① 한 면의 모서리 또는 끝에 칠오토막을 써서 길이쌓기의 켜로 마감함
② 한 다음에 마구리쌓기를 하여 마무리 함
③ 다른 면은 영국식 쌓기로 하는 방식으로 영식 쌓기 못지 않게 튼튼함

08. 플레밍(불식)식 쌓기 : 매 켜에서 길이쌓기와 마구리쌓기가 번갈아 나오도록 되어 있는 방식

09. 미국식 쌓기
① 표면은 치장 벽돌을 써서 5켜 또는 6켜는 길이 쌓기
② 뒷면은 영국식 쌓기
③ 다음 1켜는 마구리 쌓기로 하여 뒷벽돌에 물려서 쌓는 방식

10. 사용 벽돌
① 영식 : 반절, 이오토막   ② 네덜란드식 : 칠오토막
③ 플레밍식 : 반토막

11. 공간쌓기
① 벽돌 구조에서 방음, 단열, 방습을 위해 벽돌벽을 이중으로 하고 중간을 띄어 쌓는 법
② 연결철물의 수직 간격은 6켜(40~45cm) 이내마다 넣고, 수평간격은 90~100cm 이내

12. 벽돌벽 내쌓기
① 1단씩 내쌓을 경우에는 B/8씩   ② 2단씩 내쌓을 경우에는 B/4씩
③ 내미는 정도는 2.0B 정도

13. 영롱 쌓기 : 벽돌벽 등에 장식적으로 사각형, 십자형 구멍을 내어 쌓는 것

14. 길이 쌓기 : 조적조 공간벽의 외부에서 보이는 벽에 많이 쓰이는 쌓기법

15. 아치 쌓기 : 압축력만이 작용되도록 한 구조

16. 줄눈의 종류 : 가로 줄눈과 세로 줄눈(통줄눈과 막힌 줄눈) 및 치장 줄눈 등

17. 막힌 줄눈 : 상부의 하중을 전 벽면에 균등하게 분포(응력의 분산)시키도록 하는 줄눈

18. 통줄눈 : 세로 줄눈의 아래·위가 통한 줄눈

19. 벽돌조 벽체 : 최대 길이 10m 이하

20. 벽 두께의 2배 이상 : 문골(개구부) 상호 간 또는 문골(개구부)과 대린벽 중심의 수평 거리

21. $80m^2$ 이하 : 내력벽으로 둘러싸인 부분의 바닥 면적

22. 조적조의 규정
① 개구부 바로 위에 있는 개구부과의 수직 거리는 60cm 이상
② 각 벽의 개구부 폭의 합계는 그 벽 길이의 1/2 이하
③ 개구부의 너비가 1.8m 이상 되는 개구부의 상부에는 철근 콘크리트 구조의 윗인방을 설치
④ 양쪽 벽에 물리는 부분은 길이 20cm 이상
⑤ 각 층의 벽은 편심 하중이 작용되지 않도록 하여야 함

23. 조적식 구조인 내력벽의 두께
　① 그 건축물의 층수, 높이 및 벽의 길이에 달라짐
　② 벽돌인 경우에는 **벽 높이의 1/20 이상**

24. 나무 구조의 테두리 보로 대체
　① 철근 콘크리트 바닥을 슬래브로 하는 경우
　② 1층 건물로서 벽 두께가 높이의 1/16 이상이 되거나, **벽의 길이가 5m 이하**인 경우

25. 9cm 이상 : **칸막이벽의 두께**

26. 벽돌벽의 두께 등
　① 1.5B＝1.0B＋모르타르(10mm)＋0.5B＝190＋10＋90＝290mm
　② 2.5B＝1.0B＋모르타르(10mm)＋1.0B＝190＋10＋190＝390mm

27. 내력벽의 두께의 결정 요소 : **건축물의 층수, 내력벽의 길이, 높이 등**

28. 공간 조적벽에 있어서 연결 철물 : **6켜(45cm) 이내, 수평 간격은 90~100cm 이내**

29. 벽돌벽 홈파기 : **가로로 팔 때에는 그 길이를 3m 이하, 그 깊이는 벽 두께의 1/3 이하**

30. 벽돌의 마름질
　① **절**은 길이와 평행 방향으로 자른 벽돌
　② **토막**은 길이와 직각 방향으로 자른 벽돌
　③ **반절**은 길이와 평행 방향으로 너비 방향으로 반을 자른 벽돌
　④ **이오토막**은 길이 방향과 직각 방향으로 1/4(25%)을 자른 벽돌
　⑤ **반반절**은 길이와 평행 방향으로 길이 방향 및 너비 방향의 반을 자른 벽돌
　⑥ **칠오토막**은 길이 방향과 직각 방향으로 3/4(75%)을 자른 벽돌

31. 세로(수직) 규준틀의 표시 사항 : 벽돌 한 켜의 높이, 각 층의 바닥 높이, 창문틀 위치, 아치, 나무 벽돌, 앵커 볼트의 위치 등

32. 벽돌 기둥의 종류 : **독립 기둥, 붙임 기둥, 부축벽 등**

33. 독립 기둥 : **기둥의 높이는 기둥 단면 최소 치수의 10배를 넘지 않아야** 한다.

34. 버트레스(부축벽, 버팀벽) : **횡력을 받는 벽을 지지하기 위하여 설치**

35. 블록조 기초보
　① **기초보의 두께는 벽체의 두께(블록의 두께)와 같게 하거나 다소 크게 함**
　② **기초보의 높이는 처마 높이의 1/12 이상 또는 60cm 이상(단층 45cm 이상)**

36. 보강블록조의 내력벽의 길이
　① **55cm(보통 60cm) 이상**
　② **개구부 높이 평균값의 30% 이상**

37. 보강블록조의 내력벽 두께
　① 내력벽의 두께는 **15cm(150mm) 이상**
　② **그 내력벽의 구조 내력상 주요한 지점 간의 수평 거리의 1/50 이상**
　③ **내력벽 최대 길이 10m 이하**

38. 보강 블록조의 벽량
① 내력벽 길이의 총합계를 그 층의 건물 면적으로 나눈 값
② 단위 면적에 대한 그 면적 내에 있는 내력벽의 비

$$벽량 = \frac{내력벽의\ 전체\ 길이(cm)}{그\ 층의\ 바닥\ 면적(m^2)} 이다.$$

③ $15cm/m^2$ 이상
④ 큰 건물일수록 벽량을 증가
⑤ 벽 두께를 두껍게 하는 것보다 벽의 길이를 길게 하여 내력벽의 양을 증가

39. 보강 블록조의 테두리보 정의 : 조적조의 벽체를 보강하여 지붕, 처마, 층도리 부분에 둘러댄 철근 콘크리트 구조의 보

40. 세로 철근을 정착 : 보강 블록조의 테두리보의 설치 이유

41. 보강 블록조의 테두리보의 너비 : 그 밑에 있는 내력벽의 두께 이상. 대린벽 중심 간의 1/20 이상

42. 보강 블록조의 테두리보의 춤
① 2, 3층 건물은 두께의 1.5배 이상 또한 30cm 이상
② 단층 건물은 25cm 이상

43. 보강 블록조 쌓기 : 살 두께가 두꺼운 쪽이 위쪽으로 향하게 한다.

44. 블록 장막조
① 주체 구조체(철근 콘크리트조나 철골 구조 등)에 블록을 쌓은 벽
② 단순히 칸을 막는 정도의 벽
③ 상부에서의 힘을 직접 받지 않는 벽
④ 라멘 구조체의 벽에 사용

45. 보강 블록조
① 블록의 빈 속에 철근과 콘크리트를 부어 넣은 벽
② 수직·수평 하중에 견딜 수 있는 구조의 이상적인 벽
③ 통줄눈을 사용
④ 철근은 가는 것을 많이 배근하는 것이 유리

46. 거푸집 블록조
① 살 두께가 얇고 속이 없는 블록을 콘크리트의 거푸집으로 사용
② 블록 안에 철근을 배근하여 콘크리트를 부어 넣어 벽체

47. 부축벽
① 벽이 쓰러지지 않게 버티어 대거나 보강하기 위하여 달아낸 벽
② 부축벽의 길이는 층 높이의 1/3 정도(단층 : 1m 이상, 2층 : 밑층에서는 2m 이상)
③ 모양은 평면적으로 전후 좌우 대칭

48. 바른층쌓기 : 돌쌓기의 1켜의 높이는 모두 동일한 것을 쓰고 수평 줄눈이 일직선으로 통하게 쌓는 방식

49. 허튼층쌓기(막쌓기) : 네모돌을 수평 줄눈이 부분적으로만 연속되게 쌓고, 일부 상하 세로 줄눈이 통하게 쌓는 방식

50. 석재의 가공 순서 : 혹두기 → 정다듬 → 도드락다듬 → 잔다듬 → 물갈기

51. 인방돌 : 개구부(창문 등) 위에 가로로 길게 건너 대는 돌

52. 창대돌
① 창 밑 바닥에 댄 돌 　　　　　　　② 빗물을 처리하고 장식적
③ 빗물의 침입을 막고 물흘림이 잘 됨

53. 쌤돌
① 창문틀 옆에 세워대는 돌 　　　　　② 벽돌벽의 중간중간에 설치한 돌

54. 두겁돌 : 난간벽, 부란, 박공벽 위에 덮은 돌

55. 견치돌
① 면이 30cm 각 정방형에 가까운 네모뿔형의 돌 　　② 석축에 사용되는 돌

56. 석재의 용도 : 구조용, 마감용, 골재 등

03 철근 콘크리트 구조

01. 철근 콘크리트 구조와 원리 : 콘크리트는 압축력에는 강하나 인장력에는 약하므로, 인장력을 받는 부분은 철근으로 보강

02. 철근 콘크리트의 단점
① 균일한 시공이 곤란 　② 시공이 복잡 　③ 균열의 발생이 많다.

03. 철근 콘크리트가 일체식으로 가능한 이유
① 콘크리트와 철근의 선팽창 계수가 거의 같고, 콘크리트는 철근의 부식을 방지한다.
② 콘크리트는 철근을 피복 보호한다.
③ 콘크리트는 압축력에 견디고, 철근은 인장력과 휨에 견딘다.

04. 콘크리트 주각 고정 : 지중보를 크게 하여 강성을 높이는 것이 가장 유리

05. 기초보
① 주각의 이동과 회전을 구속 　② 기초의 부동 침하를 방지

06. 철근의 피복 두께
① 콘크리트의 표면으로부터 철근의 표면까지의 거리
② 철근의 부식 방지, 내화, 내구 및 부착력의 확보

07. 현장치기 콘크리트의 피복 두께
① 수중에서 타설하는 콘크리트는 100mm 이상
② 피복 두께가 큰 것부터 나열하면, 기초 → 기둥 → 바닥의 순

08. 거푸집이 갖추어야 할 조건
① 반복 사용이 가능할 것
② 강재 거푸집은 알칼리성에 오염 가능성이 높음
③ 목재 거푸집은 오염 가능성이 낮음

09. 기초 거푸집 : 무른 진흙, 모래와 같은 불안정한 지반일 때 사용

10. 세퍼레이터(separater) : 거푸집 상호 간의 간격을 유지하기 위한 격리재

11. 스페이서(spacer) : 거푸집과 철근 사이의 간격을 유지하기 위한 간격재

12. 동바리(support) : 철근 콘크리트 공사에서 거푸집을 받치는 가설재

13. 드롭 헤드 : 지주를 제거하지 않고 슬래브 거푸집만 제거할 수 있도록 한 것

14. 거푸집 측압의 증대 요인 : 슬럼프 값이 클(높을)수록 거푸집 측압의 증대 요인이 된다.

15. 철근 콘크리트 보의 주근: 주근은 D13 또는 ∅12 이상의 철근

16. 철근 콘크리트 보의 주근 간격
① 주근 간격은 2.5cm(25mm) 이상 ② 최대 굵은 골재 직경의 4/3배 이상
③ 공칭 철근 지름의 1.0배 이상

17. 철근 콘크리트 보 주근의 이음 위치 : 인장력과 휨 응력이 가장 작게 작용하는 곳

18. 복근보의 사용 이유
① 늑근의 설치가 용이 ② 장기 처짐의 감소 ③ 연성 거동 증진 등

19. 늑근
① 사장력으로 인한 보의 빗방향의 균열을 방지
② 양단부에서는 늑근의 간격을 좁히고, 중앙부로 갈수록 늑근의 간격을 넓혀 배근
③ 스터럽과 띠철근의 가공 시 철근의 구부림 각도는 90°, 135° 등

20. 헌치
① 보, 슬래브의 단부의 단면을 중앙부의 단면보다 크게 한 부분
② 휨 모멘트나 전단력을 견디게 하기 위함

21. 보의 배치
① 건축물의 작은 보 배치에 있어서 큰 보의 사이에 짝수를 배치
② 중앙 부분의 집중 하중에 의한 휨 모멘트를 줄일 수 있어 유리

22. 철근 콘크리트 보의 보강 : 탄소섬유는 방향성이 있어 시공 시 유의

23. 철근과 콘크리트의 부착 강도
① 콘크리트의 압축 강도가 작으면 부착 강도도 작아진다.
② 철근의 주장과 정착 길이에 비례한다.

24. 철근의 갈고리 : 기둥 또는 굴뚝 이외에 있어서 이형 철근을 사용하는 경우 갈고리 설치 제외

25. 철근의 정착 및 이음 길이
① 크리트의 강도, 철근의 굵기와 종류 및 갈고리의 유무에 따라 다름
② D35를 초과하는 철근은 겹침이음을 하지 않음

$$\ell_{ab}(기본\ 정착\ 길이) = \frac{0.6d_b(철근의\ 직경)f_y(철근의\ 항복\ 강도)}{\lambda\sqrt{f_{ck}}(설계\ 기준\ 강도)}$$

정착 길이는 항상 200mm 이상(압축 이형 철근), 300mm 이상(인장 이형 철근)

26. 철근의 부착력을 확보
① 콘크리트 강도(클수록 짧아짐)　　　　② 철근의 항복 강도(클수록 길어짐)
③ 철근의 지름(클수록 길어짐)

27. 철근의 이음 위치
① 응력이 작은 곳　　　　　　　② 반 이상을 엇갈리게 배치

28. 기둥 주근의 간격
① 배근된 철근 표면의 최단 거리　　　　② 2.5cm 이상
③ 철근 공칭 직경의 1.5배 이상　　　　④ 굵은 골재의 최대 치수의 4/3배 이상

29. 기둥의 띠철근(대근)의 역할
① 전단력에 대한 보강　　　　　② 주근의 위치를 고정
③ 압축력에 의한 주근의 좌굴을 방지

30. 기둥의 띠철근(대근)의 간격
① 주근 직경의 16배 이하　　　　② 띠철근 직경의 48배 이하
③ 기둥 단면의 치수 이하

31. 기둥 철근의 이음 위치 : 보통 바닥판 위 1m 위치에 두는 것이 좋다.

32. 기둥의 치수와 단면적
① 기둥의 최소 단면의 치수는 20 cm(200mm) 이상
② 최소 단면적은 600cm^2 (60,000mm^2) 이상
③ 기둥 간사이의 1/15 이상

33. 기둥의 주근 개수
① 직사각형 및 원형 단면의 띠철근 내부의 축방향 주철근의 개수는 4개 이상
② 나선 철근으로 둘러싸인 철근의 경우 6개 이상

34. 20~40m^2(30m^2 내외) : 4개의 기둥으로 만들어지는 바닥 면적

35. 슬래브의 주근
① 주근의 간격은 20cm 이하　　② 주근은 배력근의 바깥쪽에 배근

36. 슬래브의 부근
① 부근(배력근)의 간격은 30cm 이하　　② 부근은 주근의 안쪽에 배근

37. 슬래브 부근(배력근)의 역할
① 균열을 방지　　② 응력을 분산　　③ 주철근의 간격을 유지

38. 슬래브의 장변 및 단변의 굽힘 철근의 위치 : 단변 방향의 순 간사이의 1/4인 점

39. 슬래브의 철근
① 주근과 배력근 모두 D10(∅9) 이상의 철근　　② 6mm 이상의 용접 철망

40. 1방향 슬래브
① 1방향 슬래브의 두께는 최소 100mm 이상　　② 단변 방향은 주근을 배근
③ 장변 방향은 균열을 방지하기 위한 온도 철근을 배근

41. 슬래브의 구분

① 2방향 슬래브는 변장비(λ) $\leqq$ 2의 경우

② 1방향 슬래브는 변장비(λ) $>$ 2의 경우

42. 슬래브의 철근을 많이 배근하여야 하는 곳부터 나열

단변 방향의 단부 → 단변 방향의 중앙부 → 장변 방향의 단부 → 장변 방향의 중앙부의 순

43. 무량판 구조(플랫 슬래브)

① 보를 없애고 바닥판을 두껍게 해서 보의 역할을 겸하도록 한 구조

② 하중을 직접 기둥에 전달하는 슬래브

③ 층고 문제를 해결하기 위해 주상복합이나 지하 주차장 등에 사용하는 구조

④ 기둥 주위의 전단력과 모멘트를 감소시키기 위해 드롭패널과 주두를 설치

44. 플랫 슬래브의 기둥 단면 치수

① 그 방향의 기둥 중심 사이의 거리의 1/20 이상

② 300mm 이상

③ 층 높이의 1/15 이상의 최댓값

45. 인서트 : 콘크리트 슬래브에 묻어 천장 달림재를 고정시키는 철물

46. 철근 콘크리트 내력벽(내진벽)

① 내력벽의 두께가 25cm 이상인 경우에는 복근으로 배근

② 사용 철근은 ∅9 또는 D10 이상을 사용

③ 지하실 외벽 및 기초 벽체의 두께는 200mm 이상

47. 드라이 에어리어 : 지하실 외부에 흙막이벽을 설치하고 그 사이에 공간을 둔 것

48. 내진벽의 배치 : 내진벽은 상·하층 모두 같은 위치에 오도록 배치

49. 라멘 구조

① 수직 부재인 기둥과 수평 부재인 보, 슬래브 등의 뼈대를 강접합하여 하중에 대하여 일체로 저항하도록 하는 구조

② 구조 부재의 절점, 즉 결합부가 강절점으로 되어 있는 골조로서 인장재, 압축재 및 휨재가 모두 결합된 형식으로 된 구조

③ 강접합된 기둥과 보는 함께 이동하고, 함께 회전하므로 수직·수평 하중에 대해서도 저항

50. 전단 응력 : 부재를 직각으로 자를 때에 생기는 응력

51. 휨모멘트 : 외력을 받아 구부릴 때 작용

52. 고정 지점 : 상하의 이동, 좌우의 이동 및 회전 등을 방지

53. 철근 콘크리트의 중량 산정 방법 : 철근 콘크리트의 중량(무게)＝비중×체적(너비×춤×길이)

54. 레이턴스

① 콘크리트를 다지면 수분 상승으로 인하여 미세한 물질에 의해 생기는 피막

② 콘크리트 이어붓기를 하기 위해 필히 제거

55. 철근 콘크리트 신축 이음의 설치 위치
① 기존 건물과의 접합부   ② 저층의 긴 건물과 고층 건물의 접속부
③ 평면이 복잡한 부분에서의 교차부

04 철골 구조

01. 철골(강) 구조의 장점
① 강도가 강하고, 현장 시공의 공사 기간을 단축
② 고층이나 간사이가 큰 대규모 건축물에 적합한 구조

02. 철골 구조의 단점
① 열과 부식에 약함   ② 고온에서는 강도가 저하
③ 내구·내화에 특별한 주의가 필요   ④ 바닥 진동이 증대

03. 철골 구조의 분류
① 재료상 : 경량 철골 구조, 강관 구조
② 구조 형식상 : 라멘 구조, 입체 구조, 트러스 구조

04. TMCP강 : 용접성과 내진성을 가진 극후판의 고강도 강재

05. 철골(강) 구조의 접합법 : 리벳, 볼트, 고력볼트 및 용접(강)접합 등

06. 용접 결함의 종류 : 공기 구멍(blow hole), 선상 조직, 슬래그 혼입, 외관 불량, 언더컷, 오버랩 등

07. 용접 및 고력볼트 접합 : 수직·수평 방향의 힘, 휨 모멘트에 대해 모두 저항

08. 용접의 종류
① 모살 용접 : 겹침 용접, T형 용접, 모서리 용접, 단부(끝동)용접 등
② 맞댄 용접 : 완전용입 맞댄용접, 부분용입 맞댄용접

09. 용접의 검사 중 초음파 탐상법
① 판독이 빠르고 쉬우며 경제적   ② 복잡한 형상의 검사가 불가능

10. 고력 볼트 접합 (마찰 접합)
① 마찰력으로 힘이 전달   ② 볼트가 잘 풀리지 않음

11. 고력볼트 접합의 종류
① 마찰 접합(마찰력)   ② 인장 접합(압축력)   ③ 지압 접합(마찰력, 전단력 및 지압력)

12. 고력 볼트의 접합 : 피로 강도가 높다.

13. 리벳 접합
① 철골 부재의 단부에는 리벳을 2개 이상
② 리벳치기의 표준 피치는 리벳 직경의 3~4배이고, 최소한 2.5배 이상
③ 리벳으로 접합하는 판의 총 두께는 리벳 직경의 5배 이하

14. 게이지 : 각 게이지 라인 간의 거리 또는 게이지 라인과 재면의 거리

15. 클리어런스 : 리벳과 수직재면의 거리

16. 부재 중심선 : 구조체의 역학상의 중심선 또는 **부재의 응력 중심선**

17. 판 보(플레이트 보) : **웨브에 철판을 쓰고 상하부에 플랜지철판을 용접하거나 ㄱ형강을 리벳 접합한 보**

18. 플레이트 보의 구성재 : **플랜지 플레이트**, 커버 플레이트, 플랜지 앵글, **웨브 플레이트**, **스티프너** 및 필러 등

19. 플랜지 플레이트의 매수 : **보통 3매**, **최고 4매**

20. 하중점 스티프너 : **웨브 플레이트의 좌굴에 저항**할 뿐 아니라 플랜지의 보강

21. 중간 스티프너 : **웨브의 좌굴 방지**

22. 수평 스티프너 : **재축에 나란하게 설치하는 것**

23. 형강 보
    ① **부재의 가공 절차가 간단하고 기둥과 접합도 단순함**
    ② **다른 철골 구조보다 재료가 절약되어 경제적인 보**

24. 래티스 보 : **플랜지에 웨브재를 45°, 60°로 접합한 보**

25. 격자보
    ① **플랜지에 웨브재를 직각(90°)으로 접합한 보**
    ② **콘크리트로 피복되지 아니하고 단독으로 사용되는 경우는 거의 없다.**

26. 트러스 보
    ① **플레이트 보의 웨브에 빗재 및 수직재를 사용**   ② **거싯 플레이트로 플랜지 부분과 조립한 보**
    ③ **판보로 하기에는 비경제적일 때 사용하는 것**   ④ **접합판(gusset plate)을 대서 접합한 조립보**
    ⑤ **간사이가 15m를 넘거나, 보의 춤이 1m 이상되는 보**

27. 허니컴 보
    ① **I형강의 웨브를 톱니 모양으로 절단한 후 구멍이 생기도록 맞추고 용접한 보**
    ② **구멍을 각 층의 배관에 이용하도록 제작한 보**

28. 합성보 : **콘크리트 슬래브와 철골보를 전단 연결재로 연결하여 일체화시킨 보**

29. 철골 구조의 주각 부재 : **윙 플레이트**, **베이스 플레이트**, **사이드 앵글**, 앵커 볼트 및 **리브**를 사용

30. I형 기둥 : **간사이가 크고, 옆면의 기둥 간격이 좁은 건축물에 유리**

31. 상자 및 십자 기둥 : **기둥이 가로, 세로 방향으로 등간격인 사무소 건축물에 유리**

32. 격자 기둥 : **대판(앵글, 채널 등)을 플랜지에 직각으로 접합한 기둥**

33. 데크 플레이트 : **철골 보 위에 설치하여 바닥판 등으로 사용하는 절곡된 얇은 판의 부재**

34. 스터드 볼트 : 둥근 쇠막대의 양 끝에 나사가 있고, 너트를 사용하여 죄어야 할 때 사용하는 볼트

35. 좌굴(buckling)
    ① **길고 가느다란 부재가 압축 하중이 증가함에 따라 부재의 길이에 직각 방향으로 변형하여 내력이 급격히 감소하는 현상**
    ② **압축력을 받는 세장한 기둥 부재가 하중의 증가 시 내력이 급격히 떨어지게 되는 현상**

36. 스틸 하우스 : 벽체가 얇기 때문에 결로 현상이 발생

05 기타 구조

01. 강제 계단
① 구조가 비교적 간단 ② 형태를 자유롭게 구성 ③ 진동에 불리

02. 플러시문
① 울거미를 짜고 중간살을 배치한 다음 양면에 합판을 접착한다.
② 뒤틀림 등의 변형이 적다.

03. 비늘살문, 망사문 또는 발문 : 차양이 되고 통풍에 유리한 문

04. 양판문 : 울거미를 짜고 정간에 양판을 끼워 넣은 양식 목재문

05. 양판문의 구성
① 울거미재의 두께는 3~5cm, 너비는 윗막이, 선대 같은 크기로 90~120mm 정도
② 중간막이대는 윗막이대의 약 1.5배, 밑막이는 1.5~2.5배 정도

06. 양판문의 맞춤
① 윗막이대와 밑막이대는 두쌍장부　　　　　② 중간막이대는 쌍장부

07. 미서기 창호철물 : 레일, 오목손잡이 및 꽂이쇠 등

08. 미서기 창호
① 미닫이 창호와 거의 같은 구조
② 우리나라 전통 건축에서 많이 볼 수 있는 창호로 칸막이 기능을 가지고 있는 창호

09. 미서기 창호 홈의 깊이
① 윗홈대는 15mm, 밑홈대는 3mm 정도　　　　② 풍소란을 사용

10. 회전문
① 은행·호텔 등의 출입구에 통풍·기류를 방지한다.
② 출입 인원을 조절할 목적이다.
③ 원통형을 기준으로 3~4개의 문으로 구성된 문이다.

11. 여닫이 창호 철물 : 도어 클로저, 경첩 및 함자물쇠 등

12. 크레센트 : 오르내리창을 잠그는 데 사용하는 철물

13. 붙박이창 : 채광만을 목적으로 하고 환기를 할 수 없는 밀폐된 창

14. 아코디언 도어(접이문, 접문) : 특수한 도르래(달바퀴)가 달린 철물로 달아 접어서 열고 펴서 닫는 식의 문

15. 문선 : 문꼴을 보기 좋게 만드는 동시에 주위 벽의 마무리를 잘하기 위하여 둘러대는 누름대

16. 멀리온
① 창 면적이 클 때에는 스틸 바만으로는 약한 경우와 여닫을 때 진동으로 인하여 유리를 강하고 외관을 꾸미기 위함
② 강판을 중공형으로 접어 가로나 세로로 댄 것

17. 창대돌 : 빗물의 침입을 막고, 물흘림이 잘되게 하는 돌

18. 레일 : 창호에 쓰이는 철물로서 창호의 틀에 수평을 이루는 것

19. 도어 체크(클로저) : 문을 열면 저절로 닫히는 장치가 되어 있는 창호 철물로 여닫이문에 사용

20. 문버팀쇠 : 문짝을 열어 놓은 위치에 고정하거나 또는 벽 기타의 문 닫는 곳을 보호하기 위하여 벽 또는 바닥에 설치하는 것이다.

3 구조 시스템

01 일반 구조 시스템

01. 벽식 구조
① 보와 기둥 대신 슬래브와 벽이 일체가 되도록 구성한 구조
② 기둥이나 보가 없이 평면적인 구조체로서 건물을 조립하는 건축 구조

02. 벽식 구조의 종류 : PC(Precast Concrete), RC(Reinforced Concrete) 및 조적 공사(Masonry) 등

03. 벽 : 판을 수직으로 세워져서 힘이 면을 따라 전달되는 것

04. 슬래브(바닥) : 판을 수평으로 설치하여 면에 직각으로 힘을 받는 것

05. 벽식 구조의 횡력에 대한 보강법
① 벽 상부에 테두리 보　　　　　　　② 부축벽 설치
③ 벽량 증가

06. 아치 구조
① 개구부 상부의 하중을 지지하기 위하여 돌이나 벽돌을 곡선형으로 쌓아올린 구조
② 상부에서 오는 수직 하중을 아치의 축선을 따라 좌우로 나누어 줌으로써 밑으로 압축력만을 전달하는 구조

07. 아치의 추력 저항 방법
① 아치를 서로 연결하여 교점에서 추력을 상쇄　② 버트레스(buttress) 설치
③ 타이바(tie bar) 설치　　　　　　　　　　　④ 직접 저항할 수 있는 하부 구조 설치

08. 포물선 형태의 아치 : 구조적으로 가장 안정된 상태의 아치

09. 층두리 아치 : 아치가 넓을 때에는 반장별로 층을 지어 겹쳐 쌓은 아치

10. 거친 아치 : 보통 벽돌을 쓰고 줄눈을 쐐기모양으로 하는 아치

11. 본아치 : 아치 벽돌을 주문 제작하여 만든 아치

12. 숨은 아치 : 벽 개구부 인방 위에 설치된 간단한 아치

13. 이맛돌 : 반원 아치 쌓기에 있어서 중앙부에 설치하는 돌

02 특수 구조 시스템

01. 막 구조의 정의
① 재질이 가볍고 투명성이 좋아 채광을 필요로 하는 대공간지붕 구조
② 내면에 균일한 인장력을 분포시켜 얇은 합성수지 계통의 천을 지지하여 지붕을 구성하는 구조
③ 구조체 자체의 무게가 거의 없어 넓은 공간의 지붕 구조체로 효율성이 뛰어나며, 자연경관과도 잘 조화되어 많이 사용되고 있는 구조

02. 막 구조의 종류 : 골조 막 구조, 현수 막 구조, 공기 막 구조 및 하이브리드 막 구조 등

03. 막 구조의 건축물 : 상암동, 인천 및 제주도 월드컵 경기장 등

04. 셸 구조의 정의
① 구조물에 작용하는 외력을 곡면판의 면내력으로 전달시키는 특성을 가진 구조
② 면에 곡률을 주어 경간을 확장하는 구조로서 곡면 구조 부재의 축선을 따라 발생하는 응력으로 외력에 저항하는 구조
③ 곡면판이 지니는 역학적 특성을 응용한 구조
④ 외력은 주로 판의 면내력으로 전달되기 때문에 경량이고 강성이 우수하여 내력이 큰 구조물을 구조

05. 시드니 오페라 하우스 : 셸 구조의 대표적인 건축물

06. 현수 구조의 정의
① 구조물의 주요 부분을 매달아서 인장력으로 저항하는 구조
② 건축 구조에서 중간에 기둥을 두지 않고, 직사각형의 면적에 지붕을 씌우는 형식으로 교량 시스템을 응용한 구조
③ 상부에서 기둥으로 전달되는 하중을 케이블 형태의 부재가 지지하고 있는 구조
④ 특수 지지 프레임을 두 지점에 세우고 프레임 상부 새들을 통해 케이블을 걸치고 여기서 내린 로프로 도리를 매다는 구조

07. 케이블을 이용한 구조 시스템 : 사장 구조(서해대교), 현수 구조 및 막 구조 등

08. 트러스 구조의 정의
① 축방향력만을 받는 직선재를 핀으로 결합시켜 힘을 전달하는 구조
② 삼각형 뼈대를 하나의 기본형으로 조립하여 각 부재에는 축방향력만 생기도록 한 구조
③ 상대적으로 얇고 길이가 짧은 부재를 상하 그리고 경사로 연결하여 장스팬의 길이를 확보할 수 있는 구조.
④ 직선 부재가 서로 한 점에서 만나고 그 형태가 삼각형인 구조물로서 인장력과 압축력의 축력만을 지지하는 구조

09. 비렌딜 트러스 : 상현재와 하현재 사이에 수직재로 구성되어 있는 트러스

10. 플랫 트러스의 응력 : 상현재와 수직재는 압축 응력, 하현재와 경사재는 인장 응력이 작용

11. 하우(왕대공)트러스의 응력 : 수직재와 수평재는 인장 응력, 경사재는 압축 응력이 작용

12. 복재 : 상현재와 하현재 내에서 연결부 역할을 하는 부재

13. 입체 트러스 구조 : 축방향만으로 힘을 받는 직선재를 핀으로 결합하여 효율적으로 힘을 전달하는 구조 시스템으로 최소 유닛(unit)은 삼각형 또는 사각형을 조합한 구조

14. 스페이스 프레임(스페이스 트러스)
① 트러스를 종횡으로 배치하여 입체적으로 구성한 구조
② 형강이나 강관을 사용하여 넓은 공간을 구성하는 데 이용

15. 인장링 : 돔의 하부에서 밖으로 퍼져 나가는 힘에 저항하기 위해 설치하는 것

16. 래티스돔 : 트러스를 곡면으로 구성하여 돔을 형성하는 구조

17. 튜브 구조
① 초고층 구조 시스템
② 관과 같이 하중에 저항하는 수직 부재가 대부분 건물의 바깥쪽에 배치되어 있어 횡력에 효율적으로 저항하도록 계획된 구조

18. 절판 구조
① 자중도 지지하기 어려운 평면체를 아코디언과 같이 주름을 잡아 지지하중을 증가시킨 구조
② 평면 형상으로 시공이 쉽고 구조적 강성이 우수하여 대공간 지붕 구조로 적합한 구조
③ 철근 배근이 매우 어려운 구조

19. 커튼 월의 부재 : 노턴 테이프, 수직 알루미늄바 및 패스너 등

20. 라멘 구조의 정의 : 기둥과 보, 슬래브 등의 뼈대를 강접합하여 하중에 대하여 일체로 저항하도록 하는 구조

21. 라멘 구조의 종류 : 철근 콘크리트조, 철골 철근 콘크리트조 등

제4교시   **건축 재료**

1 건축 재료 일반

01 건축 재료의 개요

01. 현대 건축 재료의 세 가지 요구 조건 : 고성능화, 생산성 및 공업화 등

02. 20세기 새로운 건축의 모체 : 소다 석회 유리, 포틀랜드 시멘트의 발명, 프랑스의 모니에에 의해 철근 콘크리트의 이용 등

03. 건축의 발전 방향 : 수작업 → 기계화, 현장 시공 → 공장 시공, 비표준화 → 표준화 및 단일 기능의 건축물 → 고층화 다기능성 건축물 등

04. 건축물의 내구성에 영향을 주는 인자 : 바람, 지진, 화재 등의 재해

05. 구조 재료의 요구 조건
① 재질이 균일
② 강도, 내화 및 내구성이 큰 것
③ 가볍고 큰 재료
④ 가공이 용이

06. 지붕 재료의 요구 조건
① 재료가 가벼움
② 방수·방습·내화·내수성이 큰 것

③ 열전도율이 작음   ④ 외관이 좋은 것

07. 벽, 천장 재료의 요구 조건 : 열전도율이 작고, 외관이 좋은 것

08. 바닥, 마무리, 창호 및 수장 재료의 요구 조건 : 외관이 좋아야 한다.

09. 산업규격의 분류 : 토건은 F이다.

10. 탄성, 소성, 점성, 전성, 연성, 인성, 취성

탄성	물체에 외력이 작용되면 순간적으로 변형이 생기지만 외력을 제거하면 원래의 상태로 되돌아가는 성질
소성	재료에 사용하는 외력이 어느 한도에 도달하면 외력의 증가 없이 변형만이 증대하는 성질
점성	유체의 내부 흐름을 저지하려고 하는 내부 마찰 저항이 발생하는 성질
전성	압력이나 타격에 의해 파괴됨 없이 얇은 판 모양으로 펼 수 있는 성질
연성	어떤 재료에 인장력을 가하였을 때, 파괴되기 전에 큰 늘음 상태를 나타내는 성질
인성	압연강, 껌과 같은 재료가 외력을 받아 파괴될 때까지의 에너지 흡수 능력이 큰 성질
취성	• 어떤 재료에 외력을 가했을 때 작은 변형만 나타나도 곧 파괴되는 성질 • 어떤 힘에 대한 작은 변형으로도 파괴되는 재료의 성질 • 인성에 반대되는 용어로 유리와 같이 작은 변형으로도 파괴되는 성질 • 유리와 주철이 대표적인 취성 재료

11. 모스 경도 : 재료의 긁힘(마멸)에 대한 저항성을 나타내는 것

12. 브리넬 경도 : 금속 또는 목재에 적용, 강구를 시편 표면에 힘으로 압입하여 표면에 생긴 원형 흔적의 표면적을 구하여 압력을 표면적으로 나눈 값

13. 푸아송의 비 : 가로(횡)방향의 변형과 세로(축)방향의 변형과의 비

14. 각종 재료의 푸와송의 비
① 강재의 푸와송의 비는 1/3~1/4 정도   ② 콘크리트의 푸와송의 비는 1/6~1/12 정도
③ 최대값은 0.5를 넘을 수 없음

15. 정적 강도의 종류 : 압축 강도, 인장 강도, 휨강도 및 전단 강도 등

16. 피로 : 반복 하중을 장기간 받을 때, 균열이 심화되는 경우를 의미

17. 비열 : 질량이 1g인 물체의 온도를 1℃ 올리는 데 필요한 열량

18. 비중과 밀도
$$① \ 비중 = \frac{어떤 \ 물체의 \ 중량}{부피가 \ 동일한 \ 4℃ \ 물의 \ 중량}$$ $$② \ 밀도 = \frac{질량}{단위 \ 체적당}$$

19. 용융점 : 금속 재료와 같이 열에 의해서 고체에서 액체로 변하는 경계점이 뚜렷한 것

20. 연화점 : 아스팔트나 유리와 같이 고체에서 액체로 변하는 경계점이 불분명한 것

21. 단열 재료의 성질 : 열전도율이 높을수록 단열 성능이 감소

22. 차음률

① 음의 전파를 막는 능력

② 비중이 클수록 크고, 음의 진동수에 따라 달라짐

③ 단위는 dB(데시벨)을 사용

23. 흡음률

① 음을 얼마나 흡수하느냐 하는 성질

② 재료 표면의 요철이나 내부 공극의 상태에 따라 달라짐

제5교시 각종 건축 재료의 특성 · 용도 · 규격에 관한 지식

1 목재

01 목재의 장점 및 단점

장점	• 외관이 다르며 우아하다.	• 재질이 부드럽다.
	• 인체에 대한 접촉감이 좋다.	• 충격 및 진동을 잘 흡수한다.
단점	• 흡수성이 커서 변형되기 쉽다.	

02. 침엽수 및 활엽수의 종류

침엽수	소나무, 전나무, 잣나무, 삼송 나무 등
활엽수	참나무, 느티나무, 벚나무, 단풍나무 등

03. 목재의 주요 원소 : 탄소, 산소, 수소, 질소, 칼슘, 인, 칼륨 및 기타 회분으로 구성

04. 도관 세포

① 활엽수에 있는 세포

② 섬유보다 크고, 굵은 세포가 섬유와 같은 방향으로 들어 있는 세포로 수액을 운반하는 역할

05. 리그닌 : 목재에서 힘을 받는 섬유소 간의 접착제 역할

06. 나뭇결

① 목재를 구성하는 섬유의 배열 상태 및 목재의 외관적 상태를 의미하는 것

② 외관상 중요할 뿐만 아니라 건조 수축에 의한 변형에도 관계가 깊다.

07. 심재와 변재의 비교 : 심재는 변재에 비해 비중, 내구성 및 강도가 크고, 신축성이 작다.

08. 목재 흠의 종류 : 옹이, 껍질박이, 혹, 갈래, 상처, 썩정이 등

09. 겉보기 비중 : 골재의 건조 중량을 표면 건조 내부 포수 상태의 골재 용적으로 나눈 것

10. 진비중

① 목재의 공극이 전혀 없는 상태의 비중

② 목재의 종류에 관계없이 목재를 구성하고 있는 섬유질의 평균적인 진비중 값은 1.54

11. 목재의 강도
　① 기건 상태에서는 섬유 포화점 강도의 약 1.5배로 증가
　② 절건 상태(절건 상태)에서는 섬유 포화점 강도의 약 3배로 증가

12. 목재의 함수율
　① 전건재 : 0%　　　　　　　　　　　　② 기건재 : 10∼15%(12∼18%)
　③ 섬유 포화점 : 30%

13. 목재의 함수율 산정 : **목재의 함수율 $= \dfrac{W_1 - W_2}{W_2} \times 100$(%)**이다.

14. 목재의 공극률 : **목재의 공극률 $= (1 - \dfrac{w}{1.54}) \times 100$(%)**

15. 목재의 전수축률
　① **목재의 전수축률(%) $= \dfrac{\text{생나무의 길이 − 전건 상태의 길이}}{\text{생나무의 길이}} \times 100$(%)**
　② 목재의 건조 수축은 무늬결 방향이 가장 크고, 길이 방향이 가장 작다.

16. 목재의 강도 산정식 : 단위에 유의
　$1Pa = 1N/m^2$, $1MPa = 1N/mm^2$, $\sigma(\text{응력}) = \dfrac{P(\text{작용 하중})}{A(\text{단면적})}$이다.

17. 목재의 자연 발화점 : 400∼450℃, 화기가 없어도 발화하는 점

18. 목재의 강도 비교
　① 목재의 강도를 큰 것부터 작은 것의 순으로 나열하면, 인장 강도 → 휨 강도 → 압축 강도→ 전단 강도의 순
　② 공극률이 큰 목재는 강도가 작아진다.
　③ 비중이 큰 목재는 팽창과 수축이 크다.

19. 목재의 성질
　① 목재는 콘크리트보다 인장강도가 큼
　② 목재의 강도는 함수율이 낮을수록 강도는 증가
　③ 강도는 비중이 증가할수록 증가, 외력에 대한 저항이 증가
　④ 섬유 포화점 이상의 상태에서는 도, 건조 수축 등이 일정
　⑤ 목재의 강도는 심재 부분이 변재 부분보다 강함
　⑥ 섬유 포화점 이하에서는 함수율이 낮을수록 강도가 증가하고, 인성이 감소하며, 섬유포화점 이상에서는 일정

20. 목재의 벌목 시기 : 가을, 겨울이 가장 좋다.

21. 목재의 건조 효과
　① 중량의 경감　　　　　　　　　　　② 강도 및 내구성이 증진
　③ 부식을 방지　　　　　　　　　　　④ 침투 효과 증대

22. 자연 건조법의 종류 : 촉진 천연 건조, 태양열 건조 및 천연 건조 등

23. 유용성 방부제의 종류 : 크레오소트, 콜타르, 아스팔트, 펜타클로로 페놀 및 페인트 등

24. 수용성 방부제의 종류 : 황산구리용액, 염화아연용액, 염화제2수은용액 및 플루오르화나트륨용액 등

25. 크레오소트 : 방부력이 우수하고 염가이나 도포 부분이 갈색이고 냄새가 강하여 실내에서 사용할 수 없는 흑갈색의 용액

26. 펜타클로로 페놀
① 목재 보존의 약제처리용
② 무색이고 방부력이 가장 우수하며 석유 등의 용제로 녹여 쓰는 목재 방부제
③ 그 위에 페인트칠도 할 수 있음

27. 방부제의 처리법의 종류 : 도포법, 침지법, 상압 주입법, 가압 주입법 및 생리적 주입법 등

28. 합판의 정의 : 단판을 섬유 방향이 서로 직교되도록 홀수로 적층하면서 접착시켜 만든 판

29. 로터리 베니어
① 넓은 기계 대패로 나이테에 따라 두루마리를 펴듯이 연속적으로 벗기는 방법
② 표면이 거친 결점이 있음
③ 넓은 베니어를 얻기 쉽고 원목의 낭비가 적어 많이 사용
④ 이 방식을 주로 사용

30. 슬라이스드 베니어 : 합판의 표면에 아름다운 결을 장식적으로 사용할 때 사용

31. 합판의 특성
① 판재에 비해 균질
② 건조가 빠르고 팽창과 수축을 방지
③ 너비가 큰 판, 곡면판을 얻을 수 있음

32. 파티클 보드 : 나무 조각에 합성수지계 접착제를 섞어서 고열·고압으로 성형한 것

33. 파티클 보드의 특성
① 강도와 섬유 방향에 따른 방향성이 없다.
② 변형이 극히 적지만 수분이나 고습도에 대해 약하다.
③ 방습 및 방수 처리가 필요하다.
④ 방충·방부·방화성을 높일 수 있다.
⑤ 가공성·흡음성과 열차단성도 크다.

34. 섬유판의 원료 : 식물성 재료로 조각낸 목재 톱밥, 대팻밥, 볏짚, 보릿짚, 펄프 찌꺼기, 종이 등

35. 중질 섬유판 : 천연 목재보다 강도가 크다.

36. 코르크판의 용도
① 전산실의 바닥재
② 음악감상실, 방송실 등의 천장과 안벽의 흡음판
③ 냉장고, 냉동고, 제빙 공장 등의 단열재

37. OSB
① 목조 주택의 건축용 외장재로 많이 사용한다.
② 자체가 최종 마감재로 사용한다.
③ 얇은 나무 조각을 서로 직각으로 겹쳐지게 배열하고 내수 수지로 압착 가공한 패널이다.

38. 목재를 2차 가공한 제품
① 합판, 섬유판, 집성 목재, 인조 목재, 개량 목재, 파티클 보드 등
② 제재목은 1차 제품

39. 코펜하겐 리브

　① 면적이 넓은 강당, 극장, 영화관, 집회장 등에 음향 조절 효과와 장식 효과

　② 일반 건물의 벽과 천장 수장재로 사용

40. 파키트리 블록 : 철물과 모르타르를 사용하여 콘크리트 마루에 깐다.

41. 플로어링 보드 용 목재 : 참나무, 너도밤나무, 단풍나무 등을 사용

42. 집성 목재 : 두께 15~50mm의 단판을 제재하여 섬유 방향을 거의 평행이 되게 여러 장 겹쳐서 접착한 목재

43. 인조 목재 : 톱밥, 대팻밥, 나무 부스러기 등을 원료로 하여 분쇄 처리한 후, 고압, 고열을 가하여 목재 섬유를 고착시켜 만든 견고한 판

44. 널재 : 두께가 60mm 미만, 너비는 두께의 3배 이상

2 석재

01. 화성암의 종류 : 화강암, 안산암, 부석 등

02. 퇴적(수성)암의 종류 : 점판암, 사암, 응회암, 석회암 등

03. 변성암의 종류 : 수성암계의 대리석, 화성암계의 사문암

04. 화강암

　① 석질이 견고, 마멸에 강함　　　　　② 건축 토목의 구조재, 콘크리트용 골재로 많이 사용

　③ 고열을 받는 곳에는 부적당　　　　④ 큰 판재를 얻을 수 있음

05. 화산암(부석) : 화강암에 비하여 압축 강도가 작다.

06. 안산암

　① 거친 돌 또는 잔다듬한 정도로 사용　　② 내화성이 높다.

07. 사암 : 강도가 큰 것부터 작은 것의 순으로 나열, 규산질 → 산화철질 → 탄산석회질 → 점토질의 순이다.

08. 응회암

　① 강도, 내구성이 작아 구조재로 부적합　　② 내화재, 장식재로 많이 사용

09. 점판암 : 얇은 판으로 떼어 내어 기와 대신 지붕재로 사용할 수 있는 석재

10. 석회암

　① 석질은 치밀·견고함　　　　　② 석회나 시멘트의 원료로 사용

　③ 내산성, 내화성이 부족하므로 석재로 사용하기에는 부적합

11. 현무암

　① 가공이 어려우며 암면의 원료로 사용한다.　　② 입자가 잘거나 치밀하다.

　③ 비중이 2.9~3.1 정도로 색깔은 검은색, 암회색이다.　④ 석질은 견고하므로 토대석, 석축 등에 사용한다.

12. 대리석

　① 석회암이 지열·지압으로 인하여 변질되어 결정화된 것

　② 주성분은 탄산석회($CaCO_3$)

③ 실내 장식용 또는 조각용 석재로 사용

④ 열 및 산·알칼리 등에는 매우 약함

13. 트래버틴

① 대리석의 한 종류이다.

② 다공질이며, 석질이 균일하지 못하고 암갈(황갈)색의 무늬가 있다.

③ 특수한 실내 장식재로 이용한다.

14. 인조석

① 아름다운 쇄석과 백색 시멘트, 안료 등을 물로 반죽하여 제조

② 색조나 성질이 천연 석재와 비슷하게 만든 것

③ 인조석의 원료는 종석, 백색 시멘트, 강모래, 안료, 물 등

15. 테라초

① 대리석의 쇄석을 종석으로 하여 시멘트를 사용, 콘크리트판의 한쪽 면에 타설한 후 가공 연마하여 대리석과
같이 미려한 광택을 갖도록 마감한 것

② 테라초의 원료는 종석, 백색 시멘트, 강모래, 안료, 물 등

16. 질석

① 운모계와 사문암계 광석

② 800~1,000℃로 가열하면 부피가 5~6배로 팽창

③ 비중이 0.2~0.4인 다공질 경석

④ 단열, 흡음, 보온 효과가 있는 석재 제품

17. 석재의 가공 순서 : 혹두기 → 정다듬 → 도드락 다듬 → 잔다듬 → 물갈기의 순이다.

18. 석리 : 석재의 외관 및 성질과 가장 관계가 깊고, 석재 표면을 구성하고 있는 조직

19. 층리

① 점판암, 변성암 등에서 볼 수 있는 평행 상태의 절리

② 퇴적층이 쌓여 지표면에 생긴 것으로 얇게 떼어 낼 수 있는 조직

20. 판석 : 두께가 15cm 미만으로, 대략 너비가 두께의 3배 이상이 되는 석재

21. 석회암의 용도 : 석회나 시멘트의 원료

22. 마감용 중 외장용 : 화강암, 안산암, 점판암 등

23. 마감용 중 내장용 : 대리석, 사문암, 응회암 등

24. 석재의 압축 강도의 비교 : 화강암(1,450~2,000 kg/cm²) → 대리석(1,000~1,800 kg/cm²) → 사문암(970
kg/cm²) → 사암(360 kg/cm²)의 순이다.

25. 석재의 흡수율 비교 : 화강암(0.33~0.5%) → 대리석(0.09~0.12%) → 안산암(1.83~3.2%)의 순이다.

26. 석재의 인장 강도 : 압축 강도의 1/10~1/40 정도

27. 석재의 내구성 감소 원인

① 빗물 속의 산소, 이산화탄소, 탄산, 아황산 등

② 온도의 변화에 따른 광물의 팽창과 수축

③ 동결과 융해 작용의 반복

28. 석재의 내구 연한 : 사암은 5~15년, 석회암은 20~40년, 대리석은 60~100년, 화강암은 75~200년

29. 석재의 내화도

① 안산암 · 응회암 · 사암 · 화산암 : 1,000℃　　② 대리석 · 석회암 : 600~800℃

③ 화강암 : 800℃

30. 석재 사용 시 주의 사항

① 압축재로 사용　　　　　　　　　　　② 가능한 한 둔각으로 가공

③ 중량이 큰 것은 낮은 곳에 설치

3 점토 재료

01. 점토의 일반적인 성질

① 점토의 비중은 2.5~2.6 정도로서 불순 점토일수록 작다.

② 점토의 입자가 작을수록 양질의 점토이다.

02. 점토의 가소성

① 양질의 점토일수록 가소성이 좋다.　　② 소성된 점토를 빻아 만든 것은 샤모트이다.

03. 점토의 강도

① 인장 강도는 3~10 kg/cm^2(0.3~1MPa)이다.　② 압축 강도는 인장 강도의 약 5배 정도이다.

③ 불순물이 많을수록 강도가 낮아진다.

04. 점토의 색상 : 철 산화물은 적색, 석회 물질은 황색

05. 점토 제품의 제조 순서 : 원토 처리 → 원료 배합 → 반죽 → 성형 → 건조 → (소성) → 시유 → 소성 → 냉각 → 검사 및 선별의 순이다.

06. 토기

① 흡수성이 크다.　　　　　　　　　　② 기와, 벽돌, 토관에 사용한다.

③ 최저급 점토를 사용한다.

07. 도기

① 소성 온도 1,100~1,230℃　　　　　② 백색의 유색, 불투명

③ 타일, 위생도기, 테라코타 타일 등에 사용

08. 석기 : 마루 타일, 클링커 타일 등에 사용

09. 자기

① 소성 온도 1,230~1,460℃　　　　　② 흡수율이 아주 작음

③ 위생도기, 자기질 타일 등에 사용　　④ 양질의 도토 사용

10. 점토 제품의 소성 온도(S.K)

① 광학 온도계, 방전 온도계, 열전쌍 온도계 등을 사용

② 제게르 추를 가장 많이 사용

③ 600~2,000℃ 까지는 온도를 측정 가능

11. 점토 벽돌의 압축 강도 : 1종: 24.50MPa, 2종: 14.70MPa

12. 벽돌의 흡수율 : 1종: 10% 이하, 2종: 15% 이하

13. 벽돌의 표준 치수

① 표준형(블록 혼합형)은 190mm×90mm×57mm ② 기존형(재래형)은 210mm×100mm×60mm

14. 벽돌의 마름질

① 이오토막은 길이 방향과 직각 방향으로 1/4(25%)를 자른 벽돌

② 반반절은 길이와 평행 방향으로 길이 방향 및 너비 방향의 반을 자른 벽돌

③ 칠오토막은 길이 방향과 직각 방향으로 3/4(75%)를 자른 벽돌

15. 과소품 벽돌

① 매우 높은 온도로 구워 낸 것

② 모양이 좋지 않고 빛깔은 짙으나 흡수율이 매우 적고 압축 강도가 매우 큰 벽돌

16. 다공질 벽돌

① 경량 벽돌의 일종이다.

② 원료인 점토에 톱밥, 분탄 등의 유기질 가루(30~50%)를 혼합하여 성형 소성한 것이다.

③ 절단(톱질)과 못박기의 가공성이 우수하다.

④ 방음성 및 흡음성이 있으나 강도는 약하다.

⑤ 구조용으로의 사용은 불가능하다.

17. 내화 벽돌

① 저급 내화 벽돌(SK 26~SK 29), 보통 내화 벽돌(SK 30~SK 33), 고급 내화 벽돌(SK 34~SK 42) 등의 세 종류로 구분된다.

② 내화 벽돌의 크기는 230mm×114mm×65mm이다.

③ 내화 벽돌은 기건성이므로 물축이기를 하지 않는다.

18. 포도(포도용) 벽돌 : 도로 포장용이나 옥상 포장용으로 사용하는 벽돌

19. 오지 벽돌 : 벽돌에 오지물을 칠해 소성한 벽돌

20. 타일의 흡수율

① 자기질(3% 이하) ② 석기질(5% 이하)

③ 도기질(18% 이하) ④ 클링커 타일(8% 이하)

21. 타일의 구분

① 내장 타일 : 자기질, 석기질, 도기질 ② 외장 타일 : 자기질, 석기질

③ 모자이크 타일 : 자기질

22. 보더 타일

① 타일 치수에서 길이가 폭의 3배 이상으로 가늘고 긴 타일

② 징두리벽 등의 장식용에 사용

23. 클링커 타일

① 색깔은 진한 다갈색

② 요철을 넣어 바닥 등에 사용하는 외부 바닥용의 특수 타일

③ 고온으로 충분히 소성한 타일

24. 테라코타
① 석재 조각물 대신에 사용되는 장식용 공동의 대형 점토 제품
② 건축물의 패러핏, 버팀벽, 주두, 난간벽, 창대, 돌림띠 등의 장식에 사용

25. 점토 제품의 박리 현상 : 타일 시공 후 압착이 충분하지 않는 경우 등으로 타일이 떨어지는 현상

26. 점토 제품의 종류 : 벽돌, 기와, 타일, 내화 벽돌, 위생도기, 모자이크 타일 및 테라코타 등

27. 점토 제품이 아닌 것 : 아스팔트 타일, 펄라이트, 테라초 등

28. 세라믹계 신재료
① 시멘트계 재료에는 강섬유 보강 콘크리트, 유리섬유 보강 콘크리트, 탄소섬유 보강 콘크리트 및 기타 섬유 보강 콘크리트 등
② 유리계 신재료에는 표면 처리 유리, 조광 유리 등

4 시멘트

01. 시멘트의 주원료 : 석회석, 점토 및 석고 등

02. 시멘트의 주요 화학 성분 : 석회(63~67%), 실리카(20~24%), 산화철(2~5%), 마그네시아(1~2%), 알루미나 및 무수황산 등

03. 시멘트의 비중 : 시멘트의 비중은 소성 온도, 성분 등에 따라서 달라지는데, 보통 3.05~3.15

04. 시멘트의 단위 용적 중량 : 1,500 kg/m³

05. 시멘트의 분말도가 높은 경우
① 초기 강도(조기 강도)가 높다.　　　　② 수화 작용이 빠르며, 풍화하기 쉽다.
③ 수축 균열이 많이 생긴다.

06. 시멘트의 응결과 경화 : 가수한 후 1시간에 시작하여 10시간 후에 종결

07. 시멘트 응결의 정의 : 모르타르 또는 콘크리트가 유동적인 상태에서 겨우 형체를 유지할 수 있을 정도로 엉키는 초기 작용을 의미

08. 시멘트의 응결과 경화 영향
① 영향을 주는 요인에는 시멘트의 화학 성분, 혼합 물질, 온도, 습도, 풍화의 정도 및 분말도 등
② 응결은 분말도가 높을수록, 알루민산3칼슘이 많을수록 빨라진다.

09. 시멘트의 분말도의 영향 : 분말도가 높으면, 수화 작용의 촉진, 조기 강도가 증대, 수축·균열의 발생이 증가, 풍화 작용의 발생, 재료 분리가 감소, 수축·균열이 발생, 투수성이 감소

10. 시멘트의 풍화 : 시멘트가 공기 중의 습기를 받아 천천히 수화 반응을 일으켜 작은 알갱이 모양으로 굳어졌다가, 이것이 계속 진행되면 주변의 시멘트와 달라붙어 결국에는 큰 덩어리로 굳어지는 현상

11. 시멘트의 안정선 시험 방법 : 오토클레이브 팽창도 시험법

12. 염화 칼슘 : 경화촉진제로 사용

13. 시멘트의 강도에 영향을 끼치는 요인 : 시멘트의 성분, 분말도, 사용하는 물의 량, 풍화 정도, 양생 조건 및 시험 방법 등

14. 콘크리트의 강도에 영향을 주는 요인 : 물·시멘트비, 물, 시멘트, 골재의 품질, 비비기 방법, 부어넣기 방법 등의 시공 방법, 보양 및 재령과 시험 방법 등

15. 물·시멘트 비의 산정 : 물·시멘트비 $= \dfrac{\text{물의 중량}}{\text{시멘트의 중량}} \times 100(\%)$

16. 혼합 시멘트의 종류 : 고로 슬래그 시멘트, 플라이 애시 시멘트, 착색 시멘트 등

17. 조강 포틀랜드 시멘트
① 규산삼칼슘(C_3S)의 함유량이 많다.　　　② 조기 강도가 크다.
③ 콘크리트의 수밀성이 높다.　　　　　　④ 낮은 온도에서도 강도의 발생이 크다.

18. 중용열 포틀랜드 시멘트
① 수화열을 적게 한 시멘트이다.　　　　② 조기(단기) 강도는 작다.
③ 균열의 발생이 적다.　　　　　　　　④ 방사선의 차단, 내수성, 화학 저항성, 내침식성이 크다.
⑤ 댐 축조, 매스 콘크리트, 원자로의 방사능 차폐용 콘크리트에 적당하다.

19. 백색 포틀랜드 시멘트
① 건축물의 표면(내·외면) 마감, 도장에 주로 사용　② 구조체에는 거의 사용하지 않음
③ 인조석 제조에 주로 사용

20. 시멘트의 용도
① 조강 포틀랜드 시멘트 : 한중, 수중, 긴급 공사
② 알루미나 시멘트 : 동기, 해안, 긴급 공사

21. 고로 시멘트
① 슬래그를 급랭한 급랭 슬래그를 혼합　　　② 수화 열량이 적어 매스 콘크리트용으로 사용
③ 보통 포틀랜드 시멘트보다 작은 2.85 이상　④ 응결 시간이 약간 느림
⑤ 초기 강도는 약간 낮지만 장기 강도는 높음　⑥ 화학 저항성 또는 바닷물에 대한 저항성이 큼

22. 플라이 애시 시멘트
① 플라이애시를 혼화재로 사용한 시멘트
② 콘크리트의 워커빌리티를 좋게 하며 수밀성을 크게 할 수 있는 시멘트

23. 실리카(포졸란) 시멘트
① 초기 강도는 약간 낮지만 장기 강도는 높다.　② 화학 저항성 또는 바닷물에 대한 저항성이 크다.

24. 알루미나 시멘트
① 물을 가한 후 24시간 내에 보통 포틀랜드 시멘트의 4주 강도가 발현
② 장기에 걸친 강도의 증진은 없지만 조기의 강도 발생이 커서 긴급 공사에 사용
③ 보크사이트와 같은 Al_2O_3의 함유량이 많은 광석과 거의 같은 양의 석회석을 혼합하여 전기로에서 완전히 용융시켜 미분쇄한 것으로, 조기의 강도 발생이 큰 시멘트

25. 시멘트 블록의 기본 치수 : 길이×높이×두께＝390mm×190mm×(100, 150, 190mm)이다.

26. 시멘트 콘크리트 제품의 종류 : 판상 제품, 봉상 제품, 블록 제품 등

27. 시멘트 제품의 양생 방법 : 가장 이상적인 방법은 적당한 온도와 습도를 주어 수중 양생

28. 시멘트의 저장

① 시멘트는 13포대 이상 쌓으면 안 된다.   ② 장기간 저장할 경우 7포대 이상 쌓지 않는다.

③ 입하 순서에 따라 사용한다.   ④ 개구부를 설치하는 것을 피해야 한다.

⑤ 환기창의 설치는 금한다.

5 콘크리트

01. 콘크리트의 장점

① 압축 강도가 크다.   ② 강재와 접착력이 우수하다.

02. 콘크리트의 단점

① 무게가 무겁다.   ② 인장 강도가 작다.(압축강도의 1/9∼1/15)

03. 콘크리트용 골재가 갖추어야 할 조건

① 골재의 강도는 시멘트풀이 경화하였을 때 시멘트풀의 최대 강도 이상이다.

② 골재의 표면은 거칠고, 모양은 구형에 가까운 것이 좋다.

04. 골재의 구분

잔골재	5mm체에 85% 이상 통과하는 골재
천연 골재	강, 산, 육지, 바다의 모래 및 자갈
인공 골재	깬모래와 깬자갈

05. 골재의 공극률과 실적률

① 공극률 $= (1 - \dfrac{w(\text{단위 용적 중량})}{\rho(\text{골재의 비중})}) \times 100(\%)$

② 실적률 $= \dfrac{w(\text{단위 용적 중량})}{\rho(\text{골재의 비중})} \times 100(\%)$

③ 공극률 + 실적률 $= 100(\%)$

06. 골재의 입도

① 골재에서 대소(大小) 크기가 고르게 섞여있는 정도

② 크고 작은 모래, 자갈이 혼합되어 있는 정도

③ 콘크리트의 워커빌리티, 경제성 및 경화 후의 강도와 내구성과 관계가 깊다.

07. 입도 시험 방법 : 체가름 시험, 체가름 곡선 및 조립률 등

08. 조립률 : 체가름 시험 시에 10개의 체(0.15mm, 0.3mm, 0.6mm, 1.2mm, 2.5mm, 5mm, 10mm, 20mm, 40mm, 80mm)에 남아 있는 누계 무게 백분율의 합계를 100으로 나눈 값

09. 골재의 비중 : 골재의 비중 시험 시 사용되는 비중은 절건(전건)비중

10. 골재의 염화물 기준 : 0.04% 이하

11. AE제

① 콘크리트 내부에 미세한 기포를 콘크리트 속에 균일하게 분포를 발생

② 콘크리트의 작업성 및 동결 융해 저항(내구)성능을 향상

③ 블리딩과 침하가 감소

④ 강도가 감소

12. 기포제

① 콘크리트의 경량, 단열, 내화성 등을 목적으로 사용 ② 경량 기포 콘크리트(ALC) 제조에 사용

13. 방청제 : 염분에 의해 철근의 부식을 방지

14. 경화 촉진제

① 시멘트 경화 작용을 촉진(발열량의 상승)을 위한 혼화제

② 염화칼슘(시멘트 중량의 1~2%)을 많이 사용

③ 철물을 부식, 건조 수축과 조기 강도가 증대

15. 혼화재의 종류 : 포촐란, 고로 슬래그, 플라이애시 및 팽창재 등

16. 혼화재료의 영향

① 초기 및 장기 강도의 증진

② 워커빌리티 및 펌퍼빌리티를 향상

③ 수화열의 증가와 알칼리골재 반응 형성은 콘크리트에 좋지 않음

④ 포촐란 사용하면 블리딩이 감소

17. 콘크리트 배합용 물 : 산(약산도 지장이 있다)

18. 아브라함의 물·시멘트비설 : 콘크리트의 강도는 물시멘트비로 결정

19. 콘크리트 강도 : 압축 강도를 의미한다.

20. 콘크리트의 단위 용적 중량

① 무근 : $2.3t/m^3$, 철근 : $2.4t/m^3$, 철골 철근 : $2.5t/m^3$

② 철근 콘크리트의 중량(무게)=비중×체적(너비×춤×길이)

21. 배합 콘크리트

① 소요 강도, 워커빌리티(시공연도) 및 균일성이 있을 것

② 재료 분리가 적을 것

22. 콘크리트의 배합 설계 단계 : 요구 성능(소요 강도)의 설정 → 배합 조건의 설정 → 재료의 선정 → 계획 배합의 설정 및 결정 → 현장 배합의 결정의 순

23. 콘크리트의 설계 기준 강도 : 콘크리트 타설 후 28일(4주) 압축 강도를 의미한다.

24. 콘크리트 배합 중 중량 배합 : 실험실 배합과 레미콘 생산 배합에 사용한다.

25. 시공연도의 시험 방법 : 슬럼프 시험, 비비 시험기, 진동식 반죽질기 측정기, 다짐도에 의한 방법, KS규격에 규정되지 않은 시험법(슬럼프 플로 시험, 플로 시험, 구관입 시험 등) 등

26. 슬럼프 값 : 묽은 콘크리트일수록 슬럼프 값은 크다.

27. 콘크리트의 워커빌리티(시공연도)의 영향 요소 : 단위 수량, 단위 시멘트량, 시멘트의 성질, 모양, 배합 비율, 골재의 입도, 혼화 재료의 종류와 양, 비비기 정도와 비빔 시간, 혼합 후의 시간, 온도 등

28. 온도와 습도
① 콘크리트의 보양 시 중요한 사항　　　　② 습기가 공급되면 재령이 길어지나, 강도가 증대

29. 콘크리트의 크리프 : 하중을 지속적으로 작용시켜 놓을 경우 하중의 증가가 없음에도 지속 하중에 의해 시간과 더불어 변형이 증대하는 현상

30. 크리프의 요인 : 작용하는 하중의 크기, 물·시멘트비, 부재의 단면 치수 등

31. 블리딩
① 콘크리트 타설 후 수분 상승과 함께 미세한 물질이 상승하는 현상
② 콘크리트 타설 후 비중이 무거운 시멘트와 골재 등이 침하되면서 물이 분리·상승하여 미세한 부유 물질과 함께 콘크리트 표면으로 떠오르는 현상

32. 콘크리트의 중성화 : 콘크리트가 시일이 경과함에 따라 공기 중의 탄산가스의 작용을 받아 수산화칼슘이 서서히 탄산칼슘으로 되면서 알칼리성을 잃어가는 현상이다.

33. 콘크리트의 곰보의 원인 : 콘크리트 타설 시 조골재 등의 재료 분리 현상이다.

34. 프리팩트 콘크리트 : 미리 거푸집 속에 적당한 입도 배열을 가진 굵은 골재를 채워 넣은 후, 모르타르를 펌프로 압입하여 굵은 골재의 공극을 충전시켜 만드는 콘크리트

35. 레디믹스트 콘크리트
① 주문에 의해 공장생산 또는 믹싱카로 제조하여 사용현장에 공급하는 콘크리트
② 콘크리트 제조 공장에서 주문자가 요구하는 품질의 콘크리트를 제조 공장에서 제조하여 소정의 시간에 원하는 수량을 특수한 자동차를 이용하여 현장까지 배달, 공급하는 굳지 않은 콘크리트

36. 프리스트레스트 콘크리트
① 특수 선재를 사용하여 재축 방향으로 콘크리트에 미리 압축력을 준 콘크리트
② 경화한 후 인장력(미리 특수 선재에 준 인장력)을 제거시킨 콘크리트
③ 진동이 발생하는 콘크리트

37. 경량 콘크리트 : 동일한 물시멘트비에서는 보통 콘크리트보다 일반적으로 강도가 약하다.

38. ALC(Autoclaved Lightweight Concrete)
① 콘크리트의 시멘트 페이스트 속에 AE제, 알루미늄 분말 등을 첨가하여 만든 경량 콘크리트
② 생석회와 규사를 혼합하여 고온, 고압하여 양생하면 수열 반응을 일으키는데 여기에 기포제를 넣어 경량화한 기포 콘크리트

39. 규회 벽돌 : ALC(경량기포 콘크리트)제품

6 금속 재료

01. 탄소함유량에 따른 분류 : 순철(연철) – 0.25% 이하, 강 – 0.025~2.11%, 주철(선철) – 2.11~6.67%

02. 탄소강 : 건축 재료에 가장 많이 사용되는 강재는 탄소강

03. 이형 철근에서 표면에 마디와 리브를 만드는 이유 : 부착 강도를 높이기 위함

04. 강의 탄소량 증가에 따른 성질
① 전기 저항, 항장력과 화학적 성질의 내식성, 항복 강도(항복점), 인장 강도 및 경도 등은 증가

② 비중, 열팽창 계수, 열전도율과 화학적 성질의 연신율, 충격치, 단면 수축률, 용접성 등은 감소

05. 탄성 한도 : 가해진 외부의 힘을 제거하였을 때 잔류 변형없이 원형으로 되돌아오는 경계점

06. 강재의 최대 강도 : 250℃에서 발휘

07. 강재의 열처리법
① 불림(소준) : 800~1,000℃, 공기 중, 서냉　　② 풀림(소순) : 800~1,000℃, 노 속, 서냉
③ 담금질(소입) : 800~1,000℃, 찬 물, 기름 중, 급냉　④ 뜨임(소려) : 200~600℃, 공기 중, 서냉

08. 냉간압연
① 열연강판의 불순물을 제거 후 상온에서 다시 한 번 압연한 것
② 자동차, 가구, 사무용 기구 등에 사용되는 철강 가공 방법

09. 뜨임 : 인성을 부여하기 위하여 200~600℃ 정도로 다시 가열, 공기 중에서 천천히 식혀 변형이 없어지고 강인한 강이 되게 하는 강재의 열처리 방법

10. 구리
① 연성과 전성이 크다.　　　　　　　　② 건조한 공기에서는 산화하지 않는다.
③ 암모니아 등의 알칼리성 용액에는 잘 침식한다.

11. 황동(놋쇠)
① 구리에 아연을 10~45% 정도 가하여 만든 합금　② 가공이 용이하고 내식성이 뛰어남
③ 계단 논슬립, 창문의 레일, 장식 철물 및 나사, 볼트, 너트 등에 널리 사용되는 금속

12. 청동
① 구리와 주석의 합금　　　　　　　　② 황동보다 내식성이 크고 주조하기 용이
③ 건축 장식 철물, 미술 공예 재료로 사용

13. 구리의 합금
① 황동(놋쇠)=구리+아연　　　　　　② 청동=구리+주석

14. 알루미늄
① 가공성(압연, 인발 등)이 우수하다.
② 산, 알칼리나 염에 약하므로 이질 금속 또는 콘크리트, 시멘트 모르타르, 회반죽 및 철강재 등에 접하는 경우에는 방식 처리한다.

15. 주석
① 철판에 도금하여 양철판　　　　　　② 음료수용 금속 재료의 방식 피복 재료로도 사용

16. 납 : 비교적 비중이 크고 연하며 방사선을 잘 흡수하므로 X선 사용 개소의 천장·바닥에 방호용으로 사용되는 금속

17. 금속의 방식법
① 다른 종류의 금속을 서로 잇대어 사용하지 않는다.
② 표면은 깨끗하게 하고, 물기나 습기가 없도록 한다.
③ 부분적으로 녹이 나면 즉시 처리한다.

18. 창호 철물
① 도어 클로저(도어 체크)는 여닫이문이 자동적으로 닫히게 하는 장치
② 크레센트는 오르내리창에 사용
③ 래버터리 힌지는 스프링 힌지의 일종
④ 저절로 닫혀지지만 15cm 정도는 열려 있음

19. 기타 철물

조이너	• 텍스, 보드, 금속판, 합성수지판 등의 줄눈에 대어 붙이는 것	듀벨	• 목재의 접합에서 목재와 목재 사이에 끼워서 전단에 대한 저항 작용을 목적으로 한 철물
코너 비드	• 바름공사에서 기둥이나 벽의 모서리 면에 미장을 쉽게 하고, 모서리를 보호할 목적으로 설치하는 철물	펀칭 메탈	• 두께 1.2mm 이하의 박강판을 여러 가지 무늬의 구멍을 펀칭한 것으로, 환기구나 라디에이터 커버 등에 쓰이는 철판가공품
논슬립	• 계단의 미끄럼을 방지 • 놋쇠 또는 황동, 스테인리스강제 등에 홈파기, 고무 삽입 등의 처리를 한 것	메탈 라스	• 연강판에 일정한 간격으로 금을 내고 늘려서 그물코 모양으로 만든 것으로 모르타르 바탕에 쓰이는 금속 제품
인서트	• 콘크리트 슬래브에 묻어 천장 달대를 고정 시키는 철물 또는 콘크리트 구조 바닥판 밑에 묻어 반자틀 등을 달아매고자 할 때 사용되는 철물	골함석	• 두께는 #28~#31의 함석
감잡이쇠	• ㄷ자형으로 구부려 만든 띠쇠로서, 평보를 대공에 달아맬 때나 평보와 ㅅ자보의 밑, 기둥과 들보를 걸쳐 대어 못을 박을 때 사용되는 철물	–	–

7 유리

01. 유리의 강도 : 보통 창유리의 강도는 휨 강도를 의미한다.

02. 광선의 투과
① 맑은 창유리 및 무늬 판유리는 약 90% 정도의 광선을 투과한다.
② 불순물이 많을수록 광선의 흡수율이 커진다.

03. 유리의 열적 성질 : 유리는 열전도율(보통 유리의 열전도율은 $0.48kcal/m \cdot h \cdot ℃$로, 이는 대리석, 타일보다 작고, 콘크리트의 1/2 정도)이 작다.

04. 유리의 성분 : 자외선을 차단하는 성분은 산화제2철이므로 보통 판유리는 자외선을 차단하는 성질이 있다.

05. 유리의 연화점
① 보통 유리 : 약 740℃
② 강화유리 : 1,000℃ 정도

06. 유리 섬유
① 안전 사용 최고 온도 : 300℃ 정도
② 비중 : 0.1 정도

07. 소다석회유리 : 건축 일반 창유리로 사용

08. 유리의 파괴 원인
　① 팽창 계수나 비열이 크다.　　　　　　　② 유리를 부분적으로 가열하면 비틀림이 발생한다.

09. 안전 유리 : 안전 유리에는 접합 유리, 강화판 유리 및 배강도 유리

10. 강화 판유리(담금 유리)
　① 유리를 500~600℃로 가열한 다음 특수 장치를 이용하여 균등하게 급격히 냉각시킨 유리
　② 판유리 종류를 600℃ 이상의 연화점 근처까지 가열한 후 표면에 냉기를 내뿜어 급랭시켜 제조하는 유리
　③ 강도가 보통 유리의 3~5배, 충격 강도는 보통 유리의 7~8배
　④ 열처리를 한 후에는 현장에서 절단 등 가공을 할 수 없으므로 사전에 소요 치수대로 절단, 가공하여 열처리를 하여 생산하는 유리

11. 망입 유리
　① 금속망을 유리 가운데 넣은 유리
　② 비상통로의 감시창 및 진동이 심한 장소에 사용되는 유리

12. X선 차단 유리 : 유리의 원료에 산화납 성분을 포함시키면 X선의 차단성이 커지므로 X선 차단성이 우수

13. 페어 글라스(복층 유리, 이중 유리)
　① 유리 사이의 내부를 진공으로 하거나 특수 기체(건조 공기 등)를 넣은 유리
　② 방음, 차음 및 단열의 효과가 크고, 결로 방지용으로도 우수

14. 열선 흡수 유리(단열 유리)
　① 철, 니켈, 크롬 등을 가하여 만든 유리　　　② 장파부분을 흡수
　③ 서향의 창, 차량의 창 등의 단열에 이용

15. 자외선 흡수(차단) 유리
　① 자외선의 화학 작용을 방지할 목적
　② 상점(의류품)의 진열창, 식품이나 약품의 창고에 사용

16. 스테인드글라스
　① 색유리(유리 성분에 산화 금속류의 착색제를 섞어 넣어 색깔을 띠게 한 유리)를 끼워서 만든 유리
　② 각종 색유리의 작은 조각을 도안에 맞추어 절단해서 조합하여 모양을 낸 유리
　③ 성당의 창, 상업 건축의 장식용으로 사용되는 유리

17. 유리 블록
　① 속이 빈 상자 모양의 유리 2개를 맞대어 저압 공기를 넣고 녹여 붙인 것이다.
　② 옆면은 모르타르가 잘 부착되도록 합성수지풀로 돌가루를 붙여 놓은 것이다.
　③ 방음·보온 효과도 크고, 장식 효과도 얻을 수 있다.

18. 프리즘 타일
　① 입사광선의 방향을 바꾸거나, 확산 또는 집중시킬 목적의 유리
　② 프리즘의 원리를 이용하여 만든 일종의 유리 블록
　③ 지하실 창이나 옥상의 채광용으로 사용

19. 폼 글라스 : 광선의 투과가 안 되고, 경량 재료이며, 압축 강도가 10kg/cm² 정도밖에 안 된다.

8 합성 수지

01. 합성수지(고분자물질)의 원료 : 석탄, 석유, 유지, 녹말, 섬유소, 목재 및 천연가스 등

02. 합성 수지의 특성
   ① 가소성, 방적성, 전·연성, 접착성, 안전성, 내산·내알칼리성, 투광성이 크다.
   ② 흡수율, 투수율, 내수성, 내화성, 내열성, 경도 및 내마멸성이 작다.

03. 열경화성수지의 종류 : 페놀(베이클라이트) 수지, 요소 수지, 멜라민 수지, 폴리에스테르 수지, 실리콘 수지, 에폭시 수지 등

04. 열가소성수지의 종류 : 염화·초산비닐 수지, 폴리에틸렌 수지, 폴리스티렌 수지, 아크릴산 수지 등

05. 열경화성 수지의 성형 가공법 : 압축 성형법, 이송 성형법, 주조 성형법 및 적층 성형법 등

06. 열가소성 수지의 성형 가공법 : 사출 성형법, 압출 성형법, 취입 성형법, 진공 성형법 및 인플레이션 성형법 등

07. 폴리에스테르 수지
   ① 열경화성 수지   ② 유리 섬유로 보강한 섬유 강화 플라스틱

08. 페놀 수지의 용도
   ① 전기 통신 기자재류가 60% 정도를 차지   ② 건축용에는 도료, 접착제(내수 합판의 접착제) 등

09. 요소 수지 : 착색이 자유롭다.

10. 실리콘 수지
   ① 내열성, 내한성이 우수   ② 전기 절연성, 내후성이 우수

11. 실리콘 수지의 용도 : 실리콘유(방수제), 실리콘 고무, 실리콘 수지(전기 절연 재료) 및 방수 재료 등

12. 폴리스티렌 수지
   ① 벤젠과 에틸렌으로부터 만든 것   ② 용도는 벽, 타일, 천장재, 블라인드, 도료, 전기용품 등
   ③ 발포 제품은 저온 단열재로 널리 사용

13. 비닐 타일
   ① 충전제인 석면, 석분, 점결제인 염화비닐 수지, 가소제, 안정제, 안료를 넣어 혼합하여 가열한 다음 유동 상태로 만들어 회전하고 있는 롤러 사이를 통과시켜 시트 모양으로 만든 것
   ② 시공이 용이, 아스팔트 타일보다 가열 변형의 정도가 작음

14. 레자 : 인조 가죽 또는 합성 피혁

15. 아스팔트 타일
   ① 비닐 타일에 비하여 가열변형의 정도가 큼
   ② 기름 용제 등을 많이 취급하는 건물 바닥에는 부적당

16. −80~250℃ : 실리콘 수지의 사용 온도

9 도장 재료

01. 도료의 성능
① 물체의 보호 및 방식 성능　　　　② 물체의 색체와 미장 성능
③ 물체의 특수 기능에 이용되는 성능

02. 도장 재료에 요구되는 성질 : 방습, 방청, 방식 등

03. 천연수지의 종류 : 송진, 셸락, 다마르 등

04. 가소제
① 건조된 도막에 탄성·교착성을 부여　　　　② 내구력을 증가

05. 착색제 : 산화철과 연단은 적색

06. 초벌, 재벌 및 정벌의 색깔을 조금씩 다르게 바르는 이유 : 다음 칠(재벌과 정벌)이 제대로 되었는지 아닌지를 구분하기 위함

07. 바니시
① 실내 목재 내장재의 투명 마감에 사용하는 도료
② 광택 및 작업성이 좋고, 천연수지가 들어 있어 건조가 빠른 도료

08. 유성 바니시
① 안료를 포함하지 않음　　　　② 강인하며 내수·내구성이 크므로 목재부 도장에 사용

09. 래커
① 심한 속건성이어서 바르기가 어려우므로 스프레이어를 사용
② 바를 때에는 래커 : 시너＝1 : 1로 섞어서 사용

10. 클리어 래커 : 목재면의 투명 도장(목재 바탕의 무늬를 살리는 도장)에 사용

11. 유성 페인트
① 안료와 건조성 지방유(보일드유)를 주원료　　　　② 용제 및 건조제 등을 혼합한 도료
③ 알칼리에는 약함
④ 콘크리트, 모르타르, 플라스터면에는 별도의 처리가 필요
⑤ 건조성 지방유를 늘리면 광택과 내구력은 증대되나, 건조가 느림

12. 수성 페인트 : 내알칼리성이어서 콘크리트면에 밀착이 우수

13. 수지성 페인트
① 내산성, 내알칼리성이 있다.
② 모르타르, 콘크리트나 플라스터면에 바를 수 있다.
③ 도막은 인화할 염려가 없어서 페인트와 바니시보다 방화성이 크다.

14. 에멀션 도료
① 물에 유성 페인트, 수지성 페인트 등을 현탁시킨 유화 액상 페인트
② 바른 후 물은 발산되어 고화되고, 표면은 거의 광택이 없는 도막을 만드는 도료
③ 방화(내화)성이 있는 도료

15. 우드 실러 : 목부 바탕에 바탕칠을 한 다음 재벌칠의 흡수를 방지하기 위해 사용

16. 방청 도료
① 철재의 표면에 녹이 스는 것을 막기 위해 사용
② 철재와의 부착성을 높이기 위해 사용

17. 방청 도료 안료의 종류 : 연단 도료(광명단), 방청 산화철 도료, 크롬산 아연 등

18. 형광 도료
① 빛이 비칠 동안만 발광   ② 도로 표지판에 사용

19. 실재 : 접착력이 크고 수밀·기밀성이 풍부

20. 퍼티
① 유지 및 수지 등의 충전제 등을 혼합하여 만든 것
② 창유리를 끼우거나 도장 바탕을 고르는 데 사용

🔟 미장 재료

01. 미장 재료 : 건축물의 내·외벽이나 바닥, 천장 등에 흙손이나 스프레이건 등을 이용하여 일정한 두께로 발라 마무리하는 데에 사용되는 재료

02. 고결재 : 그 자신이 물리적·화학적으로 고체화하여 미장바름의 주체가 되는 재료

03. 염화 칼슘 : 응결 시간을 단축시키는 것을 목적으로 하는 급결제

04. 수경성
① 충분한 물만 있으면 공기 중에서나 수중에서 굳어지는 성질
② 시멘트계와 석고계 플라스터 등

05. 기경성
① 충분한 물이 있더라도 공기 중에서만 경화하고, 수중에서는 굳어지지 않는 성질
② 석회계 플라스터와 흙반죽, 섬유벽 등

06. 헤미수화물 : 석고를 가열하면, 3/4 정도 물이 떨어져 나간 소석고

07. 회반죽
① 소석회, 해초풀, 여물, 모래 등을 혼합한 미장 재료
② 목조 바탕, 콘크리트 블록 및 벽돌 바탕 등에 사용
③ 건조, 경화할 때의 수축률이 크기 때문에 삼여물로 균열을 분산, 미세화함
④ 기경성으로 공기 중의 이산화탄소와 결합하여 경화

08. 회반죽의 여물 : 보강, 균열 방지의 역할을 하는 섬유질 재료

09. 돌로마이트 플라스터
① 돌로마이트 석회, 모래, 여물, 시멘트르 혼합한 미장 재료
② 소석회보다 점성이 커서 풀이 필요 없음
③ 건조, 경화 시에 수축률이 가장 커서 균열이 집중적으로 크게 생기므로 여물을 사용

10. 킨스 시멘트(경석고 플라스터)
① 무수석고가 주재료   ② 경화한 것은 강도와 표면 경도가 큰 재료

11. 석고 플라스터
① 점성이 큰 재료로 여물이나 풀을 사용하지 않는다.   ② 경화와 건조 시 치수 안전성이 우수하다.
③ 균열의 발생이 가장 적다.   ④ 약한 산성으로 목재의 부식을 방지한다.
⑤ 유성 페인트를 즉시 칠할 수 있다.

12. 마그네시아 시멘트 : 염화마그네슘과 섞어서 반죽하면 응결과 경화가 잘 되는 성질을 이용

13. 리신 바름
① 돌로마이트에 화강석 부스러기, 모래, 안료 등을 섞어 정벌바름
② 충분히 굳지 않을 때 표면에 거친 솔, 얼레빗 등을 사용하여 거친면으로 마무리

14. 석고 보드
① 소석고를 주원료   ② 팽창 및 수축의 변형이 작음
③ 흡수로 인해 강도가 현저하게 저하

11 역청 재료

01. 역청 재료
① 아스팔트나 피치처럼 가열하면 연화하고, 벤젠·알코올 등의 용제에 녹는 흑갈색의 점성질 반고체의 물질
② 도로의 포장, 방수재 및 방진재로 사용

02. 천연 아스팔트의 종류 : 레이크 아스팔트, 로크 아스팔트 및 아스팔타이트 등

03. 석유계 아스팔트의 종류 : 스트레이트 아스팔트, 블론 아스팔트, 아스팔트 콤파운드 등

04. 스트레이트 아스팔트
① 원유를 증류하고 피치가 되기 전에 유출량을 제한하여 잔류분을 반고체형으로 고형화시켜 만든 것
② 지하실 방수 공사에 사용

05. 블론 아스팔트
① 점성이나 침투성은 작다.
② 온도에 의한 변화가 적어서 열에 대한 안정성이 크다.
③ 아스팔트 프라이머의 제작과 옥상의 아스팔트 방수에 사용한다.

06. 아스팔트 콤파운드
① 블론 아스팔트의 성능을 개량하기 위해 동·식물성 유지와 광물질 분말을 혼입한 것
② 아스팔트 방수 공사에 이용

07. 아스팔트 프라이머
① 블론 아스팔트를 휘발성 용제로 희석한 흑갈색의 액체
② 아스팔트 방수층을 만들 때 콘크리트, 모르타르 바탕에 부착력을 증가시키기 위하여 제일 먼저 사용하는 역청 재료
③ 아스팔트를 용제에 녹인 액상으로서 아스팔트 방수의 바탕 처리재로 사용되는 것
④ 아스팔트 타일 붙이기 시공을 할 때의 초벌용 도료

08. 아스팔트 펠트 : 유기질의 섬유로 만든 원지포에 스트레이트 아스팔트를 침투시켜 롤러로 압착하여 만든 것

09. 아스팔트 루핑
① 아스팔트 펠트의 양면에 아스팔트 콤파운드를 피복한 다음 그 위에 활석 또는 운석 분말을 부착시킨 것
② 방수층의 주층, 지붕 바탕깔기로 사용

10. 아스팔트 콤파운드
① 동·식물성 유지와 광물질 미분 등을 블론 아스팔트에 혼입하여 만든 것
② 내열성, 점성 내구성 등을 블론 아스팔트보다 좋게 한 것
③ 방수 재료, 아스팔트 방수 공사에 사용

11. 아스팔트 싱글의 용도 : 아스팔트 루핑을 사각형, 육각형으로 잘라 주택 등의 경사 지붕에 사용

12. 아스팔트의 품질 판정 : 침입도, 연화점, 인화점, 이황화탄소(가용분), 감온비, 비중, 가열 안정성 및 늘임도 또는 신도(다우스메스식) 등

13. 아스팔트의 품질 판정과 무관 : 압축 강도나 마모도 등

14. 아스팔트의 용도 : 방수 재료, 화학 공장의 내약품 재료, 녹막이 재료 및 도로 포장 재료 등

15. 도막 방수 : 도료 상태의 방수재를 바탕면에 여러 번 칠하여 얇은 수지 피막을 만들어 방수 효과를 얻는 공법

12 접착 재료

01. 접착제의 조건 : 충분한 접착성과 유동성을 가질 것

02. 에폭시 수지 접착제
① 급경성으로 내산, 내알칼리성 등의 내화학성이나 내수성과 접착력이 큼
② 금속, 석재, 도지기, 글라스, 콘크리트, 플라스틱재의 접착에 사용
③ 금속 접착에 적당하여 항공기재의 접착에 이용

03. 페놀 수지 접착제
① 목재의 접착제로서 접착력, 내열성, 내수성이 우수
② 유리나 금속의 접착에는 부적당

04. 실리콘 수지 접착제 : 내수성 및 내열성이 뛰어나므로 200℃ 정도의 온도에서 오랜 시간 노출되더라도 접착력이 떨어지지 않는 접착제

05. 멜라민 수지 접착제
① 금속, 고무 및 유리의 접착에는 부적합
② 합판(목재)의 접착에 사용

06. 단열재가 갖추어야 할 조건 : 열전도율, 흡습 및 흡수율, 투기성 및 비중이 작다.

07. 단열 재료의 성질 : 열전도율이 높을수록 단열 성능은 떨어짐

08. 직물 벽지 : 실을 뽑아 직기에 제직을 거친 벽지

MEMO

MEMO

MEMO

QPASS

전산응용건축제도기능사 필기 실전모의고사 24회

지은이 정하정
펴낸이 정규도
펴낸곳 (주)다락원

초판 1쇄 발행 2025년 11월 20일

기획 권혁주, 김태광
편집장 이후춘
편집 윤성미, 박소영

디자인 최예원, 황미연

다락원 경기도 파주시 문발로 211
내용문의: (02)736-2031 내선 291~296
구입문의: (02)736-2031 내선 250~252
Fax: (02)732-2037
출판등록 1977년 9월 16일 제406-2008-000007호

Copyright© 2025, 정하정

저자 및 출판사의 허락 없이 이 책의 일부 또는 전부를 무단 복제·전재·발췌할 수 없습니다.
구입 후 철회는 회사 내규에 부합하는 경우에 가능하므로 구입문의처에 문의하시기 바랍니다.
분실·파손 등에 따른 소비자 피해에 대해서는 공정거래위원회에서 고시한 소비자 분쟁 해결
기준에 따라 보상 가능합니다. 잘못된 책은 바꿔 드립니다.

ISBN 978-89-277-7548-5 13540

● 원큐패스 카페(http://cafe.naver.com/1qpass)를 방문하시면 각종 시험에 관한 최신 정보와
   자료를 얻을 수 있습니다.